Die Schaltung der Leistungstransformatoren

Die Schaltung der Leistungstransformatoren

Ein Lehr- und Handbuch
für Techniker und Ingenieure

Von

Dipl.-Ing. Fritz Andé
Berlin

Mit 248 Abbildungen

Springer-Verlag
Berlin Heidelberg GmbH 1959

ISBN 978-3-662-11534-3   ISBN 978-3-662-11533-6 (eBook)
DOI 10.1007/978-3-662-11533-6

Alle Rechte, insbesondere das der Übersetzung in fremde Sprachen, vorbehalten
Ohne ausdrückliche Genehmigung des Verlages ist es auch nicht gestattet,
dieses Buch oder Teile daraus auf photomechanischem Wege
(Photokopie, Mikrokopie) zu vervielfältigen
© by Springer-Verlag Berlin Heidelberg 1959
Ursprünglich erschienen bei Springer Verlag OHG., Berlin/Göttingen/Heidelberg 1959

Die Wiedergabe von Gebrauchsnamen, Handelsnamen, Warenbezeichnungen usw. in diesem Buche berechtigt auch ohne besondere Kennzeichnung nicht zu der Annahme, daß solche Namen im Sinne der Warenzeichen- und Markenschutz-Gesetzgebung als frei zu betrachten wären und daher von jedermann benutzt werden dürften

Vorwort

Die Beschreibung der Schaltung der Leistungstransformatoren im allgemeinen und der Innenschaltung im besonderen ist der Inhalt dieses Buches. Es ist in 20 Kapitel und 100 Abschnitte eingeteilt, wobei erstrebt worden ist, den Stoff soweit als möglich umfassend, systematisch und exakt zu bringen. Zur Ergänzung werden die mit den Schaltungen zusammenhängenden Probleme gestreift und interessierende Grenzgebiete eingehend behandelt. Für das Verständnis wird nur eine Kenntnis der allgemeinen Elektrotechnik vorausgesetzt, denn in den Grundlagen wird der Leser in das „transformatorische Denken" eingeführt. Das Buch eignet sich deshalb sowohl für Studierende als auch für Techniker und Ingenieure des Betriebes, der Konstruktion und der Verwaltung.

Nach den Grundlagen werden ausführlich die Dreiphasensysteme und die Grundschaltungen besprochen, worauf dann die einzelnen Spezialgebiete, wie Leistungstransformatoren, Spartransformatoren und Zusatztransformatoren folgen. Die umfassende Darstellung der Schaltung der Drehstrom-Leistungstransformatoren mit zwei Wicklungen bildet das Hauptgewicht des Buches. Anschließend werden Netzkupplungstransformatoren, Dreiwicklungstransformatoren, Transformatoren mit Anzapfungen und umschaltbare Transformatoren behandelt. Schaltgruppenkontrolle, Phasenkontrolle und die ausführlich gebrachten Einphasen- und Mehrphasenschaltungen beschließen die Beschreibung.

Besondere Sorgfalt wurde auf die zeichnerische Darstellung der Abbildungen gelegt, um die Anschaulichkeit weitgehendst zu fördern. Das Rechnen mit Vektoren, das Hand in Hand mit der Aufstellung der Schaltbilder gehen muß, wurde vorwiegend auf das geometrische Rechnen beschränkt, weil hierdurch das Verständnis für die inneren Zusammenhänge erleichtert wird.

Wer sich noch in die einzelnen Probleme vertiefen will, findet im beigefügten Literaturverzeichnis einige Hinweise.

Die Beschreibung der Schaltung der Regeltransformatoren soll auf gleiche Weise in einem später erscheinenden Buch behandelt werden.

Für die schöne Ausstattung des Buches möchte ich noch zum Schluß dem Springer-Verlag meinen Dank aussprechen.

Berlin, August 1958

Fritz Andé

Inhaltsverzeichnis

- A. Einleitung 1
    - 1. Die Schaltbilder der Transformatoren 1
    - 2. Die Wicklungen der Transformatoren 2
- B. Grundlagen 4
    - 3. Induktionsgesetz 5
    - 4. Durchflutungsgesetz 6
    - 5. Wechselstrommagnetisierung 7
    - 6. Transformation 10
    - 7. Transformator und Generator 11
    - 8. Vektoren-Zeitdiagramm 12
    - 9. Vektoren-Potentialdiagramm 14
    - 10. Räumlicher Stromverlauf 17
    - 11. Schaltgruppen 18
    - 12. Parallelschaltung 22
- C. Dreiphasensysteme 24
    - 13. Die Kirchhoffschen Gesetze 24
    - 14. Die Sternschaltung von Einphasenwicklungen 25
    - 15. Die Dreieckschaltung von Einphasenwicklungen 29
    - 16. Die Reihenfolge der Differenzbildung 33
- D. Grundschaltungen 33
    - 17. Die Sternschaltung 33
    - 18. Die Dreieckschaltung 36
    - 19. Die Zickzackschaltung 42
    - 20. Vergleich der Grundschaltungen 48
    - 21. Symmetrische Belastung 49
    - 22. Einphasige Belastung zwischen zwei Hauptleiter 52
- E. Einphasentransformatoren 55
    - 23. Einphasen-Leistungstransformatoren 55
    - 24. Drei Einphasen-Leistungstransformatoren als Drehstromsatz . . . 59
    - 25. Einphasen-Spartransformatoren 60
    - 26. Drei Einphasen-Spartransformatoren mit Tertiärwicklung als Drehstromsatz 64
    - 27. Einphasen-Zusatztransformatoren 66
- F. Drehstromtransformatoren 69
    - 28. Drehstrom-Leistungstransformatoren mit zwei Wicklungen . . . 69
    - 29. Drehstrom-Spartransformatoren in Sternschaltung 72
    - 30. Drehstrom-Spartransformatoren in Dreieckschaltung 75
    - 31. Drehstrom-Spartransformatoren in Zickzackschaltung 77
    - 32. Drehstrom-Zusatztransformatoren 79
    - 33. Drehstrom-Zusatztransformatoren in Sparschaltung 84
- G. Die Schaltung der Drehstrom-Leistungstransformatoren mit zwei Wicklungen. Die Schaltgruppen 89
    - 34. Einleitung 90
    - 35. Stern-Stern-Schaltung 92
    - 36. Stern-Dreieck-Schaltung 96
    - 37. Stern-Zickzack-Schaltung 100
    - 38. Stern-Stern-Tertiär-Schaltung 109
    - 39. Dreieck-Dreieck-Schaltung 112
    - 40. Dreieck-Stern-Schaltung 117
    - 41. Dreieck-Zickzack-Schaltung 121
    - 42. Zickzack-Zickzack-Schaltung 127
    - 43. Zickzack-Stern-Schaltung 130
    - 44. Zickzack-Dreieck-Schaltung 131
    - 45. Das Durchflutungsdiagramm der Zickzackschaltung 133

46. Zusammenfassung der Schaltgruppen 136
47. Regeln für die Konstruktion und Aufstellung von Potentialdiagrammen 138
48. Die VDE-Schaltgruppen 140
49. Die gleichphasige Belastung des Drehstromtransformators 142
50. Die einfache Phasenvertauschung 148
51. Die doppelte Phasenvertauschung 150
52. Die zyklische Phasenvertauschung 165
H. Netzkupplungstransformatoren 177
53. Überbrückung von hintereinandergeschalteten Leistungstransformatoren. 178
54. Parallelschaltung von einseitig verbundenen Leistungstransformatoren 179
55. Die Ringschaltung von Leistungstransformatoren 182
56. Anwendung der doppelten Phasenvertauschung 185
57. Der Spartransformator als Netzkupplungstransformator 187
I. Drehstrom-Leistungstransformatoren mit drei Wicklungen. Dreiwicklungstransformatoren 188
58. Verwendung von Dreiwicklungstransformatoren 188
59. Schaltung der Dreiwicklungstransformatoren 189
J. Leistungstransformatoren mit Anzapfungen 191
60. Allgemeines über Anzapfungen 192
61. Leistungstransformatoren mit herausgeführten Anzapfungen . . . 195
62. Leistungstransformatoren mit einpoligem Umsteller 200
63. Leistungstransformatoren mit drei einpoligen Umstellern und gemeinsamer Betätigung 206
64. Leistungstransformatoren mit dreipoligem Umsteller 212
K. Umschaltbare Leistungstransformatoren 213
65. Dreiwicklungstransformator mit Umklemmung der Wicklungsanschlüsse 214
66. Anwendung der zyklischen Phasenvertauschung 216
67. Zweiwicklungstransformator mit umklemmbarer Zickzackwicklung 217
68. Die Schwachlast-Starklast-Umschaltung 219
69. Dreiwicklungstransformator mit Umschaltung der Wicklungsanschlüsse 221
L. Schaltgruppenkontrolle von Drehstrom-Leistungstransformatoren 223
70. Zeichnerische Ermittlung der Kennzahl 223
71. Rechnerische Ermittlung der Kennzahl 228
72. Direkte Bestimmung der Kennzahl durch Brückenmessung . . . 231
M. Phasenkontrolle von Drehstrom-Leistungstransformatoren 233
73. Allgemeines über Phasenkontrolle 234
74. Phasenkontrolle auf der Oberspannungsseite 240
75. Phasenkontrolle auf der Unterspannungsseite 243
76. Zusammenfassung 246
N. Einphasenschaltungen. 248
77. Die normale Einphasenschaltung 248
78. Die Einphasenschaltung mit Hilfsphase 250
O. Zweiphasenschaltungen 251
79. Die unverkettete Schaltung 251
80. Die elektrisch und magnetisch verkettete Schaltung 252
81. Die L-Schaltung 256
P. Umwandlung von Stromarten 258
82. Die Scottsche Schaltung der Schaltgruppe $Ii\,0/Ii\,0$ 258
83. Die Scottsche Schaltung der Schaltgruppe $Ii\,6/Ii\,6$ 260
84. Umwandlung von Drehstrom in verketteten Zweiphasenstrom und umgekehrt 263

85. Umwandlung von Drehstrom in verketteten Vierphasenstrom und umgekehrt 268
86. Ersatz einer fehlenden Phase beim Drehstrom-Vierleitersystem ohne Spannungsänderung 271
87. Ersatz einer fehlenden Phase beim Drehstrom-Vierleitersystem mit Spannungsänderung 272

Q. Die V-Schaltung 274
  88. Die einseitige V-Schaltung 274
  89. Die doppelseitige V-Schaltung 276
  90. Die V-Schaltung nach Vidmar 283
  91. Die V-Schaltung ohne magnetische Verkettung 287

R. Vierphasenschaltungen (Schaltung von Transformatoren für Vier-, Zwei- und Einphasenverbraucher) 288
  92. Die X-Schaltung 289
  93. Die Quadrat-Schaltung 295

S. Sechsphasenschaltungen 302
  94. Die Doppelsternschaltung 302
  95. Die Doppeldreieckschaltung 305
  96. Die Gabelschaltung 306
  97. Dreiphasen- und Sechsphasenschaltungen für Gleichrichtertransformatoren 308
  98. Weitere Schaltungsmöglichkeiten (Zwölfphasenschaltungen) . . . 315

T. Zusammenfassung der Mehrphasensysteme 322
  99. Die offen verketteten Schaltungen 323
  100. Die geschlossen verketteten Schaltungen 323

Literaturverzeichnis 325
Sachverzeichnis 327

A. Einleitung

Die *leitende Verbindung* der einzelnen Wicklungen untereinander innerhalb einer elektrischen Maschine und die *leitende Verbindung* außerhalb zu Apparaten, Sammelschienen usw. wird mit *Schaltung* der Maschine bezeichnet. Sie kann in *Innen- und Außenschaltung* gegliedert werden. Die zeichnerisch schematische Darstellung der *Schaltung* ist die Schaltungszeichnung bzw. das *Schaltbild*, das gleichfalls in *Innen- und Außenschaltbild* aufgeteilt werden kann. Die Zusammenfassung von mehreren Schaltbildern ergibt einen *Schaltplan*. Er verschafft einen Gesamtüberblick über den Zusammenhang der Teile und den Stromverlauf einer elektrischen Anlage. Auch ausführliche Innenschaltbilder von elektrischen Maschinen können mit Innenschaltplan oder besser mit *Wicklungsplan* bezeichnet werden.

Die Grenze zwischen Innen- und Außenschaltung wird durch die Hauptklemmen der betreffenden elektrischen Maschine gegeben.

Schaltpläne können mit Vorteil auch unter Anwendung von *Schaltzeichen* — Darstellung mit vereinfachter Innenschaltung — oder mit Hilfe von *Schaltkurzzeichen* einpolig oder mehrpolig — Kurzdarstellung ohne Innenschaltung — aufgebaut werden (s. Abb. 132, 69 und 131).

1. Die Schaltbilder der Transformatoren

Um den *transformatorischen Charakter* bei der Darstellung der Innenschaltung der Transformatoren hervorzuheben, müssen verschiedene Voraussetzungen bei der zeichnerischen Herstellung der zur Verwendung kommenden *Schaltbilder* erfüllt werden. Zunächst ist es in dieser Hinsicht von Bedeutung, wenn die magnetischen und elektrischen Verhältnisse klar und übersichtlich gemeinsam gebracht werden. Zu diesem Zweck sollen die Wicklungen hauptsächlich als Zickzacklinien in dem schematisch dargestellten Eisenkern anschaulich eingezeichnet werden.

Eine *rechtsgängige Wicklung* beginnt hierbei stets rechts oben und endet auch rechts unten. Eine *linksgängige Wicklung* muß also links oben anfangen und links unten aufhören. Ist dagegen der Anfang oben rechts und das Ende unten links, so ist die rechtsgängige Wicklung um einige Windungen verlängert worden.

Die Anzahl der Zickzacklinien soll einen Relativwert für die betreffende Windungszahl der Wicklung angeben. Schwache Linien sind für Wicklungen mit hoher Spannung und niedrigem Strom — also für *Oberspannungswicklungen* — und starke Linien für Wicklungen mit niedriger Spannung und hohem Strom — also für *Unterspannungswicklungen* — vorgesehen. Gestrichelte Zickzacklinien bedeuten, daß die Wicklung relativ länger, als in der Zeichnung dargestellt, ist.

Die Wicklungen werden *untereinander*, da die konzentrische räumliche Lage auf der Fläche nicht übersichtlich darstellbar ist, in den Schenkeln des Eisenkernes eingetragen und die Klemmen in der üblichen Weise mit den in folgenden Kapiteln noch festzulegenden Buchstaben bezeichnet. Für Anfang und Ende der Wicklungen gelten stets die Buchstaben *a* und *e*. Die Klemmen, die leitenden Verbindungen und die Wicklungen selbst sollen, um Verwechslungen in der Schaltung zu vermeiden, im Schaltbild stets von der *Oberspannungsseite* aus betrachtet werden.

Für jede Teilwicklung im Schaltbild wird ein *Spannungsvektor* unter Beachtung bestimmter Gesetze zugeordnet. Das hierdurch entstehende Vektoren-Potentialdiagramm wird zusammen mit der Schaltung in den Abbildungen angegeben. Schließlich sollen, wenn zweckmäßig, die Verteilung und Richtung der Kraftflüsse im Eisen und — in besonderen Fällen — die Ströme in den Wicklungen in das Schaltbild eingetragen werden. Neben dieser grundlegenden Darstellungsart kommen, um eine einseitige Betrachtungsweise zu vermeiden, andere auch vereinfachte Schaltbilder zur Anwendung.

Unter *Wicklung* werden allgemein die gesamten *Wicklungsstränge* einer Spannungsseite des Transformators verstanden, wobei ein *Wicklungsstrang* alle zu einer Phase gehörenden *Windungen* darstellt. Befindet sich der Wicklungsstrang auf einem Schenkel des Eisenkernes, so kann man von einer *Schenkelwicklung* oder, wenn er auf zwei Schenkel verteilt ist, von *Wicklungsabteilungen* sprechen. Mit *Teilwicklung* kann man demnach eine Schenkelwicklung oder eine Wicklungsabteilung bezeichnen. Schenkelwicklungen können aber auch aus zwei oder mehreren Wicklungsabteilungen zusammengesetzt sein. In diesem Fall gilt die Wicklungsabteilung als Teilwicklung. Die Zusammenfassung der Schaltungen zweier Wicklungen eines Transformators wird mit *Schaltgruppe* bezeichnet.

2. Die Wicklungen der Transformatoren

Die Wicklungen der Transformatoren bestehen aus isolierten Kupferdrähten, wobei Runddraht oder Profildraht zur Anwendung gelangt. Die *Isolation* besteht meistens aus Weichpapier. Nur bei schwachen Drahtquerschnitten wird Lacküberzug und Baumwolle verwendet. Die *Hauptisolation* besteht aus Hartpapierzylindern, die zwischen Oberspannungs- und Unterspannungswicklung sowie zwischen Wicklung und Eisen untergebracht sind. Sie dienen gleichzeitig als Spulenträger. Eingangs- und Ausgangswindungen werden bei Hochspannungswicklungen gestuft verstärkt isoliert.

Die Wicklungen lassen sich in zwei Hauptgruppen, und zwar in die *Scheiben- und Zylinderwicklungen* einteilen.

Bei der *Scheibenwicklung* sind die Primär- und Sekundärwicklung in je zwei oder mehrere scheibenförmige Spulen aufgeteilt und abwechselnd axial übereinander auf den Schenkeln des Eisenkernes angeordnet. Die Scheibenwicklung verlangt einen allzu großen Aufwand an Isolationsmaterial. Sie wird deshalb und auch noch aus anderen Gründen nicht mehr oder nur ganz selten verwendet.

Bei der *Zylinderwicklung* sind die Primär- und Sekundärwicklung einfach oder doppel konzentrisch auf den Schenkeln angeordnet. Die wichtigsten Zylinderwicklungen sind die Röhrenwicklung, die Spulenwicklung und die Lagenwicklung.

Die *Röhrenwicklung* ist die einfachste Zylinderwicklung. Sie wird einlagig oder mehrlagig Draht auf Draht über die ganze Länge des Isolierzylinders gewickelt. Die Röhrenwicklung wird bei großem Querschnitt und geringer Windungszahl, also mit Profildraht, meistens für Unterspannungswicklungen verwendet.

Spulenwicklungen in Runddrahtausführung setzt man aus axial übereinander auf dem Schenkel angeordneten Einfachspulen oder Doppelspulen zusammen. Die *Einfachspulen* sind normalerweise in Reihe geschaltet, wobei Schaltung nach dem Zusammenbau erfolgt. Wenn der Strom groß oder die Windungszahl klein ist, wird Parallelschaltung oder Gruppenparallelschaltung vorgesehen. Bei *Doppelspulen* müssen die innen liegenden Drahtenden der Einzelspulen vor dem Zusammenbau verlötet und isoliert werden. Die Reihenschaltung der Doppelspulen erfolgt nach dem Zusammenbau.

Bei Verwendung von *Profildraht* sind die einzelnen Flachspulen, axial übereinanderliegend, abwechselnd am inneren und äußeren Durchmesser miteinander verbunden. Gegenüber dieser verlöteten Flachspulenwicklung hat die *verstürzte Wicklung* den Vorteil, daß sie aus einem fortlaufend isolierten Draht hergestellt werden kann, wodurch die elektrisch ungünstigen Lötstellen in Fortfall kommen.

Bei großen Drahtquerschnitten müssen die Leiter in mehrere gegeneinander isolierte und am Anfang und Ende parallel geschaltete und in gleichmäßigen Abständen verdrillte Drähte aufgeteilt werden. Durch diese Maßnahme wird der Einfluß der Stromverdrängung in der Summe aufgehoben, so daß eine erhebliche Verminderung der Zusatzverluste im Kupfer eintritt. Derartige Wicklungen werden mit *Wendelwicklungen* bezeichnet.

Die *Lagenwicklung* entsteht durch fortlaufendes Übereinanderwickeln einer Reihe von Lagen wie auf einer Garnrolle, wobei zwischen den Lagen *Kühlkanäle* eingezogen werden. Die Kühlkanäle liegen hier parallel zur Achse des Schenkels, während die Kühlschlitze der Flachspulenwicklung senkrecht zur Achse stehen.

Jede Lage bedeckt die ganze Länge des Isolierzylinders. Die einzelnen *Lagen* werden bei gleichem Wickelsinn über unten und oben angreifende *Umleitungen* hintereinander geschaltet. Der Eingang liegt normalerweise oben außen und der Ausgang unten innen. Bei hoher Spannung hat diese Anordnung den Vorteil, daß die maximale Windungsspannung zwischen zwei benachbarten Lagen auf die Hälfte herabgesetzt wird. *Lagenwicklungen* sind weitgehend kurzschlußfest und können bei richtigem Aufbau schwingungsfrei gemacht werden. Ist die Oberspannungsseite des Transformators in Stern geschaltet, wird im Normalbetrieb die Hauptisolation zwischen Ober- und Unterspannungswicklung fast nicht beansprucht, wenn die letzte Lage der Oberspannungswicklung innen zwischen den beiden Wicklungen am Sternpunkt liegt. Bei abgestufter Isolation gegen Erde werden abgeschirmte Lagenwicklungen oder auch Flachspulenwicklungen, aus Doppelspulen zusammengesetzt, verwendet.

Die Konstruktion und Herstellung von Transformatorenwicklungen erfordern Spezialkenntnisse und Erfahrungen. Der *betriebssichere, kurzschlußfeste* und *schwingungsfreie* Wicklungsaufbau muß unter Wahrung der Wirtschaftlichkeit das Hauptziel aller Bestrebungen sein.

B. Grundlagen

Transformatoren sind elektrische Maschinen, bei denen keine Umwandlung der *Energieform* stattfindet. Sie wandeln elektrische Energie bestimmter Wechselspannung und Frequenz in solche anderer Wechselspannung aber gleicher Frequenz um.

Die *Wirkungsweise* beruht allgemein auf den Gesetzen der Induktion, der Durchflutung und der Energie. Mit Hilfe von *Vektoren-Zeitdiagrammen* kann man einen tiefen Einblick in das Zusammenwirken dieser Gesetze vermitteln.

Die *Schaltung der Wicklungen* hat einen entscheidenden Einfluß auf Bemessung, Aufbau und Verwendungszweck der Transformatoren. Die Lösung von zahlreichen Problemen kann durch Verwendung einer zweckmäßig geschalteten Wicklung erfolgen. Die Einfachheit der Schaltungen ist nur scheinbar; denn oft kann nach Ausführung der Schaltung von Wicklungen festgestellt werden, daß die Messung bei der Prüfung andere Resultate liefert, als man es irrtümlicherweise erwartet hatte. Für die richtige Schaltungsweise, das Verständnis und die Beurteilung sowie für die Ermittlung von neuen Schaltungen ist das *Vektoren-Potentialdiagramm* von unerläßlichem Nutzen.

Diese beiden Hauptarten von Vektorendiagrammen mit zeitlicher und räumlicher Richtung der Vektoren liefern die Grundlage für die Beherrschung der Schaltgesetze der Transformatorenwicklungen.

Die *Vektoren-Zeitdiagramme* kann man in drei verschiedene Arten unterteilen, und zwar in *Zeitdiagramme für Spannungen*, wobei, abgesehen von Spannungsverlusten, die Spannungsvektoren ober- und unterspannungsseitig schenkelweise in jedem Zeitmoment entgegengesetzt gerichtet sind; in *Zeitdiagramme für Belastungsströme*, wobei, abgesehen vom Leerlaufstrom, die Stromvektoren ober- und unterspannungsseitig schenkelweise in jedem Zeitmoment entgegengesetzt gerichtet sind und ihre Durchflutungen sich bei magnetischer Ausgeglichenheit schenkelweise aufheben und schließlich in *Zeitdiagramme für Spannungen und Belastungsströme*, in denen, abgesehen von Verlusten, die Energien — Produkte der Spannungs- und Stromvektoren — ober- und unterspannungsseitig schenkelweise gleich sind.

Die *Vektoren-Potentialdiagramme* kann man in zwei verschiedene Arten einteilen, und zwar in *Potentialdiagramme für Spannungen*, wobei die Spannungsvektoren ober- und unterspannungsseitig schenkelweise parallel sind oder in eine gerade Linie fallen und in *Potentialdiagramme für Spannungen mit eingetragenen Stromvektoren*, wobei letztere so eingefügt werden, als ob die Spannungsvektoren zeitliche Richtung hätten. Die Stromvektoren können hierbei im Diagramm die Spannungsvektoren vollkommen überdecken.

3. Induktionsgesetz

Für die Wirkungsweise der elektrischen Maschinen ist das *Induktionsgesetz* von grundlegender Bedeutung. Die allgemeine Gleichung dieses Gesetzes lautet

$$e = -n \frac{d\Phi}{dt} 10^{-8} \quad (V), \qquad (1)$$

wonach gegeben ist, daß in einer Wicklung der Zeitwert e der *elektromotorischen Kraft* (EMK) mit der *Windungszahl* n und mit der *Änderungsgeschwindigkeit* des magnetischen Kraftflusses $d\Phi/dt$ proportional ist.

Hierbei wird vorausgesetzt, daß der Kraftfluß Φ mit allen n-Windungen verkettet ist. Diese Voraussetzung kann nur dann mit guter Annäherung erfüllt werden, wenn die Anordnung so getroffen wird, daß der Weg des Kraftflusses hauptsächlich durch einen *Eisenkern* geht. Ohne einen die Wicklung umschließenden Eisenweg ist die Induktionswirkung bedeutend schwächer, weil der Kraftfluß nicht verdichtet und nicht wie sonst in fast voller Stärke durch die Wicklung gelenkt wird.

Bei *Zunahme* des magnetischen Kraftflusses wird eine negative und bei *Abnahme* des Kraftflusses eine positive elektromotorische Kraft induziert.

Erfolgt die Änderung des Kraftflusses Φ nach einer *Sinusfunktion*, so ergibt sich aus Gl. (1) nach Differentiation, daß sich auch der Zeitwert e der induzierten EMK nach der gleichen Sinusfunktion verändert, aber gegenüber der Sinuskurve des Kraftflusses um 90° nacheilend ist.

Bei der *positiven Halbwelle* des Kraftflusses ist von 0° bis 90° eine Zunahme des Flusses und von 90° bis 180° eine Abnahme des Flusses vorhanden. Die EMK ist somit erst negativ und dann positiv, weil die Änderungsgeschwindigkeit des Kraftflusses $d\Phi/dt$ bei zunehmendem Fluß positiv und bei abnehmendem negativ ist. Bei der *negativen Halbwelle* besteht von 180° bis 270° eine negative Zunahme gleich Abnahme und von 270° bis 360° eine negative Abnahme gleich Zunahme, und es folgt, daß die EMK erst positiv und dann negativ wird.

Der *Effektivwert* dieser EMK ist nach Ableitung von Gl. (1)

$$E = 4{,}44 \, f \, n \, \Phi_{Sch} \, 10^{-8} \quad (\text{V}), \tag{2}$$

wobei f die Frequenz und Φ_{Sch} den Scheitelwert der Sinuskurve des Kraftflusses bedeuten.

Die Änderung des Kraftflusses kann auf zwei verschiedene Arten — durch die *Induktion der Ruhe* oder durch die *Induktion der Bewegung* — erfolgen.

4. Durchflutungsgesetz

Durchfließt ein Strom von der Stärke I eine Wicklung mit der Windungszahl n, wird ein magnetischer Kraftfluß Φ erzeugt, dessen Größe aus dem Durchflutungsgesetz ermittelt werden kann. Es gilt allgemein

$$\Phi = 0{,}4 \, n \, \frac{I \, n}{R_m} \quad (\text{Maxwell}), \tag{3}$$

wobei R_m den *magnetischen Widerstand* des Kraftflußweges bedeutet. Der Kraftfluß ist demnach direkt proportional mit der *Durchflutung* $I n = Ampèrewindungen$ (AW) und umgekehrt proportional mit dem *magnetischen Widerstand* R_m.

Es ist

$$R_m = \frac{l}{\mu F}, \tag{4}$$

wobei l die *Länge des Kraftlinienweges* in cm, F den *Querschnitt des Kraftlinienweges* in cm² und μ die *absolute Permeabilität* bedeuten. Verlaufen die magnetischen Kraftlinien hauptsächlich im Luftraum, so ist der magnetische Widerstand für einen gegebenen Fall eine konstante Größe, weil die absolute Permeabilität μ der Luft konstant ist ($\mu = 1$). Im Luftraum besteht somit Proportionalität zwischen den *Ampèrewindungen* und dem erzeugten Kraftfluß.

Verlaufen die Kraftlinien dagegen hauptsächlich im Eisen, so ist der magnetische Widerstand eine veränderliche Größe. Die Permeabilität des Eisens verändert sich mit der Induktion B.

Es ist

$$B = \frac{\Phi}{F_e} \quad (\text{Gauß}), \tag{5}$$

wobei F_e den *aktiven Eisenquerschnitt* in cm² bedeutet. Für eine bestimmte Eisensorte ist z. B. die absolute Permeabilität $\mu = 4600$ bei einer Induktion von $B = 10000$ Gauß, woraus zu ersehen ist, daß gegenüber Luft mit $\mu = 1$ der magnetische Widerstand einer *Eisenstrecke* im Verhältnis erheblich geringer ist als der einer *Luftstrecke*.

Wird die Wicklung von einem Wechselstrom durchflossen, so entsteht ein mit gleicher Frequenz wechselnder magnetischer Kraftfluß, den man auch mit *Wechselfluß* bezeichnet.

Bei Wechselstrom ist das *Induktionsgesetz* maßgebend.

Befindet sich der Wechselfluß hauptsächlich im Luftraum, besteht für jeden Zeitwert Proportionalität zur Durchflutung. Der Kraftfluß im Raum verändert sich also nach derselben Sinuskurve wie der Wechselstrom. Es ist weder eine Nacheilung noch eine Voreilung möglich. Strom und Fluß sind in Phase.

5. Wechselstrommagnetisierung

Wird eine Wicklung, die einen Eisenkern besitzt, an Wechselspannung gelegt, erzeugt der durchfließende Wechselstrom einen *Wechselfluß*, der das Eisen zyklisch ummagnetisiert. Der Wechselfluß induziert in der Wicklung nach dem Induktionsgesetz eine *elektromotorische Kraft*. Da der induzierende Wechselfluß von der Wicklung selbst erzeugt worden ist, wird dieser Vorgang mit *Selbstinduktion* bezeichnet. Setzt man voraus, daß der Wechselstromwiderstand der Wicklung vernachlässigbar klein ist und daß der gesamte Kraftfluß im Eisen bleibt, also keine Streuflüsse entstehen, kann — da Gegenspannungen nicht vorhanden sind — die angelegte Spannung U gleich der EMK gesetzt werden. Nach Gl. (2) wird damit der *Scheitelwert* des erzeugten *Wechselflusses*

$$\Phi_{Sch} = \frac{U \cdot 10^8}{44{,}4\,f\,n} \quad \text{(Maxwell)}, \tag{6}$$

und es ergibt sich, daß der Scheitelwert des Wechselflusses unter Annahme einer konstanten *Frequenz* f und einer unveränderlichen *Windungszahl* n nur von dem *Effektivwert* der angelegten *Spannung* abhängig ist. Ist U konstant, so ist ebenfalls Φ_{Sch} konstant. Ist die angelegte Spannung *sinusförmig*, muß die EMK ebenfalls *sinusförmig* sein, da sie in jedem Zeitmoment gleich groß und entgegengesetzt gerichtet ist. Nach dem Induktionsgesetz kann aber eine sinusförmige EMK nur von einem sinusförmigen Kraftfluß erzeugt werden. Es ergibt sich zusammengenommen, daß, wenn die angelegte Spannung *sinusförmig* ist, der erzeugte Kraftfluß ebenfalls *sinusförmig* sein muß.

Wird weiterhin vorausgesetzt, daß die Ummagnetisierung des Eisens *ohne Verluste* vor sich geht, so dient offenbar der aufgenommene Strom I'_μ nur zur Magnetisierung des Eisens. Da der Kraftfluß durch die Spannung festgelegt ist, stellt sich dieser Strom nach dem Durchflutungsgesetz, entsprechend dem *magnetischen Widerstand* des Kreises, ein. Wird der magnetische Widerstand verändert, z. B. durch Verlängern oder Verkürzen von etwa vorhandenen Luftstrecken, verändert sich ebenfalls auch der aufgenommene Strom. Der Kraftfluß bleibt jedoch konstant. Der Magnetisierungsstrom I'_μ wird immer nur so groß, daß der von ihm erzeugte Kraftfluß mit dem von der konstanten Spannung bedingten übereinstimmt. Die induzierte EMK hält die Spannung U im Gleichgewicht.

Bei *Wechselstrommagnetisierung* mit Eisenkern besteht keine Proportionalität zwischen Durchflutung und Kraftfluß, weil die Magnetisierung entlang der gekrümmten Magnetisierungskurve des Eisens erfolgt. Die Erzeugung eines sinusförmigen Kraftflusses bedingt deshalb einen *Magnetisierungsstrom* mit verzerrter spitzer Kurvenform, jedoch mit den gleichen Nulldurchgängen des Kraftflusses. Bei Luft erfolgt dagegen die Magnetisierung entlang einer Geraden, so daß der Magnetisierungsstrom hier sinusförmig wird.

Nur im geradlinigen Teil der Magnetisierungskurve des Eisens, also bei *schwacher Sättigung*, die für Transformatoren nicht in Frage kommt, ist annähernd Proportionalität vorhanden. Mit zunehmender Induktion wird aber die *Verzerrung* immer größer, so daß der Magnetisierungsstrom im steigenden Maße *Oberwellen* enthält.

Der *verzerrte Magnetisierungsstrom* besteht hauptsächlich aus der *Grundwelle* und aus den wesentlich schwächeren dritten, fünften, siebenten, neunten usw. *Oberwellen*.

Es ist daher angenähert, weil mit zunehmender Ordnungszahl die Amplitude stark abnimmt:

$$i'_\mu = i_{\mu 1} + i_{\mu 3} + i_{\mu 5} + i_{\mu 7} \quad \text{(A)} \tag{7}$$

oder

$$i'_\mu = i_{\mu 1} + i_{\mu 357} \quad \text{(A)}, \tag{8}$$

wobei $i_{\mu 357}$ die *Summe* der Oberwellen bedeutet. Der verzerrte Magnetisierungsstrom mit dem Zeitwert i'_μ kann also in zwei Kurven, in die sinusförmige Grundwelle $i_{\mu 1}$ und in die verzerrte Kurve als die Summe der dritten, fünften und siebenten Oberwelle $i_{\mu 357}$, zerlegt werden. Diese beiden Kurven lassen sich weiterhin durch eine äquivalente sinusförmige Kurve mit dem Zeitwert i_μ ersetzen. Der Effektivwert dieser neuen Kurve des Stromes ergibt sich nach

$$I_\mu = \sqrt{I_{\mu 1}^2 + I_{\mu 357}^2} \quad \text{(A)}, \tag{9}$$

wobei die *Effektivwerte* $I_{\mu 1}$ und $I_{\mu 357}$ für die Grundwelle und für die Oberwellen gelten. Werden letztere durch irgendwelche Maßnahmen unterdrückt, so kann $I_{\mu 357}$ vernachlässigbar klein werden, und es ist dann $I_\mu = I_{\mu 1}$.

Da der *äquivalente Magnetisierungsstrom* sinusförmig ist, besteht jetzt *Proportionalität* zum Kraftfluß, folglich kann I_μ nach Gl. (9) im Vektorendiagramm in der gleichen Phasenlage wie der Kraftfluß eingezeichnet werden.

In Abb. 1a sind die Wicklungsanordnung mit Eisenkern und das dazugehörige Vektoren-Zeitdiagramm dargestellt. Die absolute Größe der Vektoren ergibt sich aus den Effektivwerten.

Die Wechselstrommagnetisierung erfolgt in Wirklichkeit nicht nach der *Magnetisierungskurve*, sondern *zyklisch* entlang der *Hysteresisschleife*, wobei der Verlauf der Auf- und Abmagnetisierung verschieden ist. Bei der Abmagnetisierung tritt die magnetische Verzögerung physikalisch in Erscheinung. Gehen die Ampèrewindungen (AW) durch Null, so ist im Zeitmoment des Nulldurchganges noch ein Restmagnetismus, *die Remanenz*, vorhanden, die überwunden werden muß. Es werden deshalb innerhalb einer Halbwelle des Stromes bei der *Aufmagnetisierung* relativ zur Magnetisierungskurve mehr und bei der *Abmagnetisierung* weniger Ampèrewindungen benötigt. Diese Abweichungen werden durch eine zusätzliche Stromaufnahme i_{vh}, die gegenüber dem Magnetisierungsstrom i_μ um 90° voreilend ist, ausgeglichen. Infolge der Hysteresisschleife stimmen nun die Nulldurchgänge der Durchflutung bzw. des Stromes mit denen des Kraftflusses nicht mehr überein. Die *Kurve des Stromes* eilt um wenige Grade der *Kurve des Kraftflusses* vor. Der sinusförmige zusätzliche Strom i_{vh}, von derselben Frequenz wie i_μ, ist ein Wirkstrom und dient zur Deckung der Hysteresisverluste, die ihrerseits in Wärme umgesetzt werden. Der Effektivwert I_{vh} ist im Verhältnis zu I_μ gering, wenn man für den Eisenkern *legierte Bleche*

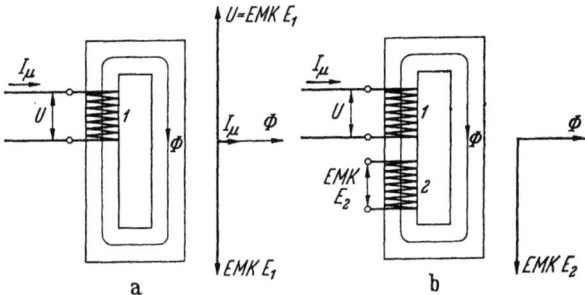

Abb. 1. Wicklung mit Eisenkern und Vektoren-Zeitdiagramm. a) Wechselstrommagnetisierung; b) Transformation

(3,5 bis 4,5% Si) verwendet. Eine weitere Verringerung der Ummagnetisierungsverluste tritt ein, wenn man legierte Bleche mit *Kristallausrichtung* verwendet. Hierbei müssen die Teilbleche so geschnitten werden, daß durch ihre Anordnung im Eisenkern die Richtung des Kraftflusses mit der *Walzrichtung* der Bleche übereinstimmt. Die Breite der *Hysteresisschleife*, die mit den Verlusten proportional zunimmt, fällt durch diese Maßnahmen besonders gering aus.

Verursacht durch den pulsierenden Kraftfluß, bilden sich ferner im Eisenkern selbst *Wirbelströme* aus, die in zu den Kraftlinien senkrecht stehenden Ebenen kreisen. Sie wirken den magnetisierenden Amperewindungen entgegen und müssen ebenfalls überwunden werden.

Die Wirbelströme bedingen deshalb die Aufnahme eines weiteren zusätzlichen Stromes i_{vw}. Dieser Wirkstrom dient zur Deckung der ohmschen Wirbelstromverluste im Eisen, die ihrerseits ebenfalls in Wärme umgesetzt werden. Der Effektivwert I_{vw} ist im Verhältnis zu I_μ gering, weil durch die Lamellierung des Eisenkernes die Ausbreitungsflächen auf die einzelnen Querschnitte der dünnen *Teilbleche* (0,35 mm) beschränkt werden. Die Legierung der Bleche mit Si erhöht den *spezifischen* elektrischen Widerstand.

Bezeichnet I_v den gesamten Wirkstrom, so ist

$$I_v = I_{vh} + I_{vw} \quad (A), \tag{10}$$

und der *Leerlaufstrom* ergibt sich aus Blind- und Wirkstrom zu

$$I_0 = I_\mu \mathbin{\widehat{+}} I_v \quad (A) \tag{11}$$

als *geometrische Summe vom Magnetisierungs- und Verluststrom*. Die wirkliche Durchflutung ist somit $I_0\,n_1$, die sich geometrisch in drei Durchflutungen; $I_\mu\,n_1$, $I_{vh}\,n_1$ und $I_{vw}\,n_1$ aufteilen läßt.

Der *Leerlaufstrom* eilt dem Magnetisierungsstrom und damit dem Kraftfluß um den Verlustwinkel vor.

6. Transformation

Wird auf demselben Eisenkern eine zweite Wicklung wie in Abb. 1b dargestellt, angeordnet, so durchflutet der Kraftfluß auch diese Wicklung. Er induziert nach dem Induktionsgesetz ebenfalls in Wicklung 2 eine EMK von der Stärke E_2 und der gleichen Frequenz wie E_1. Dieser Vorgang wird mit Induktion der Ruhe, wobei E_1 durch *Selbstinduktion* und E_2 durch *Transformation* entstanden sind, bezeichnet. Die EMK in der zweiten Wicklung E_2 eilt genau wie E_1 dem Kraftfluß um 90° nach; E_2 und E_1 haben also die gleiche zeitliche Phasenlage. Die absolute Größe von E_2 hängt nach Gl. (2) von der Windungszahl n_2 der zweiten Wicklung ab. Es folgt hieraus, daß sich die induzierten elektromotorischen Kräfte oder annähernd auch die Spannungen in den Wicklungen direkt proportional zu den zugehörigen Windungszahlen verhalten.

Das *Gesetz für die Transformation* lautet demnach

$$\frac{E_1}{E_2} = \frac{n_1}{n_2} \approx \frac{U_1}{U_2} = ü, \tag{12}$$

wobei $ü$ das *Übersetzungsverhältnis* ist und nur für Leerlauf gilt, da in diesem Fall die Spannungsverluste vernachlässigt werden können. Bei Einsetzung der Nennoberspannung U_{N1} und Nennunterspannung U_{N2} bedeutet U_{N1}/U_{N2} die *Nennübersetzung* des Transformators. Die Gl. (2) wird als die *erste* und Gl. (12) als die *zweite Transformatorengleichung* bezeichnet (s. Abschn. 60).

Bei *Belastung* durchfließt der Strom I_2 die sekundäre Wicklung 2 und erzeugt die Durchflutung $I_2\,n_2$. Sie müßte magnetisierend wirken, wenn nicht nach dem Induktionsgesetz, entsprechend Gl. (6), der primär erzeugte Kraftfluß und auch die Durchflutung $I_0\,n_1$ von der Belastung fast unabhängig wären. Zur Herstellung des magnetischen Gleichgewichtes steigt deshalb der Strom I_1 in der primären Wicklung 1 so lange, bis die Differenz der Durchflutungen $I_1 n_1$ und $I_2 n_2$ die Leerlaufdurchflutung $I_0\,n_1$ ergibt.

Das vollkommene Gleichgewicht der Belastungsdurchflutungen könnte nur dann eintreten, wenn keine *räumlichen Differenzen* zwischen den Wicklungen möglich wären. Es wird deshalb ein mit dem Belastungsstrom proportionaler Streufluß zwischen den Wicklungen erzeugt.

Da die *Leerlaufdurchflutung* im Verhältnis klein ist, kann sie für die Aufstellung der untenstehende Gleichung vernachlässigt werden, und es folgt

$$I_1\,n_1 = I_2\,n_2 \quad \text{(AW)} \tag{13}$$

oder

$$\frac{I_1}{I_2} = \frac{n_2}{n_1} = \frac{1}{ü}, \tag{14}$$

wonach gegeben ist, daß sich die *Belastungsströme* in den Wicklungen *umgekehrt proportional* zu den zugehörigen Windungszahlen verhalten. *Wächst* der Zeitwert des Stromes in Wicklung *1*, so wirkt die EMK E_1 dem *Ansteigen* des Stromes entgegen. *Vermindert* sich der Zeitwert des Stromes, so versucht E_1 den Strom *aufrechtzuerhalten*. Der primäre Strom ist also der EMK E_1 in jedem Zeitmoment *entgegengerichtet*. In Wicklung *2* dagegen fließt der Strom in Richtung der EMK E_2, und es folgt, daß der primäre und sekundäre Strom in jedem Zeitmoment entgegengesetzte Richtung haben. Die *primäre Klemmenspannung* U_1 wird aufgedrückt und entspricht der Richtung des primären Stromes. Die *sekundäre Klemmenspannung* U_2 hat schließlich mit E_2 die gleiche Richtung.

Nach dem *Energiegesetz* muß die aufgenommene Leistung zuzüglich Verluste gleich der abgegebenen Leistung sein. Da die Verluste bei Transformatoren im Verhältnis klein sind, können sie vernachlässigt werden, und es wird dann

$$U_1 I_1 = U_2 I_2 \quad \text{(VA)} \qquad (15)$$

oder

$$\frac{I_1}{I_2} = \frac{U_2}{U_1} = \frac{1}{ü}, \qquad (16)$$

woraus folgt, daß sich auch auf Grund des *Energiegesetzes* die Gleichheit der *Belastungsdurchflutungen* ermitteln läßt.

Die Gl. (16) wird als die *dritte* und Gl. (14) als die *vierte Transformatorengleichung* bezeichnet.

Die Belastungsströme rufen in den Wicklungswiderständen ohmsche und induktive Gegenspannungen hervor, die von der aufgedrückten Klemmenspannung primärseitig überwunden werden müssen. Bei konstanter Klemmenspannung vermindert sich deshalb die EMK und damit auch der Kraftfluß bei Belastung des Transformators.

Abgesehen von allen Blind- und Wirkverlusten, die beim Umwandlungsprozeß entstehen, kann das *Hauptgesetz der Transformation* wie folgt formuliert werden. Bei jedem magnetisch ausgeglichenen Transformator ist das Produkt aus Strom und Windungszahl = *Durchflutung* *und* das Produkt aus Strom und Spannung = *Energie*, primär und sekundär — unabhängig von der Phasenzahl — *schenkelweise untereinander gleich*, wobei die Ströme und damit die Durchflutungen in jedem Zeitmoment entgegengerichtet sind.

7. Transformator und Generator

Das Induktionsgesetz nach Gl. (1) kann unter Heranziehung der Gl. (5) wie folgt geschrieben werden

$$e = -\frac{d(F_n B)}{dt} 10^{-8} \quad \text{(V)}, \qquad (17)$$

wobei F_n die *Windungsfläche* bedeutet. Für die Erzeugung einer EMK ist also gleichgültig, ob sich bei gleichbleibender Windungsfläche die Induktion ändert oder bei konstanter Induktion die Windungsfläche.

Beim Transformator gehört zur Spannungsbildung eine *Änderung der Induktion*

$$-e = F_n \frac{dB}{dt} 10^{-8} \quad (V), \tag{18}$$

beim Generator dagegen eine *Änderung der Windungsfläche*

$$-e = B \frac{dF_n}{dt} 10^{-8} \quad (V). \tag{19}$$

In Abb. 2 sind ein Transformator und ein Generator schematisch dargestellt, wobei der prinzipielle Unterschied des Induktionsvorganges deutlich erkennbar ist. Beim Transformator erfolgt die Erzeugung der Spannung durch die *Induktion der Ruhe*, beim Generator durch die *Induktion der Bewegung*.

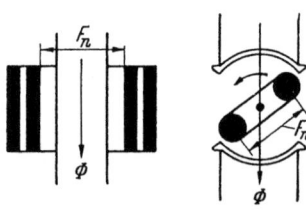

Abb. 2
Transformator und Generator. Schematische Darstellung. Spannungsbildung links: durch Induktion der Ruhe, rechts: durch Induktion der Bewegung

8. Vektoren-Zeitdiagramm

Die bis jetzt behandelten Gesetzmäßigkeiten des Transformators lassen sich durch ein Vektoren-Zeitdiagramm zusammenfassend überblicken. In Abb. 3 ist ein Einphasentransformator schematisch mit Belastungsströmen, wofür das Diagramm ermittelt werden soll, dargestellt.

Der Eisenkern a, auf dem die Oberspannungswicklung *1* mit der Windungszahl n_1 und die Unterspannungswicklung *2* mit der Windungszahl n_2 sitzen, wird vom Kraftfluß Φ durchflossen. Die Oberspannung U wird mittels der Leitungen b den Klemmen U V zugeleitet, und Wicklung *1* wird zur Primärwicklung. Die Unterspannung u wird über die Klemmen u v mittels der Leitungen c abgeleitet, und Wicklung *2* wird zur Sekundärwicklung des Transformators. Die beiden Wicklungen sind gegeneinander und gegen den Eisenkern, also auch gegen Erde, isoliert und im geringen Abstand, entgegen der Abbildung, konzentrisch auf die ganze Länge des Schenkels verteilt.

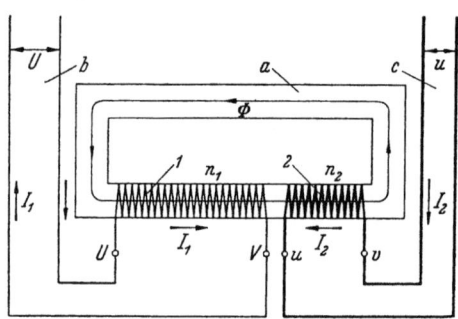

Abb. 3. Einphasentransformator mit Belastungsströmen I_1 und I_2. Anschlußklemmen U und V für Oberspannungswicklung, Anschlußklemmen u und v für Unterspannungswicklung. Die beiden Wicklungen sind in Wirklichkeit einfach oder doppel konzentrisch auf die ganze Schenkellänge verteilt

Die Konstruktion des Vektoren-Zeitdiagramms wird bei Gleichsetzung der *Leerlaufspannung* mit der *EMK* unter Berücksichtigung des *Leerlaufstromes* durchgeführt. Um die Verhältnisse zeichnerisch günstig gestalten zu können, ist $ü = 1$ also $n_1 = n_2$ gesetzt, und der

Leerlaufstrom sowie die Spannungsverluste werden anormal groß angenommen. Als Ausgangspunkt wird in Abb. 4 der *Kraftfluß* Φ gewählt. Er wird erzeugt von der Durchflutung $I_\mu n_1$, und der Magnetisierungsstrom I_μ kann phasengleich mit Φ eingezeichnet werden. Der Kraftfluß induziert in den Wicklungen *1* und *2* die EMKe E_1 und E_2, die phasengleich dem Kraftfluß um 90° nacheilen. Bei $\ddot{u} = 1$ ist auch $E_1 = E_2$. Die primäre EMK E_1 wird nun um 180° gedreht und als Gegenspannung $-E_1$ eingezeichnet. Der Leerlaufstrom I_0, der nur die Primärwicklung durchfließt, setzt sich aus dem Blindstrom I_μ und aus dem Wirkstrom bzw. Verluststrom I_v, der zur Deckung der Eisenverluste dient, zusammen. I_0 erzeugt einen ohmschen Spannungsverlust $I_0 r_{w1}$ und durch Ausbildung von Streuflüssen einen induktiven Spannungsverlust $I_0 \omega L_{S1}$. Diese Spannungsverluste sind im Diagramm nicht eingesetzt, weil sie gleich Null angenommen wurden. Es ist deshalb $U_0 = -E_1$. Die *Berechnung* der Wechselstromwiderstände r_{w1} und r_{w2} und die Streureaktanzen ωL_{S1} und ωL_{S2} sind in untenstehender Tabelle angegeben.

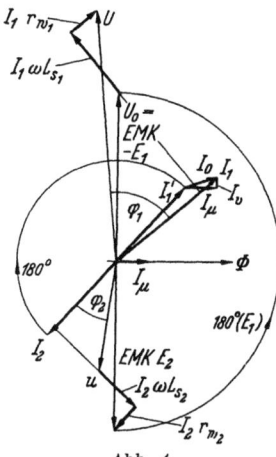

Abb. 4
Vektoren-Zeitdiagramm eines Einphasentransformators bei $\ddot{u} = 1$

Der induktive *Belastungsstrom* I_2 erzeugt die Durchflutnng $I_2 n_2$, die eine entsprechende aber entgegengesetzte Durchflutung $I'_1 n_1$ bedingt. Bei $\ddot{u} = 1$ ist $I_2 = I'_1$. Der primäre Belastungsstrom I_1 ergibt sich durch geometrische Addition von I'_1 und I_0. Der sekundäre Belastungsstrom I_2 erzeugt einen ohmschen Spannungsverlust $I_2 r_{w2}$, der in Phase mit I_2 liegt und durch Ausbildung von Streuflüssen einem induktiven Spannungsverlust $I_2 \omega L_{S2}$ der I_2 um 90° voreilt. Diese Spannungsverluste müssen von der EMK E_2 subtrahiert, also in entgegengesetzter Richtung als im Diagramm angegeben, addiert werden. Die geometrische Summe mit E_2 ergibt die bei Belastung auftretende Klemmenspannung u des Transformators.

Der primäre *Belastungsstrom* I_1 erzeugt ebenfalls die Spannungsverluste $I_1 r_{w1}$ und $I_1 \omega L_{S1}$, und die geometrische Summe mit der EMK $E_1 = U_0$ ergibt die Primärspannung U, die bei Belastung den Primärklemmen aufzudrücken ist, um sekundär die Klemmenspannung u zu erzeugen.

Werden die Spannungsverluste des Leerlaufstromes im Diagramm berücksichtigt, sind die Spannungsverluste des primären Stromes nicht durch I_1, sondern durch I'_1 zu bilden.

Der primäre *Phasenverschiebungswinkel* φ_1, der zwischen U und I_1 entsteht, ist größer als der von der Belastung bedingte Phasenverschiebungswinkel φ_2 auf der Sekundärseite des Transformators.

Für dreiphasige Transformatoren gilt das Vektoren-Zeitdiagramm nach Abb. 4 für eine Phase, wenn bei Sternschaltung die Spannungen

Tabelle 1. *Berechnung der Wicklungswiderstände in Ohm*

Benennung	Zeichen	Einphasentransformator	Dreiphasentransformator Oberspannungsseite in Stern	Dreiphasentransformator Oberspannungsseite in Dreieck
Kurzschlußimpedanz einer Phase, bezogen auf die Oberspannungsseite	Z_K	$\dfrac{u_K}{100} \cdot \dfrac{U_{N1}}{I_{N1}}$	$\dfrac{u_K}{100} \cdot \dfrac{U_{N1}}{\sqrt{3}\, I_{N1}}$	$\dfrac{u_K}{100} \cdot \dfrac{\sqrt{3}\, U_{N1}}{I_{N1}}$
Wechselstromwiderstand einer Phase, bezogen auf die Oberspannungsseite	R_{W1}	$\dfrac{V_{CuN}}{I_{N1}^2}$	$\dfrac{V_{CuN}}{3 I_{N1}^2}$	$\dfrac{V_{CuN}}{3(I_{N1}/\sqrt{3})^2} = \dfrac{V_{CuN}}{I_{N1}^2}$
Kurzschlußreaktanz einer Phase, bezogen auf die Oberspannungsseite	X_S	$\sqrt{Z_K^2 - R_{W1}^2}$		
Wechselstromwiderstand einer Phase, oberspannungsseitig	r_{w1}	$\dfrac{R_{W1}}{2}$		
Wechselstromwiderstand einer Phase, unterspannungsseitig	r_{w2}	$\dfrac{R_{W1}}{2} \cdot \dfrac{1}{\ddot{u}^2}$		
Streureaktanz einer Phase, oberspannungsseitig	ωL_{S1}	$\dfrac{X_S}{2}$		
Streureaktanz einer Phase, unterspannungsseitig	ωL_{S2}	$\dfrac{X_S}{2} \cdot \dfrac{1}{\ddot{u}^2}$		
Übersetzungsverhältnis (Nennwert)	$\ddot{u}$	$\dfrac{U_{N1}}{U_{N2}}$		

Es bedeuten: u_K = Kurzschlußspannung in %; U_{N1} = Nennoberspannung in Volt (Linienspannung); I_{N1} = Nennstrom oberspannungsseitig in Ampère (Linienstrom); V_{CuN} = Nennwicklungsverluste in Watt bei 75°C; U_{N2} = Nennunterspannung in Volt (Linienspannung).

und bei Dreieckschaltung die Ströme mit $1/\sqrt{3}$ multipliziert werden. Die Berechnung der Spannungsverluste erfolgt mit Hilfe der oben angegebenen Tabelle, in der die Widerstände und Reaktanzen bereits auf eine Phase bezogen sind.

9. Vektoren-Potentialdiagramm

Die oben behandelten Gesetze über die Wirkungsweise der Transformatoren hatten zum größten Teil von der Zeit abhängige Zustandsgrößen zum Gegenstand. Aus diesem Grunde sind die zugehörigen und im Diagramm Abb. 4 dargestellten Vektoren zwangsläufig mit zeitlicher Richtung eingetragen worden.

Die *elektromotorischen Kräfte* besitzen aber außer der *zeitlichen* auch eine *räumliche* Richtung. Zur Erläuterung der räumlichen Richtung ist in Abb. 5 ein Generator in Verbindung mit einem Transformator bei Leerlauf, also bei offener Sekundärwicklung, schematisch dargestellt. Zur Vereinfachung wurde $ü = 1$ gewählt. Die Leitung, die zur Primärklemme E und die Leitung, die zur Sekundärklemme F des Transfor-

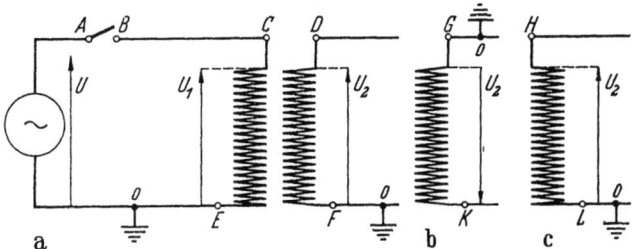

Abb. 5. Räumliche Richtung der Spannungsvektoren. a) Primär- und Sekundärwicklung haben gleichen Wickelsinn (rechtsgängige Wicklungen), gleichen Anschluß und gleiche Erdung der Klemmen; b) die Sekundärwicklung ist an der gegensinnigen Klemme geerdet; c) die Sekundärwicklung hat anderen Wickelsinn (linksgängige Wicklung) und ist an der gleichsinnigen Klemme — bezogen auf den Wickelsinn an der gegensinnigen — geerdet

mators führen, sind starr geerdet. Das *Potential* dieser Leitungen und der Klemmen ist also Null.

Das Potential des Generators wächst mithin von Null in Richtung der Klemme A, und die Höhe der *Potentialdifferenz* zwischen 0 und A soll durch den *Spannungsvektor U* dargestellt werden.

Nach *Schließung des Schalters* fließt, über die Klemmen A und B, der Leerlaufstrom I_0 durch die Primärwicklung des Transformators. Zeitlich gesehen, eilt die EMK dem Kraftfluß um 90° nach ($\alpha = \pi/2$, $t = 0{,}02/4$ sec bei $f = 50$). Die EMKe sind der Spannung U zeitlich entgegengerichtet. Die EMK E_1, um 180° gedreht, ergibt, mit dem Spannungsverlust des Leerlaufstromes geometrisch addiert, die Spannung des Generators. In Abb. 6 a ist das Zeitdiagramm für Leerlauf dargestellt. Die *Spannungsvektoren* sind gestrichelt eingetragen, um anzudeuten, daß sie in Wirklichkeit viel größer

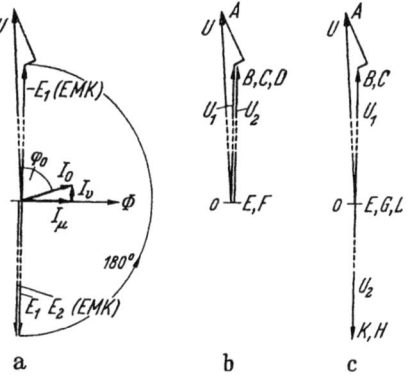

Abb. 6. Vektorendiagramme für Leerlauf. a) Zeitdiagramm für Abb. 5; b) Potentialdiagramm für Abb. 5a; c) Potentialdiagramm für Abbildung 5b und 5c

bzw. die Spannungsverluste im Verhältnis bedeutend kleiner gezeichnet werden müßten.

Verursacht durch die erzeugte EMK E_1 entsteht in der Primärwicklung eine von *Windung zu Windung zunehmende Potentialdifferenz*. Räumlich gesehen, wächst das Potential der Primärwicklung von Null, also von Klemme E, in Richtung der Klemme C an. Der Spannungsvektor U_1 stellt die Potentialdifferenz zwischen den Klemmen E und C

dar. Jeder Punkt des Linienzuges entspricht dem Potential eines Punktes der Wicklung. Es ist erkennbar, daß die beiden Spannungsvektoren U und U_1 die gleiche *räumliche Richtung* aufweisen.

Ist die Sekundärwicklung so ausgeführt und geschaltet wie die Primärwicklung, d. h. beide Wicklungen haben den gleichen *Wickelsinn*, gleichsinnigen *Anschluß* und gleichsinnige *Erdung* der Klemmen ohne Vertauschung der Wicklungsanschlüsse, wächst das Potential in der Sekundärwicklung in Richtung von 0 bzw. F nach D (Abb. 5a). Der Spannungsvektor U_2 als Potentialdifferenz zwischen den Klemmen F und D kann demnach in der gleichen Richtung wie U_1 gezeichnet werden. In Abb. 6b ist das Potentialdiagramm dargestellt, wobei die *Fußpunkte* und *Spitzenpunkte* der Vektoren mit den Buchstaben der entsprechenden Klemmen bezeichnet worden sind.

Wird die Sekundärwicklung an einer gegensinnigen Klemme, wie in Abb. 5b dargestellt, geerdet, also nicht am Anfang wie in Abb. 5a, sondern am Ende der Wicklung an Klemme G, so wächst das Potential in entgegengesetzter Richtung. Der sekundäre Spannungsvektor U_2 ist dem primären Spannungsvektor U_1 räumlich entgegengerichtet und im Potentialdiagramm Abb. 6c auch entsprechend eingetragen.

Hat die Sekundärseite einen entgegengesetzten *Wickelsinn*, also statt einer rechtsgängigen eine linksgängige Wicklung, muß das Potential, trotz Erdung der gleichsinnigen Klemme, ebenfalls in entgegengesetzter Richtung wachsen. Die Abb. 5c ist demnach um 180° umgeklappt zu denken. Der sekundäre Spannungsvektor hat auch jetzt eine entgegengesetzte räumliche Lage (Abb. 6c).

Ersetzt man die sekundäre Erdung durch eine relativ widerstandslose *Schaltverbindung* zur Primärerdung, so ergibt sich, daß je nachdem, ob die Schaltverbindung an einer gleichsinnigen (gleichnamigen) oder an einer gegensinnigen (ungleichnamigen) Klemme liegt, der sekundäre Spannungsvektor gleich oder entgegengerichtet dem primären Spannungsvektor ist. *Schaltverbindungen* zwischen den Wicklungen stellen Punkte gleichen Potentials dar. Bei Verbindung eines primären Wicklungspunktes mit einem sekundären nimmt letzterer das Potential des primären Wicklungspunktes an.

Wird der Transformator *bei geöffnetem Schalter* über die Sekundärwicklung unter Spannung gesetzt, und zwar derart, daß der entstehende Spannungsvektor U_1 in Richtung, Größe und Zeitfolge dem ursprünglichen entspricht, so entsteht an den Klemmen A und B eine Potentialdifferenz, die beim Schließen des Schalters einen *Strom* zur Folge hat. Der Strom fließt in Richtung des tieferen Potentials.

Wenn man andererseits die Spannung U des Generators so lange senkt bis $U = U_1$ ist, wird die Potentialdifferenz an den Klemmen A und B gleich Null. Beim Schließen des Schalters kommt kein Stromfluß zustande. Es folgt hieraus, daß bei einem offenen Stromkreis Klemmen gleichen Potentials verbunden werden können, ohne daß ein Strom im Kreise auftritt. Die beiden Spannungsvektoren an der Öffnungsstelle sind in diesem Fall gleich groß und haben gleiche potentielle Richtungen.

Die Verbindungslinie zweier Punkte im Potentialdiagramm gibt direkt die Potentialdifferenz an, die zwischen diesen Punkten besteht. Ströme und Kraftflüsse können in einem Potentialdiagramm nicht dargestellt werden, weil sie keine potentielle Vektorenrichtung, sondern nur eine räumliche *Fließrichtung* bzw. einen räumlichen Verlauf aufzuweisen haben. Wenn aber trotzdem Ströme und Kraftflüsse im Potentialdiagramm eingetragen werden, so bleibt ihre Richtung immer nur eine zeitliche. Es können also prinzipiell nur Spannungsvektoren in solchen Diagrammen dargestellt werden.

Potentialdiagramme sind für die Aufstellung und *Überprüfung* von Transformatorenschaltungen von außerordentlicher Bedeutung. Es werden deshalb in den folgenden Behandlungen fast immer Potentialdiagramme Anwendung finden. Die Vektoren in diesen Diagrammen haben verständlicherweise dieselbe Drehrichtung nach links, also entgegengesetzt dem Uhrzeigersinn, wie alle Vektoren der Zeitdiagramme. Ihre räumliche Richtung darf aber nicht mit Raumvektoren, die dreidimensional sind, verwechselt werden.

Eine Beeinflussung der *Zeitdiagramme* durch Schaltungsmaßnahmen oder durch Änderung des Wickelsinns ist nicht möglich.

10. Räumlicher Stromverlauf

Bei Belastung des Transformators sind die Wicklungen von Strömen durchflossen. Zeitlich ist der primäre Strom in jedem Zeitmoment dem sekundären entgegengesetzt. Die Belastungsströme werden, ausgehend vom Erzeuger, über Transformatoren zum Verbraucher und wieder zurück geleitet. Der hierbei auftretende räumliche *Stromverlauf* ist in Abb. 7 mit zwei einfachen Stromkreisen dargestellt. Die Spannungs-

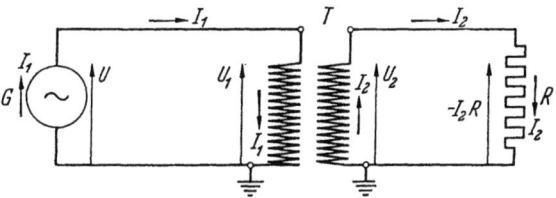

Abb. 7. Räumlicher Verlauf der Belastungsströme. Links: Generator, Mitte: Transformator mit $ü = 1$, rechts: Belastungswiderstand. Generatorspannung, Transformatorspannungen und Spannung am Widerstand sind als Vektoren mit räumlicher Richtung eingetragen. Die Spannungsverluste sind vernachlässigt

vektoren sind mit räumlicher Richtung ohne Berücksichtigung der Spannungsverluste und die Ströme mit zeitlicher Richtung eingetragen. Der Transformator mit $ü = 1$ ist gleichsinnig nach Abb. 5a geschaltet.

Der *Generator* G erzeugt die Spannung U, und der Belastungsstrom I_1 fließt in Richtung der Spannung nach dem Transformator T. In der Primärwicklung fließt der Strom I_1 in entgegengesetzter Richtung zur Spannung U_1 (Gegenspannung). Die aufgedrückte Spannung U wird durch die Transformatorenspannung U_1 im Gleichgewicht gehalten. In der Sekundärwicklung ist der Belastungsstrom I_2 in jedem

Zeitmoment dem Belastungsstrom I_1 entgegengerichtet und fließt in Richtung der Spannung U_2 nach dem ohmschen Belastungswiderstand R. Der Strom I_1 ist mit der Spannung U, der U_1 entgegengerichtet ist, in Phase. Der Strom I_2 ist dagegen direkt mit der Spannung U_2 in Phase. Im Belastungswiderstand wird durch den Stromfluß eine Gegenspannung gleich $-I_2 R$ erzeugt, die von der aufgedrückten Spannung U_2 überwunden werden muß. Der Belastungsstrom I_2 fließt in entgegengesetzter Richtung zum negativen Spannungsverlust (Gegenspannung) und ist mit dem Spannungsverlust in Phase.

Zusammenfassend ergibt sich, daß die Richtung des *Spannungsvektors* mit der Richtung des *Stromvektors* beim Erzeuger *gleichgesetzt* und beim Verbraucher *entgegengesetzt* ist.

Die Primärseiten von Transformatoren wirken als *Verbraucher* und die Sekundärseiten als *Erzeuger*.

Obwohl in der Abb. 7 die Spannungsvektoren in potentieller Richtung eingetragen sind, fallen diese relativ zur angegebenen Stromrichtung mit ihren zeitlichen Richtungen zusammen. Hierdurch ist es möglich, daß der oben beschriebene Vorgang des räumlichen Stromverlaufes mit den physikalischen Gesetzen in Übereinstimmung kommt.

Wird statt der gleichsinnigen die *gegensinnige Schaltung* des Transformators nach Abb. 5b im Schaltbild eingesetzt, so fällt der sekundäre Spannungsvektor U_2 in Gegenphase zum Vektor des Stromes I_2. Dieses würde aber den physikalischen Gesetzen der Transformation, wonach I_2 in Richtung von U_2 fließen muß, widersprechen. Es ergibt sich, daß nur bei der gleichsinnigen Schaltung die räumliche Richtung von U_2 relativ zur eingezeichneten Richtung des Stromes I_2 mit der zeitlichen zusammenfällt. Man kann also nicht ohne weiteres Vektoren mit zeitlichen und räumlichen Richtungen zusammenbringen oder in Potentialdiagramme einfügen.

Um allen Irrtümern aus dem Wege zu gehen, konstruiert man zweckmäßigerweise für jede Seite des Transformators, also für Ober- und Unterspannung, *getrennte Potentialdiagramme* und fügt, wenn erforderlich, die Stromvektoren mit zeitlicher Richtung so ein, als ob die Spannungsvektoren auch zeitliche Richtung hätten. Es wird demnach für ohmsche Belastung I_1 in Phase mit U_1 und I_2 in Phase mit U_2 gezeichnet.

Für das Zusammenwirken aller Größen mit zeitlicher Richtung, einschließlich der Spannungen, muß aber stets das *Zeitdiagramm* herangezogen werden.

11. Schaltgruppen

Der *Anfangspunkt* (Fußpunkt) eines Vektors mit räumlicher Richtung stellt das minimale und der *Endpunkt* (Spitzenpunkt) des Vektors das maximale Potential dar. Wird Anfang und Ende einer Wicklung mit den gleichen Buchstaben wie der Fußpunkt und Spitzenpunkt eines Vektors oder umgekehrt bezeichnet, so stellt der Vektor die Spannung, die in der Wicklung besteht, nach Größe und Richtung dar. Die *Potentiale der Wicklungsklemmen* sind auch hiermit festgelegt. Der *Vektor* kann in der Fläche, je nach Richtung der Potentialzunahme, irgendeine Lage annehmen.

In Abb. 8a ist ein *Einphasentransformator* dargestellt, bei dem die Oberspannungswicklung an einer *Sammelschiene* angeschlossen ist. Die Wicklungen haben *gleichen Wickelsinn*, und die ganze Schaltung

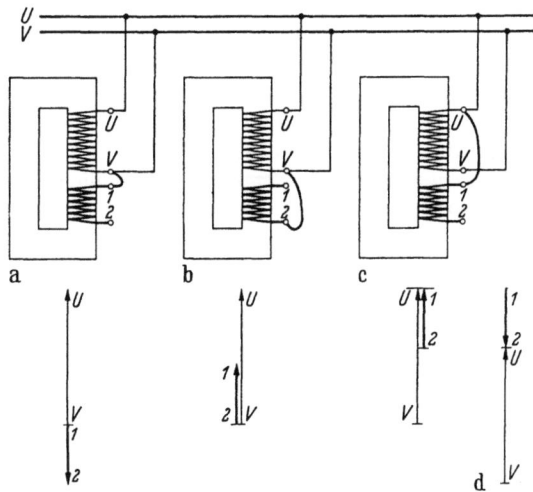

Abb. 8. Änderung der Richtung des sekundären Spannungsvektors durch eine Schaltverbindung bei gleichem Wickelsinn. a) Verbindung gegensinniger Klemmen (unten — oben); b) Verbindung gleichsinniger Klemmen (unten — unten); c) Verbindung gleichsinniger Klemmen (oben — oben); d) Verbindung gegensinniger Klemmen (oben — unten). Die Wicklungen sind ineinandergeschoben, und auf die ganze Schenkellänge verteilt, zu denken

ist von der Oberspannungsseite aus betrachtet. Die Spannung der Sammelschiene ist durch den *Vektor UV* gegeben, das *Potential* der Wicklung wächst von V nach U. Die Klemme V hat demnach das Potential *Null* und die Klemme U das *maximale* Potential.

Die in der Abbildung eingezeichnete *Schaltverbindung* von V nach *1* bedingt, daß die Klemme *1* der *Unterspannungswicklung* das Potential der Klemme V der *Oberspannungswicklung* annimmt. Der Spannungsvektor der *Unterspannungswicklung*, der infolge der niedrigeren Windungszahl kleiner ist als der Vektor UV, muß also im Potentialdiagramm um 180° gegenüber dem Spannungsvektor der *Oberspannungswicklung* verschoben gezeichnet werden. Wird dagegen nach Abb. 8b die Klemme V mit *2* verbunden, so muß das Potential der Klemme *1* in Richtung des Potentials der Klemme U liegen. Verbindet man andererseits die Klemme U, also den Punkt mit dem höchsten Potential, mit der Klemme *1*, so muß letztere ebenfalls das höchste Potential annehmen. Da die *Unterspannungswicklung* weniger Windungen besitzt als die *Oberspannungswicklung*, wird in der *Unterspannungswicklung* das Potential Null nach einem kürzeren Linienzug als in der *Oberspannungswicklung* erreicht. Das Potentialdiagramm kann also nur in der Form, wie es in der Abb. 8c angegeben ist, gezeichnet werden. Das Potential Null der Wicklungsklemme V darf hier nicht mit dem Potential der

Erde, die immer Null ist, verwechselt werden. Es handelt sich doch um Wicklungen, die gegeneinander und gegen den Eisenkern, also auch gegen Erde isoliert sind und keinerlei Verbindungen zur Erde besitzen.

Schließlich kann die Klemme U noch mit Klemme 2 verbunden werden. Hierbei nimmt die Klemme 2 das höchste Potential an (s. Abb. 8d).

In Abb. 8a führt die *Schaltverbindung* vom Anfang der Oberspannungswicklung, d. h. von der Klemme V, nach dem Ende der Unterspannungswicklung, Klemme 1. Dagegen führt sie in Abb. 8b nach dem Anfang der Unterspannungswicklung Klemme 2. Es handelt sich also um eine gegensinnige und um eine gleichsinnige Schaltung der Wicklungen.

Werden die *Unterspannungsklemmen* mit gleichen aber kleinen Buchstaben wie die entsprechenden *Oberspannungsklemmen* bezeichnet, muß für die gleichsinnigen Klemmen 1 und 2 im ersten Fall eine ungleichnamige Bezeichnung, also v und u, und im zweiten Fall eine gleichnamige Bezeichnung, also u und v, gewählt werden. Durch diese Bezeichnungsweise ist der Unterspannungsvektor nach Größe und Richtung bestimmt, und zur Festlegung der Richtung der Potentialzunahme braucht unsere Schaltverbindung nicht mehr herangezogen zu werden.

Der Einphasentransformator hat, in bezug auf den *Phasenwinkel*, nur zwei verschiedene Schaltungen bzw. *Schaltgruppen* (s. Abschn. 1), und zwar die gleichsinnige mit dem Zeichen $I\,i\,0$ und die gegensinnige $I\,i\,6$.

Hierbei bedeutet die *Kennzahl* der Schaltgruppe 0 bzw. 6 die Stellung des *Stundenzeigers* einer Uhr, wenn der Minutenzeiger auf der Stellung 12 bzw. 0 steht. Der Stundenzeiger entspricht der Richtung des *Unterspannungsvektors*

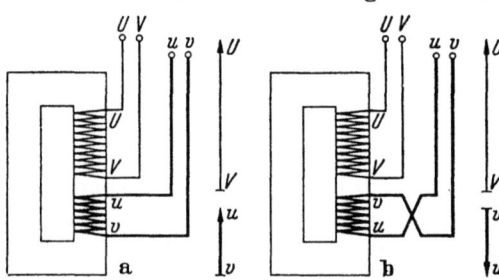

Abb. 9. Die gleichsinnige und gegensinnige Schaltgruppe des Einphasentransformators. Links: Schaltgruppe $I\,i\,0$ (gleichsinnig), rechts: Schaltgruppe $I\,i\,6$ (gegensinnig)

und der *Minutenzeiger* der Richtung des *Oberspannungsvektors*. Der Oberspannungsvektor eilt dem Unterspannungsvektor vor. Die Kennzahl gibt an um welches Vielfache von 30° der Vektor der Unterspannung gegen den der Oberspannung gleicher Klemmenbezeichnung nacheilt.

In Abb. 9 sind die beiden oben beschriebenen *Schaltgruppen*, und zwar links die gleichsinnige mit dem Phasenwinkel 0° und rechts die gegensinnige mit dem Phasenwinkel 180°, dargestellt. Bei den rechten Einphasentransformator sind die Verbindungen der Unterspannungswicklung zu den Klemmen gekreuzt gezeichnet. Hierdurch soll angedeutet werden, daß oben an den Klemmen keinerlei Merkmale vorhanden sind, die Rückschlüsse auf die bestehende *Schaltgruppe* gestatten würden. Denn, vergleicht man die *Klemmenanordnung* mit der des links dargestellten Einphasentransformators, ist kein Unterschied feststellbar. Bei gleicher Klemmenbezeichnung und Klemmenanordnung ist aber der *Winkel* zwischen den Vektoren verschieden. Es ist deshalb stets erforderlich, daß die Schaltgruppe außerhalb des Transformators auf dem *Leistungsschild* ersichtlich wird.

Zur *Nachprüfung der Schaltgruppe* und zur Ermittlung der räumlichen Richtungen der Spannungsvektoren sollen nun Messungen mit einem Spannungsmesser für Wechselstrom vorgenommen werden.

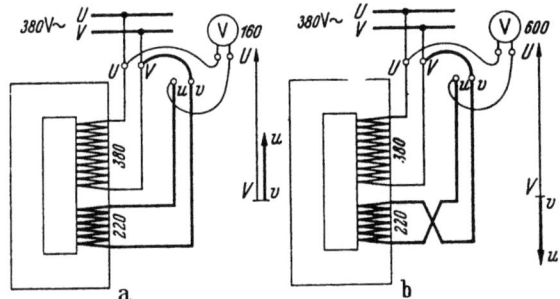

Abb. 10. Prüfschaltung zur Schaltgruppenkontrolle eines Einphasentransformators bei Verbindung gleichnamiger Klemmen mit Potentialdiagramm. a) Die Messung ergibt die Differenzspannung, zeigt also die Schaltgruppe $I\,i\,0$ an; b) Die Messung ergibt die Summenspannung, zeigt also die Schaltgruppe $I\,i\,6$ an. (Die eingetragenen Zahlen geben die Spannungen in Volt an)

Der *nachzuprüfende Transformator* besitzt z. B. ein Übersetzungsverhältnis von $ü = 380\,\text{V}/220\,\text{V} = \sqrt{3}$ und ist oberspannungsseitig an einer 380 V Sammelschiene angeschlossen. Der Spannungsvektor dieser Sammelschiene ist mit UV bezeichnet. Mit Hilfe einer *Kurzschlußbrücke*, die naturgemäß eine relativ widerstandslose Schaltverbindung ist, werden die *gleichnamigen Klemmen* V und v verbunden. Der Spannungsmesser wird an den gleichnamigen Klemmen U und u angeschlossen. Hat der Einphasentransformator die Schaltgruppe $I\,i\,0$, so zeigt der Spannungsmesser 160 V, dagegen bei der Schaltgruppe $I\,i\,6$ 600 V an. In Abb. 10a und b ist die Prüfschaltung mit Potentialdiagramm dargestellt. Die Wicklungen haben gleichen Wickelsinn, und die Schaltung ist von der Oberspannungsseite aus betrachtet.

Werden zur *Kurzschließung* und *Messung*, wie in Abb. 11a und b dargestellt, die *ungleichnamigen Klemmen* V und u bzw. U und v herangezogen, wird bei der Schaltgruppe $I\,i\,0$ die Spannung 600 V und bei der Schaltgruppe $I\,i\,6$ die Spannung 160 V gemessen. In Abb. 10a und 11b wird die *Differenzspannung* und in Abb. 10b und 11a die *Summenspannung* gemessen. Man kann also mit einem *Spannungsmesser* einwandfrei die *potentielle Richtung* der Spannungsvektoren ermitteln und damit die *Schaltgruppe* eines Transformators nachprüfen. Dieses ist im Grunde genommen nur deshalb möglich, weil die Wechselspannungen ihre Zeitwerte genau im gleichen Takt annehmen.

Die in Abb. 9 getrennt gezeichneten Spannungsvektoren für jede Seite des Transformators müssen an den Punkten, an denen die Kurzschlußbrücke liegt, wie in Abb. 10 und 11 gezeichnet, zur Berührung gebracht werden, denn sowohl Schaltverbindungen als auch Kurzschlußbrücken stellen Punkte gleichen Potentials dar.

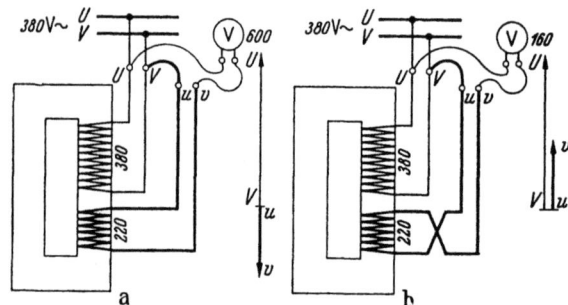

Abb. 11. Prüfschaltung zur Schaltgruppenkontrolle eines Einphasentransformators bei Verbindung ungleichnamiger Klemmen mit Potentialdiagramm. a) Die Messung ergibt die Summenspannung, zeigt also die Schaltgruppe $I\,i\,0$ an; b) Die Messung ergibt die Differenzspannung, zeigt also die Schaltgruppe $I\,i\,6$ an. (Die eingetragenen Zahlen geben die Spannungen in Volt an)

Werden zum Schluß die hier behandelten Gesetzmäßigkeiten *zusammengefaßt*, ergeben sich für die Aufstellung von Vektoren-Potentialdiagrammen folgende Regeln:

1. Die *Wicklungen*, die von einem Kraftfluß in gleicher Richtung durchflossen werden bzw. auf einem Schenkel des Eisenkernes sitzen, haben *Spannungsvektoren*, die parallel sind oder durch eine gerade Linie verbunden werden können.
2. Die Größe des Unterspannungsvektors wird durch die *Übersetzung* bestimmt.
3. Die *Richtung* des Unterspannungsvektors wird bestimmt durch
  a) *Wickelsinn* der Wicklung,
  b) gleichnamige oder ungleichnamige *Bezeichnung* vom Anfang und Ende der Wicklung,
  c) *Schaltung* der Wicklung.
4. Bei Einphasentransformatoren werden beide Schenkel des Kernes von *demselben Kraftfluß*, aber in *entgegengesetzter* Richtung, durchflossen. Werden auf beiden Schenkeln Wicklungen mit gleichem Wickelsinn angebracht, sind Anfang und Ende der Wicklungen zueinander *gegensinnig*.

12. Parallelschaltung

Während die *Schaltgruppenkontrolle* zur Ermittlung der Richtung der Spannungsvektoren eines Transformators dient, hat die *Phasenkontrolle* den Zweck, die Phasengleichheit der Spannungsvektoren von zwei Transformatoren festzustellen.

Wenn zwei Transformatoren *parallelgeschaltet* werden sollen, müssen sie gleiche *Übersetzung*, d. h. gleiche Spannung ober- und unterspannungsseitig, gleiche Kurzschlußspannung und *Schaltgruppen gleicher Kennzahl* besitzen. Bei derartigen Schaltgruppen kann Phasengleichheit jeweils zwischen den Ober- und Unterspannungsvektoren der Transformatoren entstehen, wenn man die Verbindung der Klemmen richtig vornimmt.

Zur Durchführung der *Phasenkontrolle* werden die beiden Transformatoren auf einer Seite, z. B. wie in Abb. 12 dargestellt, auf der Oberspannungsseite zusammengeschaltet und unter Spannung gesetzt.

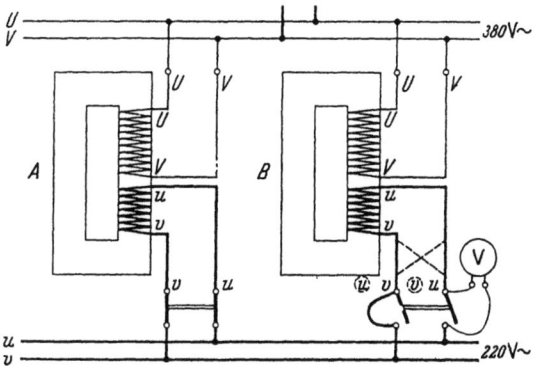

Abb. 12. Prüfschaltung zur Phasenkontrolle von zwei Einphasentransformatoren (A und B) zum Messen der Phasengleichheit vor erstmaligem Einschalten des zweiten Transformators (B). Nennspannung oberspannungsseitig (380 V) und unterspannungsseitig (220 V) für beide Transformatoren gleich. Bei Phasengleichheit zeigt der Spannungsmesser Null und bei Phasenvertauschung (gestrichelt gezeichnet) die doppelte Unterspannung ($2 \cdot 220 = 440$ V) an

Hierbei sind die *gleichnamigen Klemmen* der Transformatoren an die *gleichnamigen Sammelschienen* angeschlossen. Auf der anderen Seite, z. B. auf der Unterspannungsseite, erfolgt bei dem einen Transformator, der bereits schon mit vorhandenen Transformatoren parallel in Betrieb war, die Verbindung der Klemmen ebenfalls mit den gleichnamigen Sammelschienen. Bei dem anderen Transformator, der nun erstmalig parallelgeschaltet werden soll, wird durch eine *Kurzschlußbrücke* und einen *Spannungsmesser* die Verbindung zur Sammelschiene hergestellt, wobei am offenen Schalter wiederum gleichnamige Klemmen zur Verbindung kommen (s. Abschn. 73). Zeigt der Spannungsmesser Null an, so stimmen die Phasen überein, die Klemmen u vom Transformator und u von der Sammelschiene haben *dasselbe Potential*, und die Transformatoren können auch unterspannungsseitig zusammen-, d. h. *parallelgeschaltet*, werden. In Abb. 13a und b sind diese Verhältnisse vektoriell dargestellt, wobei die Schaltgruppe $Ii\,0$ für beide Transformatoren

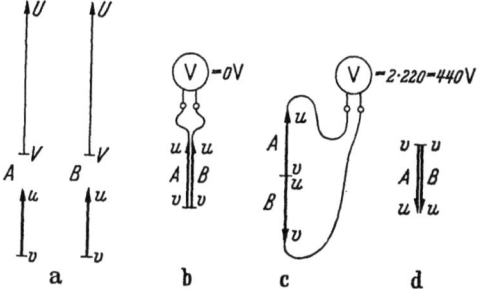

Abb. 13. Vektoren-Potentialdiagramme bei der Phasenkontrolle von zwei Einphasentransformatoren, a) Die Transformatoren A und B besitzen die Schaltgruppe $Ii\,0$; b) Lage der Unterspannungsvektoren bei der Phasenkontrolle. Der Spannungsmesser zeigt Null an; c) Lage der Unterspannungsvektoren bei der Phasenkontrolle, wenn der Transformator B die Schaltgruppe $Ii\,6$ besitzt. Der Spannungsmesser zeigt die doppelte Unterspannung an; d) Lage der Unterspannungsvektoren bei der Phasenkontrolle, wenn beide Transformatoren die Schaltgruppe $Ii\,6$ besitzen. Der Spannungsmesser zeigt gleichfalls Null an

angenommen wurde. Zur Gegenprobe wird der Anschluß des Spannungsmessers von der *Sammelschiene u* nach *v* gewechselt. Der Spannungsmesser muß hierbei die Unterspannung des Transformators *B* anzeigen.

Besitzt der Transformator *B* die Schaltgruppe $Ii\,6$, wie es in Abb. 12 gestrichelt angedeutet ist, zeigt der Spannungsmesser die *doppelte Unterspannung*, also z. B. $2 \cdot 220 = 440$ V, an. Die Transformatoren kann man in diesem Fall also nicht parallelschalten. Wie aus Abb. 13c zu ersehen ist, befinden sich die Spannungsvektoren in *Phasenopposition*. Die Klemmen *v* vom Transformator und *u* von der *Sammelschiene* haben das *entgegengesetzte Potential*.

Hat schließlich auch der Transformator *A* die Schaltgruppe $Ii\,6$, so gilt das Diagramm nach Abb. 13d. Da es sich hier um Einphasentransformatoren handelt, die nur zwei Schaltgruppen aufweisen, kann durch *Vertauschung* der Unterspannungsanschlüsse eines Transformators zur Sammelschiene die gewünschte *Phasengleichheit* leicht hergestellt werden.

C. Dreiphasensysteme

Für die Fortleitung des Stromes eines *Mehrphasensystems* mit *m*-Phasen werden allgemein *2 m-Leitungen* benötigt. Das Dreiphasensystem, das eine besondere technische und wirtschaftliche Bedeutung erlangt hat, benötigt demnach *6 Leitungen*. Sollen alle 6 Leitungen, was meistens der Fall ist, zu der gleichen Stelle führen, so kann durch *Verkettung* die Zahl der Leitungen vermindert werden. Mit Verkettung wird die Verbindung von Einphasenwicklungen, bei der keine inneren Ausgleichströme entstehen, bezeichnet. Die Verkettung kann auf zwei verschiedene Arten — *offen* oder *geschlossen* — erfolgen. Der verkettete Dreiphasenstrom, *Drehstrom* genannt, benötigt bei *Sternschaltung* mit gleich belasteten Phasen und bei *Dreieckschaltung* nur $m = 3$ *Leitungen*. Bei Sternschaltung muß bei größeren Unterschieden in der Belastung der Phasen neben den drei Hauptleitungen eine gemeinsame *Rückleitung* im Sternpunkt angeschlossen werden, um Spannungsverschiebungen zu vermeiden. In diesem Fall ist also die Zahl *der Leitungen* gleich $m + 1$.

13. Die Kirchhoffschen Gesetze

Auf Grund der KIRCHHOFFschen Gesetze lassen sich die Zusammenhänge zwischen den Strömen eines *Knotenpunktes* (Verzweigungspunktes) und den Spannungen in einer *Masche* (geschlossener Leitungszug) ermitteln.

Das *erste Kirchhoffsche Gesetz* lautet

a) für *Gleichstrom:* In jedem *Knotenpunkt* ist die algebraische Summe der Ströme gleich Null

b) für *Wechselstrom:* In jedem *Knotenpunkt* ist die geometrische Summe der Ströme gleich Null.

Es ist also
$$\sum(I) = 0 \quad (A), \tag{20}$$

wobei die zufließenden Ströme *positiv* und die abfließenden *negativ* zu zählen sind. Teilt man die Wechselströme in Wirk- und Blindkomponente auf, können die *gleichartigen Komponenten* bei gleicher Polarität *algebraisch* addiert werden.

Das *zweite Kirchhoffsche Gesetz* lautet

a) für *Gleichstrom:* In jeder *Masche* ist die algebraische Summe der elektromotorischen Kräfte gleich der algebraischen Summe der Produkte aus Strom und Widerstand

b) für *Wechselstrom:* In jeder *Masche* ist die geometrische Summe der elektromotorischen Kräfte gleich der geometrischen Summe der Produkte aus Strom und Widerstand.

Es ist also
$$\sum(E) = \sum(IR) \quad (V). \tag{21}$$

Die *geometrisch* gebildeten Summen müssen auf beiden Seiten der Gleichung dieselbe Größe und dieselbe Richtung haben.

Aus dem zweiten KIRCHHOFFschen Gesetz ergeben sich folgende *Grenzfälle*.

1. In einer *Masche ohne Stromfluß*, also mit $I = 0$, ist
$$\sum(E) = 0 \quad (V), \tag{22}$$

d. h. die Summe der *elektromotorischen Kräfte* ist gleich Null.

Dieser Satz wird für die Ermittlung der Linienspannungen verwendet, wobei die Umlauf- und Zählrichtung für die Vektoren in den folgenden Behandlungen erläutert werden.

2. In einer *Masche ohne elektromotorischen Kräfte* (Quellenfreiheit) — bei stromdurchflossenen Leitern gleicher Polarität — also mit $E = 0$, ist
$$\sum(IR) = 0 \quad (V), \tag{23}$$

d. h. die Summe der *Spannungsverluste*, bzw. der *verbrauchten Spannungen* ist gleich Null.

Durch diesen Satz können z. B. bei einer einfachen *Stromverzweigung*, durch zwei parallele Leiter gleicher Polarität gebildet, die Zweigströme bei gegebenen Widerständen ermittelt werden. Die Spannungsverluste $I_1 R_1$ und $I_2 R_2$ zwischen den beiden Verzweigungspunkten sind gleich groß und in der *Masche* entgegengesetzt gerichtet. Ihre *Differenz* ist also Null. Es ist $I_1 R_1 - I_2 R_2 = 0$ und $I_1 + I_2 = I$.

14. Die Sternschaltung von Einphasenwicklungen

Die Sternschaltung als offene Verkettung entsteht durch die Verbindung der Endpunkte von drei Einphasenwicklungen, deren Spannungen um 120 *elektrische Grade* zeitlich verschoben sind. Hierbei ist es gleichgültig, ob es sich um einen *Erzeuger* oder *Verbraucher* handelt. Der gemeinsame Wicklungspunkt wird mit *Sternpunkt*, die Spannungen der Wicklungen mit *Phasenspannungen* und die drei resultierenden Spannungen, die zwischen den drei zu den Anfangspunkten der Wicklungen führenden Hauptleitungen entstehen, mit *Linienspannungen* bezeichnet.

In Abb. 14 ist die *Sternschaltung* mit Vektoren-Zeitdiagramm dargestellt, wobei die Phasenspannungen mit den gleichen Zahlen wie die zugehörigen Wicklungen bezeichnet sind. Die *Linienspannung 12* bildet links mit den Wicklungen *1* und *2* einen geschlossenen Linienzug. Es muß deshalb innerhalb dieser *Masche*, nach dem zweiten KIRCHHOFFschen Gesetz, die geometrische Summe der Spannungen gleich Null sein. Für die Ermittlung der Linienspannung nach Größe und Richtung werden die Umlauf- und Zählrichtung für die Summierung der Spannungsvektoren wie folgt festgelegt.

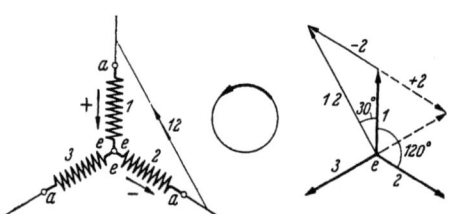

Abb. 14. Die Sternschaltung von Einphasenwicklungen. Links: Schaltbild mit Umlauf- und Zählrichtung der Spannungen. Mitte: Umlaufrichtung der Summierung. Rechts: Zeitdiagramm der Spannungen. Die Linienspannung *12* eilt der Phasenspannung *1* um 30° vor

1. *Umlaufrichtung.* Um den gesuchten Vektor in der richtigen zeitlichen Lage zu erhalten, muß die Umlaufrichtung mit der Drehrichtung der Spannungsvektoren *1*, *2* und *3* übereinstimmen. Die Umlaufrichtung für die Summierung ist somit *von rechts nach links*, wie in Abb. 14 Mitte angegeben, also entgegengesetzt dem *Uhrzeigersinn*.

2. *Zählrichtung.* Wird bei der festgelegten Umlaufrichtung eine Wicklung von Anfang *a* nach Ende *e* durchlaufen, so zählt die Spannung in der Wicklung als *positiv*. Wird sie dagegen von *e* nach *a* durchlaufen, so zählt sie als *negativ*. Die resultierende Spannung, also die Spannung ohne direkte Wicklung im Kreise, muß stets negativ gezählt werden.

Es gilt demnach folgende *Vektorengleichung*

$$1 \frown 2 \frown 12 = 0 \quad (V), \tag{24}$$

und die *resultierende Spannung* wird

$$1 \frown 2 = 12 \quad (V), \tag{25}$$

woraus folgt, daß die *geometrische Differenz* zweier Phasenspannungen die Linienspannung ergibt und diese gegenüber dem voreilenden Phasenspannung *voreilend* ist. Aus dem Vektoren-Zeitdiagramm ergibt sich nach dem *Cosinussatz*, daß die Linienspannung um $\sqrt{3}$ mal größer als die Phasenspannung ist.

In Abb. 15 sind die Zeitwerte dieser Spannungen in Abhängigkeit vom *Drehwinkel* aufgetragen. Die Phasenspannung *1* eilt der Phasenspannung *2* um 120° vor und die Linienspannung *12* eilt der Phasenspannung *1* um 30° vor. Die Ordinate der Kurve *12* ergeben sich durch Addition der Ordinate der zur Kurve *2* negativ verlaufenden Kurve mit denen der Kurve *1*.

Addiert man geometrisch ohne Rücksicht auf Umlauf- und Zählrichtung die Phasenspannungen *1* und *2*, ergibt sich eine Linienspannung, die nach Größe gleich der Phasenspannung und 60° nacheilend gegenüber der voreilenden Phasenspannung ist. Die Addition

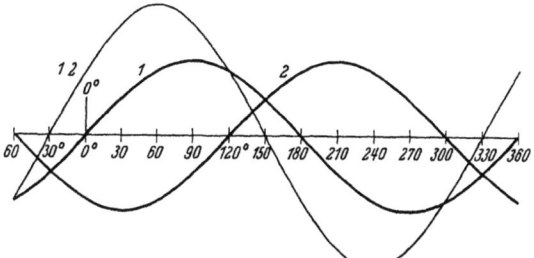

Abb. 15. Zeitwerte der Linienspannung *1 2* und der Phasenspannungen *1* und *2*. Die Linienspannung eilt der Phasenspannung *1* um 30° vor

ist in Abb. 14 rechts gestrichelt eingezeichnet. Dieses Ergebnis widerspricht aber der Wirklichkeit, weil die Linienspannung bei *Sternschaltung* stets größer als die Phasenspannung ist. Maßgebend ist deshalb für die Ermittlung der Linienspannung nicht die geometrische Summe, sondern die *geometrische Differenz* der Phasenspannungen. Die oben angegebenen Vektorengleichungen sind also richtig aufgestellt.

Auf ähnliche Weise lassen sich auch die beiden anderen Linienspannungen ermitteln. Es gelten zusammengenommen nach Abb. 16 folgende Vektorengleichungen.

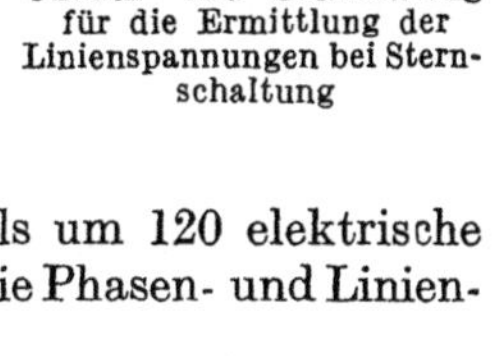

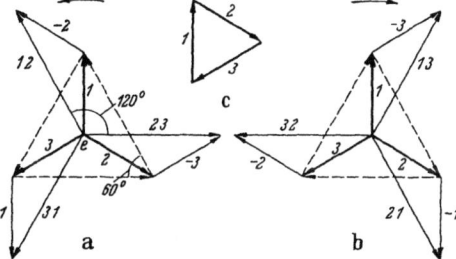

Abb. 16. Wicklungsplan mit Umlauf- und Zählrichtung für die Ermittlung der Linienspannungen bei Sternschaltung

Masche $(1, 2)$: $1 \mathbin{\hat{=}} 2 = 1\,2$
Masche $(2, 3)$: $2 \mathbin{\hat{=}} 3 = 2\,3$ $\quad$ (V), $\quad$ (26)
Masche $(3, 1)$: $3 \mathbin{\hat{=}} 1 = 3\,1$

woraus folgt, daß die *Linienspannungen* ebenfalls um 120 elektrische Grade zeitlich verschoben sind. In Abb. 17 a sind die Phasen- und Linienspannungen der Sternschaltung dargestellt.

Verbindet man die *Spitzenpunkte* der Spannungsvektoren *1*, *2* und *3*, so entsteht, wie gestrichelt gezeichnet, ein *gleichseitiges Dreieck*, dessen Seiten nach Größe und in paralleler Richtung mit den Linienspannungen übereinstimmen. In einem Potentialdiagramm gibt aber auch die *Verbindungslinie zweier Punkte* direkt die Spannung an, die zwischen diesen Punkten besteht, und es folgt, daß

Abb. 17. Zeit- und Potentialdiagramm der Sternschaltung. a) Die Linienspannungen *1 2*, *2 3* und *3 1* sind mit zeitlicher Richtung und die gestrichelt gezeichneten mit räumlicher Richtung dargestellt. Die Phasenspannungen *1*, *2* und *3* haben gleiche zeitliche und räumliche Richtung; b) Wie unter a) jedoch mit umgekehrter Drehrichtung der Vektoren; c) Die geometrische Summe der Phasenspannungen *1*, *2* und *3* ergibt Null

das Vektoren-Zeitdiagramm der Phasenspannungen mit dem Vektoren-Potentialdiagramm gleichgesetzt werden kann. Die Spannungsvektoren *1, 2* und *3* mit den gestrichelt gezeichneten Linienspannungen stellen demnach das Potentialdiagramm der Sternschaltung dar. Die Linienspannungen haben also außer den *zeitlichen* auch *räumliche Richtungen*, wobei die letzteren um 60° zueinander verschoben sind.

Zum leichteren Verständnis des Potentialdiagramms der Phasenspannungen denken wir an einen dreiphasigen Generator mit der Polpaarzahl $p = 1$. Dort sind die drei Achsen der Wicklungen am Umfang räumlich um 120 geometrische Grade verteilt (Abb. 14 links). Die erzeugten elektromotorischen Kräfte, die um 120 *elektrische Grade* verschoben sind, haben also gleiche zeitliche und räumliche Richtungen in den Wicklungen. Das Potential des Sternpunktes ist gleich Null. Die Potentiale wachsen von hier aus in drei verschiedene um 120° abweichende Linien dem Maximum zu.

Bei der *umgekehrten Drehrichtung der Vektoren* nach rechts entstehen durch die geometrische Differenz der Phasenspannungen, wie in Abb. 17 b dargestellt, zwar auch voreilende Linienspannungen, aber infolge der geänderten Umlaufrichtung der Summierung und der beibehaltenen Zählrichtung sind die Linienspannungen gegenüber 17 a um 180° phasenverschoben. Sie sind in der Reihenfolge mit *21, 32* und *13*, entsprechend bezeichnet. Eine entgegengesetzte als die festgelegte *Umlaufrichtung* (s. S. 26) würde also Vektoren hervorbringen, die um 180° umgeklappt, also nacheilend, sind. Dieses würde aber ebenfalls der Wirklichkeit widersprechen, denn die Linienspannungen sind bei der Sternschaltung stets voreilend. Eine Umklappung von Spannungsvektoren um 180° unter Beibehaltung der festgelegten Umlauf- und Zählrichtung kann folglich nur dann eintreten, wenn im Linienzuge Anfang mit Ende der entsprechenden Wicklung vertauscht werden.

Addiert man geometrisch die drei *Phasenspannungen 1, 2* und *3*, ergibt sich, daß sie ein *geschlossenes gleichseitiges Dreieck* bilden. Der Spitzenpunkt des letzten Vektors liegt am Fußpunkt des ersten (Abb.17c). Die Summe der Phasenspannungen bei Sternschaltung ist somit bei Symmetrie in jedem *Zeitmoment gleich Null*.

$$1 \mathbin{\widehat{+}} 2 \mathbin{\widehat{+}} 3 = 0 \quad (V). \tag{27}$$

Die geometrische Addition der Linienspannungen ergibt ebenfalls

$$12 \mathbin{\widehat{+}} 23 \mathbin{\widehat{+}} 31 = 0 \quad (V). \tag{28}$$

Die *Linienspannungen*, die immer ein geschlossenes Dreieck bilden, ergeben in jedem Zeitmoment die Summe, auch bei unsymmetrischen Phasenspannungen, gleich Null.

Bei gleicher Belastung der drei Wicklungen sind die *Ströme* in den drei Phasen gleich groß und um 120° zeitlich gegeneinander verschoben. Ohne ihre *Phasenlage* zu ändern, bildet in diesem Fall die Summierung der Ströme, wie aus Abb. 18 hervorgeht, ein geschlossenes gleichseitiges Dreieck.

$$1' \mathbin{\widehat{+}} 2' \mathbin{\widehat{+}} 3' = 0 \quad (A). \tag{29}$$

In der Abbildung sind die Ströme $1'$, $2'$ und $3'$ für reine Wirkbelastung, also für den *Phasenverschiebungswinkel* $\varphi = 0$, vektoriell gezeichnet. Ihre Richtungen fallen deshalb mit denen der Phasenspannungen *1*, *2* und *3* zusammen. Die Linienspannungen *1 2* gleich Spannung *A B*, *2 3* gleich *B C* und *3 1* gleich *C A* sind mit *zeitlicher Richtung* eingetragen. Sie eilen den Wirkströmen um $30°$ vor. Bei induktiver Belastung beträgt die Voreilung $\varphi + 30°$. In den *Hauptleitungen* fließen dieselben Ströme wie in den Wicklungen. Die Linienströme sind demnach gleich den Phasenströmen zu setzen.

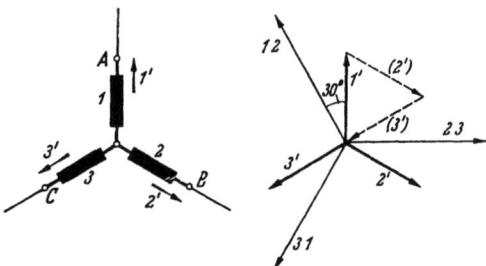

Abb. 18. Die Sternschaltung von Einphasenwicklungen mit Belastungsströmen. Links: Schaltbild mit eingetragenen Belastungsströmen. Rechts: Zeitdiagramm mit Linienspannungen und Phasenströmen. Die Phasenströme bei der Sternschaltung sind mit den Linienströmen identisch. Sie sind hier als Wirkströme, $\varphi = 0$, mit den Phasenspannungen zusammenfallend, dargestellt. Die Linienspannung eilt dem Wirkstrom um $30°$ vor

Bei gleicher Belastung der drei Wicklungen wird also ein *symmetrisches Dreiphasenstromsystem* gebildet, und die Ströme ergänzen sich im Sternpunkt zu Null. Hierdurch ist erklärlich, daß der Sternpunkt, ohne selbst gespeist zu sein, drei um $120°$ verschobene Ströme ausschicken kann. Die gemeinsame Rückleitung, *der Sternpunktleiter*, braucht deshalb in solchen Fällen nicht vorgesehen zu werden. Zur Führung des *Stromes* sind nur drei *Hauptleitungen* notwendig.

Zusammenfassend ergibt sich als *Charakteristik für die Sternschaltung*, daß infolge der Spannungsverkettung die Linienspannungen um $\sqrt{3}$ mal größer als die Phasenspannungen und gegenüber letzteren um $30°$ voreilend sind. Die *Linienströme* sind mit den *Phasenströmen* identisch. Ohne *Sternpunktleiter* muß die Summe der Ströme gleich Null sein. Bei unsymmetrischer Belastung tritt deshalb *Verschiebung* der Stromvektoren aus der $120°$-Lage auf. Die Summe der Phasenspannungen beträgt in diesem Fall nicht mehr Null, wenn die Linienspannungen unverändert symmetrisch bleiben. Der elektrische Sternpunkt wird verlagert und führt Spannung. Die Summe der Linienspannungen ist jedoch auch bei eigener Unsymmetrie stets gleich Null. Mit Sternpunktleiter bleibt dagegen die $120°$-Lage der Ströme bei unsymmetrischer Belastung erhalten, und ihre geometrische Summe ergibt den *Sternpunktleiterstrom*.

15. Die Dreieckschaltung von Einphasenwicklungen

Bei der Dreieckschaltung als geschlossene Verkettung werden die drei Einphasenwicklungen, deren Spannungen um 120 elektrische Grade zeitlich verschoben sind, fortlaufend so verbunden, daß immer der *Endpunkt* einer Wicklung mit dem *Anfangspunkt* der anderen Wicklung zusammenkommt. Hierbei ist es gleichgültig, ob es sich um einen *Erzeuger* oder *Verbraucher* handelt. Die *Schaltung* nach Abb. 19 ist wie folgt: Verbindung Endpunkt Wicklung *1* mit Anfangspunkt Wicklung *3*, Verbindung Endpunkt *3* mit Anfangspunkt *2* und Verbindung

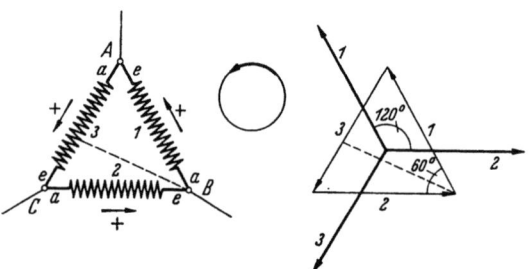

Abb. 19. Die Dreieckschaltung von Einphasenwicklungen. Links: Schaltbild mit Umlauf- und Zählrichtung der Spannungen. Mitte: Umlaufrichtung der Summierung. Rechts: Zeitdiagramm der Phasenspannungen (stark ausgezogen) und Potentialdiagramm der Phasenspannungen (schwach ausgezogen). Die Linienspannungen sind mit den Phasenspannungen identisch. Die gestrichelt ausgezogenen Linien stellen Potentialdifferenzen dar

Endpunkt *2* mit Anfangspunkt *1*. Diese drei Verbindungen, zusammen mit den Anschlüssen der Hauptleitungen, bilden die *Knotenpunkte A, B* und *C* der Dreieckschaltung.

Die Spannungen der Wicklungen *1*, *2* und *3*, die hier auch mit *Phasenspannungen* bezeichnet werden, sind mit den *Linienspannungen* identisch. Aus Abb. 19 ist die Umlauf- und Zählrichtung dieser Spannungen ersichtlich. Im Vektoren-Zeitdiagramm rechts sind die Phasenpannungen mit den gleichen Zahlen wie die zugehörigen Wicklungen bezeichnet. Das Vektoren-Potentialdiagramm der Phasenspannungen, das ebenfalls dort eingezeichnet ist, bildet ein geschlossenes *gleichseitiges Dreieck*, wobei die Vektoren einen Winkel von 60° einschließen. Die Summe der drei Phasenspannungen ist folglich gleich Null. Nach Abb. 20 gelten folgende *Vektorengleichungen*:

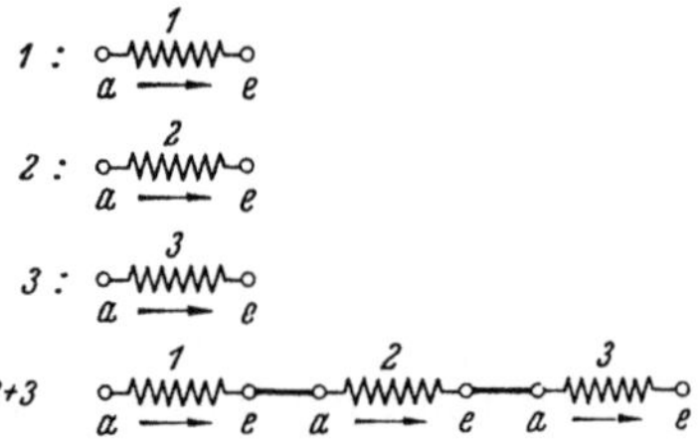

Abb. 20. Wicklungsplan mit Umlauf- und Zählrichtung für die Ermittlung der Linienspannungen bei Dreieckschaltung und Summation der Wicklungsspannungen

$$\begin{aligned}\text{Phasenspannung } 1 &= \text{Linienspannung } \widehat{\mp} 1\\ \text{Phasenspannung } 2 &= \text{Linienspannung } \widehat{\mp} 2\\ \text{Phasenspannung } 3 &= \text{Linienspannung } \widehat{\mp} 3\\ \widehat{\mp} 1 \widehat{\mp} 2 \widehat{\mp} 3 &= 0 \end{aligned} \quad \Big| \text{ (V).} \quad (30)$$

Aus der letzten Gleichung folgt nach dem zweiten KIRCHHOFFschen Gesetz, daß innerhalb der durch die drei Einphasenwicklungen gebildeten *Masche* kein *Ausgleichstrom* nach der *Verkettung* zustande kommt.

Um festzustellen, ob in Abb. 19 rechts tatsächlich das *Potentialdiagramm* durch das geschlossene Dreieck der Phasenspannungen und nicht etwa nur die Summe dargestellt ist, denken wir daran, daß in

Die Dreieckschaltung von Einphasenwicklungen

einem *Potentialdiagramm der Abstand von zwei Punkten direkt die Spannung* angeben muß, die zwischen diesen Punkten wirklich vorhanden ist. In Vergleich mit der Schaltung der Wicklungen trifft dieses für das geschlossene Dreieck zu. So ist z. B. der *Abstand* des Knotenpunktes B zu irgendeinem Punkt der Wicklung 3 mit der im Diagramm *abgreifbaren Spannung* identisch. In der Abbildung sind diese beiden Strecken gestrichelt eingezeichnet. Der Abstand von zwei Punkten in einem Zeitdiagramm gibt dagegen keine Spannung an. So ist der Abstand der Spitzenpunkte, z. B. der stark ausgezogenen Vektoren *1* und *2*, ohne Bedeutung.

Bei *Belastung* der in *Dreieck* geschalteten Einphasenwicklungen tritt *Stromverzweigung* in den Knotenpunkten auf, und die Wicklungen werden von Belastungsströmen durchflossen. Wird reine *Wirkbelastung* vorausgesetzt, so besteht keine Phasenverschiebung ($\varphi=0$) zwischen den Strömen und Spannungen in den einzelnen Wicklungen. Im Vektoren-Zeitdiagramm Abbildung 21 rechts können deshalb die Phasenströme *1'*, *2'* und *3'* in gleicher Richtung wie die Linienspannungen *1*, *2* und *3* gezeichnet werden. In jedem *Knotenpunkt* ist nach dem ersten KIRCHHOFFschen Ge-

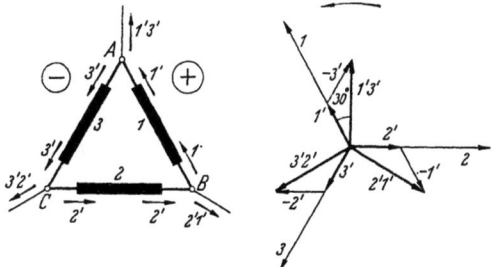

Abb. 21. Die Dreieckschaltung von Einphasenwicklungen mit Belastungsströmen. Links: Schaltbild mit Belastungsströmen und Vorzeichen für die Zählweise der Phasenströme. Rechts: Zeitdiagramm mit Linienspannungen sowie Phasen- und Linienströmen. Phasenströme: *1'*, *2'*, *3'*. Linienströme: *1'3'*, *2'1'*, *3'2'*. Die Phasenströme sind als Wirkströme ($\varphi = 0$), mit den Linienspannungen zusammenfallend, gezeichnet. Der Linienstrom eilt der Linienspannung um 30° nach

setz die geometrische *Summe* der Ströme gleich *Null*, wobei die zufließenden *positiv* und die abfließenden *negativ* zu zählen sind. Für die Ströme in den *Hauptleitungen*, also für die Linienströme, gelten folgende Vektorengleichungen nach Abb. 21 links.

$$\begin{array}{l} \text{Knotenpunkt } A: \ 1' \mathrel{\widehat{=}} 3' = 1'\ 3' \\ \text{Knotenpunkt } B: \ 2' \mathrel{\widehat{=}} 1' = 2'\ 1' \\ \text{Knotenpunkt } C: \ 3' \mathrel{\widehat{=}} 2' = 3'\ 2' \end{array} \quad \text{(A)}, \qquad (31)$$

woraus folgt, daß die Linienströme durch die geometrische Differenz zweier anliegenden Phasenströme gebildet werden und gegenüber dem nacheilenden Phasenstrom nacheilend sind. Aus dem Diagramm ergibt sich weiterhin, daß nach dem Cosinussatz die *Linienströme* um $\sqrt{3}$ mal größer als die *Phasenströme* sind.

Bei reiner *Wirkbelastung* eilt der Linienstrom bei *Dreieckschaltung* der Linienspannung um 30° nach. Liegt induktive Belastung vor, dann beträgt die Nacheilung $\varphi + 30°$.

In Abb. 22 sind die Verhältnisse dargestellt, die bei *umgekehrter Drehrichtung* der Vektoren entstehen. Die Bezeichnung der Linienströme nach der Reihenfolge ist hier *3'1'*, *1'2'* und *2'3'*. Sie entsprechen damit, zyklisch vertauscht ($1'2'$, $2'3'$ und $3'1'$), den Bezeichnungen der Reihenfolge für die *Differenzbildung* der Phasenspannungen bei Sternschaltung nach Gl. (26). Durch die Änderung der Drehrichtung und der damit verknüpften Umlaufrichtung der *Summierung* drehen sich die Linienspannungen um 180°. Die Phasenströme müssen sich ebenfalls um denselben Winkel drehen. Sie ändern also ihre Richtungen, und es entsteht hierdurch die oben angegebene Reihenfolge für die Differenzbildung. Die Richtung der Linienströme bleibt jedoch unverändert. Der dem Knotenpunkt zufließende Phasenstrom ändert seine Lage um 60°.

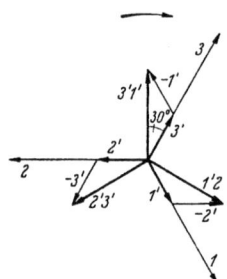

Abb. 22. Zeitdiagramm mit Linienspannungen sowie Phasen- und Linienströmen bei umgekehrter Drehrichtung der Vektoren

Bei der *Dreieckschaltung* besteht nicht die Bedingung, daß die Summe der Phasenströme gleich Null sein muß, denn es können sich Ströme innerhalb der Wicklungen *im Kreise* schließen. Durch die *Differenzbildung* der Phasenströme, wie es noch später gezeigt wird, fallen aber diese *Komponenten* aus, so daß für die Linienströme die folgende Vektorengleichung maßgebend wird.

$$1'3' \mathbin{\widehat{+}} 2'1' \mathbin{\widehat{+}} 3'2' = 0 \quad (A). \tag{32}$$

Die geometrische Summe der Linienströme ist also stets gleich Null.

In Abb. 23 sind die *Zeitwerte der Ströme* in Abhängigkeit vom Drehwinkel dargestellt. Der Phasenstrom $1'$ eilt dem Phasenstrom $3'$ um 120° und der Linienstrom $1'3'$ eilt dem Phasenstrom $1'$ um 30° nach.

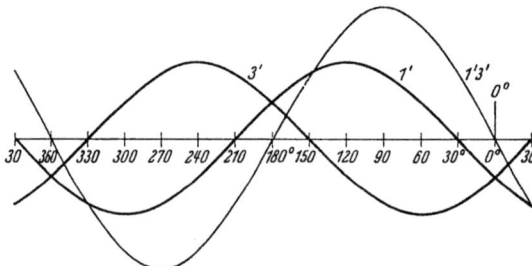

Abb. 23. Zeitwerte des Linienstromes $1'3'$ und der Phasenströme $1'$ und $3'$. Der Linienstrom eilt dem Phasenstrom $1'$ um 30° nach

Die Ordinate der Kurve $1'3'$ ergeben sich durch Addition der Ordinate der zur Kurve $3'$ negativ verlaufenden Kurve mit denen der Kurve $1'$.

Zusammenfassend ergibt sich als *Charakteristik für die Dreieckschaltung*, daß infolge der Stromverkettung die Linienströme um $\sqrt{3}$ mal größer als die Phasenströme und gegenüber letzteren um 30° nacheilend sind. Die Phasenströme brauchen die Bedingung für die Linienströme nach Gl. (32) nicht zu erfüllen. Die Linienspannungen sind mit den Phasenspannungen identisch. Ihre geometrische Summe ist ebenfalls immer gleich Null.

16. Die Reihenfolge der Differenzbildung

Die Einphasenwicklungen und Vektoren wurden bis jetzt absichtlich mit *Zahlen* bezeichnet, um dadurch die *Gesetzmäßigkeit* bei der *Differenzbildung* der Phasenspannungen und Phasenströme besser erkennbar zu machen. Da in den folgenden Kapiteln andere Bezeichnungen eingeführt werden sollen, wird zum Überblick die Differenzbildung für Ermittlung der Linienspannungen und Linienströme in Tabelle 2 zusammengestellt.

Tabelle 2
Die Reihenfolge der Differenzbildung der Phasenspannungen und Phasenströme

Drehrichtung der Vektoren	Nach links		Nach rechts
Sternschaltung: Phasenspannungen	12, 23, 31	Gl. (26)	21, 32, 13
Dreieckschaltung: Phasenströme	1'3', 2'1', 3'2'	Gl. (31)	3'1', 1'2', 2'3'

Die *Reihenfolge der Differenzbildung* ist, wie ersichtlich, mit 3 *zweistelligen* Zahlen angegeben, wobei die zweite Stelle stets *negativ* zu denken ist. So bedeutet z. B. *12*, daß der Vektor *2* von Vektor *1* zu *subtrahieren* ist; also *1* minus *2*. Die Vektoren *1, 2, 3* und *1', 2', 3'* sind von links nach rechts jeweils um 120° verschoben. Die zweistelligen Zahlen geben gleichzeitig die *Bezeichnung* der Linienspannungen oder der Linienströme an.

D. Grundschaltungen

Die Wicklungen von Drehstromtransformatoren kann man grundsätzlich in *Stern, Dreieck oder Zickzack* schalten. Diese drei verschiedenen Arten werden mit *Grundschaltungen* bezeichnet. Sie liefern durch ihre zahlreichen Schaltmöglichkeiten bei der Verwendung ober- und unterspannungsseitig die Grundlage für die Bildung der *Schaltgruppen* von Drehstromtransformatoren.

Bei diesen transformatorischen *Schaltungen* sind die Wicklungen in der üblichen *Bauweise* auf einem *dreischenkligen Eisenkern*, meistens ohne *Rückschlußschenkel*, angeordnet. Da die Schenkel in einer *Ebene* liegen, ist der Aufbau des *Kernes* magnetisch unsymmetrisch. Dieses zeigt sich hauptsächlich bei der Messung des Leerlaufstromes von Drehstromtransformatoren, und es soll deshalb im folgenden außer der Beschreibung der einzelnen Schaltungen auch auf *Magnetisierungsvorgänge* eingegangen werden.

Die oben erwähnten Transformatoren bezeichnet man mit *Drehstrom-Kerntransformatoren*. Bei Manteltransformatoren sind die Wicklungen von Jochen und Rückschlußschenkeln mantelförmig umgeben. *Drehstrom-Manteltransformatoren* werden nur selten verwendet.

17. Die Sternschaltung Y y

Die transformatorische Sternschaltung als offene Verkettung (s. Abschn. 99) mit einem dreischenkligen Eisenkern ohne Rückschlußschenkel ist in Abb. 24 dargestellt. Die beiden *Querbalken* des

34 Grundschaltungen

Eisenkernes, die die obere und untere magnetische Verbindung der drei Schenkel herstellen, werden mit *Ober-* und *Unterjoch* bezeichnet. Um anzudeuten, daß noch Platz für eine zweite Wicklung vorhanden ist, wurde nur etwa die Hälfte der Schenkellänge für die Schaltung zeichnerisch verwendet. In Wirklichkeit bedeckt natürlich jede Wicklung *die ganze Länge* der Schenkel.

Die auf den Schenkeln I, II und III befindlichen Teilwicklungen haben *gleichen Wickelsinn* und *gleiche Windungszahl*; ihre Anschlußklemmen sind am *Anfang* der Wicklung (a) und die *Sternpunktver-*

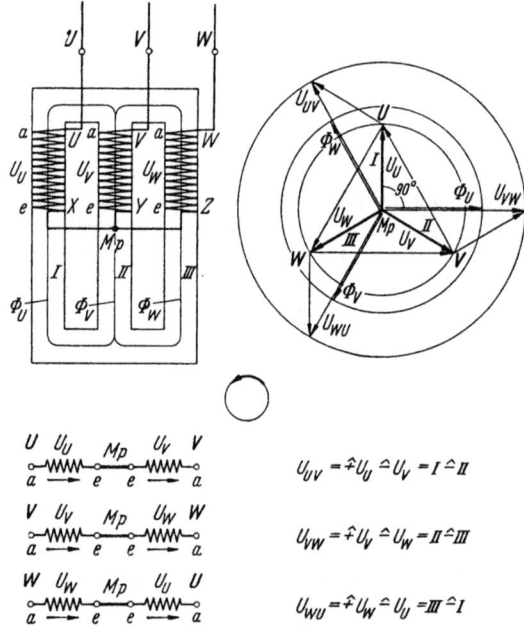

Abb. 24. Die transformatorische Sternschaltung auf einem dreischenkligen Eisenkern. Rechts oben: Vektoren- Zeit- und Potentialdiagramm. Links unten: Wicklungsplan für die Ermittlung der Linienspannungen. Rechts unten: Vektorengleichungen zum Wicklungsplan

bindung mit dem *Sternpunkt Mp* am *Ende* der Wicklung (e) angeordnet. Um den *drehfeldrichtigen Anschluß* vornehmen zu können, sind die Klemmen nach der Phasenfolge mit U, V und W bezeichnet. Die *Endpunkte* der Wicklung führen entsprechend die Bezeichnung X, Y und Z.

In Abb. 24 rechts sind das *Vektoren-Zeit- und Potentialdiagramm* der Phasen- und Linienspannungen dargestellt, wobei die Spannungsvektoren mit U_U, U_V und U_W bzw. U_{UV}, U_{VW} und U_{WU} bezeichnet sind. Die Indexbuchstaben[1] geben allgemein die Richtung der Vektoren an. Die abgekürzte Bezeichnung U_W bedeutet z. B., daß der Spitzenpunkt des Spannungsvektors mit dem Potential des Wicklungspunktes W und der Fußpunkt mit dem Potential des Wicklungspunktes Mp gleichbedeutend ist. Weiterhin bedeutet die normale Bezeichnung U_{UV}

---

[1] Index (.. dizes) = Zeiger

z. B., daß der Spitzenpunkt des Spannungsvektors mit dem Potential des Wicklungspunktes U und der Fußpunkt mit dem Potential des Wicklungspunktes V identisch ist. (Siehe Tabelle 3.)

Bei *Unterspannung* werden kleine Buchstaben für die Indizes verwendet. Bei *Stromvektoren* geben die Indexbuchstaben die *Fließrichtung* in den Teilwicklungen von Klemme zu Klemme an. Die Bezeichnung der *Flußvektoren* wird in bezug auf Indexbuchstaben mit der Bezeichnung der zugehörigen Spannungsvektoren gleichgesetzt.

Die *Phasenspannungen* U_U, U_V und U_W sind, wie ersichtlich, in der Reihenfolge von links nach rechts um 120° zeitlich und räumlich und die *Linienspannungen* U_{UV}, U_{VW} und U_{WU} um 120° zeitlich zueinander verschoben. Die Kraftflüsse der einzelnen Schenkel Φ_U, Φ_V und Φ_W eilen den Phasenspannungen zeitlich um 90° nach. Alle Vektoren drehen sich nach *links*, also entgegengesetzt dem *Uhrzeigersinn*. Die Gl. (26) kann hier wie folgt geschrieben werden:

$$\left. \begin{array}{l} U_U \mathrel{\hat{\frown}} U_V = U_{UV} \\ U_V \mathrel{\hat{\frown}} U_W = U_{VW} \\ U_W \mathrel{\hat{\frown}} U_U = U_{WU} \end{array} \right| \quad (V). \tag{33}$$

Bei einem *magnetisch ausgeglichenen* Transformator muß die geometrische Summe der Kraftflüsse in jedem Zeitmoment gleich Null sein. Es ist demnach

$$\Phi_U \mathrel{\hat{+}} \Phi_V \mathrel{\hat{+}} \Phi_W = 0 \quad \text{(Maxwell)}. \tag{34}$$

Wird diese Bedingung erfüllt, so verbleiben, abgesehen von der *Streuung*, alle Kraftflüsse im *Eisenkern*, und es treten keine *Luftflüsse* zwischen Ober- und Unterjoch auf.

Durch die *magnetische Unsymmetrie* der drei Schenkel ist der Weg des Kraftflusses im mittleren kürzer und dadurch der magnetische Widerstand kleiner als in den beiden äußeren. Nach dem *Durchflutungsgesetz* und bei *Wechselstrommagnetisierung* (s. Abschn. 5) benötigt der mittlere Schenkel deshalb einen kleineren Magnetisierungsstrom. Die *Magnetisierungsströme* eines normalen Drehstromtransformators sind also ungleich, und es ist

$$I_{\mu U} \mathrel{\hat{+}} I_{\mu V} \mathrel{\hat{+}} I_{\mu W} = I_{\mu 0} \quad (A). \tag{35}$$

Die geometrische Summe der Magnetisierungsströme ergibt den Strom, um welchen sich der Magnetisierungsstrom des mittleren Schenkels vermindert hat. Allgemein beträgt der Absolutbetrag von $I_{\mu V}$ etwa die Hälfte von $I_{\mu U} = I_{\mu W}$. Solange der überschüssige Magnetisierungsstrom $I_{\mu 0}$ durch einen *Sternpunktleiter* abfließen kann, ändert sich an den Phasenspannungen und Kraftflüssen nichts, denn es liegt eine *ungezwungene Magnetisierung* vor, und die Bedingung der Gl. (34) wird ohne weiteres erfüllt.

Ohne *Sternpunktleiter* muß sich der Strom $I_{\mu 0}$ zu je 1/3 auf die Zuleitungen verteilen und geometrisch zu den Magnetisierungsströmen $I_{\mu U}$, $I_{\mu V}$ und $I_{\mu W}$ addieren (Abb. 28). Die hierdurch neugebildeten Magnetisierungsströme sind zwar nicht mehr um 120° zueinander verschoben, ihre geometrische Summe ist jedoch gleich Null.

Es ist folglich
$$I'_{\mu U} \,\widehat{+}\, I'_{\mu V} \,\widehat{+}\, I'_{\mu W} = 0 \quad \text{(A)}. \tag{36}$$

Die Ströme sind jetzt bisymmetrisch, wobei $I'_{\mu V}$ kleiner ist als $I'_{\mu U} = I'_{\mu W}$. In Abb. 28e links sind die Magnetisierungsströme der Sternschaltung ohne Sternpunktleiter dargestellt.

Durch die *gleichphasigen Komponenten* $I_{\mu 0}/3$ werden nach dem Durchflutungsgesetz gleichphasige Flüsse erzeugt, die das Gleichgewicht der Kraftflüsse stören, so daß ihre geometrische Summe nicht mehr Null ist.

$$\Phi'_U \,\widehat{+}\, \Phi'_V \,\widehat{+}\, \Phi'_W = \Phi_l \quad \text{(Maxwell)}. \tag{37}$$

Der *Luftfluß* Φ_l schließt sich schenkelweise zu je 1/3 über dem *magnetischen Sternpunktleiter*, d. h. über die *Luftstrecke* vom Ober- zum Unterjoch. Die Flüsse $\Phi_l/3$ induzieren ihrerseits gleichphasige *elektromotorische Kräfte* U_0 in der Wicklung, und die Folge ist, daß die drei in den *Eckpunkten* U, V und W durch die symmetrischen Linienspannungen festgelegten Phasenspannungen *unsymmetrisch* werden. Es tritt eine *Verlagerung* des elektrischen Sternpunktes Mp auf, und es ist

$$U'_U \,\widehat{+}\, U'_V \,\widehat{+}\, U'_W = 3\,U_0 \quad \text{(V)}, \tag{38}$$

wobei U'_U, U'_V und U'_W die neuen Phasenspannungen bedeuten. Das *Potential des Sternpunktes* ist also nicht mehr Null. Es ist um U_0 aus der 0-*Lage* verschoben. Während die Verlagerung der Phasenspannungen bei diesem Vorgang der *erzwungenen Magnetisierung* infolge der großen magnetischen Widerstände der Luftstrecken gering ausfällt, kann der Unterschied in der Größe der Magnetisierungsströme bei einer Messung gut wahrgenommen werden.

In Abb. 24 unten ist der *Wicklungsplan* für die Ermittlung der Linienspannungen mit den Klemmen- und Spannungsbezeichnungen der *transformatorischen Sternschaltung* angegeben. Gleichzeitig sind die Vektorengleichungen für die Differenzbildung der Phasenspannungen nach Gl. (33) zur Ergänzung eingetragen. Die Indexbuchstaben der Linienspannungen zeigen, wie zu ersehen ist, die Reihenfolge der Subtraktion der Vektoren an. Die *römischen Ziffern* sollen ebenfalls diese *zyklische Reihenfolge* deutlich machen.

18. Die Dreieckschaltung D d

Die transformatorische Dreieckschaltung als geschlossene Verkettung (s. Abschn. 100) mit einem dreischenkligen Eisenkern ist in Abb. 25 dargestellt. Die auf den Schenkeln I, II und III befindlichen Teilwicklungen, die in Wirklichkeit die ganze Länge des Schenkels bedecken, haben *gleichen Wickelsinn* und *gleiche Windungszahl*. Der *drehfeldrichtige Anschluß* erfolgt an den Klemmen, die mit U, V, und W bezeichnet sind. Die inneren *Schaltverbindungen* der Wicklung sind so gelegt, daß die ganze Schaltung der in Abb. 19 dargestellten entspricht. Die *Anfangspunkte* der Wicklung liegen in der Reihenfolge I, II und III an V, W und U und die *Endpunkte* an U, V und W.

Die Dreieckschaltung D d

Tabelle 3. *Bezeichnung der Spannungsvektoren für Stern- und Dreieckschaltung*

Schaltung	Umlaufsinn drehfeldrichtig		Pfeilspitze	Bezeichnung
Stern	$U \to V$ $V \to W$ $W \to U$	$a \to e$	U V W	U_U U_V U_W
Dreieck	$U \to W$ $W \to V$ $V \to U$	$e \to a$	W V U	U_{WU} U_{VW} U_{UV}
Dreieck (mit vertauschten inneren Schaltverbindungen)	$U \to V$ $V \to W$ $W \to U$	$e \to a$	V W U	U_{VU} U_{WV} U_{UW}

In Abb. 25 rechts sind das *Vektoren-Zeit-* und *Potentialdiagramm* der Spannungen und Kraftflüsse dargestellt. Die Phasenspannungen, die hier mit den Linienspannungen gleichbedeutend sind, folgen um 120° zeitlich verschoben in der Reihenfolge U_{UV}, U_{VW} und U_{WU}. Im Potentialdiagramm bilden diese Spannungen ein *geschlossenes gleichseitiges Dreieck*. Der Spannungsvektor der Schenkelwicklung I zeigt mit der *Spitze* nach U, von Schenkelwicklung II nach V und von Schenkelwicklung III nach W. Hierbei sind die *Fußpunkte* der Vektoren immer mit dem *Spitzenpunkt* des folgenden Vektors verbunden. Die *Schaltung der Wicklung* muß also entsprechend von aV nach eV, von aW nach eW und von aU nach eU erfolgen (s. Tabelle 3).

Die *Kraftflüsse* der einzelnen Schenkel Φ_{UV},

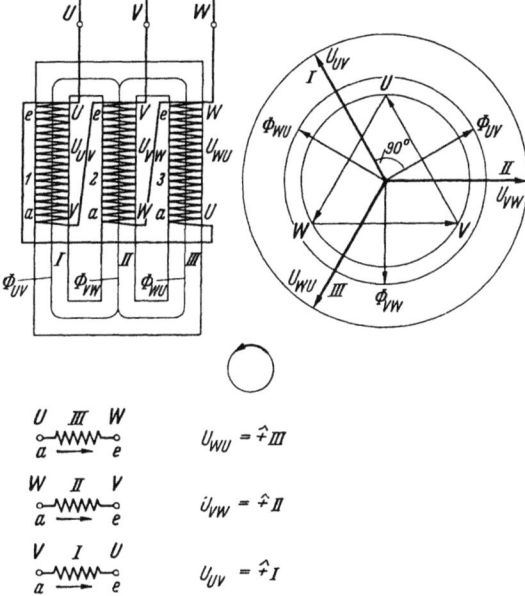

Abb. 25. Die transformatorische Dreieckschaltung auf einem dreischenkligen Eisenkern. Rechts oben: Vektoren-Zeit- und Potentialdiagramm. Unten: Wicklungsplan und Vektorengleichungen für die Ermittlung der Linienspannungen

Φ_{VW} und Φ_{WU} eilen zeitlich den entsprechenden Linienspannungen um 90° nach. Sie sind jeweils mit den gleichen Indexbuchstaben bezeichnet. Der Kraftfluß eines Schenkels wird von der Linienspannung, hingegen bei Sternschaltung von der Phasenspannung bestimmt. Um mit der gleichen Induktion [s. Gl.(5) und (6)] im Eisen wie bei der Sternschaltung arbeiten zu können, muß die Windungszahl je Schenkelwicklung bei gleicher Linienspannung und gleichem aktiven Eisenquerschnitt um $\sqrt{3}$ mal größer gemacht werden. Da jedoch der Strom in der Schenkelwicklung bei gleicher Leistung um $1/\sqrt{3}$ mal kleiner als bei Sternschaltung ist und damit auch der erforderliche *Leiterquerschnitt q*, benötigen beide Schaltungen das gleiche Kupfergewicht G.

Ist der Transformator *magnetisch ausgeglichen*, muß die Bedingung der Gl. (34) hier ebenfalls erfüllt werden. Die *Magnetisierung* über eine Dreieckwicklung ist vollkommen *ungezwungen*. In den Schenkelwicklungen I, II und III können ungehindert die Magnetisierungsströme $I_{\mu UV}$, $I_{\mu VW}$ und $I_{\mu WU}$ fließen, und zwar auch dann, wenn sie unsymmetrisch sind, d. h. sich nicht zu Null ergänzen. Es ist

$$I_{\mu UV} \mathbin{\widehat{+}} I_{\mu VW} \mathbin{\widehat{+}} I_{\mu WU} = I_{\mu 0} \quad (\text{A}). \tag{39}$$

Der Strom $I_{\mu 0}$ tritt bei Dreieckschaltung nicht in Erscheinung. Durch die *Differenzbildung* der anliegenden *Magnetisierungsströme* in den *Knotenpunkten* werden die Ströme in den Zuleitungen *bisymmetrisch*. Es ist somit

$$I_{\mu U} \mathbin{\widehat{+}} I_{\mu V} \mathbin{\widehat{+}} I_{\mu W} = 0 \quad (\text{A}), \tag{40}$$

d. h. die geometrische Summe der Magnetisierungsströme bei Dreieckschaltung ist in jedem *Zeitmoment* gleich Null. In den Abb. 26 und 27 ist

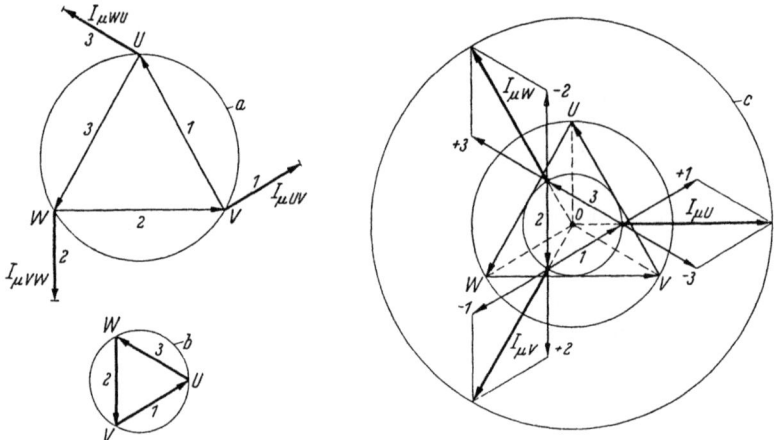

Abb. 26. Magnetisierungströme bei Dreieckschaltung und bei magnetisch symmetrischen Eisenkern. Die Magnetisierungsströme $I_{\mu UV}$, $I_{\mu VW}$ und $I_{\mu WU}$ sind gleich groß und ihre Phasenverschiebung beträgt 120°. (Die Ströme sind gegenüber den Spannungen übertrieben groß gezeichnet.) a) Die Phasen-Magnetisierungsströme stehen im Vektorendiagramm senkrecht nacheilend auf den Linienspannungen; b) Die geometrische Summe der Phasen-Magnetisierungsströme ist gleich Null; c) Konstruktion der Linien-Magnetisierungsströme $I_{\mu U}$, $I_{\mu V}$ und $I_{\mu W}$. Diese Ströme in den Zuleitungen eilen den Linienspannungen um 30° + 90° = 120° und den Stern-Phasenspannungen um 90° nach. Sie sind symmetrisch

die Konstruktion der *Linien-Magnetisierungsströme* bei symmetrischen und unsymmetrischen *Phasen-Magnetisierungsströmen* durchgeführt.

Die Gl. (34) hat, weil hier keine zusätzlichen Durchflutungen auftreten können, ohne Vorbehalt Gültigkeit. Es ist deshalb

$$\Phi_{UV} \widehat{+} \Phi_{VW} \widehat{+} \Phi_{WU} = 0 \quad \text{(Maxwell)}. \tag{41}$$

Um auf die Gleichheit der Induktionen hinzuweisen, sind die *Vektoren der Kraftflüsse* in den Abb. 24 und 25 gleich groß aber die Wicklungen

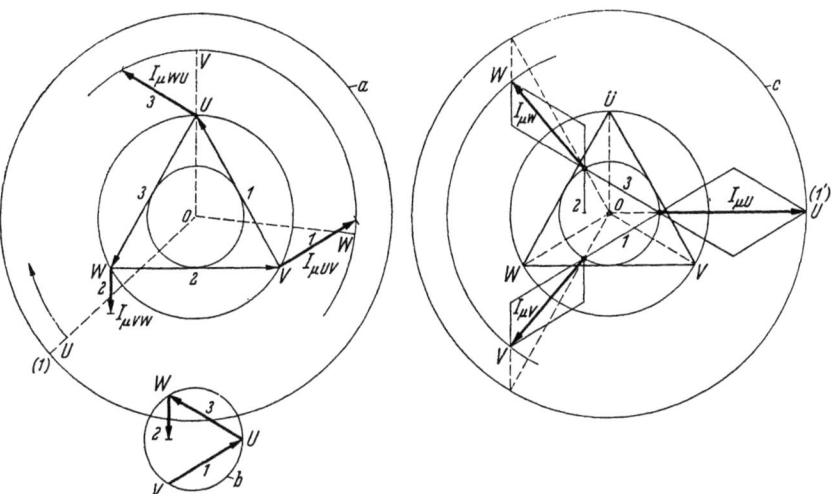

Abb. 27. Magnetisierungsströme bei Dreieckschaltung und bei magnetisch unsymmetrischen Eisenkern. Normalfall: mit drei Schenkeln in einer Ebene. Die Absolutbeträge sind $I_{\mu VW} = \frac{1}{2} I_{\mu UV} = \frac{1}{2} I_{\mu WU}$, wobei $I_{\mu VW}$ den Magnetisierungsstrom des mittleren Schenkels bedeutet. (Die Ströme sind gegenüber den Spannungen übertrieben groß gezeichnet.) a) Die Phasen-Magnetisierungsströme stehen senkrecht nacheilend auf den Linienspannungen; b) Die Summe der Phasen-Magnetisierungsströme ist nicht Null, sondern gleich $I_{\mu 0} = I_{\mu VW}$; c) Konstruktion der Linien-Magnetisierungsströme $I_{\mu U}$, $I_{\mu V}$ und $I_{\mu W}$. Durch die Differenzbildung der Phasenströme werden die Linienströme bisymmetrisch. Ihre geometrische Summe ist in jedem Zeitmoment gleich Null. [Die Bezeichnungen in Abb. a) $U(1)$, V, W und in Abb. c) $(1')$ sowie die gestrichelten Linien in Abb. a) beziehen sich auf die Drehung der Vektorendiagramme in Abb. 28e)]

ungleich lang gezeichnet worden. Durch die *Eigenart* der Differenzbildung mit *unsymmetrischen Strömen* wird $I_{\mu U}$ bei der Schaltung nach Abb. 25 größer als $I_{\mu V} = I_{\mu W}$. Die *Phasenverschiebung* der Magnetisierungsströme zueinander in den Zuleitungen beträgt nach Abb. 27 nicht mehr 120°, so daß positive und negative Wirkleistungen entstehen, die aber als Summe der beiden Phasen Null ergeben. Dem Transformator fließt folglich nur *Blindleistung* zu.

In Abb. 25 unten sind der Wicklungsplan für die Ermittlung der Linienspannungen mit der Klemmenbezeichnungen der *transformatorischen Dreieckschaltung* und die zugehörigen einfachen Vektorengleichungen angegeben.

Um die Entstehung der Linien-Magnetisierungsströme besser verfolgen zu können, sind in Abb. 28 *Entwicklungsdiagramme* aufgestellt. Die Dreieckschaltung mit *vertauschten inneren Schaltverbindungen* ist zwecks Vollständigkeit mit herangezogen worden. Bei 28d sind die Diagramme um 90° nach links gedreht. Um den gegenseitigen Vergleich zu erleichtern, erfolgt bei 28e eine weitere Drehung nach links, und zwar derart, daß die *Stromvektoren* $I'_{\mu V}$ und $I_{\mu V}$ senkrecht nach oben zeigen. Werden die Zuleitungen der beiden Dreieckschaltungen, ohne die

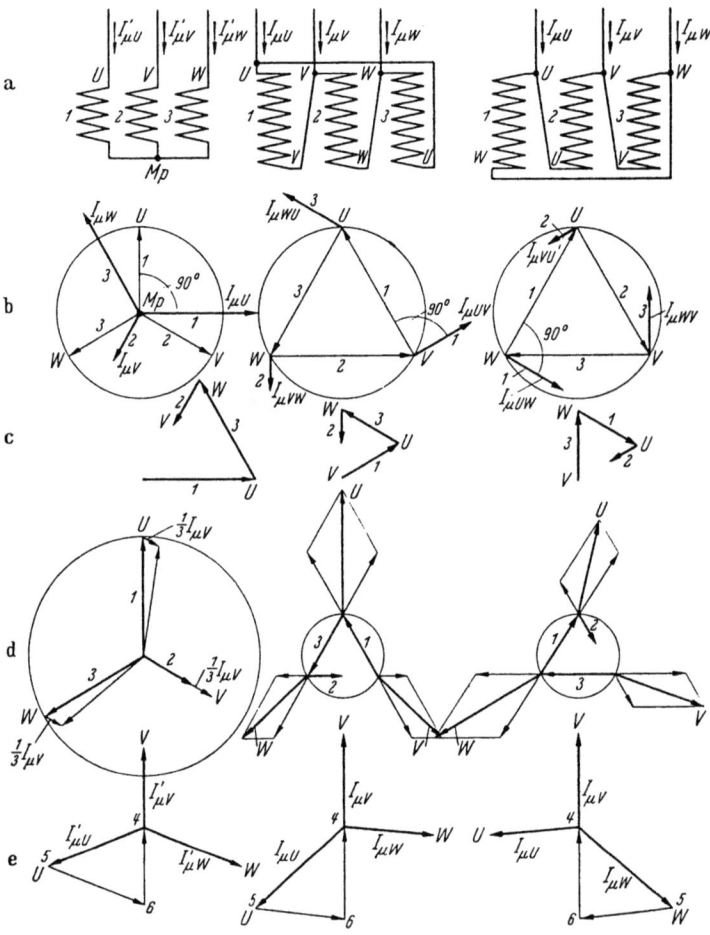

Abb. 28. Ermittlung der Linien-Magnetisierungsströme bei Stern- und Dreieckschaltung Links: Sternschaltung. Mitte: Dreieckschaltung. Rechts: Dreieckschaltung mit vertauschten inneren Schaltverbindungen. (Die Ströme sind im Verhältnis zu den Spannungen übertrieben groß gezeichnet.) a) Die Schaltungen; b) Die Phasen-Magnetisierungsströme eilen den Spannungen um 90° nach, wobei die Beträge bei Sternschaltung $I_{\mu V} = \frac{1}{2} I_{\mu U} = \frac{1}{2} I_{\mu W}$ sind; c) Die Summe der Phasen-Magnetisierungsströme ist nicht Null, sondern $I_{\mu 0} = I_{\mu V}$; d) Verteilung von $\frac{1}{3} I_{\mu 0} = \frac{1}{3} I_{\mu V}$ über die drei Phasen bei Sternschaltung und Bildung der Differenz der Phasenströme bei Dreieckschaltung; e) Die Linien-Magnetisierungsströme sind bisymmetrisch, ihre geometrische Summe ist Null. Linienzug: 4—5—6—4. (Die Vektorendiagramme sind nach links gedreht. Siehe Markierungen in Abb. 27)

innere Schaltung zu verändern, unten statt oben angeschlossen, sind die Vektorendiagramme bei 28e Mitte und rechts miteinander zu vertauschen.

Die Dreieckschaltung Dd

Wendet man die neu eingeführten *Vektorenbezeichnungen* für die Ermittlung der Linienströme nach Gl. (31) an, so kann unter Heranziehung der Abb. 21 wie folgt geschrieben werden.

$$\begin{array}{l} \text{Knotenpunkt } U: I_{UV} \mathrel{\widehat{=}} I_{WU} = I_U \\ \text{Knotenpunkt } V: I_{VW} \mathrel{\widehat{=}} I_{UV} = I_V \\ \text{Knotenpunkt } W: I_{WU} \mathrel{\widehat{=}} I_{VW} = I_W \end{array} \bigg| \text{ (A)} \qquad (42)$$

wobei $1' = I_{UV}$, $2' = I_{VW}$ und $3' = I_{WU}$ gesetzt worden ist. In Abb. 29 sind hierzu Diagramme mit Belastungsströmen für reine

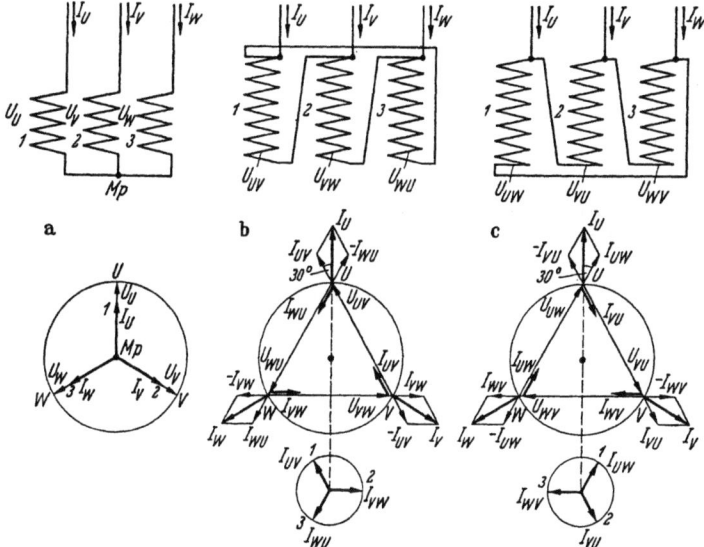

Abb. 29. Stern- und Dreieckschaltung bei symmetrischer Wirkbelastung. Links: Sternschaltung mit Belastungsströmen. Mitte: Dreieckschaltung mit Belastungsströmen. Die dem Knotenpunkt zufließenden Phasenströme eilen dem Linienstrom um 30° vor. Rechts: Dreieckschaltung mit vertauschten inneren Schaltverbindungen und mit Belastungsströmen. Die dem Knotenpunkt zufließenden Phasenströme eilen dem Linienstrom um 30° nach. (Abweichung gegenüber Mitte gleich 60°.) Wird der Anschluß der Dreickwicklungen nach unten verlegt, so sind die Vektorendiagramme Mitte und rechts zu vertauschen

Wirkbelastung für die in Abb. 28 aufgeführten Schaltungen angegeben. Für die rechts dargestellte Dreieckschaltung ergeben sich folgende Vektorengleichungen.

$$\begin{array}{l} \text{Knotenpunkt } U: I_{UW} \mathrel{\widehat{=}} I_{VU} = I_U \\ \text{Knotenpunkt } V: I_{VU} \mathrel{\widehat{=}} I_{WV} = I_V \\ \text{Knotenpunkt } W: I_{WV} \mathrel{\widehat{=}} I_{UW} = I_W \end{array} \bigg| \text{ (A)}. \qquad (43)$$

Vergleicht man diese Ergebnisse mit Abb. 22 und Tabelle 2, so ist, abgesehen davon, daß die *Indexbuchstaben* eine andere *Vektorenrichtung* als in Gl. (42) anzeigen, Übereinstimmung mit einem nach rechts drehenden Vektorendiagramm feststellbar. Die Vertauschung der *inneren Schaltverbindungen* wirkt auf die *Differenzbildung* der Ströme demnach so, als ob die *Drehrichtung* geändert worden wäre (s. Abschn. 49 und Abb. 118). Die Vektorengleichungen (42) und (43) gelten naturgemäß auch für die Ermittlung der Linien-Magnetisierungsströme nach Abb. 26, 27 und 28.

19. Die Zickzackschaltung Zz

Die Wicklungen der bis jetzt behandelten Schaltungen waren immer *phasenweise* auf je einem Schenkel des Eisenkernes verteilt angeordnet. Bei der Zickzackschaltung als offene Verkettung (s. Abschn. 99) wird hingegen die Wicklung *phasenweise auf zwei Schenkel verteilt* und in zyklischer Reihenfolge so geschaltet, daß ein Sternpunkt zustande kommt. Dabei ist die eine *Hälfte der Wicklung* der anderen *Hälfte gegengeschaltet*.

In Abb. 30 ist die *Zickzackschaltung* mit *Entwicklungsdiagrammen* und mit der Ermittlung der Linienspannungen dargestellt. Sie besteht aus zwei *Wicklungsabteilungen* je Schenkel, also aus insgesamt 6 Teilwicklungen. Die Wicklungsabteilungen *1* und *2* der Schenkel I, II und III haben gleichen Wickelsinn und gleiche Windungszahlen; *1* und *2* bedecken zusammen eine Schenkellänge des Eisenkernes. Der Anschluß erfolgt an den *Anfangspunkten* (a) der Wicklungsabteilungen *1*, die *drehfeldrichtig* mit U, V und W bezeichnet sind. Die *Sternverbindung* mit dem *Sternpunkt* Mp liegt gleichfalls an den Anfangspunkten (a) der Wicklungsabteilungen *2*.

Wir beginnen mit dem *Potentialdiagramm* Abb. 30b und setzen voraus, daß die Wicklungsabteilungen *1* und *2* in Reihe geschaltet sind und die Sternpunktverbindung an den *Endpunkten* der Wicklungsabteilungen *2* liegt. Dann ergibt, wie dargestellt, die Summierung der Spannungsvektoren der einzelnen Wicklungsabteilungen je Schenkel die Phasenspannungen $U_{U'}$, $U_{V'}$ und $U_{W'}$ der *ideellen Sternschaltung*. Anfang und Ende der Wicklungsabteilungen *1* plus *2* je Schenkel liegen aber infolge der wirklichen Schaltung nicht an den Phasenspannungen, sondern zwischen den Klemmen UV, VW und WU, an den Linienspannungen. Die Wicklungsabteilungen des Schenkels I liegen demnach an der Linienspannung U_{UV}, des Schenkels II an U_{VW} und des Schenkels III an U_{WU}. Hierbei zeigen die *Spitzenpunkte* der Summenvektoren auf U, V und W entsprechend U', V' und W'.

Ausgehend vom *Sternpunkt* Mp, muß der Spannungsvektor U_{UV2} der Wicklungsabteilung *2* auf Schenkel I, mit I^2 bezeichnet, entgegengesetzt gerichtet und parallel zu dem Spannungsvektor $U_{U'V'}$ sein, weil die Wicklungsabteilung *gegensinnig* bzw. *gegengeschaltet* ist und auf dem Schenkel I sitzt. Die *Gegenschaltung* ergibt sich dadurch, daß im Linienzuge $V-Mp$ die Wicklungsabteilungen in der Reihenfolge *Anfang-Ende-Ende-Anfang* verbunden sind. Weiterhin folgt anschließend der Spannungsvektor U_{VW1} der *gleichsinnig* geschalteten Wicklungsabteilung *1* auf Schenkel II, mit II^1 bezeichnet, der gleichgerichtet und parallel zu dem Spannungsvektor $U_{V'W'}$ sein muß. Das Diagramm ist in Abb. 30c angegeben, woraus ersichtlich ist, daß die Spitze des

Die Zickzackschaltung Zz

Spannungsvektors II^1 den Punkt V' nicht mehr erreicht. Die *resultierende* Phasenspannung U_V ist also kleiner als $U_{V'}$. Für die drei Phasenspannungen gelten folgende Vektorengleichungen.

$$\left.\begin{array}{l} U_V = I^2 \mathrel{\widehat{+}} II^1 \\ U_W = II^2 \mathrel{\widehat{+}} III^1 \\ U_U = III^2 \mathrel{\widehat{+}} I^1 \end{array}\right| \quad (V). \tag{44}$$

Die *geometrische Addition* ist in Abb. 30d ausgeführt, und es ergibt sich, daß die Zickzackschaltung ihre Phasenspannungen aus den *Linien*-

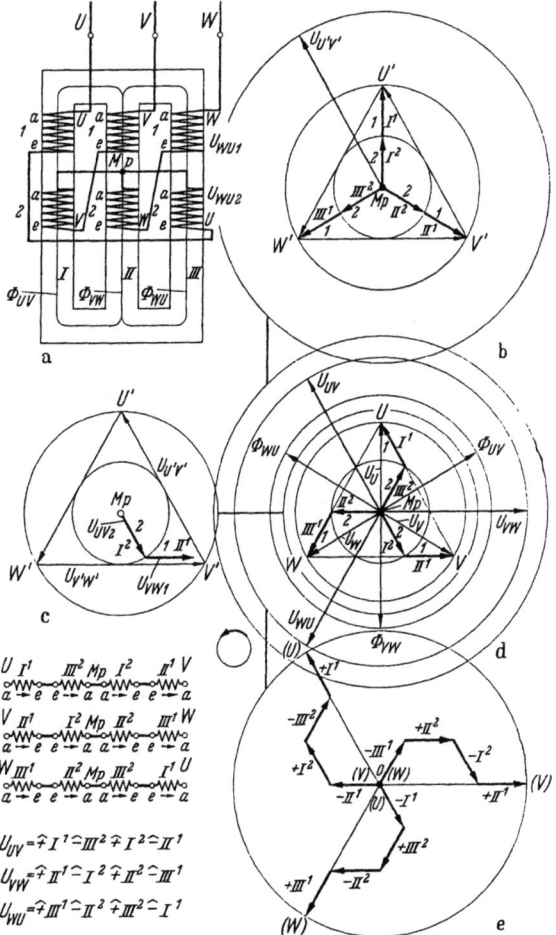

Abb. 30. Die transformatorische Zickzackschaltung auf einem dreischenkligen Eisenkern. a) Schaltbild; b) Potentialdiagramm mit Zeitvektor $U_{U'V'}$. Schenkelweise Reihenschaltung der Wicklungsabteilungen mit nach unten gelegter Sternpunktverbindung; c) Die Spitze des Spannungsvektors II^1 erreicht nicht mehr den Spitzenpunkt V'; d) Vektoren-Zeit- und Potentialdiagramm der Zickzackschaltung; e) Vektorendiagramm zur Ermittlung der Linienspannungen mit zeitlicher Richtung

spannungen aufbaut, und die *Komponenten* hierzu jeweils gleich 1/3 der *Linienspannung* sind. Es gilt für die Phase V

$$U_{UV2} = U_{VW1} = \tfrac{1}{3} U_{UV} = \tfrac{1}{3} U_{VW} \quad (V),$$

wobei nur die Absolutbeträge der Vektoren maßgebend sind. Die Größe der Phasenspannung für die Phase V, ergibt sich nach dem *Cosinussatz* im schiefwinkligen Dreieck zu

$$U_{UV2} \sqrt{3} = U_V \quad (V). \tag{45}$$

Bei *Sternschaltung* der Wicklungsabteilungen ist die Phasenspannung

$$U_{UV2} \, 2 = U_{V'} \quad (V) \tag{46}$$

oder

$$U_V \frac{2}{\sqrt{3}} = U_{V'} \quad (V). \tag{47}$$

Die Phasenspannung der *Zickzackschaltung* ist also um $\sqrt{3}/2 = 0{,}866$ mal kleiner als bei Sternschaltung. Um auf dieselbe Phasenspannung wie bei der Sternschaltung zu kommen, muß die Windungszahl der Zickzackschaltung je Phase um $1/0{,}886 = 2/\sqrt{3} = 1{,}155$ mal *erhöht* werden. Je *Wicklungsabteilung* wird also die Windungszahl von $1/2 = 0{,}50$ auf $1/\sqrt{3} = 0{,}57735$ erhöht. Die Zickzackschaltung benötigt demnach 15,5% mehr Wicklungsmaterial (Kupfer und Isolation) als die Sternschaltung.

Es sollen nun die *zeitlichen Richtungen* und die *Größen* der Linienspannungen aus den *Komponenten*, also aus den Spannungen der einzelnen Wicklungsabteilungen, ermittelt werden. Zu diesem Zweck ist der *Wicklungsplan* mit den zugehörigen *Vektorengleichungen* in Abb. 30 unten links angegeben. Nach der festgelegten *Umlauf- und Zählrichtung* beginnen wir mit Klemme U und laufen linksdrehend über Wicklungsabteilung *1* Schenkel I, nach Wicklungsabteilung *2* Schenkel III, über Mp nach Wicklungsabteilung *2* Schenkel I, nach Wicklungsabteilung *1* Schenkel II und schließlich nach Klemme V. Die Vektorengleichung für die Linienspannung U_{UV} kann also ohne weiteres aufgestellt werden. Von einem 0-Punkt aus beginnend, tragen wir die *Vektoren* rückwärts, mit (V) als *Anfang*, wo der *Fußpunkt* des Vektors $-II^1$ liegt, auf und erreichen mit der *Spitze* des Vektors $+I^1$ den *Endpunkt* (U). Auf diese Weise können die beiden anderen Linienspannungen ebenfalls ermittelt werden. Das Ergebnis ist aus Diagramm Abb. 30e ersichtlich, in dem die Vektoren nach Richtung und Größe eingetragen sind. Die ermittelten Linienspannungen U_{UV}, U_{VW} und U_{WU} stimmen mit den im *Potentialdiagramm* zwischen den Spitzenpunkten UV, VW und WU herrschenden Spannungen überein (s. Seite 105).

Nach *Schaltung* Abb. 30a liegen die Wicklungsabteilungen der Phase U auf Schenkel I und III, der Phase V auf II und I und der

Phase W auf III und II. Unter Mitbeachtung des Diagramms Abb. 30d ergibt sich demnach folgende Schaltfolge.

Phase U: I^1 verbunden mit III^2 verbunden mit Mp,
Phase V: II^1 verbunden mit I^2 verbunden mit Mp,
Phase W: III^1 verbunden mit II^2 verbunden mit Mp.

Diese *Schaltfolge* stimmt mit der Reihenfolge für die Differenzbildung der Phasenströme ($1'3'$, $2'1'$, $3'2'$) nach Gl. (31) überein.

Die *Magnetisierung* über eine *Zickzackwicklung* erfolgt vollkommen *zwanglos*, und die Bedingung der Gl. (40) wird ohne Vorbehalt erfüllt. Setzen wir zunächst voraus, daß der Transformator magnetisch *symmetrisch* ist, und folglich die magnetischen Widerstände der drei Schenkel *gleich* sind, so müssen offenbar in den drei Zuleitungen Magnetisierungsströme fließen, die zusammen ein *symmetrisches Drehstromsystem* bilden. Die Magnetisierungsströme $I_{\mu U}$, $I_{\mu V}$ und $I_{\mu W}$ sind senkrecht nacheilend, wie in Abb. 31 oben dargestellt, zu den Phasenspannungen U_U, U_V und U_W der Zickzackschaltung. Sie können *phasenweise* jeweils in *zwei Komponente* zerlegt werden, und zwar derart, daß die Komponenten *senkrecht nacheilend* zu den Spannungen der Wicklungsabteilungen der betreffenden Phase werden. Es ist folglich

Phase U: $I_{\mu U} = I_{\mu I^1} \widehat{+} I_{\mu III^2}$
Phase V: $I_{\mu V} = I_{\mu II^1} \widehat{+} I_{\mu I^2}$ (A),
Phase W: $I_{\mu W} = I_{\mu III^1} \widehat{+} I_{\mu II^2}$ (48)

wobei die geometrische Summe

$$I_{\mu U} \widehat{+} I_{\mu V} \widehat{+} I_{\mu W} = 0 \quad (A) \quad (49)$$

ist. Die *Kraftflüsse* werden jeweils von der Summe der *Durchflutungen* der *Wicklungsabteilungen*, die auf einem Schenkel sitzen, erzeugt. Es ist deshalb nach Abb. 31 unten für

Schenkel I: $\Phi_{UV} \equiv \dfrac{3}{2}\left(\dfrac{n}{\sqrt{3}} I_{\mu I^1} + \dfrac{n}{\sqrt{3}} I_{\mu I^2}\right)$

Schenkel II: $\Phi_{VW} \equiv \dfrac{3}{2}\left(\dfrac{n}{\sqrt{3}} I_{\mu II^1} + \dfrac{n}{\sqrt{3}} I_{\mu II^2}\right)$ (Maxwell), (50)

Schenkel III: $\Phi_{WU} \equiv \dfrac{3}{2}\left(\dfrac{n}{\sqrt{3}} I_{\mu III^1} + \dfrac{n}{\sqrt{3}} I_{\mu III^2}\right)$

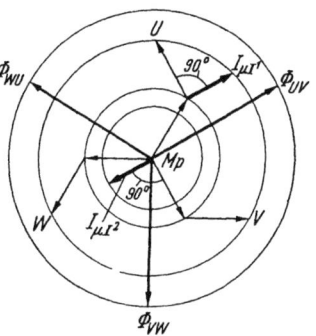

Abb. 31. Ermittlung der Magnetisierungsströme bei Zickzackschaltung mit magnetisch symmetrischem Eisenkern. (Ströme übertrieben groß gezeichnet.) Oben: Die Komponenten der einzelnen Magnetisierungsströme sind gleich und eilen den zugehörigen Spannungen der Wicklungsabteilungen um 90° nach. Unten: Die Komponenten je Schenkel erzeugen die Kraftflüsse. Die Kraftflüsse eilen den Linienspannungen um 90° nach, sie sind gleich groß und ihre geometrische Summe ist Null

wobei die *geometrische* Summe

$$\Phi_{UV} \widehat{+} \Phi_{VW} \widehat{+} \Phi_{WU} = 0 \quad \text{(Maxwell)} \tag{51}$$

ist. Die Magnetisierungsströme der Wicklungsabteilungen *2* sind gegenüber den Strömen der Wicklungsabteilungen *1* — genau wie die Abteilungsspannungen — um 180° *phasenverschoben*, also entgegengerichtet. Infolge der *Gegenschaltung* der Wicklungsabteilungen fallen jedoch die Ströme je Schenkel in gleiche Richtung, und die Addition ihrer Durchflutungen kann *arithmetisch* erfolgen.

Die erzeugten Kraftflüsse sind mit den *gleichphasigen Komponenten* der Magnetisierungsströme in Phase. Für den Kraftfluß Φ_{UV} sind folglich die Ströme $I_{\mu I^1}$ und $-I_{\mu I^2}$, für Φ_{VW} $I_{\mu II^1}$ und $-I_{\mu II^2}$ und für Φ_{WU} $I_{\mu III^1}$ und $-I_{\mu III^2}$ maßgebend. Gegenüber den Linienspannungen der Zickzackschaltung eilen die Kraftflüsse um 90° nach und sind zu den Magnetisierungsströmen $I_{\mu U}$, $I_{\mu V}$ und $I_{\mu W}$ um 30° voreilend. Sie sind gleich groß und ihre *Phasenverschiebung* zueinander beträgt 120°. Die Magnetisierungsströme eilen den Linienspannungen um 30° + 90° = 120° nach. Es liegen also in dieser Beziehung die gleichen Verhältnisse wie bei der Magnetisierung über eine Dreieckwicklung vor (siehe Abb. 25, 26 und 30).

Wir haben unsere Berechnungen hier auf Grund der senkrechten *Komponentenaufteilung* des Magnetisierungsstromes durchgeführt, wobei der Leitgedanke war, daß die Spannung jeder Wicklungsabteilung einen um 90° nacheilenden Komponenten zur Bildung des Magnetisierungsstromes liefert und durch diese Komponentenbildung eine *Vereinfachung* auch hinsichtlich bei der späteren Ermittlung der Magnetisierungsströme bei *unsymmetrischen* Verhältnissen eintritt.

In Wirklichkeit bestehen aber diese *Komponenten* nicht, denn alle Wicklungsabteilungen werden mit dem *vollen Magnetisierungsstrom* durchflossen. Gegen die Gl. (50) könnte also der Einwand erhoben werden, daß sie nicht zustimmend sei. Tatsächlich werden die Kraftflüsse naturgemäß von der *geometrischen Summe der Durchflutungen* der Magnetisierungsströme $I_{\mu U}$, $I_{\mu V}$ und $I_{\mu W}$ gebildet. Die Gl. (50) kann also auch in folgender Form geschrieben werden.

$$\begin{aligned}
\text{Schenkel I:} \quad & \Phi_{UV} \equiv \frac{n}{\sqrt{3}} I_{\mu U} \widehat{+} \frac{n}{\sqrt{3}} I_{\mu V} \\
\text{Schenkel II:} \quad & \Phi_{VW} \equiv \frac{n}{\sqrt{3}} I_{\mu V} \widehat{+} \frac{n}{\sqrt{3}} I_{\mu W} \quad \text{(Maxwell)}, \\
\text{Schenkel III:} \quad & \Phi_{WU} \equiv \frac{n}{\sqrt{3}} I_{\mu W} \widehat{+} \frac{n}{\sqrt{3}} I_{\mu U}
\end{aligned} \tag{52}$$

wobei die Summe der *Indexbuchstaben* U, V und W der Magnetisierungsströme die Bezeichnung für die Kraftflüsse liefert. Für den Kraftfluß Φ_{UV} sind hier die Ströme $I_{\mu U}$ und $-I_{\mu V}$, für Φ_{VW} $I_{\mu V}$ und $-I_{\mu W}$ und für Φ_{WU} $I_{\mu W}$ und $-I_{\mu U}$ maßgebend.

In Abb. 31 oben ist die *Konstruktion* $I_{\mu U} - I_{\mu V}$ durchgeführt, woraus zu ersehen ist, daß der resultierende Strom zwar in der gleichen Rich-

Die Zickzackschaltung Zz

tung wie die Komponente $I_{\mu I^1}$ fällt, aber der *Absolutbetrag* 3 mal größer als der der *Komponente* ist. $(I_{\mu I^1} = I_{\mu U}/\sqrt{3}$ und $I_{\mu U} \mathbin{\widehat{=}} I_{\mu V} = \sqrt{3}\, I_{\mu U})$. Die *resultierende Durchflutung* eines Schenkels wird mit der *arithmetischen Addition* der *Durchflutungen* der Stromkomponenten kleiner als mit der *geometrischen Addition* nach Gl. (52). Der Faktor 3/2 gleicht diese Differenz aus, so daß die Gl. (50) die Durchflutungen nach Richtung und Größe richtig angibt. Das Rechnen mit *senkrechten Komponenten* führt also zum gleichen Resultat, bietet aber Vorteile bei der Behandlung von unsymmetrischen Problemen. So kann die Unveränderlichkeit der Kraftflüsse in Abb. 31 und 32 durch Vergleich der Komponenten leicht erkannt werden.

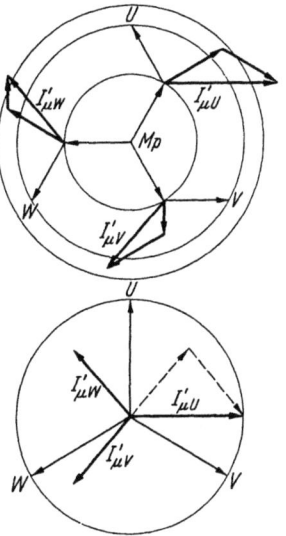

Kehren wir jetzt zum praktischen Fall zurück und setzen den *Magnetisierungsstrom des mittleren Schenkels* gleich dem 0,5fachen Teil des Magnetisierungsstromes der anderen Schenkel, kann, ausgehend von den Komponenten, die Gl. (48) nach Abb. 32 oben wie folgt geschrieben werden.

Phase U:
$$I'_{\mu U} = I_{\mu I^1} \mathbin{\widehat{+}} I_{\mu III^1} = I_{\mu U}$$
Phase V:
$$I'_{\mu V} = I'_{\mu II^1} \mathbin{\widehat{+}} I_{\mu I^1}$$
Phase W:
$$I'_{\mu W} = I_{\mu III^1} \mathbin{\widehat{+}} I'_{\mu II^1}$$

(A), (53)

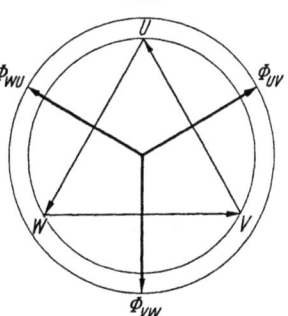

wobei der *Absolutbetrag* der Komponenten

$$I'_{\mu II^1} = I'_{\mu II^2} = \tfrac{1}{2} I_{\mu I^1} = \tfrac{1}{2} I_{\mu I^2} = \tfrac{1}{2} I_{\mu III^1}$$
$$= \tfrac{1}{2} I_{\mu III^2} \text{ (A)}$$

beträgt. Führt man die *geometrische* Addition, wie in Abb. 32 dargestellt, durch, entstehen *bisymmetrische* Magnetisierungsströme, wobei der Betrag von $I'_{\mu U}$ größer als $I'_{\mu V} = I'_{\mu W}$ ist. Die Phasenverschiebung dieser Ströme zueinander ist nicht mehr 120°, sie können aber ungehindert durch den Sternpunkt fließen. Es ist somit

Abb. 32. Ermittlung der Magnetisierungsströme und der Kraftflüsse bei Zickzackschaltung mit magnetisch unsymmetrischem Eisenkern. (Normalfall: drei Schenkel in einer Ebene.) Oben: Geometrische Addition der ungleichen Komponenten. Mitte: Die resultierenden Magnetisierungsströme sind bisymmetrisch, ihre geometrische Summe ist gleich Null. Unten: Die von den bisymmetrischen Magnetisierungsströmen erzeugten Kraftflüsse sind die gleichen wie bei einem magnetisch symmetrischen Eisenkern (s. Abb. 31 unten)

$$I'_{\mu U} \mathbin{\widehat{+}} I'_{\mu V} \mathbin{\widehat{+}} I'_{\mu W} = 0 \quad \text{(A).} \tag{54}$$

Die Magnetisierung über eine *Zickzackwicklung* ist also, wie schon erwähnt, völlig *zwanglos*, und die Größe und Richtung der oben ermittelten

Kraftflüsse bleiben trotz der ungleichen magnetischen Widerstände unverändert bestehen (Abb. 32 unten).

Durch die *Bisymmetrie* der Magnetisierungsströme entstehen in den Phasen, in denen die Magnetisierungsströme $I'_{\mu V}$ und $I'_{\mu W}$ fließen, *positive* und *negative* Wirkleistungen. In der Summe der *Phasen* fallen aber diese Wirkleistungen aus, so daß nur die *Magnetisierungs-Blindleistung* übrigbleibt.

Zusammenfassend kann festgestellt werden, daß die *Zickzackschaltung* fast alle *Vorzüge* der Stern- und Dreieckschaltung in sich vereint, die aber durch erhöhtem Materialaufwand und damit auch durch erhöhte *Verluste* erkauft werden müssen.

20. Vergleich der Grundschaltungen

Zum Vergleich der Grundschaltungen in bezug auf *Spannungen* und *Ströme* sowie *Windungszahlen* sollen zusammenfassend untenstehende Tabellen dienen. Der *Kupferverbrauch* wurde mit aufgenommen und auf die Sternschaltung, ähnlich wie *Windungszahl* und *Querschnitt*, bezogen. Für die Zickzackschaltung sind die Vergleichsgrößen auch bei der zu niedrigen Windungszahl angegeben.

Das *Kupfergewicht* einer Wicklung ist

$$G = q\, n\, l_m\, \gamma \quad (\text{kg}), \tag{55}$$

wobei q den *Leiterquerschnitt* in mm², n die *Windungszahl*, l_m die *mittlere Länge einer Windung* in m und γ das *spezifische Gewicht des Leiters*

Tabelle 4. *Spannungen und Ströme der Grundschaltungen*

	Sternschaltung	Dreieckschaltung	Zickzackschaltung	
Phasenspannung	$U/\sqrt{3}$	U	$0{,}866\, U/\sqrt{3}$	$\tfrac{1}{3} U \sqrt{3} = U/\sqrt{3}$
Linienspannung	U	U	$0{,}866\, U$	U
Phasenstrom	I	$I/\sqrt{3}$	I	I
Linienstrom	I	I	I	I

Tabelle 5. *Windungszahlen und Kupfergewichte der Grundschaltungen*

	Sternschaltung	Dreieckschaltung	Zickzackschaltung	
Phasenspannung	$U/\sqrt{3}$	U	$0{,}866\, U/\sqrt{3}$	$\tfrac{1}{3} U \sqrt{3} = U/\sqrt{3}$
Windungszahl je Schenkel	n	$n\sqrt{3}$	$\dfrac{n}{2} + \dfrac{n}{2} = n$	$\dfrac{n}{\sqrt{3}} + \dfrac{n}{\sqrt{3}} = 1{,}155\, n$
Leiterquerschnitt	q	$q/\sqrt{3}$	q	q
Kupfergewicht	$c\, q\, n = G$	$c\, \dfrac{q}{\sqrt{3}}\, n\sqrt{3} = G$	$c\, q\, n = G$	$c\, q\, 1{,}155\, n = 1{,}155\, G$

bzw. des Kupfers in kg/dm³ ($\gamma_{Cu} = 8,9$ bei $18\,°C$) bedeuten. Setzt man $l_m \gamma = c$, kann vereinfacht wie folgt geschrieben werden

$$G = c\,q\,n \quad (\text{kg}). \tag{56}$$

Das *Kupfergewicht* ist also mit dem *Querschnitt* und mit der *Windungszahl* der Wicklung proportional. Bei parallelen Leitern muß die Summe der Leiterquerschnitte eingesetzt werden.

21. Symmetrische Belastung

Bei symmetrischer Drehstrombelastung sind die Ströme in den drei *Schenkelwicklungen* gleich groß, und ihre *geometrische* Summe ist Null. Die *Phasenverschiebung* der Ströme zueinander beträgt 120°. Die *Stromvektoren* liegen in den *Schwerlinien* des gleichseitigen Dreiecks, das von den *Spitzenpunkten* der Vektoren gebildet wird. Das Verhalten der einzelnen Schaltungen gegenüber dieser *Belastungsart* soll nachfolgend untersucht werden.

In Abb. 33 sind die *Grundschaltungen* in der Reihenfolge Dreieck (a), Stern (b) und Zickzack (c) mit *Potentialdiagrammen* dargestellt. Die

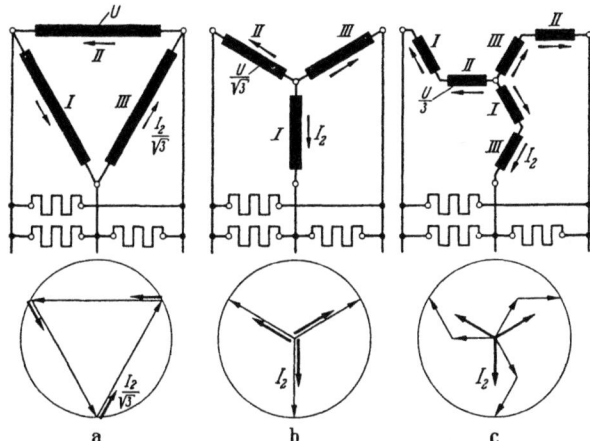

Abb. 33. Die Grundschaltungen bei symmetrischer Belastung mit Potentialdiagrammen. a) Dreieckschaltung; b) Sternschaltung; c) Zickzackschaltung. Die Stromvektoren haben keine Phasenverschiebung zu den Phasenspannungen

Zickzackschaltung ist nach Abb. 107 gewählt. Die Teilwicklungen sind nach der Lage der Spannungsvektoren *ausgerichtet*, wodurch die Stromverteilung gut übersichtlich wird. Diese *Darstellungsweise* ist jedoch transformatorisch nicht zu empfehlen, denn die Teilwicklungen liegen in Wirklichkeit parallel zueinander und die Schaltverbindungen kommen nicht zur Geltung. Bei der Zickzackschaltung sind auch deshalb die *gegengeschalteten Wicklungsabteilungen* nur schlecht erkennbar. Die römischen Ziffern I, II und III bezeichnen, wie üblich, die Schenkel des Eisenkernes, auf dem die Teilwicklungen angeordnet sind. Die Schaltungen stellen, mit ohmschen Widerständen *symmetrisch belastete Sekundärwicklungen* von drei Transformatoren dar. Die Phasenströme sind im Potentialdiagramm der Spannungen für *reine Wirkbelastung* eingezeichnet. Die Linienströme sind gleich, und der Phasenstrom für die Dreieckschaltung ist um $1/\sqrt{3}$ mal kleiner als bei den anderen Schaltungen. Die *Querschnitte* q_2 der Leiter der Wicklungen müssen den Phasenströmen entsprechend bemessen werden, denn von diesen Strömen werden sie tatsächlich durchflossen.

Bezeichnen wir die *Windungszahl* einer Schenkelwicklung der Dreieckschaltung mit n_2, so ist der *Wechselstromwiderstand* je Phase

$$r_{w2} = k \frac{n_2 l_m}{q_2} \varrho \quad \text{(Ohm)}, \tag{57}$$

wobei k den *Wirbelstromfaktor* (1,1 bis 1,33), l_m die *mittlere Länge einer Windung* in m, q_2 den *Leiterquerschnitt* in mm² (bei parallelen Leitern die Summe der Leiterquerschnitte) und ϱ den *spezifischen Widerstand* Ω mm²/m bedeuten ($\varrho_{Cu} = 1/46$ bei 75°C). Setzen wir voraus, daß l_m für die 3 Transformatoren, deren Schaltungen hier verglichen werden sollen, gleich und damit konstant ist, wird nach Einsetzen von $c = k\, l_m\, \varrho$

$$r_{w2} = c \frac{n_2}{q_2} \quad \text{(Ohm)}. \tag{58}$$

Der *Wechselstromwiderstand* einer Wicklung ist mit der *Windungszahl* direkt und mit dem *Querschnitt* umgekehrt proportional. Bei Dreieckschaltung muß der Querschnitt q_2 gegenüber der anderen Schaltungen mit $\sqrt{3}$ geteilt werden.

Die *Wicklungsverluste* je Phase auf der Sekundärseite sind somit

$$V_{Cu} = I_2^2 r_{w2} = I_2^2 \frac{n_2}{q_2} c \quad \text{(W)}, \tag{59}$$

wobei I_2 allgemein den sekundären Linienstrom bedeutet. Bei Dreieckschaltung muß der Linienstrom I_2 gegenüber den anderen Schaltungen ebenfalls mit $\sqrt{3}$ geteilt werden. Da wir für die Windungszahl einer Phase der *Dreieckschaltung* n_2 angenommen haben, muß für die *Sternschaltung* $n_2/\sqrt{3}$ und für eine *Wicklungsabteilung der Zickzackschaltung* $n_2/3$ gesetzt werden. In nachstehender Tabelle sind die Wicklungsverluste für die *Grundschaltungen* bei symmetrischer Belastung berechnet.

Hierbei bedeutet V'_{Cu} den relativen Wicklungsverlust der Grundschaltungen, wofür in Gl. (59) die Windungszahl der Dreieckschaltung und der Leiterquerschnitt der Sternschaltung eingesetzt sind.

Bei gleicher *Stromdichte* ($\delta_1 = \delta_2$) erfolgt die Aufteilung der Gesamtwicklungsverluste $V_{Cu\,ges}$ zu gleichen Teilen auf der Primär- und

Tabelle 6. *Wicklungsverluste je Schenkelwicklung bzw. Wicklungsabteilung der Grundschaltungen bei symmetrischer Belastung*

	Dreieckschaltung	Sternschaltung	Zickzackschaltung Wicklungsabteilung	Zickzackschaltung Schenkel
Phasenstrom	$I_2/\sqrt{3}$	I_2	I_2	I_2
Windungszahl je Schenkel bzw. Wicklungsabteilung	n_2	$\dfrac{n_2}{\sqrt{3}}$	$\dfrac{n_2}{3}$	$\dfrac{n_2}{3}+\dfrac{n_2}{3}$
Leiterquerschnitt	$q_2/\sqrt{3}$	q_2	q_2	q_2
Wicklungsverluste nach Gl. (59)	$I_2^2 \dfrac{n_2}{\sqrt{3}\,q_2} c$	$I_2^2 \dfrac{n_2}{\sqrt{3}\,q_2} c$	$I_2^2 \dfrac{n_2}{3\,q_2} c$	$I_2^2 \dfrac{2n_2}{3\,q_2} c$
Wicklungsverluste je Schenkel bzw. Wicklungsabteilung	$\dfrac{1}{\sqrt{3}} V'_{Cu}$	$\dfrac{1}{\sqrt{3}} V'_{Cu}$	$\dfrac{1}{3} V'_{Cu}$	$\dfrac{2}{3} V'_{Cu}$

Sekundärwicklung des Transformators. Die in untenstehender Tabelle angegebene *Summe der Wicklungsverluste* bezieht sich nur auf die Sekundärseite. Für die Ermittlung der *Gesamtwicklungsverluste* müssen nach obiger Voraussetzung diese Werte mit 2 multipliziert werden. Dies gilt aber nur für die Dreieck- oder Sternschaltung, wenn auf der Primärseite auch Dreieck- oder Sternschaltung vorhanden ist. Die Zickzackschaltung hat höhere Wicklungsverluste. Bei Verwendung einer Dreieck- oder Sternschaltung auf der Primärseite dürfen die sekundären Wicklungsverluste hier nicht verdoppelt werden.

Tabelle 7. *Verteilung der sekundären Wicklungsverluste auf die Schenkel und die Summe der Wicklungsverluste bei symmetrischer Belastung*

Schenkel	I	II	III	Summe
Dreieckschaltung		$\dfrac{1}{\sqrt{3}} V'_{Cu}$		$\sqrt{3}\, V'_{Cu}$
Sternschaltung		$\dfrac{1}{\sqrt{3}} V'_{Cu}$		$\sqrt{3}\, V'_{Cu}$
Zickzackschaltung		$\tfrac{2}{3} V'_{Cu}$		$2\, V'_{Cu}$

Der *Wicklungsverlust* der Zickzackschaltung ist also $2/\sqrt{3} = 1{,}155$ mal größer als der *Wicklungsverlust* der Dreieck- oder Sternschaltung. Die *Gesamtwicklungsverluste* bei Dreieck/Zickzackschaltung oder bei Stern/Zickzackschaltung sind folglich

$$V_{Cu\,ges} = 2 V'_{Cu} + 2 V'_{Cu} \frac{\sqrt{3}}{2} = (2 + \sqrt{3})\, V'_{Cu} \quad (W) \qquad (60)$$

und ohne Verwendung einer Zickzackschaltung

$$V_{Cu\,ges} = \sqrt{3}\, V'_{Cu} + \sqrt{3}\, V'_{Cu} = 2\sqrt{3}\, V'_{Cu} \quad (W). \qquad (61)$$

22. Einphasige Belastung zwischen zwei Hauptleiter

Bei einphasiger Belastung sind die Verbraucher nur zwischen zwei Hauptleiter angeschlossen. Es fließt ein *einphasiger Strom*, der von der Linienspannung, an welcher der *Verbraucher* liegt, abhängig ist. Das Verhalten der einzelnen Schaltungen gegenüber dieser *Belastungsart* soll nun untersucht werden.

In Abb. 34 sind die *Grundschaltungen* mit Potentialdiagrammen dargestellt, wobei für den einphasigen Belastungsfall die Ströme in den

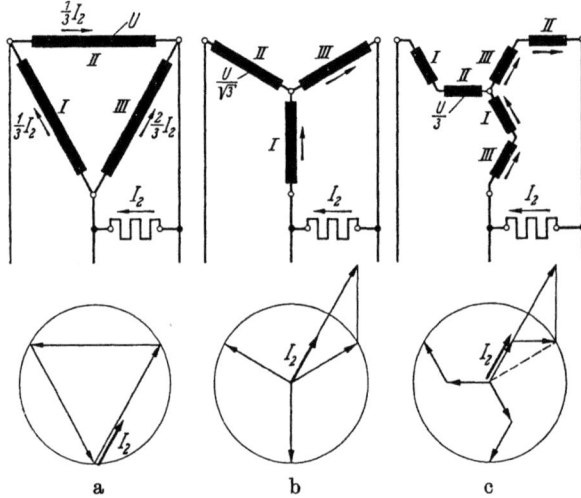

Abb. 34. Die Grundschaltungen bei einphasiger Belastung zwischen zwei Hauptleiter mit Potentialdiagrammen. a) Dreieckschaltung; b) Sternschaltung; c) Zickzackschaltung. Die Stromvektoren sind ohne Phasenverschiebung zu den Linienspannungen im Diagramm eingezeichnet. Bei c) sind Linienspannung und I_2, bezogen auf die Richtung der Teilspannungen, um 180° umgeklappt

Schaltungen und Diagrammen eingetragen sind. Bei der Dreieckschaltung tritt in zwei Knotenpunkten *Stromverzweigung* aber keine *Stromverkettung* auf, weil der einphasige Belastungsstrom, ohne seine *Phasenlage* zu ändern, durch die Teilwicklungen fließt. Die direkt belastete Phase wird hierbei mit $2/3$ und die anderen nur mit je $1/3$ des Linienstromes belastet. Bei der *Dreieckschaltung* sind also alle drei Schenkelwicklungen (I, II und III) stromführend. Bei der *Sternschaltung* sind zwei Schenkelwicklungen (I und III) und bei der *Zickzackschaltung* vier Wicklungsabteilungen, verteilt auf die drei Schenkel (I, II und III), belastet, wobei der volle Linienstrom diese Teilwicklungen durchfließt. Im Diagramm wurden die Ströme für reine Wirkbelastung, also in Phase mit den Linienspannungen, eingezeichnet. Wie aus der Abbildung ersichtlich ist, sind auch dementsprechend die beiden Hauptleitungen über einen ohmschen Widerstand belastet.

Unter den gleichen Voraussetzungen wie in Abschn. 21 sind in nebenstehender Tabelle die Wicklungsverluste für einphasige Belastung berechnet.

Einphasige Belastung zwischen zwei Hauptleiter

Tabelle 8. *Wicklungsverluste je Schenkelwicklung bzw. Wicklungsabteilung der Grundschaltungen bei einphasiger Belastung*

	Dreieckschaltung		Sternschaltung	Zickzackschaltung
Phasenstrom	$\frac{1}{3}I_2$	$\frac{2}{3}I_2$	I_2	I_2
Windungszahl je Schenkel bzw. Wicklungsabteilung	n_2	n_2	$\frac{n_2}{\sqrt{3}}$	$\frac{n_2}{3}$
Leiterquerschnitt	$\frac{q_2}{\sqrt{3}}$	$\frac{q_2}{\sqrt{3}}$	q_2	q_2
Wicklungsverluste nach Gl. (59)	$I_2^2 \frac{n_2}{3\sqrt{3}\, q_2} c$	$I_2^2 \frac{4n_2}{3\sqrt{3}\, q_2} c$	$I_2^2 \frac{n_2}{\sqrt{3}\, q_2} c$	$I_2^2 \frac{n_2}{3 q_2} c$
Wicklungsverluste je Schenkel bzw. Wicklungsabteilung	$\frac{1}{3}\frac{1}{\sqrt{3}} V'_{Cu}$	$\frac{4}{3}\frac{1}{\sqrt{3}} V'_{Cu}$	$\frac{1}{\sqrt{3}} V'_{Cu}$	$\frac{1}{3} V'_{Cu}$

Bei einphasiger Belastung können auf Grund der in Abb. 34 angegebenen sekundären Stromverteilung die Primärströme je nach der verwendeten Schaltung nach dem Gesetz des Gleichgewichtes der *Belastungsdurchflutungen* ermittelt werden. Demnach müssen die Durchflutungen — Strom je Schenkel mal Windungszahl je Schenkel — in jedem Zeitmoment schenkelweise primär und sekundär gleich groß und entgegengerichtet sein. Da hier alle Ströme die *gleiche Phasenlage* haben, ist bei der Zickzackschaltung zu beachten, daß sich die Ströme in allen Wicklungsabteilungen ebenfalls in der gleichen Phasenlage befinden. Eine Aufteilung in gleichphasige Komponenten ist somit hinfällig. Der volle Linienstrom muß also bei der *arithmetischen Addition der Abteilungsdurchflutungen* in Rechnung gestellt werden.

Bei gleicher *Stromdichte* primär und sekundär erfolgt hier ebenfalls — mit Ausnahme der Zickzackschaltung — die Aufteilung der *Gesamtwicklungsverluste* zu gleichen Teilen auf der Primär- und Sekundärwicklung des einphasig belasteten Transformators. Die *Wicklungs-*

Tabelle 9. *Verteilung der sekundären Wicklungsverluste auf die Schenkel und die Summe der Wicklungsverluste bei einphasiger Belastung*

Schenkel	I	II	III	Summe
Dreieckschaltung	$\frac{1}{3}\frac{1}{\sqrt{3}} V'_{Cu}$	$\frac{1}{3}\frac{1}{\sqrt{3}} V'_{Cu}$	$\frac{4}{3}\frac{1}{\sqrt{3}} V'_{Cu}$	$2\frac{1}{\sqrt{3}} V'_{Cu}$
Sternschaltung	$\frac{1}{\sqrt{3}} V'_{Cu}$	0	$\frac{1}{\sqrt{3}} V'_{Cu}$	$2\frac{1}{\sqrt{3}} V'_{Cu}$
Zickzackschaltung	$\frac{1}{3} V'_{Cu}$	$\frac{1}{3} V'_{Cu}$	$\frac{2}{3} V'_{Cu}$	$\frac{4}{\sqrt{3}}\frac{1}{\sqrt{3}} V'_{Cu}$

verluste sind auch bei dieser Belastungsart schenkelweise primär und sekundär gleich, und die Verdoppelung der Summe der sekundären Wicklungsverluste ergibt die Gesamtwicklungsverluste.

Bei der *Zickzackschaltung* ist nach obiger Tabelle eine Erhöhung der Wicklungsverluste um $\frac{4}{\sqrt{3}}/2 = 2/\sqrt{3} = 1{,}155$ gegenüber der Dreieck- oder Sternschaltung vorhanden. Die *Gesamtwicklungsverluste* bei Dreieck/Zickzackschaltung oder bei Stern/Zickzackschaltung berechnen sich zu

$$V_{Cu\,ges} = \frac{4}{\sqrt{3}} \frac{1}{\sqrt{3}} V'_{Cu} + \frac{4}{\sqrt{3}} \frac{1}{\sqrt{3}} V'_{Cu} \frac{\sqrt{3}}{2}$$

$$= \frac{4 + 2\sqrt{3}}{3} V'_{Cu} \quad (W) \qquad (62)$$

und ohne Verwendung einer Zickzackschaltung

$$V_{Cu\,ges} = \frac{2}{\sqrt{3}} V'_{Cu} + \frac{2}{\sqrt{3}} V'_{Cu} = \frac{4}{\sqrt{3}} V'_{Cu} \quad (W). \qquad (63)$$

Nur wenn auch auf der Primärseite eine Zickzackschaltung, was praktisch selten vorkommt, verwendet wird, darf die Verdoppelung der sekundären Wicklungsverluste der Zickzackschaltung vorgenommen werden.

Obwohl die *Zickzackschaltung* infolge ihrer höheren Windungszahl mehr Wicklungsverluste bedingt, verteilt sie diese Verluste auf die drei Schenkel günstiger als die *Dreieckschaltung*. Die Dreieckschaltung verteilt im Verhältnis $\frac{1}{3} : \frac{4}{3} = 1:4$, während die Zickzackschaltung zu $\frac{1}{3} : \frac{2}{3} = 1:2$ verteilt. Die Erwärmung der Wicklungen ist hierdurch auch günstiger als bei einer Dreieckschaltung.

In diesem Zusammenhang soll noch erwähnt werden, daß die *Gleichheit der Energien* der primären und sekundären Schenkelwicklungen durch eine Zickzackschaltung nicht gestört wird, denn die erhöhte Windungszahl der Wicklungsabteilungen läßt nur die gleiche Phasenspannung wie bei der Sternschaltung entstehen (s. Tab. 4 oben).

Bei *primärer Sternschaltung* wird, mit Ausnahme der Stern/Sternschaltung, der einphasige sekundäre Belastungsstrom zu $\frac{1}{\sqrt{3}} I$, $\frac{1}{\sqrt{3}} I$ und $\frac{2}{\sqrt{3}} I$ auf die drei primären Phasen verteilt. Die Wicklungsverluste sind demnach je Schenkelwicklung $\frac{1}{3\sqrt{3}} V'_{Cu}$, $\frac{1}{3\sqrt{3}} V'_{Cu}$ und $\frac{4}{3\sqrt{3}} V'_{Cu}$, so daß die Summe ebenfalls $2\frac{1}{\sqrt{3}} V'_{Cu}$ ergibt. Zum gleichen Resultat führt eine primäre Dreieckschaltung bei *Dreieck/Sternschaltung*, obwohl entgegen der bisherigen Verteilungsweise nur zwei Phasen der Dreieckschaltung zu je $\frac{1}{\sqrt{3}} I$ belastet sind. Die Wicklungsverluste $\frac{1}{\sqrt{3}} V'_{Cu}$ je Schenkelwicklung ergeben als Summe wiederum $2\frac{1}{\sqrt{3}} V'_{Cu}$.

Bei *Stern/Sternschaltung* und *Dreieck/Zickzackschaltung* sind die in Abb. 34 dargestellten Stromverteilungen maßgebend. Werden die Summenergebnisse der Tabellen 7 und 9 verglichen, so zeigt es sich, daß bei *Dreieck- oder Sternschaltung* die Wicklungsverluste der Schenkel

$$\text{I} + \text{II} + \text{III} = 2 \frac{1}{\sqrt{3}} V'_{Cu} \frac{\sqrt{3}}{\sqrt{3}} = \frac{2}{3} \sqrt{3} V'_{Cu} \quad \text{(W)} \tag{64}$$

bei einphasiger Belastung Zweidrittel der Wicklungsverluste bei symmetrischer Belastung betragen. Bei *Zickzackschaltung* beträgt dieses Belastungsverhältnis nach

$$\text{I} + \text{II} + \text{III} = \frac{4}{\sqrt{3}} \frac{1}{\sqrt{3}} V'_{Cu} = \frac{2}{3} 2 V'_{Cu} \quad \text{(W)}, \tag{65}$$

wie zu erwarten war, ebenfalls Zweidrittel.

E. Einphasentransformatoren

Zu Einphasentransformatoren werden allgemein die *Einphasen-Leistungs-*, *-Spar-* und *-Zusatztransformatoren* gezählt. Die Schaltung dieser Transformatoren ist im Verhältnis zu der der Drehstromtransformatoren bedeutend einfacher. Die Schaltung des Einphasen-Leistungstransformators umfaßt nur zwei *Schaltgruppen*; $I \, i \, 0$ und $I \, i \, 6$. Diese wurden bereits im Abschn. 11 eingehend beschrieben. Werden drei Einphasen-Leistungstransformatoren zu einem *Drehstromsatz* zusammengefaßt, bieten sich mehrere Schaltungsmöglichkeiten.

In gleicher Weise können auch *Einphasen-Spartransformatoren* zu einem *Drehstromsatz* vereinigt werden. Diese Anordnung hat in *Höchstspannungsanlagen* mit *starrer* Sternpunkterdung in bezug auf die Verminderung der *Typenleistung* große Vorteile.

23. Einphasen-Leistungstransformatoren LT

Einphasen-Leistungstransformatoren können als *Kern-* oder *Manteltransformatoren* gebaut werden.

Bei *Kerntransformatoren* sind zwei bewickelte Schenkel über Ober- und Unterjoch magnetisch miteinander verbunden. Die beiden Schenkelwicklungen bzw. Wicklungsabteilungen werden entweder in Reihe oder parallel geschaltet, wobei zu beachten ist, daß der Kraftfluß in den Schenkeln entgegengesetzte Richtung hat.

Bei *Manteltransformatoren* ist ein bewickelter Schenkel über Ober- und Unterjoch und über zwei Rückschlußschenkel magnetisch in zwei Kreise geschaltet, wobei die Wicklungen *mantelförmig* umhüllt werden. Durch die Teilung der Kraftflüsse wird es ermöglicht, den *aktiven Eisenquerschnitt* der Joche herabzusetzen, wodurch Verminderung der *Bauhöhe* eintritt. Hierzu dienen auch radial geblechte Kerne mit mehreren *radialen Jochen* und *Rückschlußschenkeln*.

Bei *Höchstspannungstransformatoren* werden allgemein die Schenkel wegen der großen Bauhöhe mit *Säulen* bezeichnet.

In den Abb. 35 und 36 sind für *beide Bauarten* die Anordnung der Wicklungen und der Aufbau des *Eisenkernes* dargestellt. Alle Wicklungen haben gleichen *Wickelsinn*. Beim *Kerntransformator* sind die Wicklungsabteilungen, entsprechend dem *Normalfall*, primär und sekundär in Reihe geschaltet.

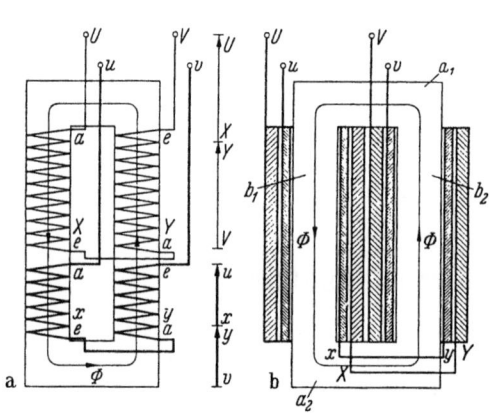

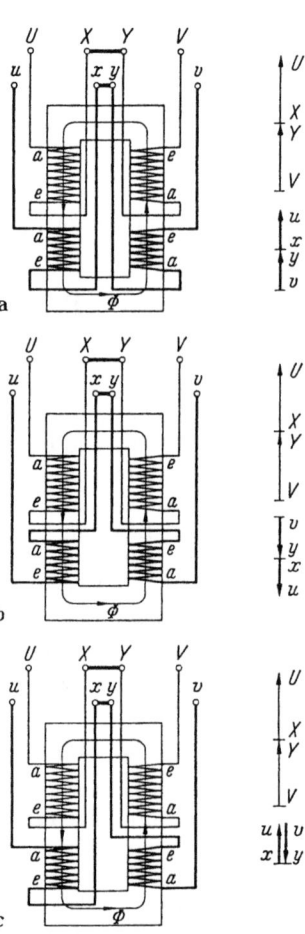

Abb. 35. Einphasen-Leistungstransformator in der Ausführung als Kerntransformator. (Zweisäulen-Bauart). a) Schaltung mit Vektoren-Potentialdiagramm. Schaltgruppe $I\,i\,0$. Die einzelnen Wicklungsabteilungen sind ober- und unterspannungsseitig in Reihe geschaltet; b) Einfach konzentrische Anordnung der Wicklungen am Eisenkern. a_1 = Oberjoch, a_2 = Unterjoch und b_1, b_2 = bewickelte Schenkel. Die Wicklungen sind als Zylinderwicklungen dargestellt

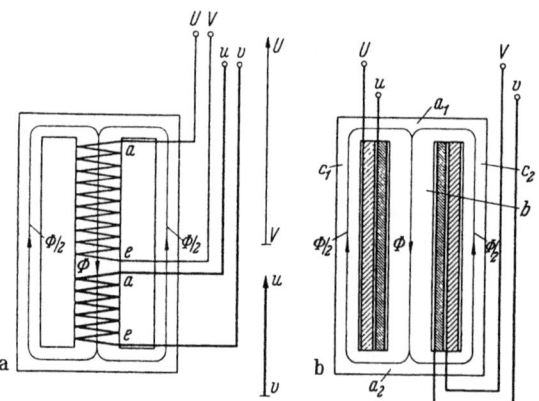

Abb. 36. Einphasen-Leistungstransformator in der Ausführung als Manteltransformator. (Einsäulen-Bauart). a) Schaltung mit Vektoren-Potentialdiagramm. Schaltgruppe $I\,i\,0$; b) Einfach konzentrische Anordnung der Wicklungen am Eisenkern. a_1 = Oberjoch, a_2 = Unterjoch; b = bewickelter Schenkel und c_1, c_2 = Rückschlußschenkel

Abb. 37. Einphasen-Leistungstransformator in praktischer Schaltung. Die Wicklungsabteilungen der Ober- und Unterspannungswicklung sind über Verbindungslaschen in Reihe geschaltet. a) Gleichsinnige Schaltung. Schaltgruppe $I\,i\,0$; b) Gegensinnige Schaltung. Schaltgruppe $I\,i\,6$; c) Fehlerhafter Anschluß der Ableitungen der Unterspannungswicklung an den außen liegenden Klemmen des Transformators

Eine *praktische Schaltung* mit sämtlichen herausgeführten Anschlußenden der Wicklungsabteilungen zeigt Abb. 37a und b für Kerntransformatoren. Es sind die *Schaltgruppen* I i 0 und I i 6 nebst Vektoren-Potentialdiagramm dargestellt. Anordnung und Bezeichnung der Klemmen geben, wie ersichtlich, für beide Schaltgruppen gleiche Verhältnisse an, und es können deshalb von hieraus — also *außerhalb* des Transformators — die unterschiedlichen Schaltungen ohne eine Messung *nicht festgestellt* werden (s. Abb. 10).

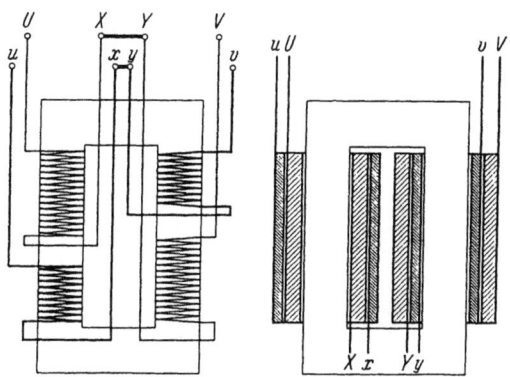

Abb. 38. Einphasen-Leistungstransformator mit Verschaltung der Wicklungsabteilungen. Links: Reihenschaltung ober- und unterspannungsseitig. Rechts: Wirkliche konzentrische Anordnung der Wicklungsabteilungen

Die *Verbindungslaschen* an den *Anschlußklemmen* sind für *Reihenschaltung* eingelegt. Für *Parallelschaltung* der Wicklungsabteilungen, d. h. für halbe Spannung und doppelten Strom müssen die Klemmen U mit Y und V mit X oder auch U mit y und v mit x verbunden werden (s. Abb. 39).

Die *fehlerhafte Schaltung* der Wicklungsabteilungen der Unterspannungswicklung ist in Abb. 37c angegeben. Während die Abteilungsspannungen in voller Höhe gemessen werden können, ergibt die *Summenmessung* an den Klemmen u und v Null oder bei vorhandenen Unsymmetrien eine sehr kleine Spannung. Diese Verwechslung ist naturgemäß auch auf der Oberspannungsseite möglich.

Zwecks *günstiger Verteilung* der magnetomotorischen Kräfte entlang der ganzen Schenkellänge und zur Unterdrückung der zusätzlichen Verluste im Kupfer können die Wicklungsabteilungen untereinander *verschaltet* werden. Hierbei wird die *koaxiale Lage* der Wicklungsabteilungen für Ober- und Unterspannungsseite auf den Schenkeln des Eisenkernes *gegenseitig vertauscht*. In Abb. 38 ist die Reihenschaltung nebst der wirklichen konzentrischen Lage der Wicklungsabteilungen und in Abb. 39 die Parallelschaltung mit Vektoren-Potentialdiagramm dargestellt.

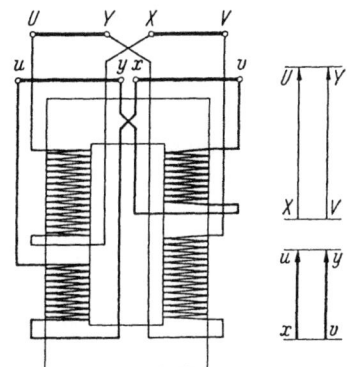

Abb. 39. Einphasen-Leistungstransformator mit Verschaltung der Wicklungsabteilungen. Links: Parallelschaltung ober- und unterspannungsseitig. Rechts: Vektoren-Potentialdiagramm

Mit Rücksicht auf *eine sparsame Hauptisolation* liegt normalerweise die *Unterspannungswicklung* in der Nähe des *Eisenkernes*. Infolge der *Verschaltung* ist dieser Vorteil nur für einen Schenkel möglich, und es muß für die Oberspannungswicklung auf dem anderen Schenkel eine verstärkte Hauptisolation angebracht werden. Bei höheren Spannungen ist deshalb diese *Verschaltung* nicht brauchbar.

Allgemein kann für jede Wicklung selbst, ob primär oder sekundär, wenn ein großer Querschnitt der Drähte notwendig wird, *die Verschaltung* angewendet werden. Jede Teilwicklung besteht dann aus zwei oder mehreren isolierten und aufeinander gewickelten *Abteilungen*, die in *Reihe* und insgesamt *parallel* geschaltet werden. Die *Abteilungen* sind *abwechselnd verschaltet* bzw. *verdrillt*. Jeder Draht erhält in so einem *Wicklungsbündel* immer eine andere *geometrische Lage*, wodurch der Einfluß der *Stromverdrängung* in der Summe aufgehoben wird. Die mittlere Windungslänge der parallelen Zweige ist annähernd gleich, und der Strom verteilt sich fast gleichmäßig auf die einzelnen Abteilungen.

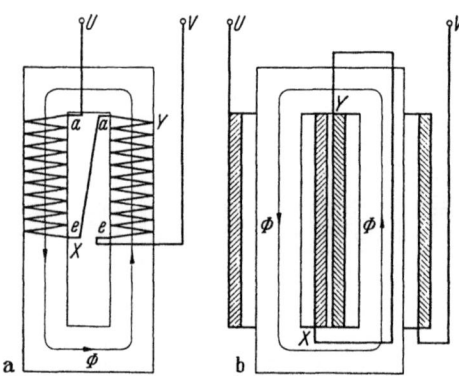

Abb. 40. Oberspannungswicklung eines Einphasen-Leistungstransformators mit rechts- und linksgängiger Wicklungsabteilung. a) Schaltung; b) Anordnung der Wicklungsabteilungen am Eisenkern

Sind *Anzapfungen* zur Einstellung von Spannungsstufen erforderlich, müssen sie mit Rücksicht auf die *symmetrische Verteilung* der magnetomotorischen Kräfte zweckmäßigerweise am *Anfang* und *Ende* oder in der *Mitte* der *Schenkelwicklung*, damit die *Gesamtlänge* der Wicklung nur wenig oder gar nicht geändert wird, angeordnet werden. In Abb. 35 kämen nach diesem Grundsatz die Anzapfungen bei *Kerntransformatoren* immer auf die *gleichen Enden* der *Schenkel* und eine einseitige *Verkürzung* der Wicklung wäre bei *Inbetriebnahme* der Anzapfungen die Folge. Um das zu vermeiden, wird eine *rechts-* und *linksgängige* Wicklungsabteilung, wie es in Abb. 40 dargestellt ist, verwendet. Die *Anzapfungen* sind durch diese Maßnahme stets auf die *entgegengesetzten Enden der Schenkel* verteilt, wodurch die AW-Unsymmetrie erheblich vermindert wird. Erhält die andere Wicklung des Transformators auch eine rechts- und linksgängige Wicklungsabteilung, kann dort ebenfalls eine gleichsinnige Verschaltung vorgenommen werden.

Bei *Einphasen-Eisendrosselspulen* mit Anzapfungen werden gleichfalls rechts- und linksgängige Teilwicklungen nach Abb. 40 verwendet.

Zusammengenommen erkennt man, daß sich trotz Einfachheit des *Einphasen-Leistungstransformators* doch verschiedenartige Möglichkeiten für die *Ausführung von Schaltungen* ergeben. Für die *Dimensionierung* von Wicklungen sind allgemein die an den Wicklungen *wirklich auftretenden* Nennspannungen und die *hindurchfließenden* Nennströme maßgebend. Nach Abb. 3 sind in folgender Tabelle diese Größen angegeben.

Drei Einphasen-Leistungstransformatoren als Drehstromsatz 59

Tabelle 10. *Spannungen und Ströme der Wicklungen von Einphasen-Leistungstransformatoren (Nennwerte)*

	Spannung (V)	Strom (A)
Oberspannungswicklung	U	I_1
Unterspannungswicklung	u	I_2

24. Drei Einphasen-Leistungstransformatoren als Drehstromsatz

Drei Einphasen-Leistungstransformatoren kann man als *Drehstromsatz* sowohl in Stern als auch in Dreieck elektrisch *verketten*. Da jeder Transformator seinen eigenen *magnetischen Kreis* besitzt, besteht *keine* magnetische Verkettung, und der Drehstromsatz verhält sich wie ein Transformator mit *freiem magnetischen Rückschluß*. Diese Zusammenfassung von drei Einzeltransformatoren ist bei großen Leistungen und hohen Spannungen wegen des günstigen Transportes und der einfachen Reservehaltung von Vorteil.

In Abb. 41 ist die Stern/Sternschaltung des Drehstromsatzes nach Schaltgruppe $Y\,y\,0$ ohne Tertiärwicklung und in Abb. 42 die Stern/Dreieckschaltung nach Schaltgruppe $Y\,d\,5$ dargestellt. Bei Anschluß von Erdschluß-Löschspulen oder bei starrer Erdung eines Sternpunktes muß die *erste Schaltanordnung* eine *Tertiärwicklung* nach Abb. 47 erhalten. Diese eignet sich dann am besten für Transformatoren in größeren Abspannwerken. Die *zweite Schaltanordnung* wird vorwiegend für Maschinentransformatoren in Groß-Aufspannwerken verwendet.

Der Drehstromsatz kommt ohne Verbindungen zum Einbau und kann erst an Ort und Stelle mittels Rund- oder

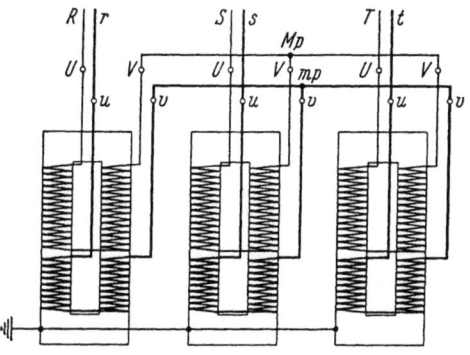

Abb. 41. Drei Einphasen-Leistungstransformatoren als Drehstromsatz. Elektrische Verkettung der Wicklungen in Stern/Sternschaltung. Schaltgruppe $Y\,y\,0$. Ober- und Unterspannungswicklung müssen jeweils für die entsprechende Phasenspannung des Satzes bemessen sein. Mit Tertiärwicklung als Abspannwerks-Transformator geeignet. Schaltung der Tertiärwicklung s. Abb. 47

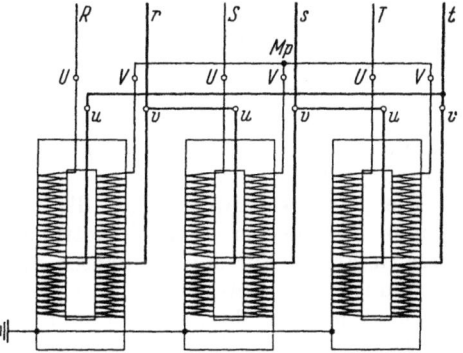

Abb. 42. Drei Einphasen-Leistungstransformatoren als Drehstromsatz. Elektrische Verkettung der Wicklungen in Stern/Dreieckschaltung. Schaltgruppe $Y\,d\,5$. Die Oberspannungswicklung muß für die oberspannungsseitige Phasenspannung und die Unterspannungswicklung für die unterspannungsseitige Linienspannung des Satzes bemessen sein. Geeignet als Maschinentransformator. Maschinenanschluß unterspannungsseitig auf Dreieckschaltung

Flachschienen aus Cu oder Al nach dem gültigen *Innenschaltbild* geschaltet werden. Allgemein ist bei *Schaltung der Drehstromsätze* zu beachten, daß die Nennspannung der Wicklungen der Einphasen-Leistungstransformatoren bei *Sternschaltung* mit der Nenn-Phasenspannung und bei *Dreieckschaltung* mit der Nenn-Linienspannung des anzuschließenden Netzes bzw. Generators bis auf $\pm 5\%$ übereinstimmen müssen. Meistens wird diese zulässige Abweichung als Einstellbereich bei Verwendung von regelbaren *Anzapfungen* ausgenutzt. Bei Sternschaltung tritt nach Gl. (5) und (6) die Normalinduktion des Transformatorensatzes bei der Phasenspannung und bei Dreieckschaltung bei der Linienspannung auf.

Für die *Bemessung* der Wicklungen gilt folgende Tabelle.

Tabelle 11. *Spannungen, Ströme und Leistungen der Wicklungen von drei Einphasen-Leistungstransformatoren als Drehstromsatz (Nennwerte)*

	Sternschaltung				Dreieckschaltung			
	Spannung[1] (V)	Strom[1] (A)	Einphasenleistung (VA)	Drehstromleistung (VA)	Spannung[1] (V)	Strom[1] (A)	Einphasenleistung (VA)	Drehstromleistung (VA)
Oberspannungswicklung	$\dfrac{U}{\sqrt{3}}$	I_1	$\dfrac{U}{\sqrt{3}} I_1$	$3\dfrac{U}{\sqrt{3}} I_1$	U	$\dfrac{I_1}{\sqrt{3}}$	$U\dfrac{I_1}{\sqrt{3}}$	$3 U\dfrac{I_1}{\sqrt{3}}$
Unterspannungswicklung	$\dfrac{u}{\sqrt{3}}$	I_2	$\dfrac{u}{\sqrt{3}} I_2$	$3\dfrac{u}{\sqrt{3}} I_2$	u	$\dfrac{I_2}{\sqrt{3}}$	$u\dfrac{I_2}{\sqrt{3}}$	$3 u\dfrac{I_2}{\sqrt{3}}$

[1] je Phase

25. Einphasen-Spartransformatoren *Sp T*

Während bei *Leistungstransformatoren* die elektrische *Energie* rein *induktiv* übertragen wird, erfolgt bei *Spartransformatoren* die Übertragung teils *leitend*, teils *induktiv*. In Abb. 43 ist schematisch ein Einphasen-Spartransformator mit Vektoren-Zeitdiagramm dargestellt. Auf dem *Eisenkern a* sind die *Wicklungsabteilungen* I und II mit gleichem Wickelsinn angeordnet. Die Leitungen *b* liegen auf den Oberspannungsklemmen *U* und *V* und die Leitungen *c* auf den Unterspannungsklemmen *u* und *v*.

Die *Klemmenbezeichnungen*, die mit einem Kreis versehen sind, kommen für die elektrische Verkettung der Wicklungen für Drehstromsätze in Frage. Für den Einphasen-Spartransformator sind beide Bezeichnungsweisen anwendbar.

Die Wicklungsabteilungen I und II sind in *Reihe* geschaltet, wobei II parallel und I in Reihe zum Hauptstromkreis liegt. Die *Oberspannung* liegt folglich auf Wicklungsabteilung I + II und die *Unterspannung* auf II. Werden der Leerlaufstrom und die Spannungsverluste vernachlässigt, kann das *Vektoren-Zeitdiagramm* für Belastung in der dargestellten *einfachen Form* gezeichnet werden.

Da derselbe Kraftfluß beide Wicklungen des *Spartransformators* durchsetzt, müssen die Spannungen in diesem vereinfachten Diagramm und auch die Belastungsströme vektoriell in je *eine gerade Linie* fallen. Die *Addition* und *Subtraktion* der Spannungen und Ströme kann deshalb *arithmetisch* erfolgen.

Es ist die Oberspannung

$$U = U_I + U_{II} \quad (V) \tag{66}$$

und die Unterspannung

$$u = U_{II} = U - U_I \quad (V). \tag{67}$$

Da die Belastungsströme nicht magnetisierend wirken, müssen die *Belastungsdurchflutungen* in jedem Zeitmoment gleich groß und entgegengesetzt gerichtet sein. Die Ströme I_1 und I_i haben also auch ent-

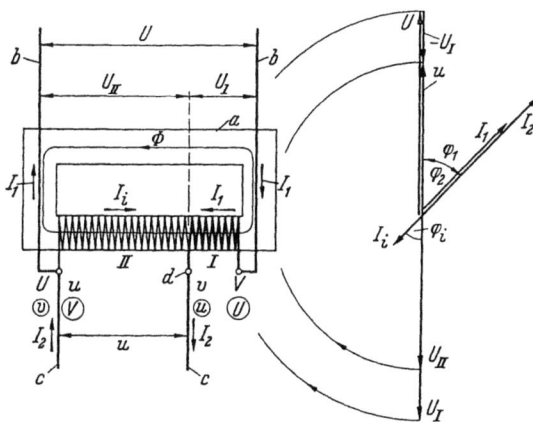

Abb. 43. Einphasen-Spartransformator. Links: Schematische Darstellung mit Belastungsströmen. Die Richtung der Ströme gilt für den Fall, wenn die Speisung oberspannungsseitig erfolgt. U = Oberspannung, u = Unterspannung. Schaltgruppe: SpT/I 0. Rechts: Vektoreng Zeitdiagramm bei Vernachlässigung des Leerlaufstromes und der Spannungsverluste. Di-Spannungen sind also den elektromotorischen Kräften gleichgesetzt

gegengesetzte Richtung. Im Punkt d tritt *Stromverzweigung* auf, und die Summe der *zufließenden Ströme* ist gleich der *abfließende Strom*. Es ist deshalb

$$I_2 = I_1 + I_i \quad (A). \tag{68}$$

Der *Sekundärstrom* ist die Summe von *Primärstrom* und *innerem Strom*. Der innere Phasenverschiebungswinkel φ_i ist mit der sekundären φ_2 und primären φ_1 gleich.

Die Verhältnisse werden verständlicher, wenn man das Vektoren-Zeitdiagramm ohne Vernachlässigung des Leerlaufstromes und der Spannungsverluste, wie es in Abb. 44 geschehen ist, aufzeichnet. Die *drei Phasenverschiebungswinkel* des Spartransformators sind hier natürlich nicht mehr untereinander gleich.

Die Abteilungsleistungen

$$N_I = U_I I_1 = I_1 (U - u) \quad (VA) \tag{69}$$

$$N_{II} = U_{II} I_i = u (I_2 - I_1) \quad (VA) \tag{70}$$

sind gleich groß und werden als *Eigenleistung* bzw. *Typenleistung* N_E des *Spartransformators* bezeichnet. $N_E = N_I = N_{II}$. Bei einem Leistungstransformator wäre vergleichsweise die *Leistung* auf der Oberspannungsseite $N_1 = U I_1$ und auf der Unterspannungsseite $N_2 = u I_2$. Diese Leistung, die auch mit einem Spartransformator übertragen werden kann, wird als die *Durchgangsleistung* N_D *des Spartransformators* bezeichnet. $N_D = N_1 = N_2$. Der Spartransformator kann

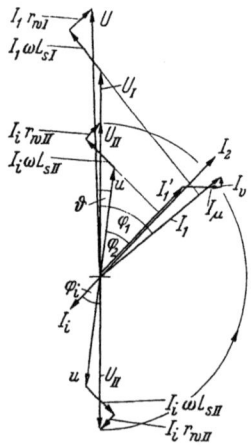
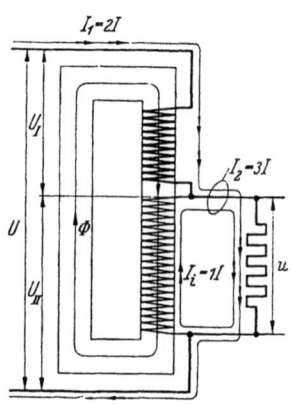

Abb. 44. Vektoren-Zeitdiagramm des Spartransformators unter Berücksichtigung des Leerlaufstromes $I_\mu \uparrow I_\nu$ und der Spannungsverluste $I_1 r_{wI} \uparrow I_1 \omega L_{SI}$ und $I_i r_{wII} \uparrow I_i \omega L_{SII}$. ϑ = Winkeldrehung der Spannungen. Hier und in Abb. 4 gelten U = Oberspannung und u = Unterspannung bei Belastung

Abb. 45. Einphasen-Spartransformator mit räumlicher Stromverteilung bei Übersetzungsverhältnis $\ddot{u} = 1{,}5$. U = Primärspannung, u = Sekundärspannung, I_1 = Primärstrom, I_i = Innerer Strom und I_2 = Sekundärstrom. Die Spannungsverluste sind vernachlässigt

folglich als ein Leistungstransformator mit der Leistung N_E, deren Oberspannungswicklung die Wicklungsabteilung II und Unterspannungswicklung die Wicklungsabteilung I ist, aufgefaßt werden. Durch die Sparschaltung beträgt aber die *übertragbare Leistung* nicht N_E, sondern N_D.

In Abb. 45 ist die räumliche Stromverteilung bei einem Übersetzungsverhältnis von

$$\ddot{u} = \frac{U}{u} = \frac{I_2}{I_1} = \frac{3}{2}, \tag{71}$$

also für eine Übersetzung

$$\frac{U_{II}}{U_I} = \frac{\tfrac{2}{3} U}{\tfrac{1}{3} U}$$

und für $I_1 = 2I$ dargestellt. Hieraus ergibt sich, daß $I_2 = 3I$ gesetzt werden kann. Für die Richtigkeit der Stromverteilung müssen zum Beweis die *Abteilungsleistungen* untereinander gleich sein. Es ist

$$\left. \begin{array}{l} N_I = \tfrac{1}{3} U \cdot 2I \\ N_{II} = \tfrac{2}{3} U \cdot 1I \end{array} \right| \text{(VA)}, \tag{72}$$

und es folgt, daß sich die Ströme I_i, I_1 und I_2 bei diesem Übersetzungsverhältnis wie $1:2:3$ verhalten.

Für die *Dimensionierung* von Wicklungen sind allgemein die an den Wicklungen *wirklich auftretenden Nennspannungen* und die *hindurchfließenden Nennströme* maßgebend. In der folgenden Tabelle sind diese Größen für die bis jetzt behandelten Einphasentransformatoren gegenübergestellt.

Tabelle 12. *Spannungen und Ströme der Wicklungen von Einphasen-Leistungs- und Spartransformatoren (Nennwerte)*

	Leistungstransformator		Spartransformator	
	Spannung (V)	Strom (A)	Spannung (V)	Strom (A)
Oberspannungswicklung	U	I_1	u	$I_2 - I_1$
Unterspannungswicklung	u	I_2	$U - u$	I_1

Die Tabelle läßt den *charakteristischen Unterschied* zwischen beiden Transformatoren deutlich erkennen.

Das *Kupfergewicht* einer Wicklung ist nach Gl. (56) mit dem *Querschnitt* und der *Windungszahl* proportional. Führen wir die *Stromdichte* $\delta = I/q$ und den *Kraftfluß* $\Phi = c'U/n$ in diese Gleichung ein, so wird

$$G = c \frac{I}{\delta} c' \frac{U}{\Phi} \quad \text{(kg)}, \tag{73}$$

setzen wir $c'' = c\, c'/\delta \Phi$, so folgt

$$G = c'' I U \quad \text{(kg)}. \tag{74}$$

Das *Kupfergewicht* einer Wicklung ist also auch mit dem *Strom* und der *Spannung* der Wicklung proportional. Das *Verhältnis der Kupfergewichte* eines Spartransformators zu einem Leistungstransformator mit gleicher mittlerer Windungslänge, gleicher Stromdichte und gleichem Kraftfluß ist unter Vernachlässigung der Verluste

$$\frac{G_{SpT}}{G_{LT}} = \frac{u(I_2 - I_1) + (U-u)I_1}{U I_1 + u I_2} = 1 - \frac{u}{U}. \tag{75}$$

Für unser obiges Beispiel wird hiernach

$$\frac{G_{SpT}}{G_{LT}} = 1 - \frac{2}{3} = \frac{1}{3}. \tag{76}$$

Das Kupfergewicht des Spartransformators beträgt bei einem Übersetzungsverhältnis von $ü = \frac{3}{2}$ nur $\frac{1}{3}$ des Kupfergewichtes des entsprechenden Leistungstransformators gleicher Durchgangsleistung.

Einphasen-Spartransformatoren können als *Kern-* oder *Manteltransformatoren* gebaut werden, wobei die *konzentrische Anordnung* der *Wicklungen am Eisenkern* der in den Abb. 35b oder 36b dargestellten entspricht. In Abb. 46 sind zwei Einphasen-Spartransformatoren der

Kerntype mit Reihenschaltung (a) und Parallelschaltung (b) der Wicklungsabteilungen dargestellt. Die mit einem Kreis umschriebenen

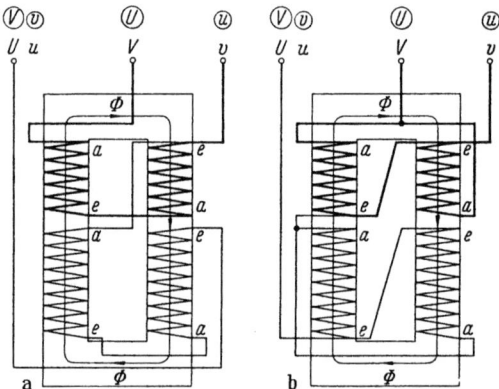

Abb. 46. Einphasen-Spartransformatoren der Kerntype. a) Reihenschaltung; b) Parallelschaltung der Wicklungsabteilungen (Zweisäulen-Bauart). Schaltgruppe: $Sp\,T/I\ 0$

Klemmenbezeichnungen nach Abb. 43 sind hier ebenfalls eingetragen. Einphasen-Spartransformatoren haben nur eine ideelle *Schaltgruppe*, die mit $Sp\,T/I\ 0$ bezeichnet wird.

26. Drei Einphasen-Spartransformatoren mit Tertiärwicklung als Drehstromsatz

Drei Einphasen-Spartransformatoren können in gleicher Weise wie Einphasen-Leistungstransformatoren zu einem *Drehstromsatz* elektrisch *verkettet* werden. Die *Oberspannungswicklung*, also die Wicklungsabteilung I + II, und die *Unterspannungswicklung*, also die Wicklungsabteilung II, erhalten durch die Verkettung einen *gemeinsamen Sternpunkt*. Die *Verkettung* muß so erfolgen, daß die Klemmen Ⓤ nach Abb. 43 den oberspannungsseitigen und die Klemmen ⓤ den unterspannungsseitigen Anschluß bilden. Der gemeinsame *Verkettungspunkt* ist Ⓥ bzw. Ⓥ. Diese Verkettungsweise ist erforderlich, da sonst die Phasenspannung des Satzes auf der Unterspannungsseite nicht die Spannung der Wicklungsabteilung II, sondern die der Wicklungsabteilung I wird. Außerdem würde umgekehrt II in Reihe und I parallel zum Hauptstromkreis liegen.

Zum Anschluß von *Erdschluß-Löschspulen* am *Sternpunkt* eignen sich Spartransformatoren nicht. Der Spartransformator *kuppelt* ja zwei Netze mit verschiedener Spannung leitend zusammen. Die Löschspule kann aber nur für eine Phasenspannung, die am Knie der Magnetisierungskurve der Löschspule liegen muß, um Resonanzgefahr zu vermeiden, eingestellt werden.

Wenn aber die *gekuppelten* Netze, z. B. durch, an Leistungstransformatoren angeschlossene, Erdschlußspulen *kompensiert* werden, können im Falle eines *Erdschlusses* im Zuge der Leitungen *gleichphasige Ströme* zum Fließen kommen. Da jeder Einphasen-Spartransformator des Satzes einen *freien magnetischen Rückschlußweg* besitzt, wirken die Durchflutungen der gleichphasigen Ströme magnetisierend. Eine *Tertiärwicklung*, die eine in sich geschlossene Dreieckwicklung ist, erzeugt die notwendigen Gegenampèrewindungen für die gleichphasigen Durchflutungen, hebt damit die *magnetisierende Wirkung* auf und beseitigt die Gefahr der *Drosselung*.

Auch beim *Doppelerdschluß*, also bei einem gleichzeitigen Erdschluß in verschiedenen Phasen der gekuppelten Netze, wird die entstehende *einphasige Belastung* durch eine Tertiärwicklung im *Gleichgewicht* gehalten.

Tertiärwicklungen können zum Anschluß von *Drehstrom-Kompensations-Drosselspulen* in Hochspannungsnetzen benutzt werden. In hochbelasteten Netzen, wo die Last auch nachts nicht wesentlich absinkt, wird unter Umständen diese Kompensation des kapazitiven Betriebsladestromes bei induktiver Belastung noch notwendig.

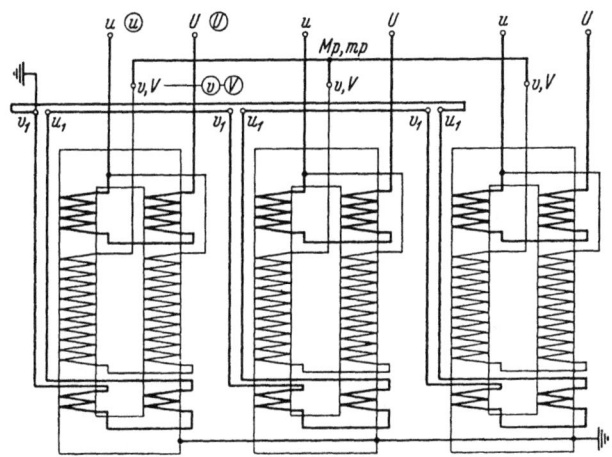

Abb. 47. Drei Einphasen-Spartransformatoren mit Tertiärwicklung als Drehstromsatz. Elektrische Verkettung der Wicklungen in einem gemeinsamen Sternpunkt. Drehstromausschluß oberspannungsseitig an den Klemmen U und unterspannungsseitig an den Klemmen u. Die Klemmen der Tertiärwicklung sind mit u_1 und v_1 bezeichnet. Schaltgruppe: $Sp\,T/Y\,0$. Ohne Tertiärwicklung: Nullimpedanz $=\frac{1}{3}$ Leerlaufimpedanz je Phase. Mit Tertiärwicklung: Nullimpedanz $=\frac{1}{3}$ Kurzschlußimpedanz (von Tertiärseite abhängig) je Phase.

Schließlich kann die *Tertiärwicklung* bei großen Drehstromsätzen als *Stufenwicklung* ausgebildet werden. Sie dient in solchen Fällen zur Regelung eines mit dem Drehstromsatz in Reihe geschalteten *Zusatztransformators*.

In Abb. 47 sind drei Einphasen-Spartransformatoren mit Tertiärwicklung als Drehstromsatz dargestellt. Das *Vektoren-Potentialdiagramm* in Abb. 51 hat hier ebenfalls Gültigkeit. Die Bezeichnung für die ideelle Schaltgruppe ist hier $Sp\,T/Y\,0$. Die Spannungen der Wicklungen müssen, wie bereits in Abschn. 24 besprochen, mit den Nenn-Phasenspannungen der anzuschließenden Netze bis auf die angegebene Toleranz übereinstimmen.

Einphasentransformatoren

Da die *Eigenleistung* des Satzes $\sqrt{3}\,N_E$ nur einen Teil der *Durchgangsleistung* $\sqrt{3}\,N_D$ ausmacht, sind derartige Anordnungen für *Höchstspannungsnetze* mit großer Leistung von Vorteil. Bei einem 380/220 kV-Netz z. B. beträgt die Eigenleistung nur den $1 - 1/\sqrt{3} = 0{,}423$ fachen Teil der Durchgangsleistung. Für die *Bemessung* der Wicklungen gilt folgende Tabelle.

Tabelle 13. *Spannungen, Ströme und Leistungen der Wicklungen von drei Einphasen-Spartransformatoren als Drehstromsatz (Nennwerte)*

	Spannung [1] (V)	Strom [1] (A)	Eigenleistung		Durchgangsleistung	
			Einphasen-leistung (VA)	Drehstrom-leistung (VA)	Einphasen-leistung (VA)	Drehstrom-leistung (VA)
Oberspannungs-wicklung	$\dfrac{u}{\sqrt{3}}$	$I_2 - I_1$	$\dfrac{u}{\sqrt{3}}(I_2 - I_1)$	$3\dfrac{u(I_2 - I_1)}{\sqrt{3}}$	$\dfrac{U}{\sqrt{3}} I_1$	$3\dfrac{U}{\sqrt{3}} I_1$
Unterspannungs-wicklung	$\dfrac{U-u}{\sqrt{3}}$	I_1	$\dfrac{U-u}{\sqrt{3}} I_1$	$3\dfrac{(U-u)I_1}{\sqrt{3}}$	$\dfrac{u}{\sqrt{3}} I_2$	$3\dfrac{u}{\sqrt{3}} I_2$

[1] je Phase

Um eine *Überbeanspruchung* der Isolation des Unterspannungsnetzes im Fall eines Erdschlusses auf der Oberspannungsseite bei größeren Spannungsunterschieden zwischen Ober- und Unterspannung zu vermeiden, wird zweckmäßigerweise der *Sternpunkt* des Drehstromsatzes *starr geerdet*. Ein Erdschluß im Netz I oder II geht dann sofort in einen *einphasigen Erdkurzschluß* über. Der einphasige Kurzschlußstrom ist aber elektrisch mit einer hohen *Sternpunktbelastung* gleichwertig und bewirkt bei Transformatoren mit freiem magnetischen Rückschluß ein Zusammenbrechen der *treibenden* Phasenspannung. Die Spannungen des betreffenden Einphasen-Spartransformators $U/\sqrt{3}$ und $u/\sqrt{3}$ gehen fast auf Null zurück. Um dies zu verhindern und um den Kurzschlußstrom auf alle drei primären Phasen zu verteilen sowie den Kurzschlußstrom im Kreise des *Erdkurzschlusses* aufrechtzuerhalten (zwecks schneller Abschaltung der *Fehlerstelle*), wird eine Tertiärwicklung angeordnet. Die einzelnen Wicklungen des Satzes werden hierdurch *induktiv gekoppelt* und die infolge der *Sternschaltung* und des freien magnetischen Rückschlusses bedingte Labilität der Phasenspannung unterbunden (s. Abschn. 29 und 49).

Diese magnetischen *Gesetzmäßigkeiten* gelten naturgemäß auch für Drehstromsätze mit Einphasen-Leistungstransformatoren in Stern-Sternschaltung.

27. Einphasen-Zusatztransformatoren $Z\,T$

Zusatztransformatoren werden im Zuge von Leitungen oder in den Stromkreis von Leistungstransformatoren eingebaut und dienen zur *Erhöhung* und *Verminderung* der *ankommenden* Spannung. Die Zusatzleistung wird rein induktiv übertragen. Die Wicklung mit der niedrigen Windungszahl ist in *Reihe* zum Hauptstromkreis und die mit der hohen Windungszahl zu einem anderen aber synchronen Stromkreis *parallel* geschaltet. In Abb. 48 ist ein Einphasen-Zusatztransformator mit Vektoren-Potential- (h) und -Zeitdiagramm (i) dargestellt. Auf dem *Eisenkern a* sind zwei getrennte Wicklungen, die *Erregerwicklung d*

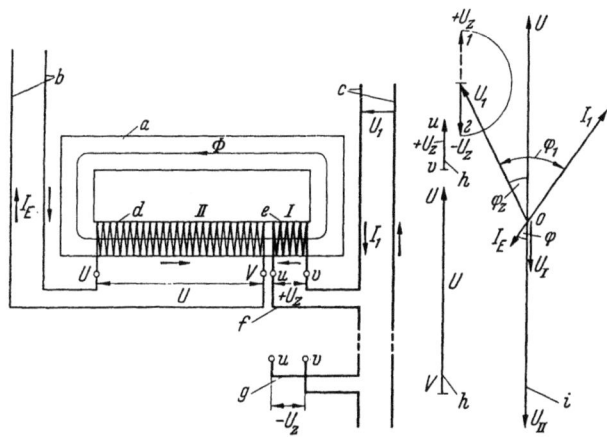

Abb. 48. Einphasen-Zusatztransformator. Links: Schematische Darstellung mit Belastungsströmen. U = Erregerspannung (Primärspannung). U_Z = Zusatzspannung (Sekundärspannung). U_1 = Netzspannung. Rechts: Vektoren-Potential- und -Zeitdiagramm. Beim Zeitdiagramm sind der Leerlaufstrom und die Spannungsverluste vernachlässigt. Die Spannungen sind also den elektromotorischen Kräften gleichgesetzt. Zusatzspannung = $-U_Z = U_I$ und Erregerspannung = $U = -U_{II}$. Der Zusatzspannung $+U_Z$ entspricht die Schaltgruppe $Z T/I\ i\ 0$ und $-U_Z$ die Schaltgruppe $Z T/I\ i\ 6$

(Primär- und Oberspannungswicklung) und die *Zusatzwicklung e* (Sekundär- und Unterspannungswicklung) mit gleichem Wickelsinn angeordnet. Die Leitungen des *Erregerstromkreises* sind mit b und die des *Hauptstromkreises* mit c bezeichnet.

Die *Netzspannung* oder die *ankommende Spannung* U_1 und der um den Winkel φ_1 nacheilende Belastungsstrom I_1 des Netzes sind in dem vereinfachten Zeitdiagramm in einer beliebig gewählten Lage gezeichnet. Die *Erregerspannung U* der gleichen Frequenz eilt zeitlich um den angenommenen Winkel φ_Z der Spannung U_1 nach. Die induzierte sekundäre Klemmenspannung $-U_Z$ an den Klemmen u und v (*Zusatzspannung* genannt) muß zeitlich die gleiche Richtung wie die EMK $U_{II} = -U$ in Wicklung II haben, denn $-U_Z$ ist mit der EMK U_I in Wicklung I identisch. Die räumliche Richtung von $-U_Z$ entspricht dem gestrichelt gezeichneten Vektor im Diagramm i, der mit dem Vektor $+U_Z$ im Diagramm h übereinstimmen muß.

Durch die *Reihenschaltung* der Zusatzwicklung addieren sich die Spannungen U_1 und U_Z mit *räumlicher Richtung geometrisch* und die *abgehende Spannung* wird

$$U_{10} = U_1 \widehat{+} U_Z \quad \text{(V)}. \qquad (77)$$

Vertauscht man die *Zuleitungen f* (oder die Wicklungsanschlüsse) zu den Klemmen u und v, wie es bei g dargestellt ist, untereinander, schwenkt der *Vektor* $+U_Z$ mit *räumlicher* Richtung um 180°, und es entsteht die *abgehende Spannung*

$$U_{20} = U_1 \mathbin{\widehat{-}} U_Z \quad (\text{V}). \tag{78}$$

Der Vektor $-U_Z$ hat die entgegengesetzte räumliche Richtung als die Erregerspannung U. Die Vektoren $\pm U_Z$ und U sind stets parallel zueinander, und es ergibt sich, daß die Richtung der *Zusatzspannung* von der *Richtung* der *Erregerspannung* und von der *Schaltung* der Hauptleitungen abhängig ist. Die Größe der Zusatzspannung ist dagegen von der Übersetzung abhängig.

Der *Erregerstrom* I_E in Wicklung II und der *Netzstrom* I_1 in Wicklung I erzeugen Belastungsdurchflutungen, die sich gegenseitig aufheben müssen. I_E eilt der EMK U_{II} zeitlich um den Winkel φ nach und ist I_1 entgegengerichtet. Die *Phasenlage* von I_E ist also von der *Phasenlage* des Netzstromes abhängig.

Die *Zusatzleistung* ist

$$N_Z = U_Z I_1 = U I_E \quad (\text{VA}), \tag{79}$$

also das Produkt aus Zusatzspannung und Netzstrom, und wird bei Vernachlässigung der Verluste der *Erregerleistung* — Produkt aus *Erregerspannung* und *Erregerstrom* — gleichgesetzt. Das *Übersetzungsverhältnis* des Zusatztransformators ist

$$\ddot{u} = \frac{U}{U_Z} = \frac{I_1}{I_E}, \tag{80}$$

also das gekürzte Verhältnis zwischen Erregerspannung und Zusatzspannung oder Netzstrom und Erregerstrom.

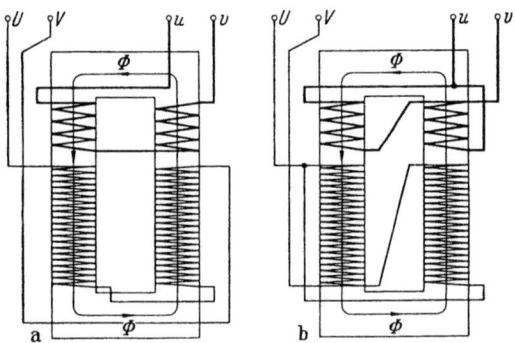

Abb. 49. Einphasen-Zusatztransformatoren der Kerntype. a) Reihenschaltung; b) Parallelschaltung der Wicklungsabteilungen (Zweisäulen-Bauart). Schaltgruppe: $Z\,T/I\,i\,0$. Zusatzspannung positiv

In Abb. 49 sind zwei Einphasen-Zusatztransformatoren der *Kerntype* mit *Reihenschaltung* (a) und *Parallelschaltung* (b) der *Wicklungsabteilungen* dargestellt. Für die *Dimensionierung* der Wicklungen gilt folgende Tabelle.

Tabelle 14. *Spannungen und Ströme der Wicklungen von Einphasen-Zusatztransformatoren (Nennwerte)*

	Spannung (V)	Strom (A)
Oberspannungswicklung	U	I_E
Unterspannungswicklung	U_Z	I_1

Einphasen-Zusatztransformatoren haben *zwei Schaltgruppen*, die gleichsinnige $ZT/Ii\,0$, entsprechend $+U_Z$, und die gegensinnige $ZT/Ii\,6$, entsprechend $-U_Z$.

Bei *Zusatztransformatoren* wird meistens bei der praktischen Ausführung die Wicklungsabteilung I (s. Abb. 48) mittels eines *Wenders* umschaltbar gemacht und für die Wicklungen Sparschaltung vorgesehen. Mit dieser *Ausführungsart* werden schalttechnisch die ersten *Grundlagen* für die Entwicklung der Regel-Zusatztransformatoren zur stufenweisen Einstellung der abgehenden Spannung unter Last gegeben (siehe Abschn. 32 und 33).

F. Drehstromtransformatoren

Die magnetische und elektrische *Verkettung* von drei Einphasentransformatoren führen zum Drehstromtransformator. Je nach der Schaltung werden diese Transformatoren ebenfalls in *Leistungs-*, *Spar- und Zusatztransformatoren* eingeteilt. Bei allen *Bauarten* befinden sich die Schenkel, Joche und Rückschlußschenkel des *Eisenkernes* in einer Ebene. Wie bei den Einphasentransformatoren, so sind auch hier mit Rücksicht auf eine sparsame *Hauptisolation* die Unterspannungswicklung mit dem *niedrigeren Isolationspegel* gegen Erde die inneren und die Oberspannungswicklung mit dem *höheren Isolationspegel* gegen Erde die äußeren Wickelzylinder bei einfach konzentrischer Anordnung auf den Schenkeln des Eisenkernes.

Der Drehstrom-Leistungstransformator ist bei kleineren und mittleren Leistungen der *wirtschaftlichste* und deshalb die meist verwendete *Bauart*. Da dieser Transformator viele Schaltungsmöglichkeiten aufweist, wird er hinsichtlich der Schaltung im nachfolgenden besonderen Kapitel G ausführlich behandelt.

28. Drehstrom-Leistungstransformatoren mit zwei Wicklungen LT

Drehstrom-Leistungstransformatoren können als *Kern-*, *Mantel- oder Fünfschenkeltransformatoren* gebaut werden. Drehstrom-Manteltransformatoren kommen nur selten zur Verwendung.

Bei *Kerntransformatoren* sind drei bewickelte Schenkel über Ober- und Unterjoch magnetisch miteinander verbunden. Die Achsen der Schenkel sind parallel zueinander. Es liegt *magnetische Verkettung* von zwei ideellen nebeneinander gesetzten Einphasen-Kerntransformatoren vor.

Bei *Manteltransformatoren* sind drei bewickelte Schenkel über Joche und Rückschlußschenkel magnetisch miteinander verbunden, wobei die Wicklungen mantelförmig umhüllt werden. Die Achsen der Schenkel fallen in eine gerade Linie. Es liegt *magnetische Verkettung* von drei ideellen übereinander gesetzten Einphasen-Manteltransformatoren vor.

Bei *Fünfschenkeltransformatoren* sind drei bewickelte Schenkel über Ober- und Unterjoch und über zwei Rückschlußschenkel magnetisch miteinander verbunden. Die Achsen der Schenkel und der Rückschluß-

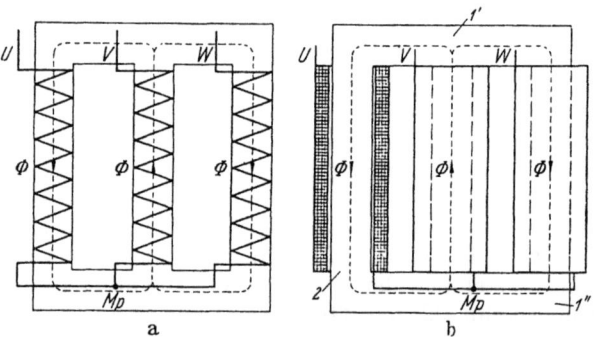

Abb. 50. Dreischenkliger Eisenkern mit nur einer in Stern geschalteten Wicklung. a) Schematische Darstellungsweise der Wicklung; b) Wirkliche Lage der Wicklungen auf dem Eisenkern. Mit Luftspalten entspricht diese Anordnung der Kenntype einer Drehstrom-Eisendrosselspule. 1' = Oberjoch, 1'' = Unterjoch, 2 = Schenkel

schenkel sind parallel zueinander. Es liegt *magnetische Verkettung* von zwei ideellen nebeneinander gesetzten Einphasen-Manteltransformatoren vor.

In Abb. 50 ist ein *dreischenkliger Eisenkern* mit nur einer Wicklung, und zwar links in schematischer und rechts in der der Wirklichkeit entsprechenden Darstellungsweise der Wicklungen angegeben.

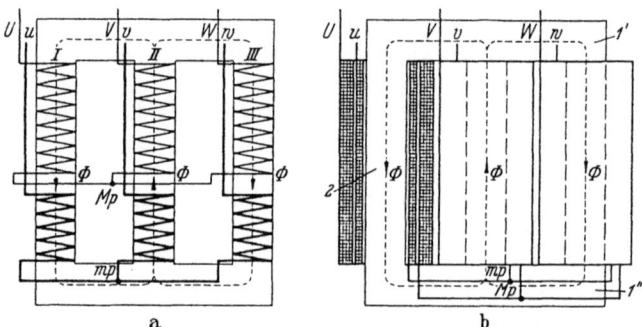

Abb. 51. Dreischenkliger Eisenkern mit zwei gleichsinnig in Stern geschalteten Wicklungen. Drehstrom-Kerntransformator. a) Schematische Darstellungsweise der Wicklungen; b) Wirkliche (einfach konzentrische) Lage der Wicklungen auf dem Eisenkern. Die Unterspannungswicklung ist der innere und die Oberspannungswicklung der äußere Wickelzylinder. 1' = Oberjoch, 2'' = Unterjoch, 2 = Schenkel

Besitzt der Eisenkern eine Reihe von gleichmäßig verteilten *Luftspalten* in den Schenkeln, so kann diese Anordnung bei *Kompensations-Drosselspulen* für Drehstrom-Hochspannungsleitungen Gültigkeit haben.

In Abb. 51 ist der gleiche *Eisenkern* aber mit zwei Wicklungen, also einem Drehstrom-Leistungstransformator entsprechend, in der-

Drehstrom-Leistungstransformatoren mit zwei Wicklungen L T   71

selben Art und Weise wie oben dargestellt. Beide Wicklungen sind *gleichsinnig in Stern geschaltet.* Beide *Anschlüsse* und *Sternpunktverbindungen* befinden sich in der schematischen wie auch in der anderen Darstellungsweise *gleichsinnig oben* und *unten.* Diese *Figuren* sind also, *magnetisch* und *elektrisch* gesehen, in bezug auf die *Schaltung* der *Wicklungen* vollkommen gleichwertig.

Die *dritte Bauweise* als *Fünfschenkeltransformator* mit zwei Wicklungen ist in Abb. 52 angegeben. Die Oberspannungswicklung ist in Stern und die Unterspannungswicklung in Dreieck geschaltet. Durch die *Aufteilung* der Kraftflüsse werden hier die Joche und Rückschlußschenkel von einem um $1/\sqrt{3}$ mal schwächeren Kraftfluß durchflossen. Die *aktiven Eisenquerschnitte* der Joche können folglich schwächer als die der *Schenkel* ausgelegt werden. Hierdurch tritt eine Verminderung der *Bauhöhe* des Eisenkernes ein. Die Rückschlußschenkel erhalten die gleichen Querschnitte wie die Joche.

Die *elektrische Verkettung* der Wicklungen erfolgt hier, wie aus den Abbildungen hervorgeht, in gleicher Weise wie für *Drehstromsätze* nach Abschnitt 24.

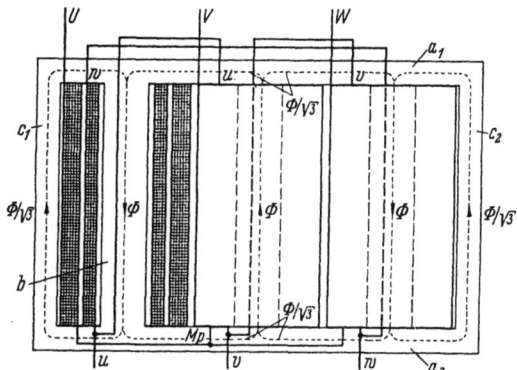

Abb. 52. Fünfschenkliger Eisenkern mit zwei Wicklungen. Fünfschenkeltransformator. Die Darstellungsweise entspricht der wirklichen (einfach konzentrischen) Lage der Wicklungen. Die Unterspannungswicklung ist in Dreieck geschaltet und als innerer Zylinder gewickelt. Die Oberspannungswicklung ist in Stern geschaltet und als äußerer Zylinder gewickelt. a_1 = Oberjoch, a_2 = Unterjoch, b = Schenkel und c_1, c_2 = Rückschlußschenkel. Der Schenkelkraftfluß Φ teilt sich in den Jochen und Rückschlußschenkeln zu je $\Phi/\sqrt{3}$ auf

Infolge der magnetischen *Verkettung der Eisenwege* besteht aber bei einem dreischenkligen Eisenkern für die Kraftflüsse *kein freier Rückschlußweg* mehr; sie müssen sich, wenn sie im Eisen bleiben, in jedem Zeitmoment zu Null ergänzen.

Bei einem fünfschenkligen Eisenkern ist dagegen trotz der Verkettung ein freier magnetischer Rückschlußweg vorhanden.

Das Vektoren-Zeitdiagramm nach Abb. 4 hat auch für Drehstrom-Leistungstransformatoren, jedoch nur für eine *Phase,* Gültigkeit. Allgemein muß bei *Sternschaltung* im Diagramm statt U die Phasenspannung $U/\sqrt{3}$ und bei *Dreieckschaltung* statt I der Phasenstrom $I/\sqrt{3}$ eingesetzt werden. Hierbei bedeuten, wie schon bekannt, U die Linienspannung und I den Linienstrom. Bei *Zickzackschaltung* ist ebenfalls statt U die Phasenspannung $U/\sqrt{3}$ einzusetzen.

Die tabellarische Zusammenstellung der Spannungen und Ströme für die *Bemessung* der Wicklungen bei Stern-Dreieck- und Zickzackschaltung ist im Kapitel G angegeben.

29. Drehstrom-Spartransformatoren in Sternschaltung $SpT/Y0$

Drehstrom-Spartransformatoren werden allgemein als *Kerntransformatoren* gebaut, wobei die elektrische Verkettung der Wicklungsabteilungen, genau wie bei einem Drehstromsatz, nach Abschn. 26 erfolgt. Die Vektoren-Zeitdiagramme in Abb. 43 und 44 haben hier ebenfalls, aber auch nur für eine Phase des Spartransformators Gültigkeit.

In Abb. 53 ist ein *Drehstrom-Spartransformator* mit Vektoren-Potentialdiagramm dargestellt. Die Ströme I_1 und I_i nach Abb. 43

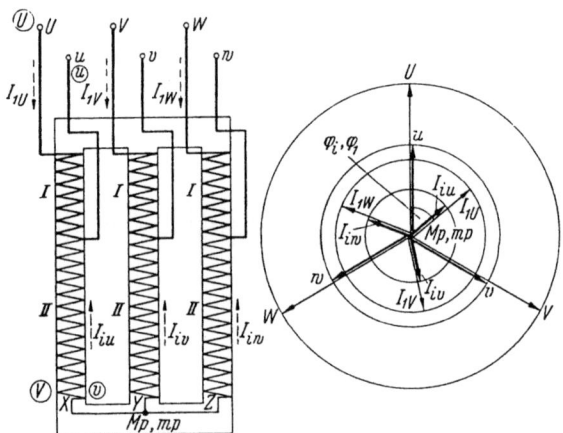

Abb. 53. Drehstrom-Spartransformator mit Vektoren-Potentialdiagramm. Die Ströme der Wicklungsabteilungen I und II sind, entsprechend Abb. 43, im Diagramm eingetragen. Die Hauptklemmen auf der Oberspannungsseite sind U, V und W und auf der Unterspannungsseite u, v und w. Schaltgruppe: $SpT/Y0$. Ohne Tertiärwicklung: Nullimpedanz = Jochimpedanz. Mit Tertiärwicklung: Nullimpedanz = $\frac{1}{3}$ Kurzschlußimpedanz (von Tertiärseite abhängig) je Phase.

sind für jede Phase eingetragen. Die Bezeichnung der Klemmen erfolgt hier, wie es bei Drehstromtransformatoren üblich ist, auf der *Oberspannungsseite* mit U, V und W und auf der *Unterspannungsseite* mit u, v und w. Alle Wicklungen haben gleichen *Wickelsinn*. Die *Schaltgruppe* wird mit $SpT/Y0$ bezeichnet.

Die *Eigenleistung* des Drehstrom-Spartransformators ist

$$N_E = (U - u) I_1 \sqrt{3} \quad \text{(VA)} \tag{81}$$

oder

$$N_E = u I_i \sqrt{3} \quad \text{(VA)} \tag{82}$$

und die *Durchgangsleistung*

$$N_D = U I_1 \sqrt{3} \quad \text{(VA)}, \tag{83}$$

wobei U und u die Nennwerte der *Linienspannung* ober- und unterspannungsseitig bedeuten.

Den Einfluß der *Energierichtung* auf die Arbeitsweise des Drehstrom-Spartransformators zeigen die Abb. 54 und 55. Ist die Energie von der

Oberspannungsseite nach der Unterspannungsseite gerichtet, d. h. ist die Oberspannungswicklung die *Energie aufnehmende* und die Unter-

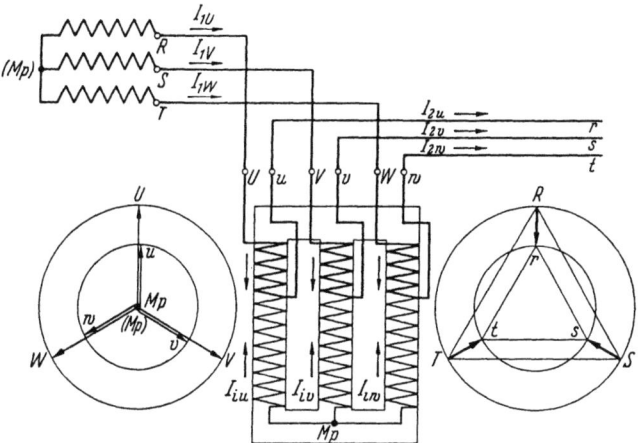

Abb. 54. Drehstrom-Spartransformator bei Abspannung. Verminderung der ankommenden Netzspannung. Einfluß der Energierichtung auf die Arbeitsweise. Links: Vektoren-Potentialdiagramm der Transformatorspannungen. Rechts: Vektoren-Potentialdiagramm der Netzspannungen. I_1 = Primärstrom, I_2 = Sekundärstrom und I_i = Innerer Strom

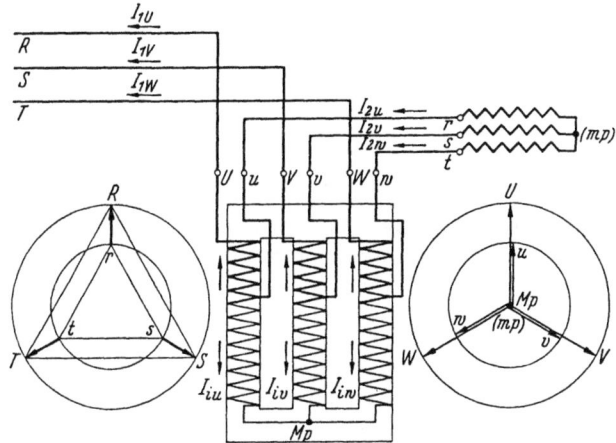

Abb. 55. Drehstrom-Spartransformatoren bei Aufspannung. Erhöhung der ankommenden Netzspannung. Einfluß der Energierichtung auf die Arbeitsweise. Links: Vektoren-Potentialdiagramm der Netzspannungen. Rechts: Vektoren-Potentialdiagramm der Transformatorspannungen. I_1 Sekundärstrom, I_2 = Primärstrom und I_i = Innerer Strom

spannungswicklung die *Energie abgebende* Wicklung, so *spannt* der Spartransformator *ab*, und die ankommende Netzspannung wird *verkleinert*. Ist sie dagegen von der Unterspannungsseite nach der Oberspannungsseite gerichtet, so *spannt* der Spartransformator *auf*, und die ankommende Netzspannung wird *vergrößert*. Beim *Wechseln der*

Energierichtung schwenken alle Ströme um 180° unter Beibehaltung ihrer Größen, vorausgesetzt, daß die Leistung unverändert geblieben ist. Die Spannungsvektoren zwischen den *Eckpunkten* der Spannungsdreiecke der Netze, also zwischen der ankommenden und abgehenden Spannung, wechseln, wie aus der Abbildung ersichtlich, ebenfalls ihre Richtungen um 180°.

Mit einem *Spartransformator* kann man also die *ankommende Spannung* wie mit einem Leistungstransformator *entweder erhöhen oder vermindern*. Die Richtung des Spannungsvektors ist in der in Reihe geschalteten Wicklungsabteilung von der *Richtung der Energie* abhängig.

Die Vektoren-Potentialdiagramme für Transformator- und Netzspannung und die räumliche Stromverteilung in den Abbildungen stellen diese Zusammenhänge deutlich dar.

Bei *starrer Erdung* des Sternpunktes der drei in Stern geschalteten Wicklungsabteilungen sind die Spannungen der *Netzleitungen* gegen *Erde* festgelegt, und ein Erdschluß einer der Phasen geht unmittelbar in einen *Erdkurzschluß* über. Das Vektoren-Potentialdiagramm der Erdspannungen, also der Spannungen der einzelnen Phasen gegen Erde *ohne Verlagerung* oder bei *Erdung* des Sternpunktes Mp, zeigt Abb. 56 für die beiden leitend gekuppelten Netze des Spartransformators. Bei Erdung ist der *Erdpunkt E* mit dem *Sternpunkt Mp* starr verbunden,

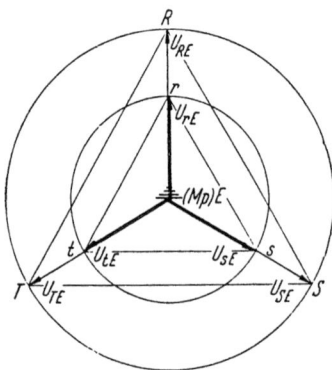

Abb. 56. Vektoren-Potentialdiagramm der Erdspannungen von zwei Netzen, die durch einen Spartransformator verbunden sind. E = Erdpunkt. U_{RE}, U_{SE} und U_{TE} = Erdspannungen des Oberspannungsnetzes. U_{rE}, U_{sE} und U_{tE} = Erdspannungen des Unterspannungsnetzes

während ohne Erdung, aber bei *symmetrischen Erdspannungen*, der Erdpunkt mit dem Sternpunkt, potentiell gesehen, zusammenfällt.

In *ungeerdeten Netzen* verursacht, wie bereits erwähnt, ein Erdschluß auf der Oberspannungsseite erhöhte Erdspannungen auf der Unterspannungsseite. Tritt z. B. in der Phase R des Netzes I (siehe Abb. 57) ein *satter Erdschluß* auf, so wird die Erdspannung $U_{RE} = 0$, und die Erdspannungen U_{SE} und U_{TE} erhöhen sich auf die Linienspannung des Netzes I. Da der Erdpunkt E um U_{RE} gehoben worden ist, befinden sich die Vektoren der Erdspannungen des Netzes II außerhalb des Spannungsdreiecks r, s, t. Hierdurch werden U_{sE} und U_{tE} größer als die Linienspannung des Netzes II, und die Isolation kann bei größeren *Spannungsunterschieden* zwischen Netz I und II überbeansprucht werden.

Wesentlich anders liegen die Verhältnisse, wenn im Netz II der Erdschluß auftritt. In der mit dem Fehler behafteten Phase, z. B. r, wird die Erdspannung Null. $U_{rE} = 0$. In den gesunden Phasen erhöhen sich damit die Erdspannungen U_{sE} und U_{tE} jetzt auf die Linienspannung des Netzes II. Die Spannungen des Netzes I gegen Erde U_{SE}

und U_{TE} werden kleiner als bei einem Erdschluß im Netz I, weil der Erdpunkt E in diesem Fall *innerhalb des Spannungsdreiecks R, S, T* bleibt.

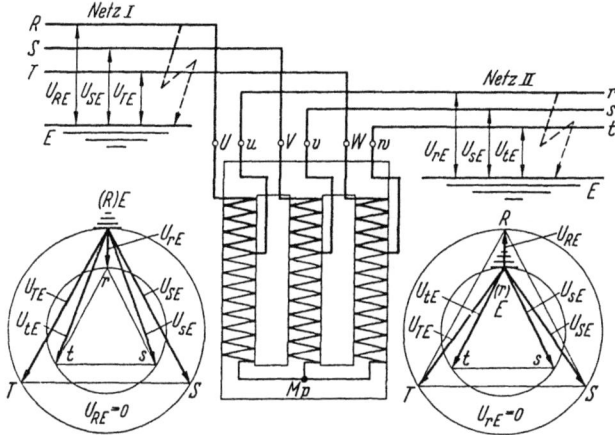

Abb. 57. Erdschluß-Übertragung durch einen Drehstrom-Spartransformator. Links: Vektoren-Potentialdiagramm der Erdspannungen beim Erdschluß im Netz I. Rechts: Vektoren-Potentialdiagramm der Erdspannungen beim Erdschluß im Netz II.

Für die *Dimensionierung* der Wicklungen von Drehstrom-Spartransformatoren sind die *Nennspannungen* und *Nennströme* in folgender Tabelle zusammengestellt.

Tabelle 15. *Spannungen, Ströme und Leistungen der Wicklungen von Drehstrom-Spartransformatoren (Nennwerte)*

	Spannung je Phase (V)	Strom je Phase (A)	Eigenleistung (kVA)	Durchgangsleistung (kVA)
Oberspannungswicklung	$\dfrac{u}{\sqrt{3}}$	$I_2 - I_1$	$u(I_2 - I_1)\sqrt{3} \cdot 10^{-3}$	$U I_1 \sqrt{3} \cdot 10^{-3}$
Unterspannungswicklung	$\dfrac{U - u}{\sqrt{3}}$	I_1	$(U - u) I_1 \sqrt{3} \cdot 10^{-3}$	$u I_2 \sqrt{3} \cdot 10^{-3}$

30. Drehstrom-Spartransformatoren in Dreieckschaltung SpT/D

Die *Sparschaltung* kann auch bei in *Dreieck* geschalteten *Schenkelwicklungen* vorgenommen werden. Die Schaltung für *Voreilung der Unterspannung* ist in Abb. 58 dargestellt. Wie aus dem Vektoren-Potentialdiagramm hervorgeht, kann der *Phasenvoreilungswinkel* α von $0°$ bis $60°$ für die im Schaltbild mit u, v und w bezeichneten Phasen je nach *Anzapfung* der Schenkelwicklungen verändert werden. Bei Phasenwinkel $\alpha = 60°$ tangiert der Kreis der Unterspannungsvektoren den Spannungsdreieck der Oberspannung, und die Anzapfungen liegen dementsprechend in der Mitte der Schenkelwicklungen. Verschiebt man die Anzapfungen weiter nach unten, so daß α größer als 60° wird, tritt *zyklische Vertauschung* der Phasen auf der Unterspannungsseite ein. Aus Phase u wird Phase w, aus w v und aus v u. Die auf diese Weise

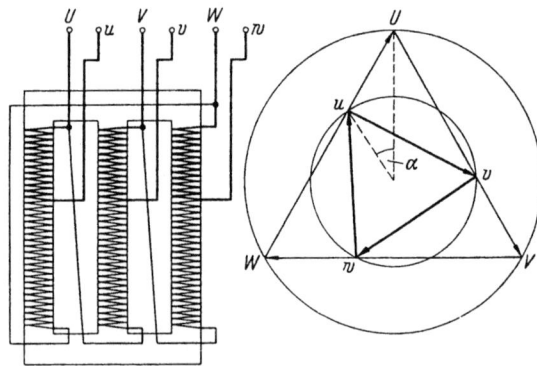

Abb. 58. Spartransformator in Dreieckschaltung. Unterspannung gegenüber Oberspannung voreilend. Phasenwinkel α und Größe der Unterspannung mit Anzapfung veränderlich. Bezeichnung der Schaltgruppe: $Sp\,T/D\ 0° - 60°$ (vor)

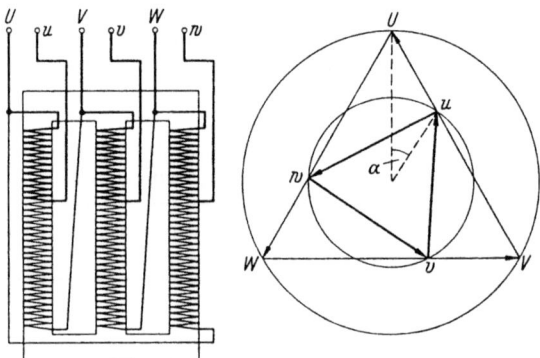

Abb. 59. Spartransformator in Dreieckschaltung. Unterspannung gegenüber Oberspannung nacheilend. Phasenwinkel α und Größe der Unterspannung mit Anzapfung veränderlich. Bezeichnung der Schaltgruppe: $Sp\,T/D\ 0° - 60°$ (nach)

neugebildeten Phasen sind nacheilend. Die Größe des Phasenwinkels α und der Unterspannung können also, miteinander verknüpft, im Bereich zwischen zwei Oberspannungsphasen eingestellt werden. Die Unterspannung verändert sich hierbei mit α nach einer *Kreisfunktion*. Das *Übersetzungsverhältnis* ist folglich auch mit α veränderlich. Bei α = 0° ist $U/u = 1$ und bei α = 60° ist $U/u = 2$.

Die *Schaltgruppe* kann hier nicht in der Weise wie bei anderen Transformatoren angegeben werden, weil der *Phasenwinkel* zwischen Ober- und Unterspannung nicht in Stufen von 30° zu 30°, sondern stetig veränderbar ist. Man wählt zweckmäßigerweise unter Verwendung des Kennbuchstabens der Dreieckschaltung für die Bezeichnung der Schaltung: $Sp\,T/D\;0°\text{—}60°$ (vor), woraus hervorgeht, daß der Phasenwinkel zwischen $0°$ und $60°$ beliebig einstellbar und voreilend ist.

Die Schaltung für *Nacheilung* der Unterspannung ist in Abb. 59 angegeben. Die *inneren Schaltverbindungen* der *Dreieckschaltung* sind gegenüber denen in Abb. 58 vertauscht. Die Nacheilung entsteht hier durch die Schaltung selbst und nicht durch die zyklische Vertauschung. Es liegen sonst die gleichen Verhältnisse, wie bereits oben beschrieben, vor. Die Schaltung kann zweckmäßigerweise mit $Sp\,T/D\;0°\text{—}60°$ (nach) bezeichnet werden.

Zur besseren Übersicht ist die Dreieck-Sparschaltung in Abb. 60 in potentieller Form dargestellt. Links ist die verkettete und rechts die

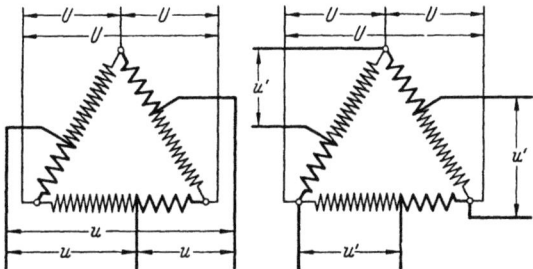

Abb. 60. Spartransformator in Dreieckschaltung. Links: Die verkettete Schaltung. Rechts: Die unverkettete Schaltung. U = Oberspannung, u, u' = Unterspannung

unverkettete Schaltung der Unterspannungsseite des Transformators ersichtlich. Bei letzterer Anordnung wird die Phase der Spannung u' gegenüber U nicht verschoben, weil die Wicklungsspannungen schenkelweise direkt wirksam sind.

31. Drehstrom-Spartransformatoren in Zickzackschaltung $Sp\,T/ZY$

Die *Sparschaltung* kann weiterhin auch bei in *Zickzack* geschalteten Schenkelwicklungen angewendet werden. Die Schaltung für *Voreilung der Unterspannung* ist in Abb. 61 dargestellt. Die Wicklungsabteilungen auf den Schenkel I, II und III haben gleiche Windungszahlen und gleichen Wickelsinn. Die *Anzapfungen* für die Entnahme der Unterspannung befinden sich immer zwischen zwei Wicklungsabteilungen der *Zickzackschaltung*. Die Hauptklemmen auf der Unterspannungsseite sind also an den in Stern geschalteten Wicklungsabteilungen angeschlossen.

Wie aus dem Vektoren-Potentialdiagramm hervorgeht, eilt die Unterspannung der Oberspannung um $30°$ vor, wobei erstere durch die Phasenspannungen der *Sternschaltung* (U_{ump}, usw.) und letztere durch die Phasenspannungen der Zickzackschaltung (U_{Ump}, usw.) gebildet wird. Der *Phasenwinkel* beträgt also $30°$, und die *Kennzahl* der Schaltgruppe, die angibt, um welches Vielfache von $30°$ der Vektor der Unterspannung gegenüber dem der Oberspannung gleicher Klemmenbezeichnung nacheilt, ist hier 11. Die *Schaltgruppe* des Drehstrom-Spartransformators in Zickzackschaltung kann also bei *Voreilung* mit *SpT/Z Y* 11 bezeichnet werden. Der Phasenwinkel läßt sich, wenn man die *Symmetrie* der Zickzackschaltung beibehalten will, nicht verändern und damit auch nicht das *Übersetzungsverhältnis*. Dieses beträgt konstant $ü = \dfrac{U}{\sqrt{3}} \Big/ \dfrac{U}{3} = \sqrt{3}$.

Für den Aufbau des Vektoren-Potentialdiagramms ist zu beachten, daß die Wicklungsabteilungen auf Schenkel I quasi zwischen den Hauptklemmen *UW*, die auf Schenkel II zwischen *VU* und die auf Schenkel III

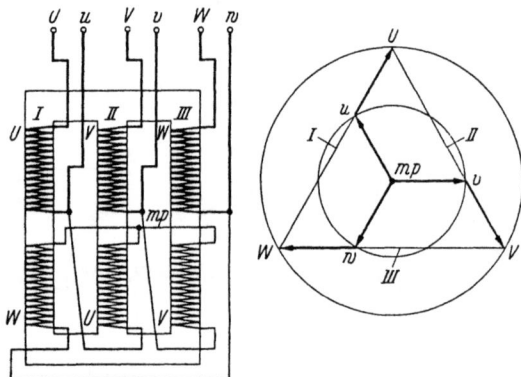

Abb. 61. Spartransformator in Zickzackschaltung. Unterspannung gegenüber Oberspannung um 30° voreilend. Übersetzungsverhältnis $ü = \sqrt{3}$. Schaltgruppe: *Sp T/Z Y* 11

zwischen *WV* in Reihe liegen. Die *Schaltfolge* der inneren Dreieckverbindungen ist I^1—II^2—mp, II^1—III^2—mp und III^1—I^2—mp (s. Abb. 99 b). Man erkennt in diesem Zusammenhang mühelos aus dem Potentialdiagramm, daß die Zickzackschaltung ihre *Abteilungsspannungen* aus *einem Drittel der Dreieckspannungen* aufbaut und daß die Lage der inneren *Dreieckverbindungen* die *Richtung* der *Vektoren* beeinflußt.

Die in dieser Weise geschalteten Spartransformatoren eignen sich zum *Kuppeln* von zwei *Drehstrom-Netzen*, die von Leistungstransformatoren mit der Kennzahl 0 und 11, also z. B. der Schaltgruppe *Y y* 0 und *Y d* 11, gespeist werden (11 — 0 = 11).

Die Schaltung des Spartransformators für *Nacheilung der Unterspannung* ist in Abb. 62 angegeben. Die inneren Schaltverbindungen der Zickzackschaltung sind gegenüber denen in Abb. 61 vertauscht. Diese Dreieckverbindungen liegen hier in der *Schaltfolge* I^1—III^2—mp, II^1—I^2—mp und III^1—II^2—mp. Die Wicklungsabteilungen auf Schenkel I liegen zwischen den Hauptklemmen *UV*, die auf Schenkel II zwischen *VW* und die auf Schenkel III zwischen *WU* (s. Abb. 99 a).

Wie aus dem Vektoren-Potentialdiagramm hervorgeht, eilt der Vektor der Unterspannung dem Vektor der Oberspannung um 30° nach, so daß hier die *Schaltgruppe* mit *Sp T/Z Y* 1 bezeichnet werden muß.

Diese Spartransformatoren eignen sich ebenfalls zum *Kuppeln* von zwei *Drehstrom-Netzen*, die aber von Leistungstransformatoren mit der Kennzahl 6 und 5, also z. B. der Schaltgruppe $Yy\,6$ und $Yd\,5$, gespeist werden $(6-5=1)$. In Abb. 139 ist die Schaltung einer derartigen Netzkupplung nebst Vektoren-Potentialdiagramme dargestellt (siehe Abschn. 57).

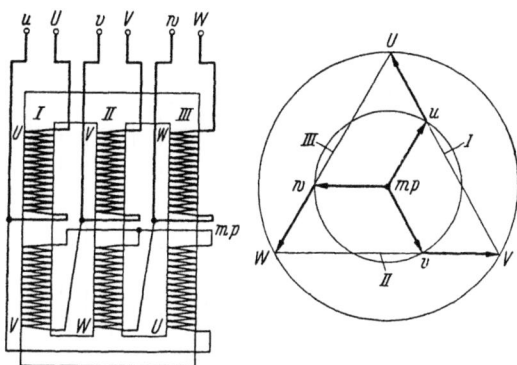

Abb. 62. Spartransformator in Zickzackschaltung, Unterspannung gegenüber Oberspannung um 30° nacheilend. Übersetzungsverhältnis $ü = \sqrt{3}$. Schaltgruppe: $Sp\,T/Z\,Y\,1$

32. Drehstrom-Zusatztransformatoren ZT

Die *Schenkelwicklungen* der Drehstrom-Zusatztransformatoren werden auf der *Erregerseite in Stern* geschaltet und auf der *Zusatzseite unverkettet* offengelassen. Diese *offene Schaltung* wird allgemein mit dem *Kennbuchstaben III* auf der Oberspannungsseite und *iii* auf der Unterspannungsseite bezeichnet. Da die *Zusatzwicklung* im Stromkreis einer Leitung oder eines Leistungstransformators in *Reihe* geschaltet wird, bildet sich die *Sternpunktverbindung* an den drei *Hauptklemmen der Zusatzwicklung*, an denen die *Energiequelle* angeschlossen ist.

Die *elektrische Lage der Sternpunktverbindung* bei offenen Wicklungen ist also von der *Richtung der Energie* abhängig. Relativ zur Sternpunktverbindung der *Erregerwicklung* kann demnach die der *Zusatzwicklung gleichsinnig* oder *gegensinnig* liegen. Die *räumliche Richtung* der Zusatzspannung wird folglich gleichsinnig oder gegensinnig zur Erregerspannung, je nachdem, ob die *Energie* an gleichnamigen oder ungleichnamigen *Hauptklemmen* der Zusatzwicklung ankommt. Die Erregerspannung kann hierbei irgendeine beliebige räumliche Richtung besitzen.

In Abb. 63 ist die *grundsätzliche Schaltung* des Drehstrom-Zusatztransformators beim Anschluß der *Energiequelle* an *gleichnamige Hauptklemmen* angegeben. Die Energiequelle a/c ist ein Leistungstransformator der Schaltgruppe $Yy\,6$ und liegt mit seinem Sternpunkt Mp_1 am Ende e der Zusatzwicklung f an den Hauptklemmen x, y und z. Die Sternpunktverbindung der Erregerwicklung liegt auf den gleichnamigen Klemmen X, Y und Z und bildet den Sternpunkt Mp. Die Erregerspannung mit beliebiger räumlicher Richtung wird von einem Erregertransformator b/d geliefert. In der Abbildung hat dieser Transformator die Schaltgruppe $Dy5$, und die gestrichelt gezeichneten Anschlußleitungen sollen nur die *synchrone Verbindung* andeuten. Da die *Erregerwicklung* e geschlossen ist, fallen die *Sternpunkte* Mp_2 und Mp, vektoriell gesehen, zusammen. Alle Wicklungen des Zusatztransformators haben gleichen *Wickelsinn*, und die Zusatzspannung, deren Größe von der *Übersetzung*

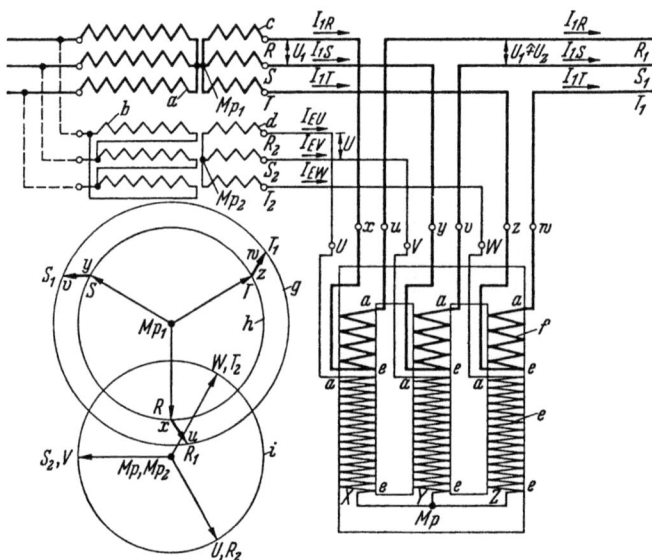

Abb. 63. Grundsätzliche Schaltung eines Drehstrom-Zusatztransformators. Anschluß der Energiequelle an gleichnamigen Hauptklemmen. Schaltgruppe: $ZT/Yiii\ 0$. Bezeichnungen: a/c = Energiequelle, b/d = Erregertransformator, e = Erregerwicklung, f = Zusatzwicklung, g = Kreis der abgehenden Spannung, h = Kreis der ankommenden Spannung, i = Kreis der Erregerspannung

abhängig ist, hat die gleiche *räumliche Richtung* wie die Erregerspannung. Im Vektoren-Potentialdiagramm ist i der Kreis für die Erregerspannung, h für die *ankommende Netzspannung* bzw. Transformatorspannung des Hauptstromkreises und g für die *abgehende Spannung*, also für die geometrische Summe von Transformator- und Zusatzspannung. Der Kreis g hat einen größeren Durchmesser als der Kreis h. Die *Zusatzspannung* erhöht infolge der Reihenschaltung, der elektrischen Lage des Energieanschlusses und der vektoriellen Lage der Erregerspannung die Spannung des Leistungstransformators.

Der *Hauptstrom* I_1 ist vor und nach dem Zusatztransformator gleich, und der *Erregerstrom* I_E fließt zeitlich in entgegengesetzter Richtung. Mit der Erhöhung der Spannung an den Hauptklemmen u, v und w auf dem *Spannungsdreieck* R_1, S_1, T_1 steigt auch die Leistung auf dieser Seite an. Die *zusätzliche Leistung* hierfür wird nach Abb. 63 vom Erregertransformator geliefert und vom Zusatztransformator *induktiv* übertragen. Es findet somit ein *Leistungsfluß* im *Nebenschluß* statt, wobei nur die Leistung zur Deckung der Verluste verlorengeht. Da die Zusatzspannung meistens nur wenige Prozent der Netzspannung ausmacht, ist die Zusatzleistung im Verhältnis gering.

Die *Zusatzleistung* berechnet sich zu

$$N_Z = 3 \frac{U_z}{\sqrt{3}} I_1 = \sqrt{3}\, U_Z I_1 \quad (\text{VA}), \tag{84}$$

wobei U_Z die Linienspannung der Zusatzwicklung bedeutet.

Die *Erregerleistung*

$$N_E = \sqrt{3}\, U I_E \quad (\text{VA}) \tag{85}$$

ist, von Verlusten abgesehen, mit der Zusatzleistung gleich, wobei U die Linienspannung der Erregerwicklung bedeutet. Die Phasenlage des Erregerstromes I_E richtet sich nach der Phasenlage des Hauptstromes I_1.

Die *Gesamtleistung*, also die Leistung auf der Netzseite R_1, S_1, T_1, ist die *geometrische Summe* der *Einzelleistungen* der Transformatoren a/c und b/d. Es ist

$$N = N_1 \widehat{\mp} N_Z = \sqrt{3}\, U_1 I_1 \widehat{\mp} \sqrt{3}\, U_Z I_1$$
$$= \sqrt{3}\, I_1 (U_1 \widehat{\mp} U_Z) \quad (\text{VA}). \tag{86}$$

Die *Gesamtleistung* wächst demnach proportional mit der Spannung $U_1 \widehat{\mp} U_Z$. Die Erhöhung der Spannung von U_1 auf $U_1 \widehat{\mp} U_Z$ erfordert aber Energieaufwand. Die entstehenden Verluste im Nebenschluß müssen naturgemäß vom Erregertransformator gedeckt werden.

Greift die *Energiequelle* an die *ungleichnamigen Hauptklemmen* u, v und w an, wird die *räumliche Richtung* der Zusatzspannung gegensinnig zur Erregerspannung. In Abb. 64 ist die Schaltung für diese Verhältnisse dargestellt. Der Leistungstransformator a/c liegt mit seinem *Sternpunkt* Mp_1 am Anfang a der Zusatzwicklung f. Im Vektoren-Potentialdiagramm äußert sich dieses dadurch, daß der ursprüngliche Kreis g in Kreis i, dessen Durchmesser kleiner als der des Kreises h ist, übergeht. Die Vektoren der Zusatzspannung schwenken also um 180°. Die *Netzspannung* wird von dem *Spannungsdreieck* R, S, T auf das *Spannungsdreieck* R_1, S_1, T_1 vermindert. Der *Erregerstrom* I_E fließt jetzt in umgekehrter Richtung. Die *räumliche Richtung* der Erregerspannung bleibt jedoch unverändert (Kreis j zu Kreis i in Abb. 63). Die *Zusatzwicklung* nimmt *Leistung* auf, und die *Erregerwicklung* gibt *Leistung* ab. Ein Teil der Leistung des Transformators a/c — die Zusatzleistung — wird über den Zusatztransformator b/d wieder zurückgeliefert. Die Gesamtleistung, also die Leistung auf der Netzseite R_1, S_1, T_1, ist die geometrische Differenz der Einzelleistungen der Transformatoren a/c und b/d.

Die *Verminderung der Spannung* von U_1 auf $U_1 \widehat{-} U_Z$ erfordert ebenso wie die Erhöhung einen Aufwand an Energie. Die entstehenden Verluste müssen naturgemäß von der *Energiequelle* gedeckt werden.

Die elektrische Lage der *Sternpunktverbindung* der *Energiequelle* an den Hauptklemmen der Zusatzwicklung kann mittels eines *zweipoligen Wenders* in *stromlosem* Zustand gewechselt werden. In Abb. 65 ist die Schaltung des umschaltbaren Drehstrom-Zusatztransformators mit Vektoren-Potentialdiagramm dargestellt.

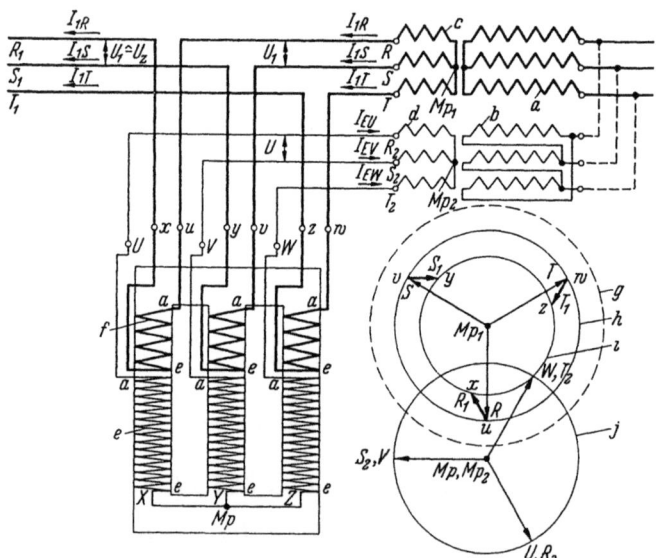

Abb. 64. Grundsätzliche Schaltung eines Drehstrom-Zusatztransformators. Anschluß der Energiequelle an ungleichnamige Hauptklemmen. Schaltgruppe: $ZT/Yiii\,6$. Bezeichnungen: a/c = Energiequelle, b/d = Erregertransformator, e = Erregerwicklung, f = Zusatzwicklung, g, i = Kreis der abgehenden Spannung, h = Kreis der ankommenden Spannung, j = Kreis der Erregerspannung

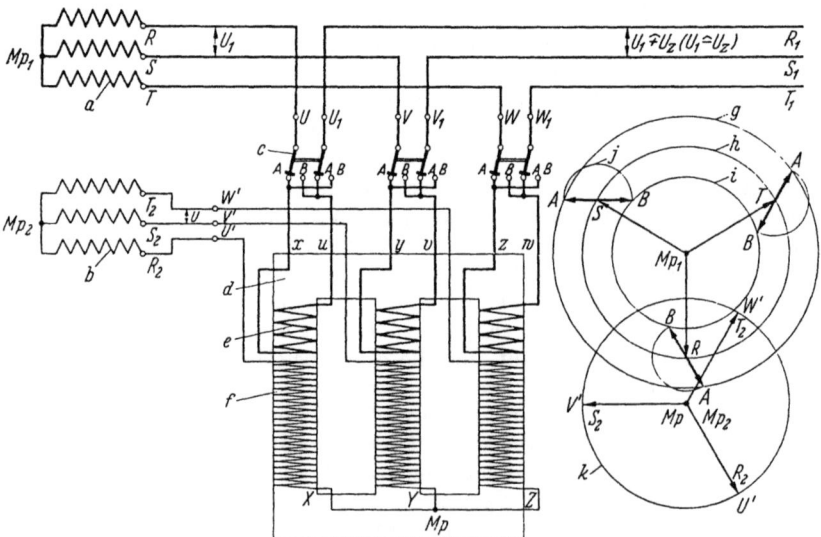

Abb. 65. Umschaltbarer Drehstrom-Zusatztransformator mit zweipoligem Wender für $\pm U_z$. Die Umschaltung des Wenders erfolgt im stromlosen Zustand. Schaltgruppe $ZT/Y\,iii\,0/6$. Bezeichnungen: a = Energiequelle, b = Erregertransformator, c = zweipoliger Wender, d = Zusatztransformator, e = Zusatzwicklung, f = Erregerwicklung, g = Kreis der abgehenden Spannung bei Stellung des Wenders auf A, h = Kreis der ankommenden Spannung, i = Kreis der abgehenden Spannung bei Stellung des Wenders auf B, j = Wendehalbkreis des Vektors der Zusatzspannung, k = Kreis der Erregerspannung. U, V, W = Hauptklemmen auf der Seite der Festspannung, U_1, V_1, W_1 = Hauptklemmen auf der Seite der veränderlichen Spannung

Die *Energiequelle a*, die verständlicherweise auch in Dreieck geschaltet werden kann, liegt als *Sternpunktverbindung* an den umschaltbaren Klemmen U, V und W des Zusatztransformators d.

Die *ankommende Spannung der Energiequelle* ist konstant angenommen, und die Spitzen der Vektoren liegen auf dem Kreis h. Der Kreis k mit den Vektoren der Erregerspannung ist der gleiche wie in Abb. 63 und 64. Je nach der Stellung A oder B des *doppelpoligen Wenders c* wird die Energiequelle an die Wicklungsenden x, y und z oder an u, v und w gelegt, und die abgehende Spannung wird erhöht oder vermindert. Bei *Umschaltung des Wenders* in *stromlosem* Zustand werden die Vektoren der Zusatzspannung entlang des Halbkreises j um 180° gewendet und die Vektoren der abgehenden Spannung vom Kreis g nach i oder umgekehrt umgelegt.

Während also bei *Spartransformatoren* entweder eine *Erhöhung* oder *Verminderung* der abgehenden Spannung möglich ist, kann bei *Zusatztransformatoren* infolge Umschaltbarkeit der Zusatzwicklung die abgehende Spannung *erhöht und vermindert* werden. Stehen die Vektoren der ankommenden Spannung und der Zusatzspannung senkrecht zueinander, wird die abgehende Spannung nur wenig erhöht, dafür aber um so mehr in der Phase verschoben. *Zusatztransformatoren*, bei denen infolge der vektoriellen Lage der Erregerspannung der Vektor der Zusatzspannung mit dem der ankommenden Transformator- oder Netzspannung zusammenfällt, werden mit *Längszusatztransformatoren*, und die, bei denen der Vektor der Zusatzspannung verschoben ist, mit *Querzusatztransformatoren* bezeichnet. *Reine Querzusatztransformatoren* sind solche Zusatztransformatoren, bei denen der Vektor der Zusatzspannung *senkrecht* vor- oder nacheilend auf dem Vektor der *ankommenden Spannung* steht.

Eine Erweiterung in der *Bezeichnung der Schaltgruppen* wird mit Hilfe der eingangs angegebenen Kennbuchstaben für *offene Schaltungen* ermöglicht. Für Abb. 63 und 64 gilt demnach die Bezeichnung $ZT/Y\,iii\,0$ und $ZT/Y\,iii\,6$ und für Abb. 65 $ZT/Y\,iii\,0/6$.

Die Erregerwicklung der Zusatztransformatoren kann auch nach Abb. 29b oder c in *Dreieck* geschaltet werden. In diesem Fall ist die Bezeichnung für die Schaltgruppe $ZT/D\,iii\,5$ oder $ZT/D\,iii\,11$ bzw. $ZT/Diii\,5/11$.

Für die *Dimensionierung* der Wicklungen von Drehstrom-Zusatztransformatoren sind die *Nennspannungen* und *Nennströme* in folgender Tabelle zusammengestellt.

Tabelle 16. *Spannungen, Ströme und Leistungen der Wicklungen von Drehstrom-Zusatztransformatoren (Nennwerte)*

	Spannung je Phase (V)	Strom je Phase (A)	Eigenleistung in kVA	
			Erregerleistung	Zusatzleistung
Oberspannungswicklung	$\dfrac{U}{\sqrt{3}}$	I_E	$U I_E \sqrt{3} \cdot 10^{-3}$	—
Unterspannungswicklung	$\dfrac{U_z}{\sqrt{3}}$	I_1	—	$U_z I_1 \sqrt{3} \cdot 10^{-3}$

6*

33. Drehstrom-Zusatztransformatoren in Sparschaltung ZT/Sp

Die *Sparschaltung* kann zweckmäßigerweise auch bei Zusatztransformatoren vorgenommen werden. In Abb. 66 ist die Schaltung mit Anschluß der *Energiequelle* an den Hauptklemmen x, y und z also für *Spannungserhöhung* dargestellt. Der *Sternpunkt* Mp der Energiequelle fällt elektrisch im Vektoren-Potentialdiagramm mit dem *Sternpunkt*

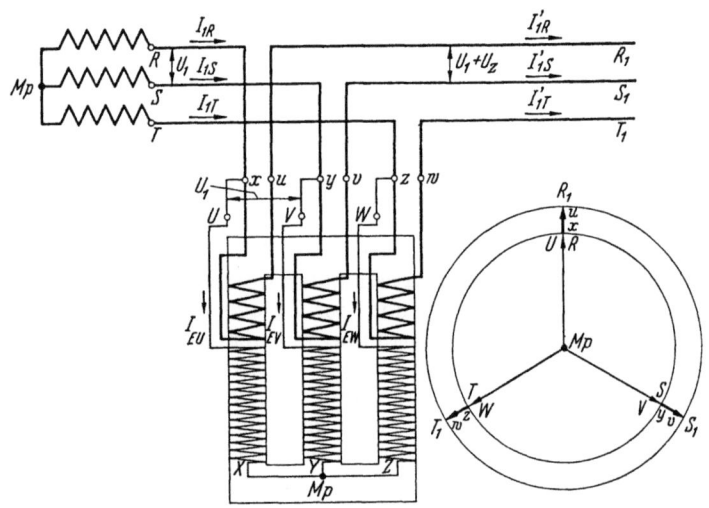

Abb. 66. Drehstrom-Zusatztransformator in Sparschaltung. Längszusatztransformator. Anschluß der Energiequelle an gleichnamige Hauptklemmen für Spannungserhöhung. U_1 = ankommende Transformator- oder Netzspannung und Erregerspannung, $U_1 + U_Z$ = abgehende Spannung, I_1 = Hauptstrom, I'_1 = Hauptstrom abgehende Seite, I_E = Erregerstrom. Schaltgruppe: $ZT/Sp/Y0$

der *Erregerwicklung* Mp zusammen. Die induzierte Zusatzspannung U_Z ist deshalb in *Phase* mit der *ankommenden Spannung* U_1 der Energiequelle. Die Phase der abgehenden Spannung gegenüber der ankommenden wird also nicht wie in Abb. 63 durch die Zusatzspannung verschoben. Die Energiequelle liefert hier selbst die Zusatzleistung, die ebenfalls wie ohne Sparschaltung induktiv übertragen wird.

Die *Ströme* vor und nach der Zusatzwicklung I_1 und I'_1 sind hier nicht gleich, weil die Erregerwicklung parallel zum Hauptstromkreis liegt. Die Spannungen und Ströme des Zusatztransformators fallen, abgesehen vom Leerlaufstrom und von Spannungsverlusten, in je eine *gerade Linie*. Es gilt hier das vereinfachte Vektoren-Zeitdiagramm des Zusatztransformators nach Abb. 48, jedoch mit der Einschränkung, daß $U = U_1$ und $\varphi_z = 0$ gesetzt wird. Die Sparschaltung bringt also eine weitgehende Vereinfachung für den Zusatztransformator, der in dieser Schaltung mit Längszusatztransformator bezeichnet wird.

Ohne *Sparschaltung* waren die Leistungen vor und nach der Zusatzwicklung bei gleichen Hauptströmen verschieden, weil die *Zusatzleistung* von einer anderen Energiequelle geliefert wurde. Mit *Sparschaltung* sind dagegen diese Leistungen bei unterschiedlichen Hauptströmen gleich, denn proportional mit der Zusatzspannung U_Z steigt der Hauptstrom I_1 an. Die *Zusatzleistung* wird über den Zusatztransformator von der *ankommenden* auf die *abgehende* Seite *induktiv* übertragen.

Ohne Zusatzspannung sind die Hauptströme folglich gleich, $I_1 = I_1'$, und die Leistung der Energiequelle, die *leitend übertragen* wird, ist

$$N_1 = U_1 I_1' \sqrt{3}\, 10^{-3} \quad \text{(kVA)}. \tag{87}$$

Bei Einfügung der Zusatzspannung U_Z wird die *Erregerleistung* oder die *Zusatzleistung*

$$N_Z = U_1 I_E \sqrt{3}\, 10^{-3} = U_Z I_1' \sqrt{3}\, 10^{-3} \quad \text{(kVA)} \tag{88}$$

und der *Hauptstrom* vor der Zusatzwicklung

$$I_1 = I_1' + I_E \quad \text{(A)} \tag{89}$$

sowie das *Übersetzungsverhältnis*

$$ü = \frac{U_1}{U_Z} = \frac{I_1'}{I_E}. \tag{90}$$

Die *Leistung vor* der Zusatzwicklung wird

$$N = U_1(I_1' + I_E)\sqrt{3}\, 10^{-3} \quad \text{(kVA)} \tag{91}$$

und *nach* der Zusatzwicklung

$$N' = (U_1 + U_Z) I_1' \sqrt{3}\, 10^{-3} \quad \text{(kVA)}. \tag{92}$$

Unter Berücksichtigung der Gl. (87) und (88) ergibt sich, daß $N = N_1 + N_Z = N'$ wird, d. h. die Leistung vor und nach der Zusatzwicklung ist gleich und mit der *Durchgangsleistung*, die *teils leitend, teils induktiv* übertragen wird, identisch. Dieses Ergebnis stimmt genau mit dem *Energiegesetz*, abgesehen von Verlusten, überein, und es läßt sich auch auf Grund der Gl. (90) erklären. Denken wir uns hierbei, daß der Strom I_1' konstant sei, so nimmt der Erregerstrom I_E in gleichem Maße wie die Zusatzspannung U_Z zu, und die abgegebene Leistung steigt auf die gleiche Höhe wie die Leistung der Energiequelle an.

Beispiel: Sind $U_1 = 6000$ V und $I_1' = 1000$ A = konst., so wird $N_1 = 6000 \cdot 1000 \sqrt{3} \cdot 10^{-3} = 10380$ kVA. Bei $U_Z = 600$ V ist die Zusatzleistung $N_Z = 600 \cdot 1000 \sqrt{3} \cdot 10^{-3} = 1038$ kVA und das Übersetzungsverhältnis $ü = 6000/600 = 10$, somit $I_E = 1000/10 = 100$ A. Die Leistung vor und nach der Zusatzwicklung steigt demnach auf die Durchgangsleistung von $N = N' = 6000 (1000 + 100) \sqrt{3} \cdot 10^{-3}$ $= (6000 + 600) 1000 \sqrt{3} \cdot 10^{-3} = 11418$ kVA.

Nimmt dagegen I_1' mit der Zusatzspannung U_Z zu oder ab, steigt I_E *stärker* oder *schwächer* als bei I_1' = konst. an, und die Durchgangsleistung wird *größer* oder *kleiner* als im obigen Beispiel. Die *Leistungen* vor und nach der *Zusatzwicklung* bleiben aber untereinander immer gleich.

Die *Erregerwicklung* kann, wenn zweckmäßig, auch an die Hauptklemmen u, v und w der *Zusatzwicklung* angeschlossen werden. Da die Erregerwicklung in diesem Fall unter der *erhöhten Spannung* $U_1 + U_Z$ steht, muß die *Windungszahl*, um eine Erhöhung der *Induktion* zu vermeiden, entsprechend Gl. (6) ebenfalls erhöht werden.

Das neue *Übersetzungsverhältnis* des Zusatztransformators wird demnach

$$\ddot{u}' = \frac{U_1 + U_Z}{U_Z}, \qquad (93)$$

und die Zusatzspannung bleibt unverändert. Der Magnetisierungsstrom der Erregerwicklung wird nach dem Durchflutungsgesetz etwas kleiner.

Der *Hauptstrom* durch die Zusatzwicklung ist jetzt $I_1 = I_1' + I_E$, die Wicklung wird also zusätzlich mit dem *Erregerstrom* I_E belastet. Da nun das *Übersetzungsverhältnis* beim Anschluß der Erregerwicklung an u, v und w geändert worden ist, bleibt der *Erregerstrom konstant*, denn es ist

$$\ddot{u}' = \frac{I_1' + I_E}{I_E}. \qquad (94)$$

Die *Erregerwicklung* führt also den gleichen Strom wie vorher, hat aber eine um U_Z höhere Spannung, während die Zusatzwicklung die gleiche Spannung, aber einen um I_E erhöhten Strom besitzt. Die *Erregerleistung* oder die *Zusatzleistung* wird deshalb

$$N_Z' = (U_1 + U_Z) I_E \sqrt{3} \cdot 10^{-3}$$
$$= U_Z (I_1' + I_E) \sqrt{3} \cdot 10^{-3} \quad \text{(kVA).} \qquad (95)$$

Sie ist um $N_Z' - N_Z = U_Z I_E \sqrt{3} \cdot 10^{-3}$ kVA größer als nach Gl. (88). Die *Typenleistung* des Zusatztransformators muß also, um *Überlastungen* zu vermeiden, um diese Leistung *erhöht* werden.

In Fortsetzung unseres *Beispiels* wird der Hauptstrom durch die Zusatzwicklung $I_1 = 1000 + 100 = 1100$ A und das Übersetzungsverhältnis $\ddot{u}' = 6600/600 = 11$. Der Erregerstrom ist nach Gl. (94) unverändert $I_E = 1100/11 = 100$ A, und die neue Zusatzleistung wird $N_Z' = 600 \cdot 1100 \cdot \sqrt{3} \cdot 10^{-3} = 1141{,}8$ kVA, also um 10% höher als vorher ($1038 + 103{,}8 = 1141{,}8$), weil die Spannung der Erregerwicklung um $(600/6000) \, 100 = 10\%$ gehoben worden ist.

In Abb. 67 ist die *Energiequelle* an den Hauptklemmen u, v und w der Zusatzwicklung angeschlossen und die Erregerwicklung, um gleiche Verhältnisse für den *Zusatztransformator* wie in Abb. 66 zu schaffen, ebenfalls auf die Hauptklemmen u, v und w umgelegt. Die *Zusatzwicklung* ist in dieser Schaltung der *Erregerwicklung* gegengeschaltet und die räumliche Richtung der Zusatzspannung gegenüber der ankommenden entgegengesetzt. Die ankommende Spannung wird also um U_Z, von U_1 auf $U_1 - U_Z$, vermindert. Die Erregerwicklung liegt auf der Spannung U_1, und die Zusatzspannungen je Phase U_{xu}, U_{yv} und U_{zw} sind genauso groß wie in Abb. 66.

Setzen wir wieder voraus, daß $I_1' =$ konstant ist, muß der Hauptstrom I_1 jetzt zurückgehen, weil mit *Absenkung* der abgehenden Spannung die Leistung zurückgegangen ist. Der *Hauptstrom* vor der Zusatzwicklung ist hier

$$I_1 = I_1' - I_E \quad \text{(A)}. \tag{96}$$

Der *Erregerstrom* I_E fließt durch die Zusatzwicklung in negativer Richtung, da alle Stromvektoren beim Wechseln der *Energierichtung*

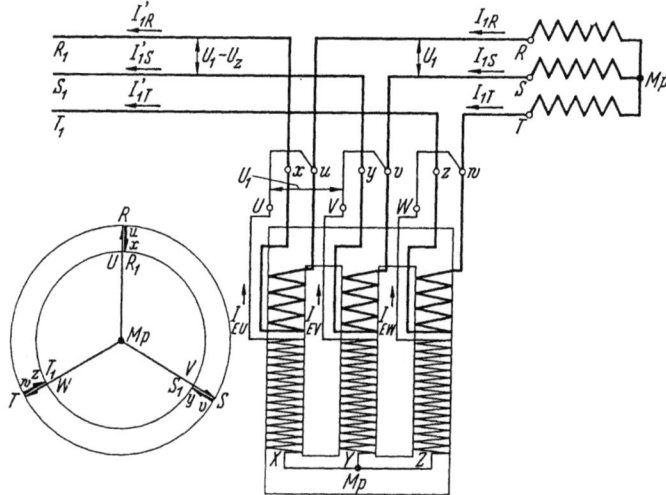

Abb. 67. Drehstromzusatztransformator in Sparschaltung. Längszusatztransformator. Anschluß der Energiequelle an ungleichnamige Hauptklemmen für Spannungsverminderung. $U_1 =$ ankommende Transformator- oder Netzspannung und Erregerspannung, $U_1 - U_Z =$ abgehende Spannung, I_1, $I_1' =$ Hauptstrom und $I_E =$ Erregerstrom, Schaltgruppe: $ZT/Sp/Y$ 6

um 180° geschwenkt wurden. Die Zusatzwicklung ist aber jetzt genauso mit I_1' belastet wie in Abb. 66. Die Zusatzleistung N_Z ist also auch die gleiche. Die *ursprüngliche Leistung* N_1 ist jedoch um die Zusatzleistung vermindert.

Die Gleichungen (91) und (92) gelten hier ebenfalls, nur sind I_E und U_Z mit negativen Vorzeichen einzusetzen.

Die *Durchgangsleistung* ist

$$N'' = N_1 - N_Z = N''' \quad \text{(kVA)} \tag{97}$$

und die Übersetzung unverändert $U_1/U_Z = I_1'/I_E$.

Wird nun die *Erregerwicklung* an die Hauptklemmen x, y und z angeschlossen, liegt sie auf der verminderten Spannung, und das *Übersetzungsverhältnis* muß auf

$$\ddot{u}'' = \frac{U_1 - U_Z}{U_Z} = \frac{I_1' - I_E}{I_E} \tag{98}$$

durch *Verringerung der Windungszahl* der Erregerwicklung abgesenkt werden. Da auch der *Hauptstrom* durch die Zusatzwicklung auf I_1

zurückgeht, wird die Zusatzleistung, also die erforderliche Typenleistung von N_Z auf N_Z'', vermindert. Es ist

$$N_Z'' = (U_1 - U_Z) I_E \sqrt{3} \cdot 10^{-3}$$
$$= U_Z (I_1' - I_E) \sqrt{3} \cdot 10^{-3} \quad \text{(kVA)}, \qquad (99)$$

also um $N_Z'' - N_Z = U_Z I_E \sqrt{3} \cdot 10^{-3}$ kVA kleiner als nach Gl. (88). Die *Durchgangsleistung* N'' bzw. N''' ändert sich jedoch nicht, weil die Spannungen und Ströme vor und nach der Zusatzwicklung unberührt bleiben.

Man kann also die neue *Zusatzleistung* mit einer entsprechend niedrigeren *Typenleistung* des Zusatztransformators übertragen.

Die soeben behandelte *Schaltung* läßt sich mit der in Abb. 54 dargestellten des Spartransformators bei *Spannungsverminderung* gleichsetzen. Der Zusatztransformator in Abb. 67 ist durch die Bedingung, daß die Erregerwicklung immer an die unveränderbare Spannung — an die *Festspannung* — anzuschließen ist, im Fall der *Gegenschaltung* gegenüber dem Spartransformator im Nachteil. Er verlangt eine *höhere Typenleistung* als der Spartransformator.

Im *Vergleich* dieser Abbildungen ist auf Grund der eingetragenen Strompfeile feststellbar, daß die Wicklungsabteilungen verschieden belastet sind. Beim Zusatztransformator wird die Wicklungsabteilung mit der niedrigeren Windungszahl mit $I_1 + I_E$ belastet, während sie beim Spartransformator nur den Hauptstrom I_1 führt.

Die Lage der *Sternpunktverbindung Mp* der Energiequelle a an den Hauptklemmen der Zusatzwicklung kann hier ebenfalls, wie es in Abb. 68 dargestellt ist, mittels eines *zweipoligen Wenders b* in *stromlosem* Zustand gewechselt werden. Die Hauptklemmen der Erregerwicklung U', V' und W' sind an U, V und W angeschlossen. Die ankommende Spannung U_1, die als konstant angenommen und, wie bereits erwähnt, mit *Festspannung* bezeichnet wird, hält die *Induktion* des Zusatztransformators, unabhängig von der Stellung des Wenders, auf dem *Normalwert*. Die Zusatzspannung ist also in allen Stellungen konstant und wird beim *Wenden* über den Kreisbogen f geschwenkt. Wird die Erregerwicklung nicht an U, V und W, sondern an x, y und z angeschlossen, sinkt bei Stellung B die Zusatzspannung vom Kreis j auf i ab.

Während bei *Spartransformatoren* die Wicklungsabteilungen gleichsinnig in Reihe liegen und leitend fest verbunden sind, können bei *Zusatztransformatoren* die Wicklungsabteilungen mit der niedrigeren Windungszahl abwechselnd zu- und gegengeschaltet werden.

Da die Änderung der Spannung bei *Sparschaltung* ohne Verschiebung der Phasenlage, also in der Längsrichtung, erfolgt, können derartige Zusatztransformatoren, wie schon gesagt, mit *Längszusatztransformatoren* bezeichnet werden.

Wird die *Erregerwicklung* bei einem Zusatztransformator mit *Sparschaltung* in *Dreieck* geschaltet und der Anschluß an U, V und W *zyklisch vertauscht* (V, W, U), liegen die Zusatzspannungen *vektoriell* senkrecht vor- oder nacheilend zur ankommenden Spannung. Man erhält auf diese Weise einen Zusatztransformator, der als *reiner Querzusatztransformator* mit QT/Sp bezeichnet werden kann.

Bei Zusatztransformatoren ohne Sparschaltung hat die Ober- und Unterspannungswicklung verschiedene *Isolationspegel* gegen Erde. Bei

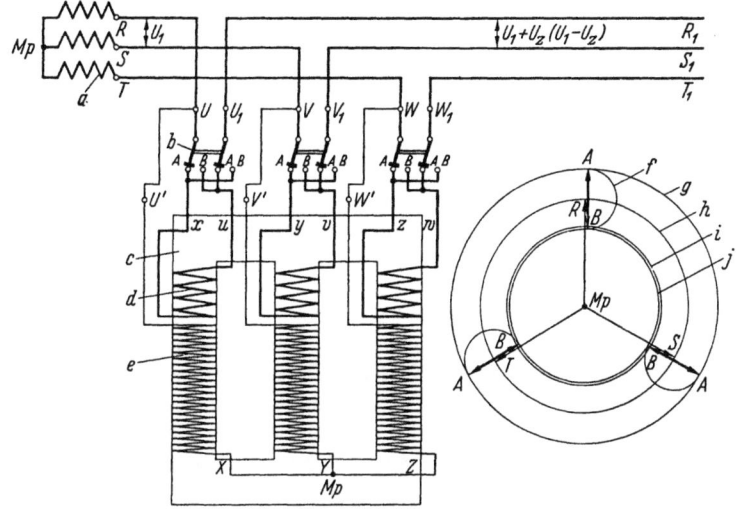

Abb. 68. Umschaltbarer Drehstromzusatztransformator in Sparschaltung mit zweipoligem Wender für $\pm U_z$. Die Umschaltung des Wenders erfolgt im stromlosen Zustand. Schaltgruppe $ZT/Sp/Y\ 0/6$. Bezeichnungen: a = Energiequelle, b = zweipoliger Wender, c = Zusatztransformator, d = Zusatzwicklung, e = Erregerwicklung, f = Wendehalbkreis des Vektors der Zusatzspannung, g = Kreis der abgehenden Spannung bei Stellung A, h = Kreis der ankommenden Spannung, i = Kreis der abgehenden Spannung bei Stellung B und Anschluß der Erregerwicklung an x, y und z, j = Kreis der abgehenden Spannung bei Stellung B, U, V, W = Hauptklemmen auf der Seite der Festspannung, U_1, V_1, W_1 = Hauptklemmen auf der Seite der veränderlichen Spannung

Anwendung der Sparschaltung sind beide Wicklungen leitend miteinander verbunden. Der *höhere Isolationspegel* gegen Erde *gilt* also in diesem Fall für beide Wicklungen.

G. Die Schaltung der Drehstrom-Leistungstransformatoren mit zwei Wicklungen

Die Schaltgruppen

Der elektrische und magnetische *Aufbau* von Drehstromtransformatoren mit zwei Wicklungen wurde im Prinzip bereits in Kap. F Abschn. 28 ausführlich beschrieben. Es sollen nun die Schaltungen dieser Transformatoren eingehend behandelt und die zugehörigen *Vektorendiagramme* aufgestellt werden. Im vorliegenden Kapitel sind in diesem Zusammenhang das *Durchflutungsdiagramm* der Zickzackschaltung, die gleichphasige Belastung und schließlich die Phasenvertauschungen dargelegt.

Die Schaltung der Drehstrom-Leistungstransformatoren

34. Einleitung

In den Kapiteln B, C und D wurde auf Grund der dort durchgeführten Untersuchungen festgestellt, daß *Wechselspannungen* in bezug auf ihre Richtungen auch andere meßbare Zusammenhänge zeigen als *Wechselströme*. Während letztere, als Vektoren dargestellt, nur *zeitliche Richtungen* besitzen und nach den Gesetzen der Transformation in den beiden Wicklungen eines Transformators in jedem Zeitmoment *unbeeinflußbar entgegengesetzt* gerichtet sind, haben *Wechselspannungen* außer den zeitlichen auch *potentielle Richtungen*. Die räumliche Richtung der Wechselspannungen in den Wicklungen kann durch *Schaltung und Wickelsinn* beeinflußt werden. Die zeitliche Richtung jedoch ist ebenfalls wie bei den Wechselströmen unbeeinflußbar. In den beiden Wicklungen des Transformators sind die induzierten *elektromotorischen Kräfte* nach den Gesetzen der Transformation in jedem Moment zeitlich gleichgerichtet.

Wechselspannungen und *Wechselströme* mit zeitlichen Richtungen werden in *Vektoren-Zeitdiagrammen* und Wechselspannungen mit räumlichen Richtungen in *Vektoren-Potentialdiagrammen* dargestellt.

Mit den *Schaltungen* der Transformatoren sind die *Vektoren-Potentialdiagramme* eng verknüpft. Es müssen deshalb diese beiden Elemente bei der Beurteilung eines Transformators stets zusammen zur Betrachtung herangezogen werden.

In Kap. B Abschn. 9 und 11 sind die Regeln für die Aufstellung der Vektoren-Potentialdiagramme für *Einphasentransformatoren* ermittelt und durch die Abb. 5 bis 11 erläutert worden.

Bei einem dreischenkligen *Drehstromtransformator* können die einzelnen Phasen aus Einphasentransformatoren nach Abb. 9 gebildet und dann zu einem Transformator zusammengesetzt werden. Bei sternförmiger Anordnung entsteht hierbei im magnetischen Sternpunkt ein gemeinsamer unbewickelter Schenkel. Da die Summe der *Kraftflüsse* in jedem Zeitmoment gleich Null ist, wird dieser vierte Schenkel nicht vom Kraftfluß durchflossen und kann deshalb in Fortfall kommen. Die drei Schenkel können jetzt *in einer Ebene* versetzt werden.

Die ermittelten *Gesetzmäßigkeiten* der Spannungsvektoren *mit potentiellen* Richtungen sind folglich schenkelweise auch für Drehstromtransformatoren gültig. Es werden nun in den folgenden Abschnitten bei der systematischen Behandlung der *Schaltungen* diese Regeln angewendet und in Fortentwicklung durch Berücksichtigung der *Verbindungen* der sechs *Schenkelwicklungen* und der vorherrschenden magnetischen Verhältnisse zum Teil verändert und erweitert. In Abschn. 47 sind die Regeln für die Konstruktion der Potentialdiagramme für Drehstromtransformatoren angegeben.

Die mannigfache Verwendung von *Drehstromtransformatoren* in Stromversorgungsanlagen ist aus Abb. 69 ersichtlich. Der *Schaltplan*, der einpolig mit Schaltkurzzeichen aufgebaut ist, enthält keine Bezeichnungen für die Innenschaltungen (s. Abschn. 1). Je nach Verwendungszweck unterscheidet man hier *Maschinen- oder Aufspannwerkstransformatoren, Abspannwerkstransformatoren, Netzkupplungstransfor-*

matoren, *Gleichrichtertransformatoren*, *Eigenbedarfstransformatoren* und *Ortsnetztransformatoren* für Industriebetriebe und Maschennetze. In der Abbildung sind, um den in der Praxis häufig vorkommenden Anlagen möglichst nahezukommen, auch Regeltransformatoren eingezeichnet.

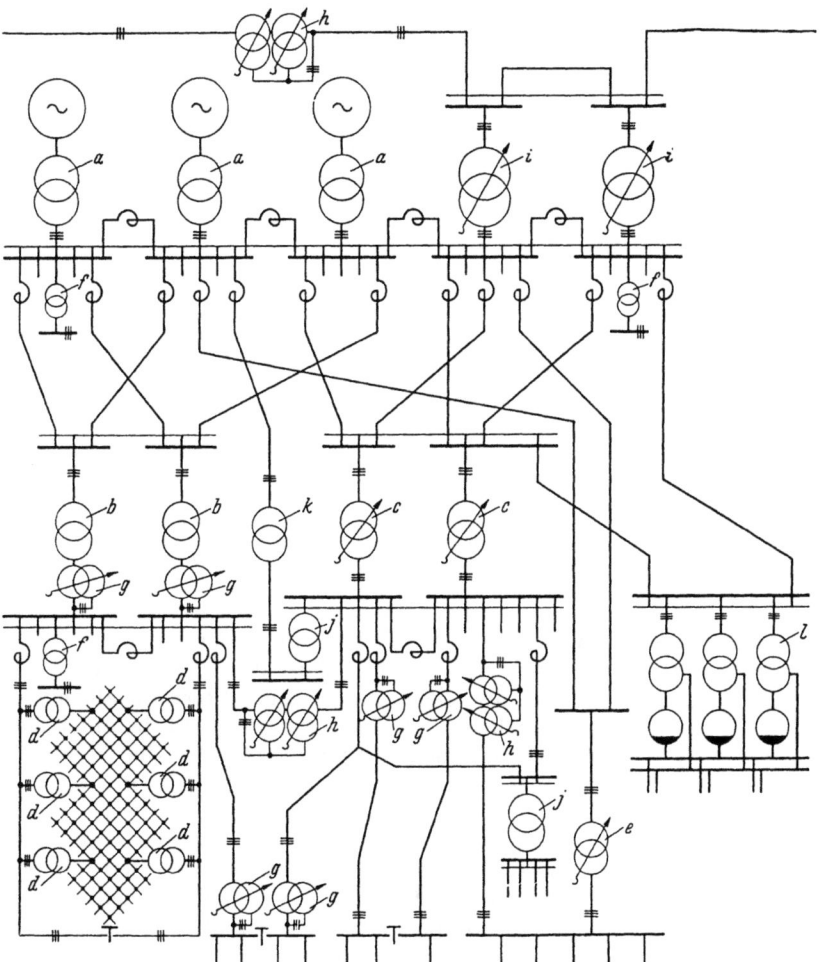

Abb. 69. Einpoliger Schaltplan mit Schaltkurzzeichen ohne Bezeichnung der Innenschaltung für eine Stromversorgungsanlage. Es bedeuten: *a* Maschinen- oder Aufspannwerkstransformator; *b* Abspannwerkstransformator; *c* Regelleistungstransformator für Abspannwerke; *d* Ortsnetztransformator für Maschennetze; *e* Regelleistungstransformator für Kleinabspannwerke; *f* Eigenbedarfstransformator; *g* Regelzusatztransformator; *h* Regelsatz, Längs- und Querregler oder Wirk- und Blindlastregler; *i* Regelleistungstransformator für Fernkraftwerke; *j* Ortsnetztransformator für Industriebetriebe; *k* Netzkupplungstransformator; *l* Gleichrichtertransformator

In den nun folgenden Schaltungen haben wieder alle Wicklungen gleichen *Wickelsinn* und die Schaltbilder werden grundsätzlich von der Oberspannungsseite aus betrachtet.

35. Stern-Stern-Schaltung Yy

In Abb. 51 ist ein *Drehstromleistungstransformator* mit zwei Wicklungen in Stern-Stern-Schaltung mit drehfeldrichtigem Anschluß dargestellt. Die *Wicklungen* sind gleichsinnig geschaltet. Wenn beide Wicklungen zusammengeschoben gezeichnet werden, wie es in der Abbildung rechts zu sehen ist, befinden sich die *Hauptklemmen* des Transformators *gleichsinnig oben* und die *Sternpunktverbindungen gleichsinnig unten*.

Vereinfacht kann diese gleichsinnige Schaltung auch, wie es in Abb. 70 und 71 angegeben ist, dargestellt werden. Die *Potentialdia-*

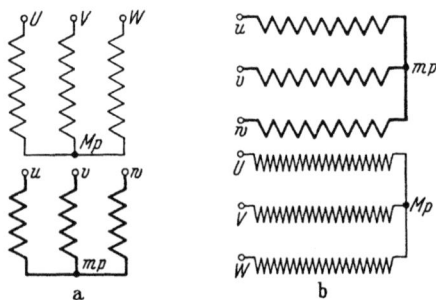

Abb. 70. Vereinfachte Darstellung der gleichsinnigen Stern-Stern-Schaltung. Schaltgruppe: Yy0. a) Anordnung übereinander: Oberspannungswicklung oben, Unterspannungswicklung unten; b) Liegende Anordnung: Unterspannungswicklung oben, Oberspannungswicklung unten

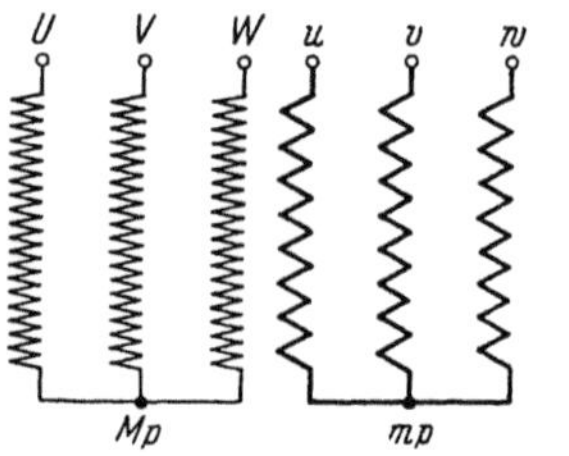

Abb. 71. Vereinfachte Darstellung der gleichsinnigen Stern-Stern-Schaltung. Schaltgruppe: Yy0. Anordnung der Wicklungen nebeneinander

gramme der beiden Wicklungen müssen also, abgesehen von ihrer Größe, vollkommen übereinstimmen. Aus Abb. 72 ist das Potentialdiagramm für die gleichsinnige Stern-Stern-Schaltung ersichtlich. Auf Schenkel I, Abb. 51, befindet sich die Schenkelwicklung UMp für die *Oberspannungsseite* und die Schenkelwicklung ump für die *Unterspannungsseite*, auf Schenkel II analog VMp und vmp und auf Schenkel III WMp und wmp. Die *Schenkelwicklungen* je Seite haben gleiche *Windungszahl*. Sie werden schenkelweise von demselben Kraftfluß durchflossen. Ihre Spannungsvektoren müssen folglich schenkelweise parallel zueinander sein oder in eine gerade Linie fallen. Die Richtungen sind jeweils gleich, weil die Sternpunktverbindungen gleichsinnig am Ende der *Schenkelwicklungen* liegen. Die *Sternpunktverbindung* gibt das Potential Null an. Von hier aus wachsen die Potentiale von Windung zu Windung sowohl in der Oberspannungs- als auch in der Unterspannungswicklung schenkelweise in

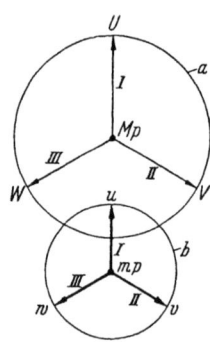

Abb. 72. Vektoren-Potentialdiagramm der gleichsinnigen Stern-Stern-Schaltung. Schaltgruppe: Yy0. Schaltung der Wicklungen nach Abb. 51. *a Kreis der Oberspannung, b Kreis der Unterspannung*

gleicher Richtung. Eine Verschiebung der Spannungsvektoren findet also nur von Phase zu Phase statt. Der *Phasenwinkel* zwischen den Vektoren U_{UMp} und U_{ump} ist Null, und die Bezeichnung der *Schaltgruppe* ist $Yy\,0$.

Anders liegen die Verhältnisse, wenn die Sternpunktverbindung, z. B. der Unterspannungswicklung, nicht die Enden, sondern die

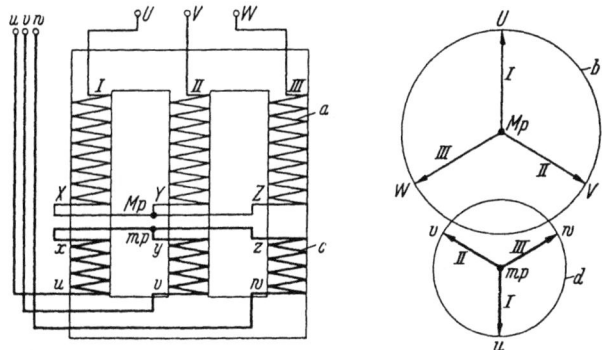

Abb. 73. Schaltung der Wicklungen und Vektoren-Potentialdiagramm der gegensinnigen Stern-Stern-Schaltung. Schaltgruppe: $Yy\,6$. *a* Oberspannungswicklung; *b* Potentialdiagramm für *a*; *c* Unterspannungswicklung; *d* Potentialdiagramm für *c*, I, II und III: Bezeichnung der Schenkel des Eisenkernes (Nullimpedanz = Jochimpedanz: Siehe Abb. 47 und 53)

Anfänge der Schenkelwicklungen verbindet. Infolge der *gegensinnigen* Schaltung der Sternpunktverbindungen wachsen jetzt die *Potentiale* in entgegengesetzter Richtung. Die Spannungsvektoren der Wicklungen bleiben verständlicherweise relativ zueinander in der Lage unverändert. Der *Phasenwinkel* beträgt aber 180°. In Abb. 73 ist die *gegensinnige Stern-Stern-Schaltung* mit drehfeldrichtigem Anschluß und Potentialdiagramm dargestellt. Auf Schenkel I befindet sich die Schenkelwicklung UX für die Oberspannungsseite und die Schenkelwicklung xu für die Unterspannungsseite, auf Schenkel II analog VY und yv und auf Schenkel III WZ und zw. Entsprechend der Lage der Sternpunktverbindung, sind die Hauptklemmen der Unterspannungswicklung gegensinnig bezeichnet. Die *Spannungsvektoren* gleichnamiger Hauptklemmen U_{UMp} U_{ump}, $U_{VMp}\,U_{vmp}$ und $U_{WMp}\,U_{wmp}$ werden jeweils relativ zueinander um 180° gedreht. Die Bezeichnung der *Schaltgruppe* ist hier folglich $Yy\,6$.

Zum gleichen Resultat führt es, wenn die Sternpunktverbindung der Oberspannungswicklung nach oben versetzt wird. In Abb. 74a ist diese *gegensinnige* Schaltgruppe dargestellt. Die Richtigkeit des in der Abbildung gezeichneten Potentialdiagramms kann man durch einen Vergleich mit der Abb. 73 gut erkennen. Die Spannungsvektoren gleichnamiger Hauptklemmen zeigen hier auch in entgegengesetzte Richtung. Wird nun auch die Sternpunktverbindung der Unterspannungswicklung nach oben versetzt, muß die Schaltgruppe wieder gleichsinnig werden (Abb. 74b). Man kann den Sternpunkt der Oberspannungswicklung ohne weiteres mit dem Sternpunkt der Unterspannungswicklung verbinden, wenn andere Verbindungen zwischen den Wicklungen nicht vorhanden sind. In Abb. 75 ist eine derartige Verbindung der Sternpunkte gestrichelt angedeutet.

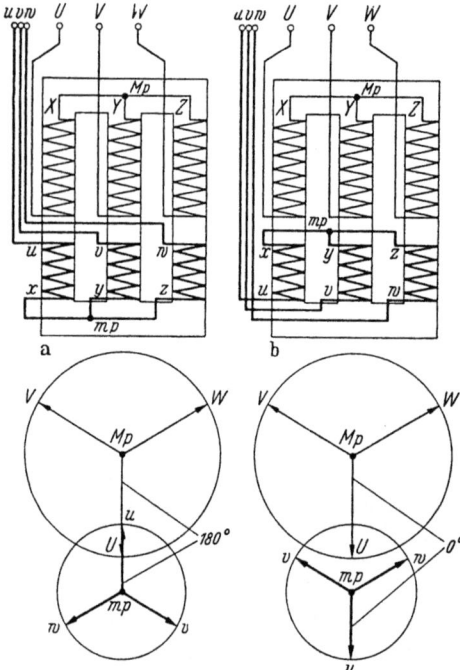

Abb. 74. Gegensinnige Schaltung der Oberspannungswicklung. a) gegensinnige Schaltgruppe; b) gleichsinnige Schaltgruppe

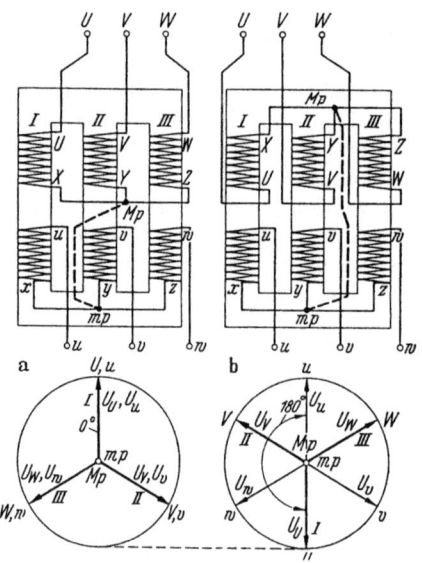

Abb. 75. Verbindung der Sternpunkte. a) gleichsinnige Schaltgruppe; b) gegensinnige Schaltgruppe. Die Potentialdiagramme sind für $ü = 1$ gezeichnet

Die beiden Sternpunkte Mp und mp haben in diesem Fall gleiches Potential und werden zum gemeinsamen Punkt der Potentialdiagramme der Ober- und Unterspannungswicklung. Die Diagramme *schieben* sich *zusammen*. Bei Übersetzungsverhältnis $ü = 1$ und bei gleichsinniger Schaltgruppe (a) überdecken sich jetzt die *Vektoren* vollkommen. Bei der gegensinnigen Schaltgruppe (b) bilden die Vektoren ein Sechseck am Umfang des Kreises. Die abgekürzte Bezeichnung der Vektoren (s. Abschn. 17) U_U, U_V und U_W bzw. U_u, U_v und U_w ist in der Abbildung eingetragen.

Eine *offene Sternwicklung* (s. Abschn. 32) kann nach obigen Feststellungen, je nach *Energierichtung*, gleich- oder gegensinnig sein. In Abb. 76 ist diese Schaltung auf einem dreischenkligen Eisenkern (e) als Oberspannungswicklung (d) dargestellt. Die Unterspannungswicklung, die nach Abb. 75 geschaltet zu denken ist, wurde fortgelassen. Trifft die *Energie* die Hauptklemmen b, also das *Ende* (e) der Schenkelwicklungen, so entspricht dieser Fall der Schaltung f. Trifft sie dagegen die Hauptklemmen c, also den *Anfang* (a) der Schenkelwicklungen, ist die Schaltung g maßgebend. Der *Sternpunkt Mp* wird folglich durch die *Energiequelle* selbst gebildet. Im ersten Fall ist die Oberspannungswicklung *gleichsinnig* und im zweiten *gegensinnig*.

Stern-Stern-Schaltung Yy

Für die Berechnung des Übersetzungsverhältnisses der Stern-Stern-Schaltung dient folgende Tabelle.

Tabelle 17. *Übersetzungsverhältnis der Stern-Stern-Schaltung*

	Windungszahl je Schenkelwicklung bzw. Wicklungsstrang	Phasenspannung	Linienspannung
Sternschaltung, Oberspannungswicklung	n_1	$U/\sqrt{3}$	U
Sternschaltung, Unterspannungswicklung	n_2	$u/\sqrt{3}$	u
Übersetzungsverhältnis	$\ddot{u} = \dfrac{n_1}{n_2} = \dfrac{U/\sqrt{3}}{u/\sqrt{3}} = \dfrac{U}{u}$		

Meistens wird diese Schaltung für gewöhnliche Netztransformatoren mit kleiner Nennleistung verwendet. Der Sternpunkt wird nur bei Bedarf — entweder für Vierleiternetze oder für Erdungszwecke —

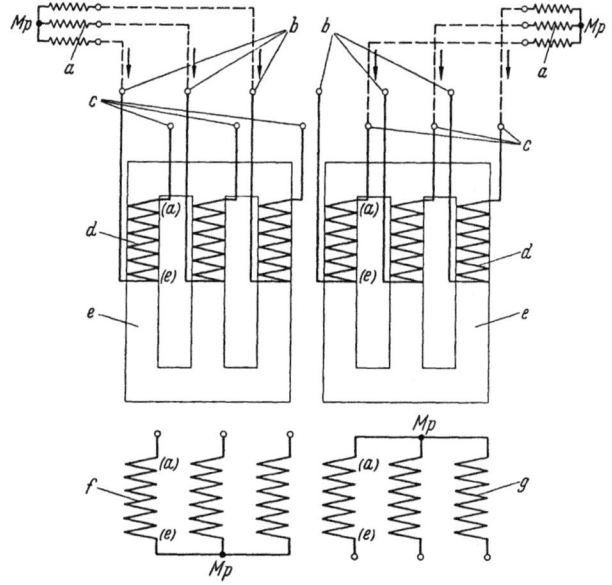

Abb. 76. Gleichsinnige und gegensinnige Schaltung einer offenen Sternwicklung. *a* Energiequelle; *b* Anschluß am Ende (*e*) der Wicklung; *c* Anschluß am Anfang (*a*) der Wicklung; *d* Oberspannungswicklung; *e* dreischenkliger Eisenkern; *f* gleichsinnige Schaltung; *g* gegensinnige Schaltung

herausgeführt. Er kann, wenn zugänglich, bei Lichtversorgung bis 10% und bei Anschluß einer Erdschlußspule, primär oder sekundär, bis 30% des Nennstromes belastet werden. Der letzte Wert gilt nur dann, wenn auf Spannungsschwankungen bei Lichtversorgung keine Rücksicht genommen wird.

36. Stern-Dreieck-Schaltung Yd

Bei der Stern-Dreieck-Schaltung sind die Schenkelwicklungen auf der Unterspannungsseite in Dreieck geschaltet, und man kann hier auch eine *gleichsinnige* oder *gegensinnige* Schaltung herstellen. Bei einer Dreieckschaltung kann der Schaltsinn, da eine Sternverbindung fehlt, nur nach der Lage der *Hauptklemmen*, oben oder unten angeschlossen, festgestellt werden.

In Abb. 77 ist eine *gleichsinnige* Stern-Dreieck-Schaltung mit Potentialdiagramm angegeben, wobei alle Schenkelwicklungen je Seite

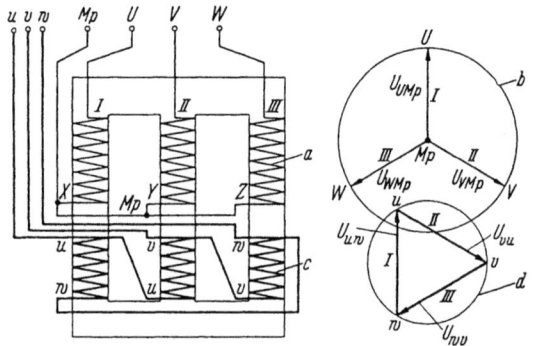

Abb. 77. Gleichsinnige Stern-Dreieck-Schaltung mit herausgeführtem Sternpunkt. Schaltgruppe Yd 11. *a* Oberspannungswicklung; *b* Potentialdiagramm zu *a*; *c* Unterspannungswicklung; *d* Potentialdiagramm zu *c* (Nullimpedanz der Oberspannungswicklung = $\frac{1}{3}$ Kurzschlußimpedanz je Phase. Siehe Abb. 47 und 53)

gleiche Windungszahl aufweisen. Die drehfeldrichtig bezeichneten Hauptklemmen U, V und W der Oberspannungswicklung sind ebenso wie die drehfeldrichtig bezeichneten Hauptklemmen u, v und w der Unterspannungswicklung gleichsinnig oben an der Wicklung angeschlossen. Die Spannungsvektoren der Schenkelwicklungen müssen folglich jeweils schenkelweise gleiche Richtungen haben. Die gleichnamigen *Spitzen der Vektoren* zeigen also nach der gleichen Richtung. Die Folge der Aneinanderreihung der Spannungsvektoren bei einer Dreieckschaltung, mit *Richtungsfolge* bezeichnet, wird nur durch die Art der Schaltung der inneren Verbindungen bestimmt.

In der Abbildung ist die Hauptklemme u mit der Schenkelwicklung I oben und mit der Schenkelwicklung II unten, die Hauptklemme v mit II oben und III unten und die Hauptklemme w mit III oben und I unten verbunden. Die Spannungsvektoren einer Dreieckwicklung zeigen, wie bei der Sternwicklung, mit ihren Spitzen im Diagramm stets nach der potentiellen Lage der Hauptklemmen.

Zur *Aufstellung* des Vektoren-Potentialdiagramms der Stern-Dreieck-Schaltung gehen wir, wie üblich, von der Oberspannungsseite aus. Das Potentialdiagramm der Sternschaltung kann nach Abschn. 35, wie in der Abbildung angegeben, aufgezeichnet werden. Der Spannungsvektor U_{uw} der Unterspannungsseite vom Schenkel I zeigt mit seiner Spitze u in gleiche Richtung wie der Spannungsvektor U_{UMp} (vom Schenkel I mit seiner Spitze U). Die innere Schaltverbindung der Dreieckwicklung führt vom Anfang der Schenkelwicklung I nach dem Ende der Schenkelwicklung II. Der Spannungsvektor U_{vu} muß folglich mit seinem Ende (u) an den Anfang (u) des Spannungsvektors U_{uw} gesetzt werden. Gleichfalls führt die innere Schaltverbindung vom Anfang der Schenkelwicklung II nach dem Ende der Schenkelwicklung III und schließlich vom Anfang III nach Ende I. Der Spannungsvektor U_{wv} vom Schenkel III muß folglich mit seinem Ende (v) an den Anfang (v) des Spannungsvektors U_{vu}

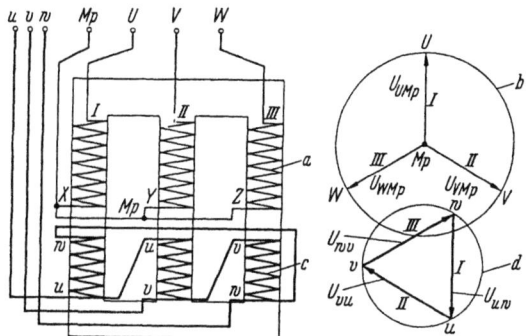

Abb. 78. Gegensinnige Stern-Dreieck-Schaltung mit herausgeführtem Sternpunkt. Schaltgruppe: $Yd5$. *a* Oberspannungswicklung; *b* Potentialdiagramm zu *a*; *c* Unterspannungswicklung; *d* Potentialdiagramm zu *c*

vom Schenkel II und schließlich der Spannungsvektor U_{uw} vom Schenkel I mit seinem Ende (w) an den Anfang (w) des Spannungsvektors U_{wv} vom Schenkel III gesetzt werden. Hierbei müssen die Spannungsvektoren der Wicklungsstränge gleichnamiger Schenkel parallel zueinander sein und ihre Spitzen nach gleicher Richtung zeigen. Das *Potentialdiagramm* der in der Abbildung dargestellten Stern-Dreieck-Schaltung kann nur in der Form, wie es dort angegeben ist, gezeichnet werden. In Abb. 79a sind die *Diagramme* der Ober- und Unterspannungswicklung so zusammengeschoben, daß sie sich zwar nicht berühren, aber der Phasenwinkel leicht feststellbar wird. Er beträgt 330°. Die *Schaltgruppe* dieser gleichsinnigen Schaltung wird also mit $Yd11$ bezeichnet.

Die *gegensinnige* Stern-Dreieck-Schaltung ist in Abb. 78 dargestellt. Die Hauptklemmen der Unterspannungswicklung u, v und w sind relativ zu den Hauptklemmen der Oberspannungswicklung gegensinnig, also unten angeordnet. Dementsprechend gehen jetzt die inneren Schaltverbindungen entgegengesetzt, und zwar vom Ende der Schenkelwicklung I nach dem Anfang der Schenkelwicklung II, vom Ende II nach Anfang III und vom Ende III nach Anfang I. Der Spannungsvektor U_{uw} vom Schenkel I muß hier mit seiner Spitze u in entgegengesetzte Richtung wie die Spitze U des Vektors U_{UMp} zeigen. Entsprechend der elektrischen Lage der Schaltverbindungen, muß der

Vektor U_{vu} mit seinem Ende (u) an den Anfang (u) des Vektors U_{uw} gesetzt werden, ebenfalls der Vektor U_{wv} mit seinem Ende (v) an den Anfang (v) des Vektors U_{vu}. Hierbei sind die Vektoren der Wicklungsstränge gleichnamiger Schenkel parallel zueinander und ihre Spitzen zeigen in entgegengesetzte Richtung. In Abb. 79 c

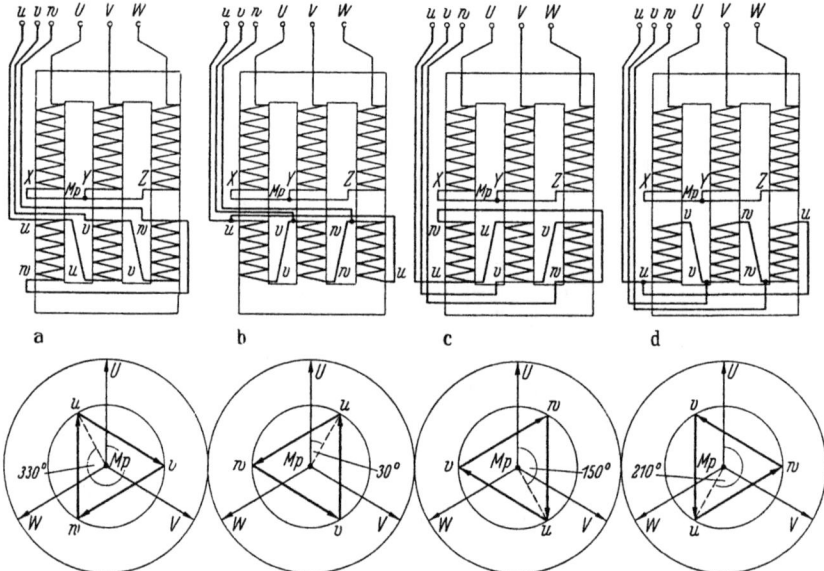

Abb. 79. Die vier drehfeldrichtigen Schaltmöglichkeiten der Stern-Dreieck-Schaltung. a) gleichsinnige Schaltgruppe Yd 11; b) gleichsinnige Schaltgruppe Yd 1; c) gegensinnige Schaltgruppe Yd 5; d) gegensinnige Schaltgruppe Yd 7

sind die Potentialdiagramme der Ober- und Unterspannungswicklung zusammengeschoben dargestellt. Der Phasenwinkel beträgt, wie ersichtlich, 150°. Die Bezeichnung der *Schaltgruppe* dieser gegensinnigen Schaltung ist folglich Yd 5.

Ohne den gleichsinnigen oder gegensinnigen Anschluß der *Hauptklemmen* u, v und w der Unterspannungswicklung zu ändern, können die inneren Schaltverbindungen der Dreieckwicklung umgelegt werden. Die durch diese Umlegung entstehenden Schaltungen nebst Potentialdiagrammen sind aus Abb. 79 b und d zu ersehen. Die Umlegung der *Schaltverbindungen* bewirkt, daß der ursprüngliche Phasenwinkel um 60° vergrößert wird. Die Nacheilung der Unterspannungsvektoren wird also um diesen Winkel größer. Bei der gleichsinnigen Schaltung in Abb. 79 a dreht hierdurch der Unterspannungsvektor über den Oberspannungsvektor hinweg, weil 330° + 60° = 360° + 30° ist. Der Phasenwinkel beträgt somit 30°, und die Bezeichnung der neuen Schaltgruppe ist Yd 1. Bei der gegensinnigen Schaltung in Abb. 79 c läßt die Umlegung einen Phasenwinkel von 150° + 60° = 210° entstehen, und die Bezeichnung der neuen Schaltgruppe ist hier Yd 7.

Die dargestellten Schaltungen ergeben zusammenfassend die *vier Schaltmöglichkeiten* der Stern-Dreieck-Schaltung mit den Phasenwinkeln 330° (11), 30° (1), 150° (5) und 210° (7) an.
Die Schaltfolgen für Abb. 79a und b sind

$$(330°): I^u \to II_{u(y)}, \quad II^v \to III_{v(z)}, \quad III^w \to I_{w(x)}$$
$$(30°): I^u \to III_{u(z)}, \quad II^v \to I_{v(x)}, \quad III^w \to II_{w(y)}$$

und für Abb. 79c und d

$$(150°): I_u \to II^{u(y)}, \quad II_v \to III^{v(z)}, \quad III_w \to I^{w(x)}$$
$$(210°): I_u \to III^{u(z)}, \quad II_v \to I^{v(x)}, \quad III_w \to II^{w(y)},$$

wobei die Wicklungsstränge der Dreieckschaltung mit den gleichen römischen Zahlen wie die entsprechenden Schenkel des Eisenkernes bezeichnet sind (s. Abschn. 19).

Die *Umlegung* der Schaltverbindungen bewirkt nicht nur eine Vergrößerung des Phasenwinkels, sondern auch eine Änderung der

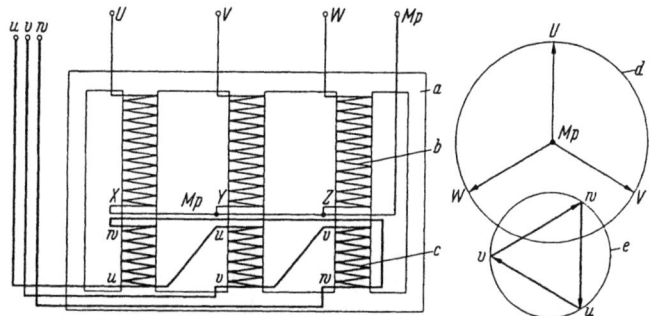

Abb. 80. Fünfschenkel-Drehstromtransformator mit Stern-Dreieck-Schaltung der Schaltgruppe *Yd* 5. *a* Eisenkern; *b* Oberspannungswicklung in Stern; *c* Unterspannungswicklung im Dreieck; *d* Potentialdiagramm zu *b*; *e* Potentialdiagramm zu *c*

Richtungsfolge, also eine Umklappung der Vektoren um 180°. Bei *a* und *c* reihen sich die Vektoren von links nach rechts und bei *b* und *d* von rechts nach links aneinander. Entsprechend den geänderten Richtungen, sind die Bezeichnungen statt U_{vu}, U_{wv}, U_{uw} bei *a* und *c* jetzt U_{uv}, U_{vw}, U_{wu} bei *b* und *d*. Die Spitze des Vektors liegt wie immer bei dem ersten Indexbuchstaben. Die Phasenverschiebung zwischen zwei Vektoren mit gleichnamigen Indexbuchstaben beträgt, wie aus der Abbildung ersichtlich, 120°.

In Abb. 80 ist die Anordnung der *Wicklungen* der Schaltgruppe *Yd* 5 auf einem fünfschenkligen Eisenkern nebst Vektoren-Potentialdiagramm dargestellt.

Für die Berechnung des Übersetzungsverhältnisses der *Yd*-Schaltung dient folgende Tabelle.

Tabelle 18. *Übersetzungsverhältnis der Stern-Dreieck-Schaltung*

	Windungszahl je Schenkelwicklung bzw. Wicklungsstrang	Phasenspannung	Linienspannung
Sternschaltung, Oberspannungswicklung	n_1	$U/\sqrt{3}$	U
Dreieckschaltung, Unterspannungswicklung	n_2	u	u
Übersetzungsverhältnis	$\ddot{u} = \dfrac{n_1}{n_2} = \dfrac{U/\sqrt{3}}{u}$,	$\ddot{u} = \dfrac{n_1\sqrt{3}}{n_2} = \dfrac{U}{u}$	

Diese Schaltung wird bevorzugt für Maschinen- oder Aufspannwerkstransformatoren und für Netzkupplungstransformatoren verwendet. Beim Maschinentransformatoren werden die Generatoranschlüsse meistens direkt mit der Dreieckwicklung verbunden.

Bei Anschluß einer *Erdschlußspule* an dem herausgeführten Sternpunkt der Oberspannungswicklung kann die zulässige Spulen-Nennleistung bis etwa 50% der Nennleistung des Transformators betragen.

37. Stern-Zickzack-Schaltung Yz

Eine Zickzackwicklung auf der Unterspannungsseite kann bei gleichem Wickelsinn relativ zu der Sternwicklung auf der Oberspannungsseite gleichsinnig oder gegensinnig geschaltet sein. Durch Umlegung der inneren Schaltverbindungen der Zickzackwicklung, ähnlich wie bei der Dreieckwicklung, können hier ebenfalls zwei *gleichsinnige* und zwei *gegensinnige*, also zusammen vier verschiedene Schaltgruppen aufgestellt werden.

Die Umlegung der *Sternpunktverbindung* der Sternwicklung läßt dagegen keine neue Schaltgruppen entstehen, denn aus der gleichsinnigen wird eine gegensinnige und aus der gegensinnigen eine gleichsinnige Schaltgruppe.

In Abb. 81 ist eine *gleichsinnige* Stern-Zickzack-Schaltung mit Potentialdiagramm angegeben. Die *Hauptklemmen U, V* und *W* der Oberspannungswicklung und die Hauptklemmen u, v und w der Unterspannungswicklung befinden sich gleichsinnig oben. Die Spannungsvektoren der Schenkelwicklungen UX, VY und WZ müssen folglich jeweils mit den Spannungsvektoren der oberen Wicklungsabteilungen (*1*) der Zickzackschaltung gleiche Richtungen aufweisen. Die unteren Wicklungsabteilungen (*2*) sind, wie ersichtlich, gegengeschaltet. Ihre Spannungsvektoren müssen deshalb denen der oberen Wicklungsabteilungen jeweils entgegengerichtet sein.

Um die Wirkung der *Gegenschaltung* und die Entstehung der Schaltgruppen besser verfolgen zu können, sind in Abb. 83 die gleichsinnigen Schaltungen ohne und mit Gegenschaltung dargestellt. Die Sternpunkte der beiden Wicklungen der Transformatoren sind, wie gestrichelt angedeutet, verbunden, damit die Potentialdiagramme bis zum gemeinsamen Punkt mp Mp zusammengeschoben werden können.

In Abb. 83b ist die zu Abb. 81 gehörende Anordnung ohne Gegenschaltung angegeben. Alle Wicklungsabteilungen dieser ersten *Entwicklungsstufe* sind gegensinnig geschaltet. Im Potentialdiagramm er-

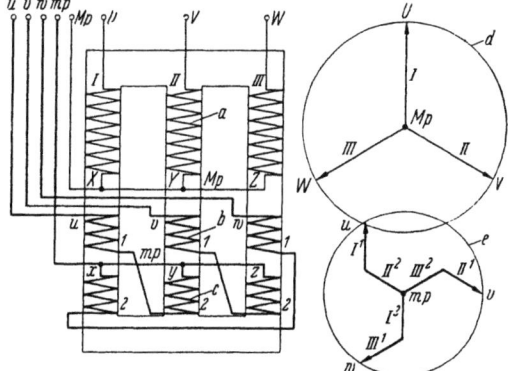

Abb. 81. Gleichsinnige Stern-Zickzack-Schaltung. Schaltgruppe: *Y z* 11. *a* Oberspannungswicklung; *b* obere Wicklungsabteilungen (*1*) und *c* untere Wicklungsabteilungen (*2*) der Unterspannungswicklung; *d* Potentialdiagramm zu *a*; *e* Potentialdiagramm zu *b* und *c* (Nullimpedanz der Unterspannungswicklung = $\frac{1}{3}$ Abteilungs-Kurzschlußimpedanz je Phase)

scheinen deshalb die Vektoren der Abteilungsspannungen in entgegengesetzter Richtung zu den Vektoren der Oberspannung. Der Phasenwinkel beträgt 240°.

Die zweite *Entwicklungsstufe*, die Gegenschaltung der unteren Wicklungsabteilungen, stellt Abb. 83d dar. Vom Sternpunkt mp ausgehend, ist der Spannungsvektor I^2 der Wicklungsabteilung *2* auf

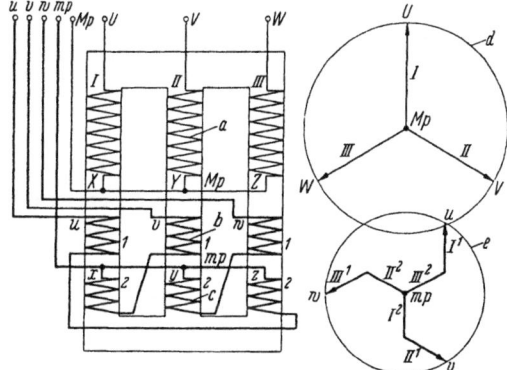

Abb. 82. Gleichsinnige Stern-Zickzack-Schaltung mit umgelegten inneren Schaltverbindungen. Schaltgruppe: *Y z* 1. *a* Oberspannungswicklung; *b* obere Wicklungsabteilungen (*1*) und *c* untere Wicklungsabteilungen (*2*) der Unterspannungswicklung; *d* Potentialdiagramm zu *a*; *e* Potentialdiagramm zu *b* und *c*

Schenkel I (s. Abschn. 19) dem Oberspannungsvektor U_{UMp} entgegengerichtet. Der Anfang der Wicklungsabteilung *2* auf Schenkel I liegt an mp, und das Ende ist jetzt nicht mit dem Anfang der Wicklungsabteilung *1* auf Schenkel III, sondern mit dem Ende verbunden. Der

Anfang der letzteren Wicklungsabteilung (*1*) führt hier zur Hauptklemme *w*. Durch diese *Gegenschaltung* schwenkt der Spannungsvektor III^1 um 180°, und die geometrische Summe der Vektoren I^2 und III^1 ergibt die Phasenspannung U_{wmp} der neu entstandenen Zickzackschaltung.

Die dritte *Entwicklungsstufe* ist die eingangs dargestellte Schaltung in Abb. 81. Ohne die eigentliche Schaltung zu ändern, sind die unteren Wicklungsabteilungen (*1*) nach oben durchgeschoben, wodurch eine

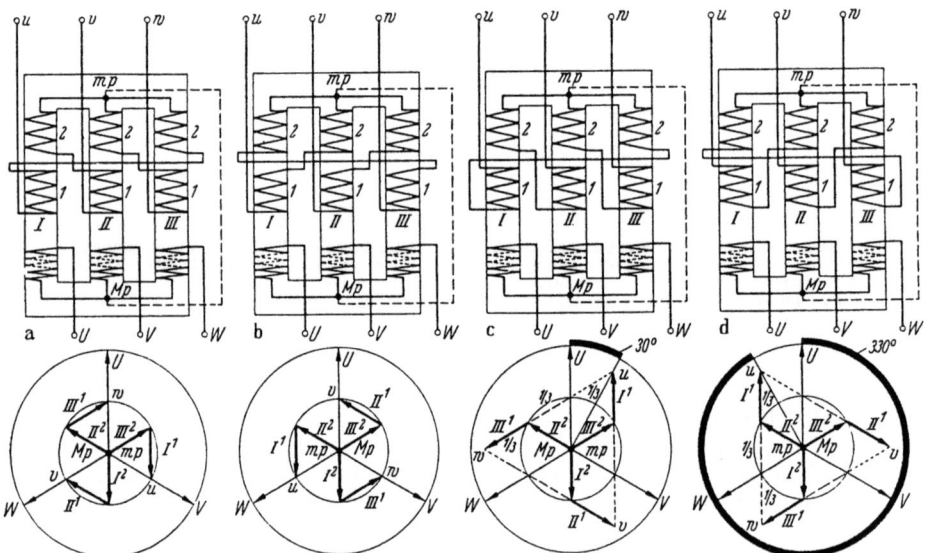

Abb. 83. Die gleichsinnige Stern-Zickzack-Schaltung ohne und mit Gegenschaltung der Wicklungsabteilungen. Entwicklungsstufen der Schaltung. a) Gegensinnige Schaltanordnung der Zickzackschaltung, Phasenwinkel 120°; b) Gegensinnige Schaltanordnung der Zickzackschaltung mit umgelegten inneren Schaltverbindungen, Phasenwinkel 240°; c) wie a) jedoch mit Gegenschaltung, Phasenwinkel 30°; d) wie b) jedoch mit Gegenschaltung, Phasenwinkel 330°

übersichtliche, nun die endgültige Form, der Zickzackschaltung entsteht. Der *Phasenwinkel* beträgt 330°, und die Bezeichnung der *Schaltgruppe* ist demnach Y z 11. Die Schaltfolge der Wicklungsabteilungen ergibt sich zu:

$$^{u}I^1 \to {^{v}II^2} \to mp, \quad ^{v}I^1 \to {^{z}III^2} \to mp \quad \text{und} \quad ^{w}III^1 \to {^{x}I^2} \to mp.$$

Werden nun die inneren *Schaltverbindungen*, ohne die Anschlüsse zu ändern, ähnlich wie bei einer Dreieckschaltung umgelegt, wie in Abb. 83a gezeichnet, entsteht als erste Entwicklungsstufe eine Schaltanordnung ohne Gegenschaltung mit einem Phasenwinkel von 120°. Für die zweite Entwicklungsstufe ist Abb. 83c maßgebend. Obwohl die Vektoren der Wicklungsabteilungen *1* um 180° schwenken, geht der Phasenwinkel von 120° auf 30°, also nur um 90°, zurück, weil die Schwenkung um die Schwerlinie eines rechtwinkligen Dreiecks erfolgt. Während oben durch die Schwenkung der Vektoren der Phasenwinkel von 240° auf 330° vergrößert wird, tritt hier eine Verminderung ein. Die Wirkung der Schwenkung ist also entgegengesetzt.

Die dritte Entwicklungsstufe als endgültige Schaltung ist in Abb. 82 dargestellt. Die Schaltfolge ist hier:

$$_uI^1 \to {_zIII^2} \to mp, \quad _vII^1 \to {_xI^2} \to mp \quad \text{und} \quad _wIII^1 \to {_yII^2} \to mp.$$

Der Phasenwinkel beträgt 30°, und die Bezeichnung der Schaltgruppe ist $Yz\,1$.

Abgesehen von der Differenz der Phasenwinkel der beiden gleichsinnigen Schaltungen, die 330° — 30° = 300° beträgt, sind die Phasenspannungen U_{ump}, U_{vmp} und U_{wmp} in Abb. 81 gegenüber denen in

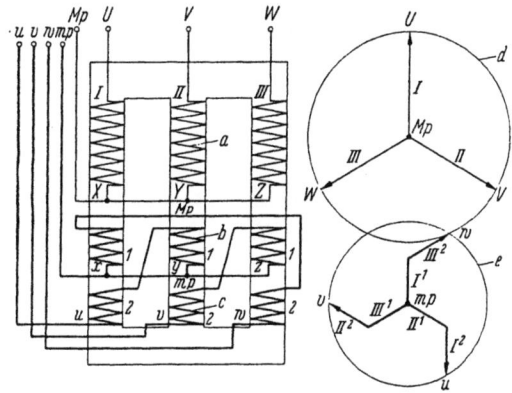

Abb. 84. Gegensinnige Stern-Zickzack-Schaltung. Schaltgruppe: $Yz\,5$. *a* Oberspannungswicklung; *b* obere Wicklungsabteilungen (*1*) und *c* untere Wicklungsabteilungen (*2*) der Unterspannungswicklung; *d* Potentialdiagramm zu *a*; *e* Potentialdiagramm zu *b* und *c*

Abb. 82 um 60° phasenverschoben. Die Phasenwinkel zeigen dies deshalb nicht an, weil die Verschiebung symmetrisch zu der jeweiligen oberspannungsseitigen Phasenspannung steht. Die Umlegung der inneren Schaltverbindungen hat also die gleiche Wirkung wie bei der Dreieckschaltung.

Aus Abb. 84 ist eine gegensinnige Stern-Zickzack-Schaltung mit Potentialdiagramm ersichtlich. Die Hauptklemmen der Unterspannungswicklung u, v und w sind relativ zu den Hauptklemmen der Oberspannungswicklung gegensinnig, also unten angeordnet. Der Weg zu dieser Schaltung führt wie vorher über die in Abb. 86b und d dargestellten *Entwicklungsstufen*. Hierbei kann nach näherer Betrachtung, genau wie oben, festgestellt werden, daß die gegensinnige Schaltung aus einer gleichsinnigen Schaltanordnung entwickelt wird, wobei die Gegenschaltung den Schaltsinn der Anordnung umkehrt. Durch die Schwenkung der Vektoren um die Schwerlinie in Abb. 86d wird der Phasenwinkel von 60° auf 150°, also um 90°, vergrößert, und die Bezeichnung der Schaltgruppe ist $Yz\,5$. Die Schaltfolge kann nach Abb. 84 wie folgt geschrieben werden:

$$_uI^2 \to {_yII^1} \to mp, \quad _vII^2 \to {_zIII^1} \to mp \quad \text{und} \quad _wIII^2 \to {_xI^1} \to mp.$$

Nach Umlegung der Schaltverbindungen entsteht hier die in Abb. 85 dargestellte Schaltung. Für die Entwicklungsstufen sind die Abb. 86a und c maßgebend. Durch die Schwenkung der Vektoren

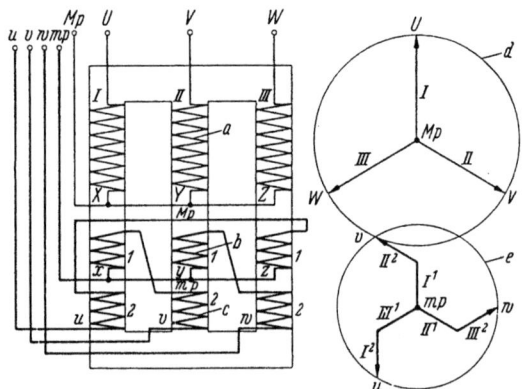

Abb. 85. Gegensinnige Stern-Zickzack-Schaltung mit umgelegten inneren Schaltverbindungen. Schaltgruppe: *Yz* 7. *a* Oberspannungswicklung; *b* obere Wicklungsabteilungen (*1*) und *c* untere Wicklungsabteilungen (*2*) der Unterspannungswicklung; *d* Potentialdiagramm zu *a*; *e* Potentialdiagramm zu *b* und *c*

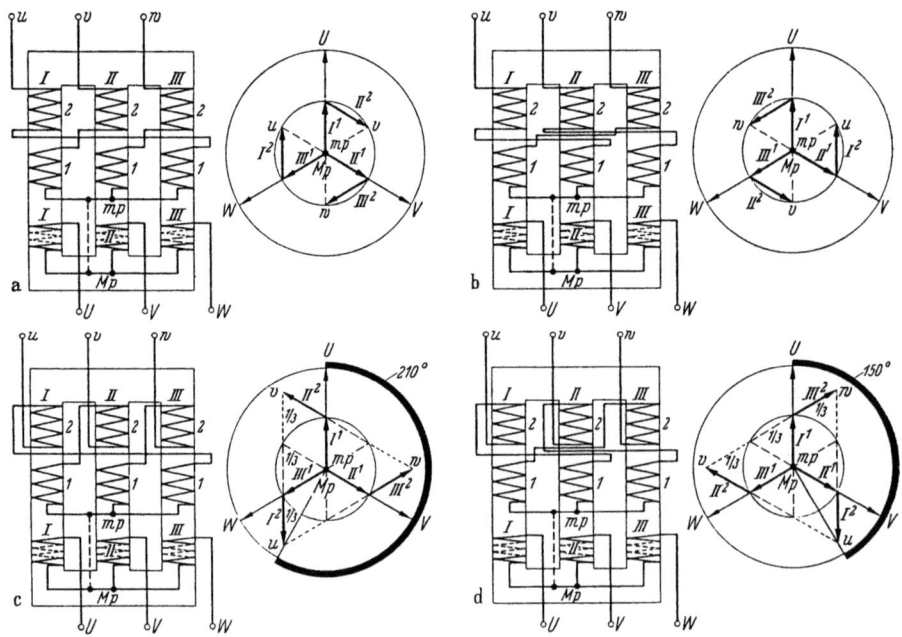

Abb. 86. Die gegensinnige Stern-Zickzack-Schaltung ohne und mit Gegenschaltung der Wicklungsabteilungen. Entwicklungsstufen der Schaltung. a) gleichsinnige Schaltanordnung der Zickzackschaltung, Phasenwinkel 300°; b) gleichsinnige Schaltanordnung der Zickzackschaltung mit umgelegten inneren Schaltverbindungen, Phasenwinkel 60°; c) wie a) jedoch mit Gegenschaltung Phasenwinkel 210°; d) wie b) jedoch mit Gegenschaltung Phasenwinkel 150°

wird der Phasenwinkel, wie ersichtlich, von 300° auf 210°, also um 90°, verringert. Die Bezeichnung der *Schaltgruppe* ist deshalb $Yz\,7$ und die Schaltfolge dieser Schaltung ist:

$$_uI^2 \to {_z}III^1 \to mp, \quad _vII^2 \to {_x}I^1 \to mp \quad \text{und} \quad _wIII^2 \to {_y}II^1 \to mp.$$

Die Wirkung der Umlegung kann bei diesen gegensinnigen Schaltungen durch die Differenz ihrer Phasenwinkel ausgedrückt werden. Es ist 210° − 150° = 60°. Die Verschiebung ist zwar ebenfalls symmetrisch, aber sie liegt immer zwischen zwei oberspannungsseitigen Phasenspannungen.

Es sollen nun für die hier behandelten vier drehfeldrichtigen Zickzackschaltungen die *Linienspannungen* vektoriell ermittelt werden. Zunächst wird, um eine Übersicht zu schaffen, die Ermittlung eingehend für die Schaltgrupppe $Yz\,11$ durchgeführt.

In Abb. 87 sind die Schaltung, der Wicklungsplan mit Vektorengleichungen und das Vektoren-Zeitdiagramm der Komponenten mit den gesuchten Linienspannungen angegeben. Nach der festgelegten Umlauf- und Zählrichtung (s. Abschn. 14 und 19) beginnen wir mit der Klemme u und laufen linksdrehend über Wicklungsabteilung *1* Schenkel I und Wicklungsabteilung *2* Schenkel II nach mp, von hieraus so weit wie möglich nach links über Wicklungsabteilung *2* Schenkel I und Wicklungsabteilung *1* Schenkel III nach w. Da wir nun von u nach w über die Wicklungsabteilungen gekommen sind, müssen wir jetzt, um den Kreis zu schließen, rückwärts von w nach u laufen. Unter Berücksichtigung des Vorzeichens werden jetzt die Komponenten, also die Vektoren der Abteilungsspannungen, von Klemme u beginnend, bis zur Klemme w summiert. Der resultierende Vektor ergibt dann die gesuchte Linienspannung. Sie ist von w nach u gerichtet und wird folglich für diese Wicklungsmasche mit U_{uw} bezeichnet. Die Richtungen ergeben sich dadurch, daß man im Potentialdiagramm die gleichsinnigen Vektoren mit einem Pluszeichen und die gegensinnigen mit einem Minuszeichen versieht. In der Laufrichtung werden die Vektoren im Wicklungsplan von a nach e positiv und von e nach a negativ gezählt.

Nach Ermittlung dieser Vorzeichen können die *Vektorengleichungen* aufgestellt, und die geometrische Addition der Vektoren kann von links nach rechts (von w nach u, u nach v, v nach w) zwecks Konstruktion der Linienspannungen vorgenommen werden, wobei, von der Endklemme w bzw. u bzw. v beginnend, die Komponenten aufzutragen sind. Die resultierenden Linienspannungen U_{uw}, U_{vu} und U_{wv} kann man dann aus diesem Diagramm nach Größe und Richtung entnehmen.

Fügt man die Linienspannungen in das Potentialdiagramm ein, lassen sich folgende Gesetzmäßigkeiten ermitteln. Da die zeitliche Richtung der Linienspannungen mit der räumlichen übereinstimmen muß (s. Abb. 24 und 30), sind die Vektoren der Linienspannungen der Zickzackschaltung so gerichtet, daß stets Übereinstimmung mit der Richtung der Abteilungsspannungen, die nach den Hauptklemmen zeigen, besteht. So zeigt z. B. der Vektor $+I^1$ nach der Hauptklemme u

und gleichfalls der Vektor U_{uw}. Die Linienspannung eilt bei dieser Schaltung der Phasenspannung um 30° nach. Weiterhin ergibt sich, daß der Absolutbetrag der ermittelten Linienspannung mit der zwischen

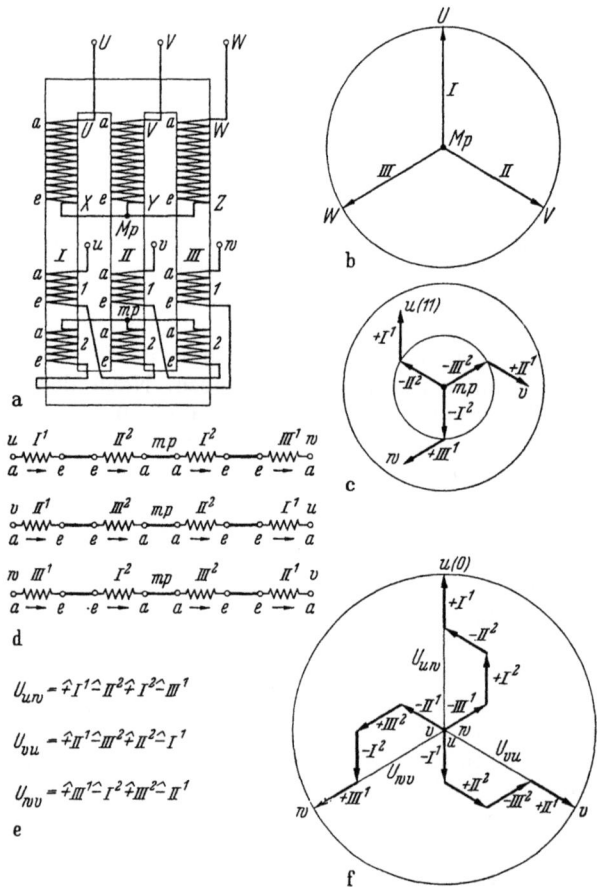

Abb. 87. Vektorielle Ermittlung der Linienspannungen der Stern-Zickzack-Schaltung auf der Unterspannungsseite. Schaltgruppe: $Yz11$. a) Schaltung der Wicklungen; b) Vektoren-Potentialdiagramm der Sternwicklung; c) Vektoren-Potentialdiagramm der Zickzackwicklung; d) Wicklungsplan; e) Vektorengleichungen; f) Vektoren-Zeitdiagramm der Komponenten und der gesuchten Linienspannungen

den Spitzenpunkten der Vektoren im Potentialdiagramm befindlichen Strecke als Betrag identisch ist.

Auf ähnliche Weise lassen sich für die anderen Stern-Zickzack-Schaltungen die *Linienspannungen* ermitteln. Im folgenden werden nur die Vektorengleichungen der Schaltungen aufgestellt, denn sie liefern einen ausreichenden Einblick in die vorherrschenden Verhältnisse.

In Abb. 82, bei der zweiten gleichsinnigen Schaltung mit *umgelegten Schaltverbindungen*, beginnen wir gleichfalls mit der Klemme u und laufen bis mp dann so weit wie möglich nach links (Wicklungsabteilung 2 Schenkel I) nach der Klemme v. Wir sehen gleich, daß diese Laufrichtung, richtig ist, denn nach dem Potentialdiagramm muß der Vektor der Linienspannung von v nach u und nicht von w nach u zeigen. Es ist

$$U_{uv} = \mathbin{\widehat{\mp}} I^1 \mathbin{\frown} III^2 \mathbin{\widehat{\mp}} I^2 \mathbin{\frown} II^1 \quad \text{(V)} \tag{100}$$

und von Klemme v nach w

$$U_{vw} = \mathbin{\widehat{\mp}} II^1 \mathbin{\frown} I^2 \mathbin{\widehat{\mp}} II^2 \mathbin{\frown} III^1 \quad \text{(V)} \tag{101}$$

sowie von Klemme w nach u

$$U_{wu} = \mathbin{\widehat{\mp}} III^1 \mathbin{\frown} II^2 \mathbin{\widehat{\mp}} III^2 \mathbin{\frown} I^1 \quad \text{(V)}. \tag{102}$$

Die Linienspannungen eilen hier den Phasenspannungen um 30° vor, und es folgt, daß die Linienspannungen der Zickzackschaltung vor und nach der Umlegung der Schaltverbindungen um 60° zueinander verschoben sind.

Bei der *gegensinnigen* Schaltung in Abb. 84 beginnen wir ebenfalls mit der Klemme u und laufen bis mp, dann ganz nach links (Wicklungsabteilung *1* Schenkel I) nach Klemme w. Es ist hiernach

$$U_{uw} = \mathbin{\frown} I^2 \mathbin{\widehat{\mp}} II^1 \mathbin{\frown} I^1 \mathbin{\widehat{\mp}} III^2 \quad \text{(V)} \tag{103}$$

und von Klemme v nach u

$$U_{vu} = \mathbin{\frown} II^2 \mathbin{\widehat{\mp}} III^1 \mathbin{\frown} II^1 \mathbin{\widehat{\mp}} I^2 \quad \text{(V)} \tag{104}$$

sowie von Klemme w nach v

$$U_{wv} = \mathbin{\frown} III^2 \mathbin{\widehat{\mp}} I^1 \mathbin{\frown} III^1 \mathbin{\widehat{\mp}} II^2 \quad \text{(V)}. \tag{105}$$

Die Linienspannungen eilen hier ebenfalls, wie in Abb. 81 und 87, den Phasenspannungen um 30° nach.

Schließlich beginnen wir bei der zweiten *gegensinnigen* Schaltung in Abb. 85 mit der Klemme u und laufen bis mp dann nach links (Wicklungsabteilung *1* Schenkel I) nach Klemme v. Es ist folglich

$$U_{uv} = \mathbin{\frown} I^2 \mathbin{\widehat{\mp}} III^1 \mathbin{\frown} I^1 \mathbin{\widehat{\mp}} II^2 \quad \text{(V)} \tag{106}$$

und von Klemme v nach w

$$U_{vw} = \mathbin{\frown} II^2 \mathbin{\widehat{\mp}} I^1 \mathbin{\frown} II^1 \mathbin{\widehat{\mp}} III^2 \quad \text{(V)} \tag{107}$$

sowie von Klemme w nach u

$$U_{wu} = \mathbin{\frown} III^2 \mathbin{\widehat{\mp}} II^1 \mathbin{\frown} III^1 \mathbin{\widehat{\mp}} I^2 \quad \text{(V)}. \tag{108}$$

Die Linienspannungen eilen hier gleichfalls, wie in Abb. 82, den Phasenspannungen um 30° nach.

In allen Fällen ist zu beachten, daß im Potentialdiagramm vor der Aufstellung des Zeitdiagramms die gleichsinnigen Vektoren mit Pluszeichen und die gegensinnigen mit Minuszeichen versehen werden.

Zusammenfassend ergibt sich, daß die Linienspannungen der Schaltgruppen $Yz\,11$ und $Yz\,5$ nacheilend und die der Schaltgruppen $Yz\,1$ und $Yz\,7$ voreilend sind. Diese vier drehfeldrichtigen Schaltungen haben, wie die Kennzahlen zeigen, die gleichen Phasenwinkel wie die Schaltgruppen der Stern-Dreieck-Schaltung.

Für die Berechnung des *Übersetzungsverhältnisses* der Stern-Zickzack-Schaltung wählen wir zunächst die Windungszahl eines Wicklungsstranges der Sternwicklung gleich n und einer Wicklungsabteilung der Zickzackwicklung gleich $0,5\,n$. Wie untenstehende Tabelle zeigt, ergeben diese Windungszahlen ein Übersetzungsverhältnis von $ü = 1,155$. Um auf $ü = 1$ zu kommen, muß die Windungszahl je Wicklungsabteilung von $0,5\,n$ auf $0,57735\,n$ erhöht werden. Die Windungszahl einer Wicklungsabteilung ist also im ersten Fall um $1/2$ mal und im zweiten Fall um $1/\sqrt{3}$ mal so groß wie die Windungszahl eines Wicklungsstranges der Sternwicklung.

Tabelle 19. *Windungszahlen und Spannungen der Stern-Zickzack-Schaltung bei* $ü = 1,155$ *und* $ü = 1$.

		Windungszahl je Wicklungsstrang	Phasenspannung	Linienspannung	Windungszahl je Wicklungsstrang	Phasenspannung	Linienspannung
Sternwicklung		n	$\dfrac{U}{\sqrt{3}}$	U	n	$\dfrac{U}{\sqrt{3}}$	U
Zickzackwicklung	Abteilung 1	$\dfrac{n}{2} = 0,5\,n$	$\dfrac{U/\sqrt{3}}{2} = \dfrac{U}{3,464}$	—	$\dfrac{n}{\sqrt{3}} = 0,577\,n$	$\dfrac{U/\sqrt{3}}{\sqrt{3}} = \dfrac{U}{3}$	—
	Abteilung 2	$\dfrac{n}{2} = 0,5\,n$	$\dfrac{U/\sqrt{3}}{2} = \dfrac{U}{3,464}$	—	$\dfrac{n}{\sqrt{3}} = 0,577\,n$	$\dfrac{U/\sqrt{3}}{\sqrt{3}} = \dfrac{U}{3}$	—
	Summe	n	$\dfrac{U}{2}$	$\sqrt{3}\,\dfrac{U}{2} = 0,866\,U$	$1,155\,n$	$\dfrac{U}{\sqrt{3}}$	U
	Relative Windungszahl	$\sqrt{3}\,\dfrac{n}{2} = \dfrac{\sqrt{3}}{2}\,n$			$\sqrt{3}\,\dfrac{n}{\sqrt{3}} = n$		
Übersetzungsverhältnis			$\dfrac{U}{\sqrt{3}\,U/2} = \dfrac{2}{\sqrt{3}} = 1,155$			$\dfrac{U}{U} = 1$	
Verhältnis der Windungszahlen			$n/n = 1$			$1,155\,n/n = 2/\sqrt{3}$	

Bei Windungszahl $1,155\,n$ je Wicklungsstrang der Zickzackwicklung kommen auf eine Wicklungsabteilung $n/\sqrt{3}$ Windungen. Da die Spannungen der Wicklungsabteilungen 120° verschoben sind und, geometrisch addiert, die Phasenspannung ergeben, beträgt die relative

Windungszahl $\sqrt{3}\frac{n}{\sqrt{3}}$. Sie ist also die Windungszahl, die direkt der Phasenspannung entspricht (s. Abschn. 45).

Für die allgemeine Berechnung des Übersetzungsverhältnisses dient folgende Tabelle.

Tabelle 20. *Übersetzungsverhältnis der Stern-Zickzack-Schaltung*

	Windungszahl		Relative Windungszahl eines Wicklungsstranges	Phasenspannung	Linienspannung
	je Schenkelwicklung bzw. Wicklungsstrang	je Wicklungsabteilung			
Sternschaltung Oberspannungswicklung	n_1	—	—	$\dfrac{U}{\sqrt{3}}$	U
Zickzackschaltung Unterspannungswicklung	n_2	$\dfrac{n_2}{2}$	$\sqrt{3}\,\dfrac{n_2}{2}$	$\dfrac{u}{\sqrt{3}}$	u
Übersetzungsverhältnis	$\ddot{u}=\dfrac{n_1}{\sqrt{3}\,n_2/2}=\dfrac{U/\sqrt{3}}{u/\sqrt{3}}$,		$\ddot{u}=\dfrac{2}{\sqrt{3}}\,\dfrac{n_1}{n_2}=\dfrac{1{,}155\,n_1}{n_2}=\dfrac{U}{u}$		

Die Stern-Zickzack-Schaltung wird bei Transformatoren mit kleiner Nennleistung und bevorzugt für Ortsnetztransformatoren verwendet. Der Sternpunkt der Zickzackwicklung kann voll belastet werden; folglich ist hier der Sternpunktleiterstrom bis zum Nennstrom einer Unterspannungsphase zulässig. Beim Anschluß von Erdschlußspulen gelten die gleichen Bedingungen für den Spulenstrom.

38. Stern-Stern-Tertiär-Schaltung Yy (D_T) (d_t)

Eine wesentliche Verbesserung der Eigenschaften der Stern-Stern-Schaltung wird durch *Festlegung des Sternpunktes* erzielt, wenn eine zusätzliche Ausgleich- bzw. Tertiärwicklung (s. Abschn. 26) am dreischenkligen Eisenkern angebracht wird. Die Schaltung der Tertiärwicklung erfolgt im Dreieck und kann, wenn erforderlich, auch für Leistungsabgabe eingerichtet werden.

Die *Tertiärwicklung* wird für mindestens 30% der Nennleistung bei Leistungstransformatoren und 30% der Eigenleistung bei Zusatz- und Spartransformatoren bemessen. Sie kann mit dem Profil des Wickelkupfers der Oberspannungswicklung oder mit dem Profil des Wickelkupfers der Unterspannungswicklung ausgeführt und in die entsprechende Wicklung eingebaut werden. Im ersten Fall liegt sie also auf der Oberspannungsseite und im zweiten Fall auf der Unterspannungsseite des Transformators.

Bei gleicher Stromdichte, wie für die Oberspannungs- und Unterspannungswicklung gewählt, ist die Leistung der Tertiärwicklung

$$N_T = 3\,\frac{1}{3{,}333}\,\frac{U}{\sqrt{3}}\,I_N\,10^{-3} = 0{,}30\,N_N \quad \text{(kVA)}, \qquad (109)$$

wobei die Phasenspannung der Tertiärwicklung zu $\dfrac{1}{3,333}\dfrac{U}{\sqrt{3}} = 0{,}30\dfrac{U}{\sqrt{3}}$ angenommen worden ist. Das Übersetzungsverhältnis ist

$$\ddot{u} = \frac{U/\sqrt{3}}{0{,}30\,U/\sqrt{3}} = \frac{1}{0{,}30} = \frac{I_{\text{Tertiär}}}{I_{\text{Trafo}}}, \qquad (110)$$

und es folgt, daß bei einem Sternpunktleiterstrom von $0{,}9\,I_N$ bereits ein Strom von der Größe I_N in der Tertiärwicklung fließt. Läßt man eine geringe Erhöhung der Stromdichte, entsprechend $1{,}11\,I_N$, zu, so wird

$$N_T = 0{,}3333\,N_N \quad (\text{kVA}), \qquad (111)$$

und es kann jetzt ein *Sternpunktleiterstrom* von $3 \cdot 33{,}33\% = 100\%$ des Transformator-Nennstromes I_N durch die Tertiärwicklung in Gleichgewicht gehalten werden.

Die oberspannungs- oder unterspannungsseitig anzuschließende Erdschlußspulen-Leistung N_L richtet sich nach der Leistung der Tertiärwicklung ($N_L = N_T$). Hierbei wird vorausgesetzt, daß eine dreiphasige Belastung der Tertiärwicklung nicht vorliegt, da sonst für N_L nur etwa $0{,}5\,N_T$ zulässig sind ($N_L = 0{,}5\,N_T$).

Da die Tertiärwicklung bei Anschluß einer *Erdschlußspule* nicht dauernd belastet ist, erhöht man die Stromdichte unter Beibehaltung

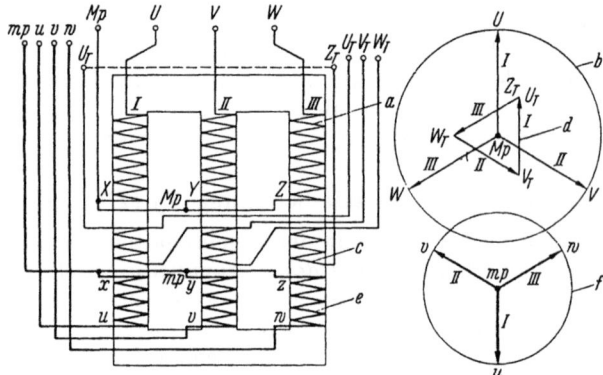

Abb. 88. Stern-Stern-Tertiär-Schaltung. Schaltgruppe: $Yy\,6\,D_T\,1$. Die Sternpunkte sowie Anfang und Ende der Tertiärwicklung sind herausgeführt. Die Tertiärwicklung hat Anschlußklemmen für Drehstrombelastung. *a* Oberspannungswicklung; *b* Potentialdiagramm für *a*; *c* Tertiärwicklung; *d* Potentialdiagramm für *c*; *e* Unterspannungswicklung; *f* Potentialdiagramm für *e*. [Nullimpedanz = $\tfrac{1}{3}$ Kurzschlußimpedanz je Phase (von Leistung und Kurzschlußspannung der Tertiärseite abhängig)].

des zulässigen Sternpunktleiterstromes gleich I_N. Die Windungszahl der Tertiärwicklung muß also jetzt herabgesetzt werden. Bei dieser Maßnahme entstehen folglich Ersparnisse am Wicklungsmaterial.

In Abb. 88 ist eine Stern-Stern-Tertiär-Schaltung mit Potentialdiagramm dargestellt. Die Tertiärwicklung liegt auf der Oberspannungsseite und ist für *dreiphasige Belastung* eingerichtet. Anfang und Ende der Tertiärwicklung U_T und Z_T sind herausgeführt und im Betriebe mit der gestrichelt gezeichneten Kupferlasche verbunden. Die Schaltung Stern-Tertiär entspricht der in der Abb. 79b dargestellten gleichsinnigen Stern-Dreieck-Schaltung. Die Bezeichnung der Schaltgruppe ist $Yy\,6\,D_T\,1$.

In Abb. 89 liegt die Tertiärwicklung auf der *Unterspannungsseite* und ist gegensinnig zur Oberspannungswicklung geschaltet. Der

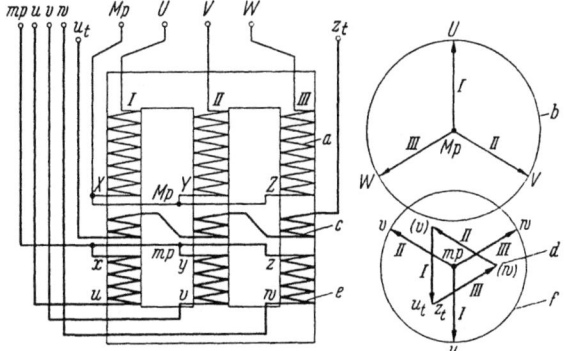

Abb. 89. Stern-Stern-Tertiär-Schaltung. Schaltgruppe: $Yy\,6\,d_t\,7$. Die Sternpunkte sowie Anfang und Ende der Tertiärwicklung sind herausgeführt. *a* Oberspannungswicklung; *b* Potentialdiagramm zu *a*; *c* Tertiärwicklung; *d* Potentialdiagramm zu *c*; *e* Unterspannungswicklung; *f* Potentialdiagramm zu *e*

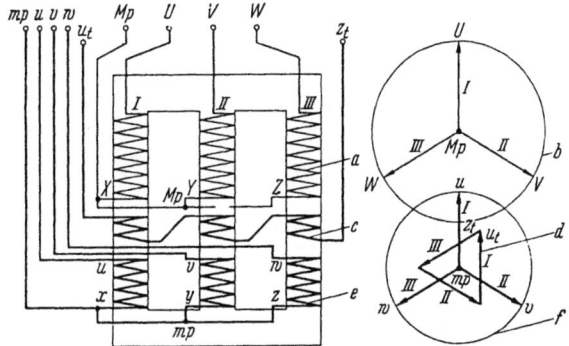

Abb. 90. Stern-Stern-Tertiär-Schaltung. Schaltgruppe: $Yy\,0\,d_t\,1$. Die Sternpunkte sowie Anfang und Ende der Tertiärwicklung sind herausgeführt. *a* Oberspannungswicklung; *b* Potentialdiagramm zu *a*; *c* Tertiärwicklung; *d* Potentialdiagramm zu *c*; *e* Unterspannungswicklung; *f* Potentialdiagramm zu *e*

Klemmenanschluß u_t auf Schenkelwicklung I der Tertiärseite ist unten; der Vektor $U_{u_t(v)}$ zeigt in entgegengesetzter Richtung als der entsprechende Vektor der Oberspannung. Relativ zur Unterspannungswicklung ist die Tertiärwicklung gleichsinnig geschaltet. Entsprechend der Abb. 79d ist hier die Bezeichnung der Schaltgruppe $Yy\,6\,d_t\,7$.

Schließlich ist die in Abb. 90 angegebene, auf der Unterspannungsseite befindliche, Tertiärwicklung gleichsinnig zur Oberspannungswicklung geschaltet. Der Klemmenanschluß u_t auf Schenkelwicklung I ist oben, und der Vektor $U_{u_t(v)}$ zeigt in gleiche Richtung wie der entsprechende Vektor der Oberspannung. Die Unterspannungswicklung ist ebenfalls gleichsinnig geschaltet. Die Schaltung der inneren Verbindungen der Tertiärwicklung entspricht der in Abb. 79b dargestellten, und die Bezeichnung der Schaltgruppe ist folglich $Y y 0 d_t 1$.

Für die Berechnung des Übersetzungsverhältnisses dient folgende Tabelle.

Tabelle 21. *Übersetzungsverhältnis der Stern-Stern-Tertiär-Schaltung*

	Windungszahl je Schenkelwicklung bzw. Wicklungsstrang	Phasenspannung	Linienspannung
Sternschaltung Oberspannungswicklung	n_1	$U/\sqrt{3}$	U
Tertiärwicklung auf der Oberspannungsseite	$n_{1T} = 0{,}3\, n_1$	U_T	—
Übersetzungsverhältnis	$ü = \dfrac{n_1}{n_{1T}} = \dfrac{U/\sqrt{3}}{U_T} = \dfrac{1}{0{,}3}$		
Tertiärwicklung auf der Unterspannungsseite	$n_{2t} = 0{,}3\, n_2$	u_t	—
Sternschaltung Unterspannungswicklung	n_2	$u/\sqrt{3}$	u
Übersetzungsverhältnis	$ü = \dfrac{n_2}{n_{2t}} = \dfrac{u/\sqrt{3}}{u_t} = \dfrac{1}{0{,}3}$		

Die *elektrischen Größen* der Tertiärwicklung für einen Sternpunktleiterstrom von I_1 und I_2, entsprechend Nennstrom einer Phase der Oberspannungs- und Unterspannungswicklung, sind in folgender Tabelle zusammengestellt.

Tabelle 22. *Spannungen, Ströme und Leistungen von Tertiärwicklungen (Nennwerte)*

	Spannung je Phase (V)	Strom je Phase (A)	Leistung (kVA)
Tertiärwicklung auf der Oberspannungsseite	$0{,}3 \dfrac{U}{\sqrt{3}}$	$1{,}11\, I_1$	$\dfrac{1}{3} U I_1 \sqrt{3} \cdot 10^{-3}$
Tertiärwicklung auf der Unterspannungsseite	$0{,}3 \dfrac{u}{\sqrt{3}}$	$1{,}11\, I_2$	$\dfrac{1}{3} u I_2 \sqrt{3} \cdot 10^{-3}$

Die Stern-Stern-Tertiär-Schaltung wird bei hohen Spannungen für Netzkupplungstransformatoren und bevorzugt für Abspannwerkstransformatoren mit beiderseitig herausgeführtem Sternpunkt verwendet.

39. Dreieck-Dreieck-Schaltung Dd

Die Dreieckwicklungen einer Dreieck-Dreieck-Schaltung kann man gleichsinnig oder gegensinnig schalten und die inneren Schaltverbindungen sowohl auf der Oberspannungs- als auch auf der Unterspannungsseite umlegen. Es können folglich bei dieser Schaltungskombination acht Schaltmöglichkeiten dargestellt werden.

In Abb. 91 ist eine *gleichsinnige* Dreieck-Dreieck-Schaltung mit Potentialdiagramm angegeben. Die oberspannungsseitige Dreieckwicklung ist nach Abb. 25 geschaltet. Die Schaltung der unterspannungsseitigen Dreieckwicklung stimmt mit der oberspannungsseitigen genau überein. Beide Wicklungen sind oben angeschlossen, und die inneren Schaltverbindungen liegen an gleichnamigen Enden der Wicklungen.

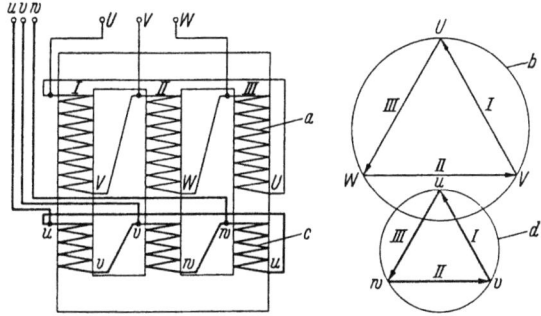

Abb. 91. Gleichsinnige Dreieck-Dreieck-Schaltung. Schaltgruppe: $Dd\,0$. *a* Oberspannungswicklung; *b* Potentialdiagramm zu *a*; *c* Unterspannungswicklung; *d* Potentialdiagramm zu *c*

Die Vektoren der zusammengehörigen Schenkelwicklungen, also die auf einen Schenkel sitzenden, sind parallel zueinander und zeigen mit ihren Spitzen in gleiche Richtung. Der Phasenwinkel dieser Schaltung beträgt 0°, und die Bezeichnung der Schaltgruppe ist $Dd\,0$ (Abb. 93a).

Wird die *innere Schaltverbindung* der Unterspannungswicklung umgelegt, entsteht die in Abb. 93b dargestellte Schaltung. Da die Anschlüsse der Hauptklemmen nicht geändert worden sind, bleiben die Wicklungen gleichsinnig geschaltet. Die einzelnen Schenkelwicklungen liegen aber jetzt an verschiedenen Spannungen. Die unteren gleichsinnigen Wicklungsenden sind nicht mehr gleichnamig. Auf der Unterspannungsseite liegt Schenkelwicklung I an uw (vorher an uv), Schenkelwicklung II an vu (vorher an vw) und Schenkelwicklung III an wv (vorher an wu). Die Vektoren der zusammengehörigen Schenkelwicklungen bleiben selbstverständlich parallel und zeigen weiterhin in gleiche Richtung; ihre Bezeichnungen haben sich jedoch geändert. Sie werden in anderer Reihenfolge, entsprechend der neuen Schaltverbindungen, aneinandergesetzt. Der Vektor U_{uw} liegt parallel mit gleicher Richtung zum Vektor U_{UV}, wobei der Anfang bei u und das Ende bei w ist. Hierauf folgt der Vektor U_{vu}, mit der Spitze wie alle anderen Vektoren zur Hauptklemme zeigend. Mit seinem Ende u wird er an den Anfang des Vektors U_{uw}, also an u, angesetzt. Er liegt parallel mit gleicher Richtung zum Vektor U_{VW}. Schließlich folgt der Vektor U_{wv}, der mit seinem Ende v an den Anfang des Vektors U_{vu}, also an v, angesetzt wird. Der Anfang des Vektors U_{wv} muß hierbei mit dem Ende des Vektors U_{uw} zusammenfallen. Nach all diesen Bedingungen kann das Potentialdiagramm nur in der Form, wie es in Abb. 93 b angegeben ist, gezeichnet werden. Die *Richtungsfolge* der Unterspannungsvektoren ist gegenüber Abb. 93 a entgegengesetzt. Die Schaltung ist aber drehfeldrichtig, denn hinter der Phase u, die zur Phase U linksdrehend um 300° nacheilend ist, folgen am Kreisumfang nacheinander die Phasen v und w.

Dem Phasenwinkel der Schaltung gleich 300° folgend, ist die Bezeichnung der Schaltgruppe Dd 10. Relativ zur Schaltgruppe Dd 0 ist der Phasenwinkel um 60°, wenn man 0° = 360° setzt, verkleinert. Weiterhin folgt, daß der Vektor U_{uv} in Abb. 93 a nicht um 180° zum Vektor U_{vu}, sondern nur um 120° verschoben ist, weil sie zu Wicklungssträngen gehören, die auf verschiedenen Schenkeln sitzen.

Eine *gegensinnige* Dreieck-Dreieck-Schaltung ist in Abb. 92 dargestellt. Die Hauptklemmen der Unterspannungswicklung liegen gegensinnig unten, und die inneren Schaltverbindungen sind so eingelegt, daß

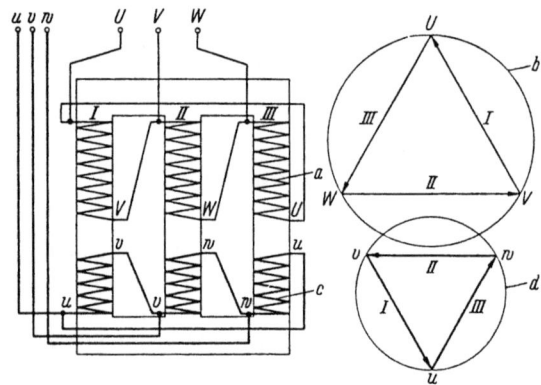

Abb. 92. Gegensinnige Dreieck-Dreieck-Schaltung. Schaltgruppe: Dd 6. *a* Oberspannungswicklung; *b* Potentialdiagramm zu *a*; *c* Unterspannungswicklung; *d* Potentialdiagramm zu *c*

die Vektoren der Schenkelwicklungen um 180° verschoben werden. Im Potentialdiagramm haben dadurch die zusammengehörigen Vektoren entgegengesetzte Richtungen. Auf Vektor U_{uv} folgt der Vektor U_{vw} und dann U_{wu}. Die Richtungsfolge stimmt also mit der in Abb. 93 a überein. Nach Abb. 93 c entsteht hier ein Phasenwinkel von 180°. Die Bezeichnung der Schaltgruppe ist deshalb Dd 6. Die Umlegung der inneren Schaltverbindungen bewirkt, wie aus Abb. 93 d ersichtlich, daß der *Phasenwinkel* von 180° auf 120°, also um 60°, verkleinert wird. Die Bezeichnung der hierdurch entstehenden neuen Schaltgruppe folglich Dd 4. Die Vektoren U_{vu}, U_{uw} und U_{wv} bilden jetzt das Spannungsdreieck auf der Unterspannungsseite. Durch die Umlegung kehrt sich die Richtungsfolge also wieder um.

Werden nun die inneren Schaltverbindungen auf der Oberspannungsseite umgelegt, entstehen weitere vier Schaltmöglichkeiten, die in Abb. 94 dargestellt sind. Die Reihenfolge *a*, *b*, *c* und *d* der Schaltungen

Dreieck-Dreieck-Schaltung Dd

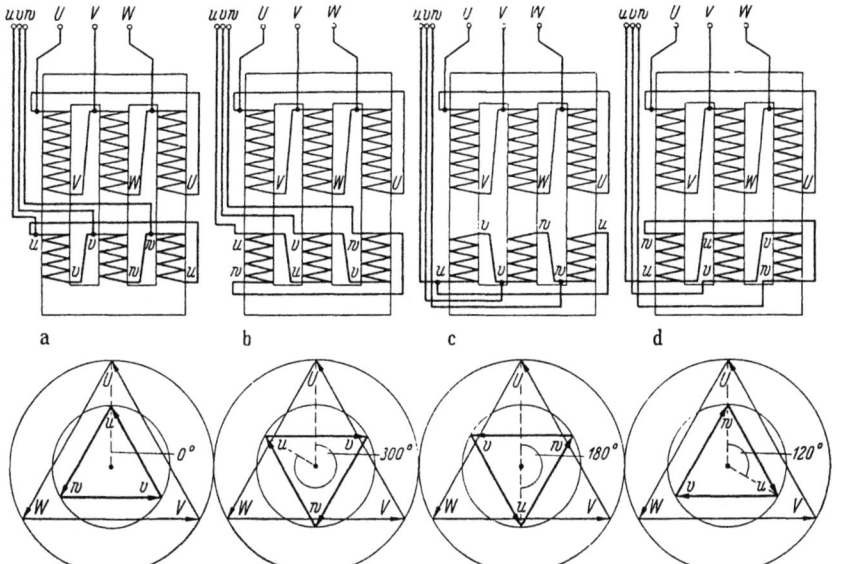

Abb. 93. Die erste Reihe der acht drehfeldrichtigen Schaltmöglichkeiten der Dreieck-Dreieck-Schaltung. Die Oberspannungswicklung ist nach Abb. 25 geschaltet a) gleichsinnig, Phasenwinkel 0° Schaltgruppe: $Dd\,0$; b) gleichsinnig, Phasenwinkel 300° Schaltgruppe: $Dd\,10$; c) gegensinnig, Phasenwinkel 180° Schaltgruppe: $Dd\,6$; d) gegensinnig, Phasenwinkel 120° Schaltgruppe: $Dd\,4$

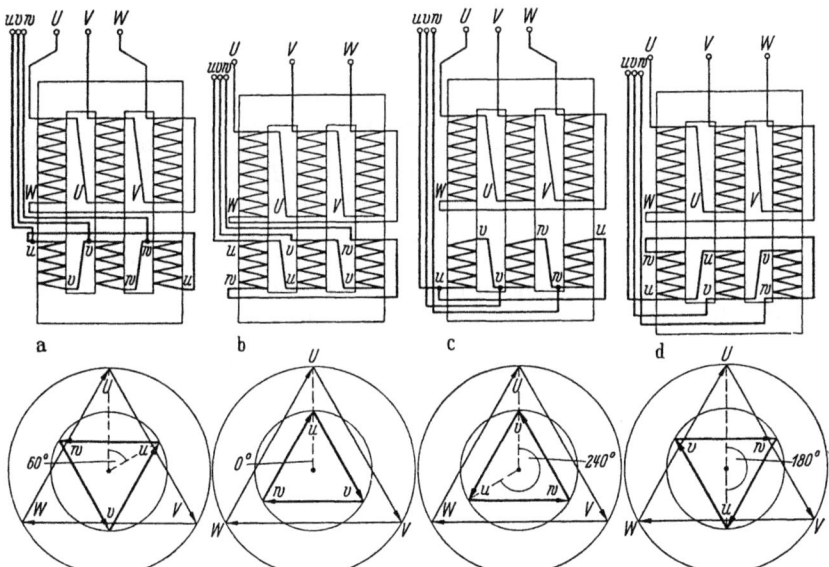

Abb. 94. Die zweite Reihe der acht drehfeldrichtigen Schaltmöglichkeiten der Dreieck-Dreieck-Schaltung. Die inneren Schaltverbindungen der Oberspannungswicklung sind umgelegt. a) gleichsinnig, Phasenwinkel 60° Schaltgruppe $Dd\,2$; b) gleichsinnig, Phasenwinkel 0° Schaltgruppe: $Dd\,0$; c) gegensinnig, Phasenwinkel 240° Schaltgruppe $Dd\,8$; d) gegensinnig, Phasenwinkel 180° Schaltgruppe: $Dd\,6$

ist nach Abb. 93 gewählt, damit der Vergleich erleichtert wird. Wie aus Abb. 94a ersichtlich, bringt diese Umlegung im Gegensatz zur unterspannungsseitigen eine Vergrößerung des Phasenwinkels um 60°. Da die Hauptklemmenanschlüsse nicht geändert worden sind, wird der Schaltsinn beibehalten, aber die *Richtungsfolge* der Oberspannungsvektoren kehrt sich jetzt um. Die Vektoren zeigen natürlich weiterhin zu den Hauptklemmen U, V und W, sie sind aber in die ursprüngliche Phasenlage des Spannungsdreiecks wieder zurückgedreht (siehe Abb. 93a). Die relative Phasenverschiebung ist scheinbar 180°, in Wirklichkeit aber nur 60°, weil die Zurückdrehung 60° beträgt (s. Abschn. 40). Die Wicklungsstränge mit den Vektoren $U_{UV} U_{VU}$, $U_{VW} U_{WV}$ und $U_{WU} U_{UW}$ sitzen jeweils immer auf zwei verschiedenen Schenkeln. Entsprechend dem Phasenwinkel von 60°, ist die Bezeichnung der *Schaltgruppe* hier $Dd\,2$.

Die oberspannungsseitige Umlegung bei der Schaltgruppe $Dd\,10$ (Abb. 93b) bewirkt die Vergrößerung des Phasenwinkels auf 360°, d. h. auf 0°, so daß hier, wie aus Abb. 94b ersichtlich, keine neue Schaltgruppe entsteht. Zwar sind alle Vektoren gegenüber der Abb. 93a entgegengesetzt, die Phasenwinkel stimmen aber überein. Diese Tatsache hat bei der *Parallelschaltung* von Transformatoren Bedeutung. Demgemäß sind die innere Schaltung der Wicklungen und die Zusammensetzung der Vektoren im Potentialdiagramm für einen Parallellauf nicht immer ausschlaggebend. Es muß vielmehr die Bedingung, daß Differenzspannungen zwischen den zu verbindenden Hauptklemmen nicht auftreten dürfen, erfüllt werden. Im Potentialdiagramm überdecken sich die Spitzenpunkte der Vektoren, die nach den gleichnamigen Hauptklemmen zeigen, in vorliegendem Fall vollkommen. Zwischen diesen Hauptklemmen sind also trotz verschiedener Innenschaltungen keine Differenzspannungen vorhanden (s. Abschn. 73).

Die Umlegung bei der Schaltgruppe $Dd\,6$, Abb. 93c, bringt eine weitere neue Schaltgruppe mit der Bezeichnung $Dd\,8$, weil der Phasenwinkel von 180° auf 240° verändert wird. Dagegen erzeugt die Umlegung bei der Schaltgruppe $Dd\,4$, Abb. 93d, keine neue Schaltgruppe, denn der Phasenwinkel wird von 120° auf 180° vergrößert und damit Übereinstimmung mit der bereits vorhandenen Schaltgruppe $Dd\,6$ erzielt. Alle Vektoren sind hier ebenfalls relativ zueinander um 180° phasenverschoben.

Zusammenfassend ergibt sich, daß schalttechnisch bei der Dreieck-Dreieck-Schaltung acht *drehfeldrichtige Schaltungen* möglich sind, aber nur sechs gruppenmäßig verschieden bezeichnet werden können. Bei Umlegung der unterspannungsseitigen inneren Schaltverbindungen werden die Unterspannungsvektoren um 60° nach links gedreht und der Phasenwinkel verkleinert. Bei der oberspannungsseitigen Umlegung werden unter Festhaltung der Phasenlage des Spannungsdreiecks die Unterspannungsvektoren um 60° nach rechts gedreht und der Phasenwinkel vergrößert.

Für die Berechnung des *Übersetzungsverhältnisses* der Schaltung dient folgende Tabelle.

Tabelle 23. *Übersetzungsverhältnis der Dreieck-Dreieck-Schaltung*

	Windungszahl je Schenkelwicklung bzw. Wicklungsstrang	Phasenspannung	Linienspannung
Dreieckschaltung, Oberspannungswicklung	n_1	U	U
Dreieckschaltung, Unterspannungswicklung	n_2	u	u
Übersetzungsverhältnis		$ü = \dfrac{n_1}{n_2} = \dfrac{U}{u}$	

Die Dreieck-Dreieck-Schaltung wird in der Praxis nur selten angewendet.

40. Dreieck-Stern-Schaltung Dy

Die Umlegung der *inneren Schaltverbindungen* der Dreieckwicklung und die Umlegung der Sternpunktverbindung der Sternwicklung ergeben zusammen vier Schaltmöglichkeiten bei dieser Wicklungskombination.

Die beiden *gleichsinnigen* Schaltungen sind in den Abb. 95 und 96 dargestellt. Ausgehend vom Potentialdiagramm der Oberspannungswicklung mit den Vektoren U_{UV} (*I*), U_{VW} (*II*) und U_{WU} (*III*)

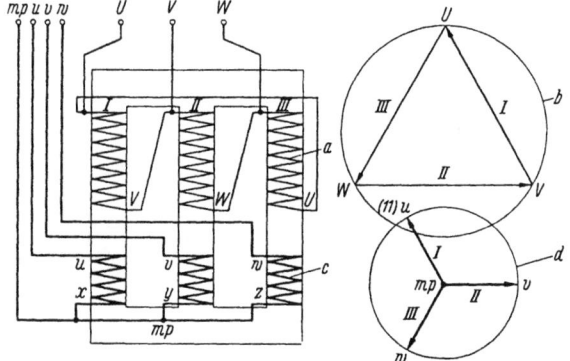

Abb. 95. Gleichsinnige Dreieck-Stern-Schaltung. Schaltgruppe: Dy 11. *a* Oberspannungswicklung; *b* Potentialdiagramm zu *a*; *c* Unterspannungswicklung; *d* Potentialdiagramm zu *c*.
(Nullimpedanz der Unterspannungswicklung = $\frac{1}{3}$ Kurzschlußimpedanz je Phase)

wird das Potentialdiagramm der Unterspannungswicklung wie folgt ermittelt. Der Vektor der Unterspannungswicklung U_{ux} (*I*) muß parallel und in gleicher Richtung zu U_{UV} liegen, gleichfalls U_{vy} (*II*) zu U_{VW} und U_{wz} (*III*) zu U_{WU}. Das Diagramm kann mit diesen Angaben von dem angenommenen Punkt *mp* aus ohne weiteres aufgezeichnet werden. Der Phasenwinkel ergibt sich hierbei zu 330° (Abb. 99a), und die Bezeichnung der Schaltgruppe wird Dy 11.

Werden nun die *inneren Schaltverbindungen* der Oberspannungswicklung umgelegt (Abb. 96) und das Spannungsdreieck *U*, *V*, *W* im Diagramm in der ursprünglichen Lage festgehalten, drehen sich die

Unterspannungsvektoren um 60° nach rechts. Der Phasenwinkel wird hierdurch gleich 30° (Abb. 99b) und die Bezeichnung der Schaltgruppe $Dy1$. Alle Oberspannungsvektoren schwenken, ohne die potentielle

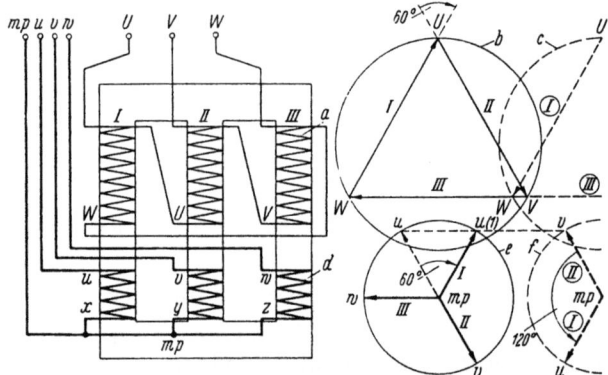

Abb. 96. Gleichsinnige Dreieck-Stern-Schaltung nach Umlegung der inneren Schaltverbindungen der Oberspannungswicklung. Schaltgruppe: $Dy1$. *a* Oberspannungswicklung; *b* Potentialdiagramm zu *a*; *c* Potentialdiagramm zu *a* bei entgegengesetzter Richtung des Spannungsvektors von Schenkelwicklung I; *d* Unterspannungswicklung; *e* Potentialdiagramm zu *d*; *f* Potentialdiagramm zu *c*

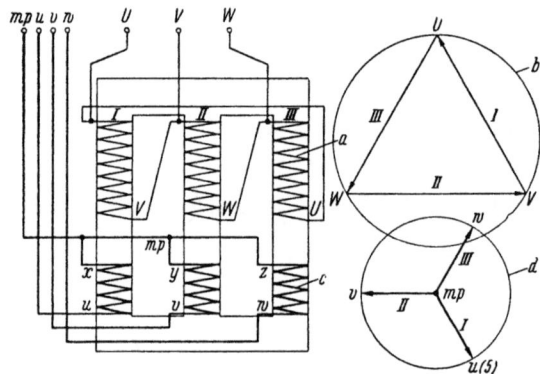

Abb. 97. Gegensinnige Dreieck-Stern-Schaltung. Schaltgruppe: $Dy5$. *a* Oberspannungswicklung; *b* Potentialdiagramm zu *a*; *c* Unterspannungswicklung; *d* Potentialdiagramm zu *c*

Lage ihrer Spitzenpunkte zu verändern, um 60°, und die Richtungsfolge wird entgegengesetzt. Würde die Schwenkung mit einem Richtungswechsel, wie in der Abbildung gestrichelt angedeutet, verbunden sein, würden sich die Unterspannungsvektoren statt um 60° nach rechts um 120° nach links drehen.

Die beiden *gegensinnigen* Schaltungen sind in den Abb. 97 und 98 angegeben. Der Vektor $U_{ux}(I)$ ist parallel und in entgegengesetzter Richtung zum Vektor $U_{UV}(I)$, ebenfalls $U_{vy}(II)$ zu $U_{VW}(II)$ und $U_{wz}(III)$ zu $U_{WU}(III)$. In den Abbildungen sind die Diagramme aufgezeichnet. Es entsteht ein Phasenwinkel von 150°, und die Schalt-

Dreieck-Stern-Schaltung Dy

gruppe wird mit $Dy\,5$ bezeichnet. (Abb. 101a). Nach Schwenkung der Oberspannungsvektoren infolge der umgelegten Schaltverbindungen

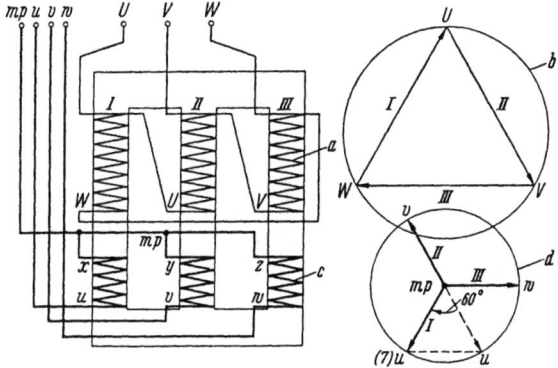

Abb. 98. Gegensinnige Dreieck-Stern-Schaltung mit umgelegten inneren Schaltverbindungen der Oberspannungswicklung. Schaltgruppe: $Dy\,7$. *a* Oberspannungswicklung; *b* Potentialdiagramm zu *a*; *c* Unterspannungswicklung; *d* Potentialdiagramm zu *c*

in Abb. 98 werden die Unterspannungsvektoren um 60° nach rechts gedreht. Der Vektor $U_{ux}(I)$ ist parallel und in entgegengesetzter Richtung zum Vektor $U_{UW}(I)$, ebenfalls $U_{vy}(II)$ zu $U_{VU}(II)$ und $U_{wz}(III)$ zu $U_{WV}(III)$. Der Phasenwinkel beträgt $150° + 60° = 210°$, und die Bezeichnung der neuen Schaltgruppe ist folglich $Dy\,7$ (Abb. 101b). Die *gleichnamigen Oberspannungsvektoren* haben gegenüber der Abb. 101a vertauschte Indexbuchstaben, die auf eine Schwenkung von 180° deuten. Da jedoch die Schenkelwicklungen relativ zueinander zyklisch vertauscht sind, beträgt die Schwenkung nur 60°. Vergleicht man aber die ungleichnamigen Oberspannungsvektoren miteinander oder die Schenkelwicklungen III mit I, II mit III und I mit II, so stimmen die Bezeichnungen mit den relativ um 180° verschobenen Vektoren überein. Die um 60° geschwenkten Vektoren nehmen also die *Stellung* und *Bezeichnung* der Vektoren, die vorher entgegengesetzt gerichtet waren, an.

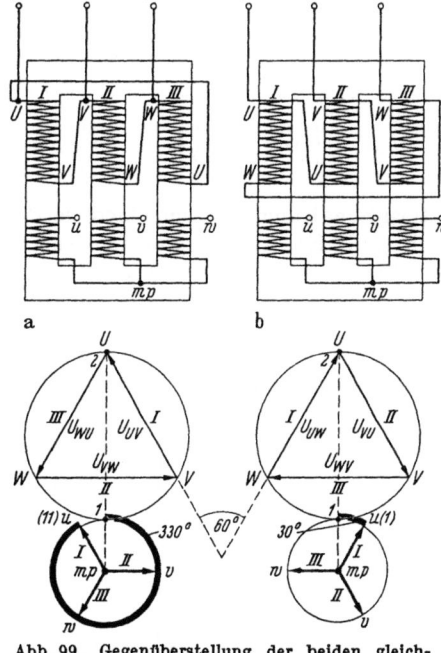

Abb. 99. Gegenüberstellung der beiden gleichsinnigen Schaltgruppen der Dreieck-Stern-Schaltung mit Potentialdiagrammen. a) Schaltgruppe: $Dy\,11$; b) Schaltgruppe: $Dy\,1$

120 Die Schaltung der Drehstrom-Leistungstransformatoren

Um nachzuprüfen, ob die *Wendung* der Oberspannungswicklung — von einer gleichsinnigen in eine gegensinnige Schaltung — eine neue Schaltgruppe bringt, sind in den Abb. 99, 100 und 101 zeichnerische Untersuchungen durchgeführt worden. Die in der Abb. 99 dargestellten *gleichsinnigen* Schaltgruppen $Dy\,11$ und $Dy\,1$ werden in Abb. 100 auf der Oberspannungsseite gewendet, wodurch zwei *gegensinnige* Schaltgruppen entstehen. An Hand der Abb. 101 kann leicht nachgeprüft werden, daß die Wendung keine neue Schaltgruppe entstehen läßt. Denn aus Schaltgruppe $Dy\,11$ wird $Dy\,7$ und aus Schaltgruppe $Dy\,1$ wird $Dy\,5$, also in einer umgekehrten Reihenfolge, als zu erwarten war. Die Kennzahlen zeigen, daß durch die Wendung im ersten Fall $(7-11=-4)$ der Phasenwinkel um 120° verkleinert und im zweiten Fall $(5-1=+4)$ um 120° vergrößert wird.

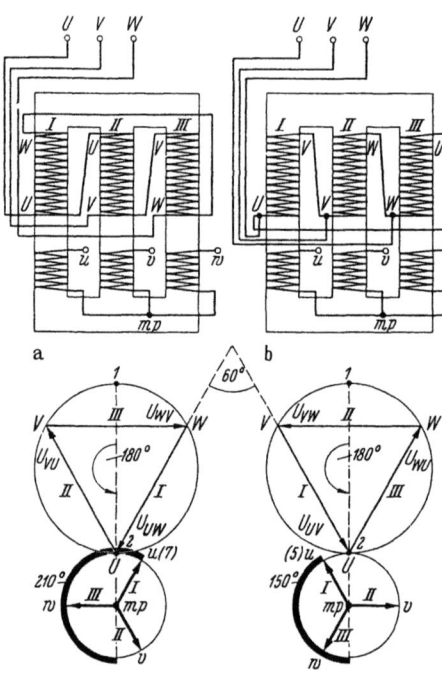

Abb. 100. Umsetzung der Hauptklemmenanschlüsse der Oberspannungswicklungen der in Abb. 99 dargestellten Schaltgruppen. a) aus Schaltgruppe $Dy\,11$ wird $Dy\,7$ (Differenz = −4); b) aus Schaltgruppe $Dy\,1$ wird $Dy\,5$ (Differenz = +4)

Zusammenfassend ergibt sich, daß bei der Dreieck-Stern-Schaltung vier verschiedene *drehfeldrichtige Schaltgruppen* möglich sind. Es sind die gleichen Kennzahlen oder Phasenwinkel wie bei der Stern-Dreieck- und Stern-Zickzack-Schaltung vorhanden.

Für die Berechnung des Übersetzungsverhältnisses gilt folgende Tabelle.

Tabelle 24. *Übersetzungsverhältnis der Dreieck-Stern-Schaltung*

	Windungszahl je Schenkelwicklung bzw. Wicklungsstrang	Phasenspannung	Linienspannung
Dreieckschaltung Oberspannungswicklung	n_1	U	U
Sternschaltung Unterspannungswicklung	n_2	$\dfrac{u}{\sqrt{3}}$	u
Übersetzungsverhältnis	$\ddot{u} = \dfrac{n_1}{n_2} = \dfrac{U}{u/\sqrt{3}}$,	$\ddot{u} = \dfrac{n_1}{\sqrt{3}\,n_2} = \dfrac{U}{u}$	

Die Dreieck-Stern-Schaltung wird für Netzkupplungstransformatoren, Eigenbedarfstransformatoren und, bevorzugt, für größere Ortsnetztransformatoren verwendet. Der *Sternpunkt* kann bis zum Nenn-

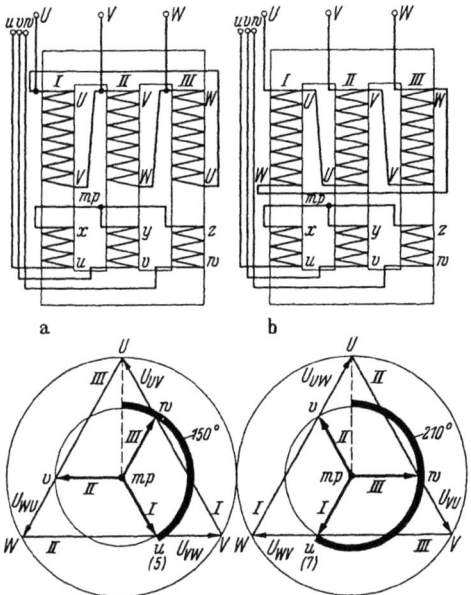

Abb. 101. Gegenüberstellung der beiden gegensinnigen Schaltgruppen der Dreieck-Stern-Schaltung mit Potentialdiagrammen. a) Schaltgruppe: $Dy5$; b) Schaltgruppe: $Dy7$

strom einer Unterspannungsphase belastet und die Nennleistung einer anzuschließenden *Erdschlußspule* bis etwa 50% der Transformatoren-Nennleistung gewählt werden.

41. Dreieck-Zickzack-Schaltung Dz

Die inneren Schaltverbindungen können hier ähnlich wie bei der Dd-Schaltung, oberspannungs- und unterspannungsseitig *umgelegt* werden. Dadurch entstehen ebenfalls acht drehfeldrichtige, aber nur *sechs verschiedene* Schaltgruppen.

Mit der *normalen Dreieckschaltung* auf der Oberspannungsseite sind in den Abb. 102 und 103 zwei gleichsinnige und in den Abb. 104 und 105 zwei gegensinnige Dreieck-Zickzack-Schaltungen dargestellt. Von mp ausgehend, sitzt für die Phase u in Abb. 102 die zweite Wicklungsabteilung auf Schenkel III und die erste auf Schenkel I des Eisenkernes. Im Potentialdiagramm muß deshalb, entsprechend der Lage der *Sternpunktverbindung* und der *Hauptklemmen*, der Vektor III entgegengesetzt dem Vektor U_{WU} und der Vektor I gleichgerichtet dem Vektor U_{UV} sein. Für die anderen Phasen ergeben sich die Richtungen der Vektoren sinngemäß. Der Phasenwinkel für diese Schaltung ist 0° und die Bezeichnung der Schaltgruppe $Dz0$. In Abb. 103 sitzt

122 Die Schaltung der Drehstrom-Leistungstransformatoren

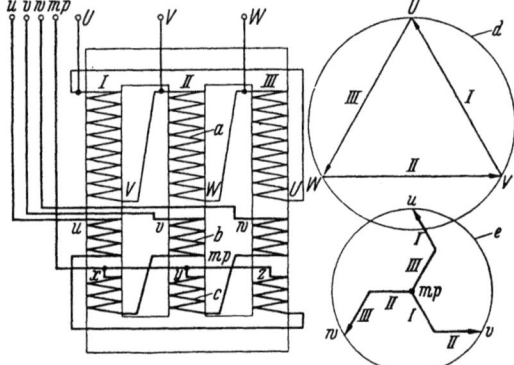

Abb. 102. Gleichsinnige Dreieck-Zickzack-Schaltung. Schaltgruppe: $Dz\,0$. Phasenwinkel: 0°.
a Oberspannungswicklung;   *b* Unterspannungswicklung obere und *c* untere Wicklungsabteilung;
d Potentialdiagramm zu *a*;   *e* Potentialdiagramm zu *b* und *c*

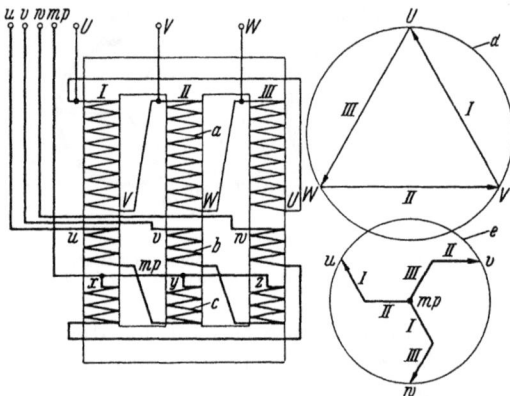

Abb. 103. Gleichsinnige Dreieck-Zickzack-Schaltung. Schaltgruppe: $Dz\,10$. Phasenwinkel: 300°.
a, b, c, d und *e* wie Abb. 102

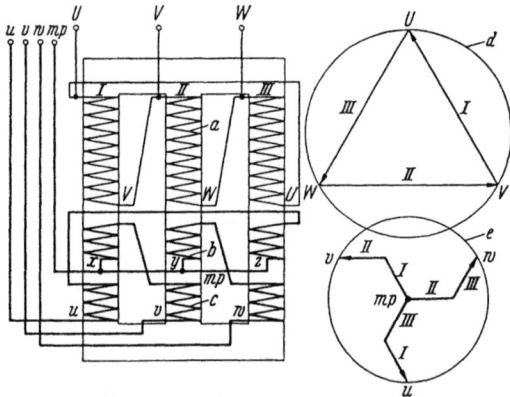

Abb. 104. Gegensinnige Dreieck-Zickzack-Schaltung. Schaltgruppe: $Dz\,6$. Phasenwinkel: 180°.
a, b, c, d und *e* wie Abb. 102

für die Phase u die zweite Wicklungsabteilung auf Schenkel II und die erste auf Schenkel I. Der Vektor II ist U_{VW} entgegen und der Vektor I ist U_{UV} gleich gerichtet. Der Phasenwinkel der Schaltung ist 300° und die Bezeichnung der Schaltgruppe Dz 10.

Bei der *gegensinnigen Schaltung* in Abb. 104 sitzt die zweite Wicklungsabteilung für die Phase u auf Schenkel III und die erste Wicklungsabteilung auf Schenkel I. Der Vektor III muß also, entsprechend der Lage der Sternpunktverbindung, dem Vektor U_{WU} gleich und der Vektor I, entsprechend der Lage der Hauptklemme u, dem Vektor U_{UV} entgegengesetzt gerichtet sein. Es ergibt sich bei dieser Schaltung ein

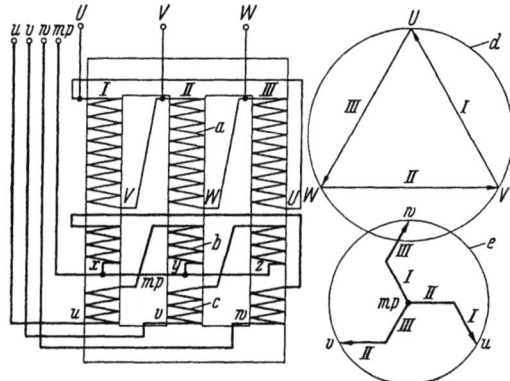

Abb. 105. Gegensinnige Dreieck-Zickzack-Schaltung. Schaltgruppe: Dz 4. Phasenwinkel 120°. *a, b, c, d* und *e* wie Abb. 102

Phasenwinkel von 180°, und die Bezeichnung der Schaltgruppe ist Dz 6. In Abb. 105 sitzt schließlich für die Phase u die zweite Wicklungsabteilung auf Schenkel II und die erste Wicklungsabteilung auf Schenkel I. Im Potentialdiagramm ist Vektor II U_{VW} gleich und Vektor I U_{UV} entgegen gerichtet. Der Phasenwinkel beträgt 120°, und die Bezeichnung der Schaltgruppe ist Dz 4. Werden nun die inneren Schaltverbindungen der Dreieckschaltung auf der Oberspannungsseite umgelegt, wie in Abb. 106 dargestellt, lassen sich neue Schaltgruppen für die *gleichsinnigen* und *gegensinnigen* Dreieck-Zickzack-Schaltungen ermitteln. Wie aus der Abbildung ersichtlich, ergeben sich nach der Reihenfolge von a bis d die Phasenwinkel 60°, 0°, 240° und 180° und folglich die *Schaltgruppen Dz 2, Dz 0, Dz 8* und Dz 6. Obwohl alle Schaltungen verschieden sind, entstehen nur zwei neue Schaltgruppen, denn die Abb. 106 b und 102 sowie Abb. 106 d und 104 stimmen in bezug auf Phasenwinkel überein.

Für die *Ermittlung der Linienspannungen* der Zickzackschaltung ist als Beispiel die Schaltgruppe Dz 10 ausgewählt, und es sind zu diesem Zweck in Abb. 107 für die Unterspannungsseite das Potentialdiagramm, der Wicklungsplan mit Vektorengleichungen und das Vektoren-Zeitdiagramm der Linienspannungen angegeben. Nach der be-

124 Die Schaltung der Drehstrom-Leistungstransformatoren

kannten *Umlauf-* und *Zählrichtung* beginnen wir mit Klemme u und laufen linksdrehend, um drehfeldrichtig zu bleiben, über Wicklungsabteilung *1* Schenkel I und Wicklungsabteilung *2* Schenkel II nach mp, von hier aus nach links über Wicklungsabteilung *2* Schenkel I und Wicklungsabteilung *1* Schenkel III nach w. Der resultierende Vektor in dieser Masche ist von w nach u gerichtet. Auf ähnliche Weise lassen

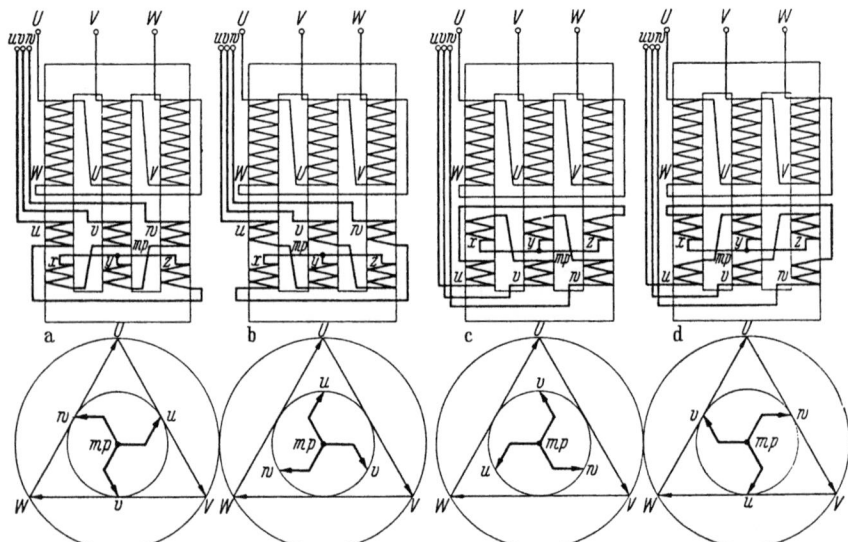

Abb. 106. Die Dreieck-Zickzack-Schaltung mit umgelegten inneren Schaltverbindungen auf der Oberspannungsseite. Veränderung der Phasenwinkel um 60° nach rechts. a) gleichsinnige Schaltung, Phasenwinkel von 0° auf 60° verändert, Schaltgruppe: $Dz\,2$; b) gleichsinnige Schaltung, Phasenwinkel von 300° auf 0° verändert, Schaltgruppe: $Dz\,0$ (s. Abb. 102); c) gegensinnige Schaltung, Phasenwinkel von 180° auf 240° verändert, Schaltgruppe: $Dz\,8$; d) gegensinnige Schaltung, Phasenwinkel von 120° auf 180° verändert, Schaltgruppe: $Dz\,6$ (s. Abb. 104)

sich die Laufwege von v nach u, resultierender Vektor von u nach v gerichtet, und von w nach v, resultierender Vektor von v nach w gerichtet, aufstellen. Die entsprechenden Vektorengleichungen sind in der Abbildung unter e angegeben. Sie stimmen mit den Vektorengleichungen der Abb. 87e überein. Die beiden Zickzackschaltungen sind auch vollkommen ähnlich. Die *zeitlichen Richtungen* der ermittelten Linienspannungen sind aber verschieden, weil die Richtung der Komponenten von dem jeweiligen Potentialdiagramm der Zickzackschaltung abhängig ist. Wie aus der Abbildung ersichtlich, eilen die Linienspannungen U_{uv}, U_{vu} und U_{wv} den entsprechenden Phasenspannungen U_{ump}, U_{vmp} und U_{wmp} um 30° nach. Die ermittelten Linienspannungen (f) stimmen mit denen im Potentialdiagramm (c) nach Größe und Richtung überein. In Abschn. 37 sind Vektorengleichungen auch für andere Zickzackschaltungen angegeben.

Für die Berechnung des *Übersetzungsverhältnisses* der Dreieck-Zickzack-Schaltung wählen wir als Windungszahl eines Wicklungsstranges der Dreieckwicklung $\sqrt{3}\,n$ und für eine Wicklungsabteilung der Zickzackwicklung $\sqrt{3}\,\dfrac{n}{2}$, dann ergibt sich, wie Tabelle 25 zeigt, das Übersetzungsverhältnis zu $ü = 2/3$. Um auf $ü = 1$ zu kommen, muß im Gegensatz zur Tabelle 19 die Windungszahl je Wicklungsabteilung von $0{,}866\,n$ auf $0{,}57735\,n$ vermindert werden. Die Windungszahl

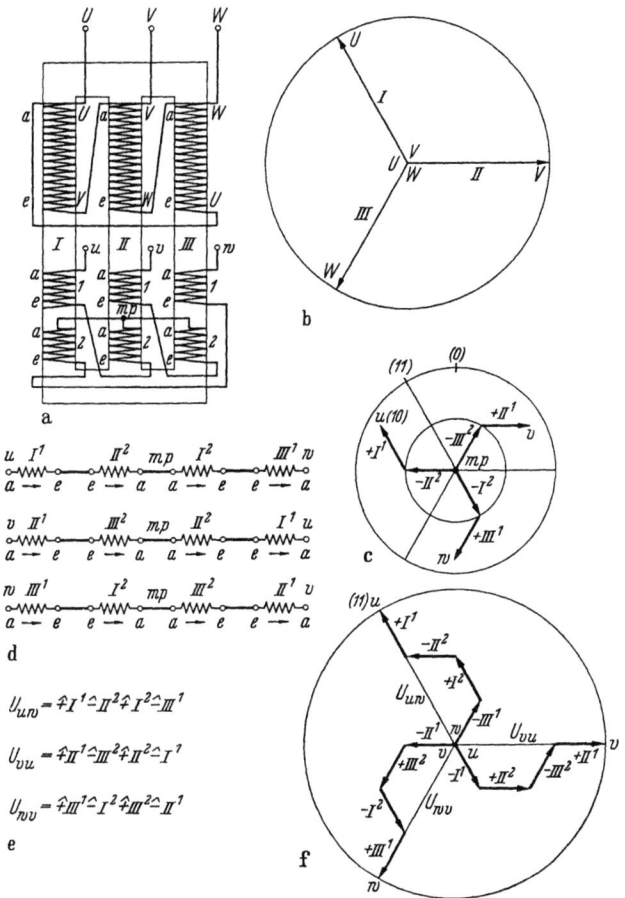

Abb. 107. Vektorielle Ermittlung der Linienspannungen der Dreieck-Zickzack-Schaltung auf der Unterspannungsseite. Schaltgruppe: $Dz\,10$. Schaltfolge: $I^1 \to II^1 \to mp$, $II^1 \to III^1 \to mp$ und $III^1 \to I^1 \to mp$. a) Schaltung der Wicklungen; b) Vektoren-Zeitdiagramm der Dreieckwicklung; c) Vektoren-Potentialdiagramm der Zickzackwicklung; d) Wicklungsplan; e) Vektorengleichungen; f) Vektoren-Zeitdiagramm der Komponenten und der gesuchten Linienspannungen

einer Wicklungsabteilung bei $ü = 2/3$ ist $\sqrt{3}/2$ mal und bei $ü = 1$ ist $\sqrt{3}/3$ mal so groß wie die Windungszahl gleich n eines Wicklungsstranges der Sternwicklung.

Tabelle 25. *Windungszahlen und Spannungen der Dreieck-Zickzack-Schaltung bei $ü = 0{,}666$ und $ü = 1$*

		Windungszahl je Wicklungsstrang	Phasen-spannung	Linien-spannung	Windungszahl je Wicklungsstrang	Phasen-spannung	Linien-spannung
Dreieck-wicklung		$\sqrt{3}\,n$	U	U	$\sqrt{3}\,n$	U	U
Zickzackwicklung	Abteilung 1	$\dfrac{\sqrt{3}\,n}{2} = 0{,}866\,n$	$\dfrac{U}{2}$	—	$\dfrac{\sqrt{3}\,n}{3} = 0{,}577\,n$	$\dfrac{U}{3}$	—
	Abteilung 2	$\dfrac{\sqrt{3}\,n}{2} = 0{,}866\,n$	$\dfrac{U}{2}$	—	$\dfrac{\sqrt{3}\,n}{3} = 0{,}577\,n$	$\dfrac{U}{3}$	—
	Summe	$\sqrt{3}\,n$	$\sqrt{3}\,\dfrac{U}{2}$	$3\dfrac{U}{2} = 1{,}5\,U$	$1{,}155\,n$	$\dfrac{U}{\sqrt{3}}$	U
	Relative Windungszahl	$\sqrt{3}\,\dfrac{\sqrt{3}\,n}{2} = \dfrac{3}{2}\,n$			$\sqrt{3}\,\dfrac{\sqrt{3}\,n}{3} = n$		
Übersetzungs-verhältnis		$\dfrac{U}{3\,U/2} = \dfrac{2}{3} = 0{,}666$			$\dfrac{U}{U} = 1$		
Verhältnis der Windungszahlen		$\sqrt{3}\,n/\sqrt{3}\,n = 1$			$1{,}155\,n/\sqrt{3}\,n = 2/3$		

Für die allgemeine Berechnung des *Übersetzungsverhältnisses* dient folgende Tabelle.

Tabelle 26. *Übersetzungsverhältnis der Dreieck-Zickzack-Schaltung*

	Windungszahl		Relative Windungs-zahl eines Wicklungs-stranges	Phasen-spannung	Linien-spannung
	je Schenkel-wicklung bzw. Wicklungs-strang	je Wick-lungs-abteilung			
Dreieckschaltung Oberspannungswicklung	n_1	—	—	U	U
Zickzackschaltung Unterspannungswicklung	n_2	$\dfrac{n_2}{2}$	$\sqrt{3}\,\dfrac{n_2}{2}$	$\dfrac{u}{\sqrt{3}}$	u
Übersetzungsverhältnis	$ü = \dfrac{n_1}{\sqrt{3}\,n_2/2} = \dfrac{U}{u/\sqrt{3}}$,		$ü = \dfrac{2}{3}\dfrac{n_1}{n_2} = \dfrac{U}{u}$		

Es ergibt sich zusammenfassend, daß die acht drehfeldrichtigen *Schaltmöglichkeiten* mit den sechs verschiedenen Schaltgruppen der Dreieck-Zickzack-Schaltung in bezug auf die Kennzahlen in Übereinstimmung mit der Dreieck-Dreieck-Schaltung stehen.

Die Dz-Schaltung wird in der Praxis nur selten verwendet.

42. Zickzack-Zickzack-Schaltung Zz

Infolge des *Dreieckcharakters* der Zickzackschaltung können hier, ähnlich wie im vorigen Abschnitt, die inneren Schaltverbindungen sowohl auf der Oberspannungs- als auch auf der Unterspannungsseite umgelegt werden.

In Abb. 108 ist die *normale* Zickzackschaltung nach Abb. 30 oberspannungsseitig mit den vier Schaltmöglichkeiten der Zickzackschaltung unterspannungsseitig zu vier verschiedenen Schaltgruppen ver-

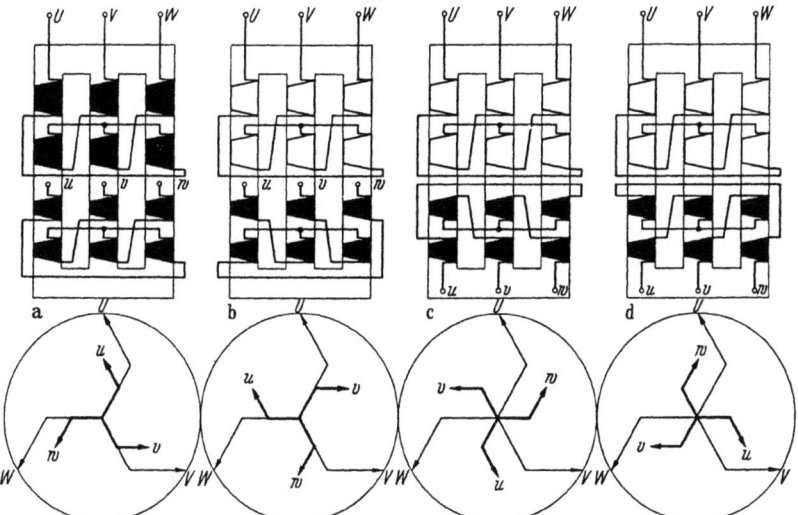

Abb. 108. Zickzack-Zickzack-Schaltung mit der normalen Schaltung auf der Oberspannungsseite. a) gleichsinnige Schaltung, Phasenwinkel 0°, Schaltgruppe: $Zz\,0$; b) gleichsinnige Schaltung, Phasenwinkel 300°, Schaltgruppe: $Zz\,10$; c) gegensinnige Schaltung, Phasenwinkel 180°, Schaltgruppe: $Zz\,6$; d) gegensinnige Schaltung, Phasenwinkel 120°, Schaltgruppe: $Zz\,4$

einigt. Die Wicklungsabteilungen im Schaltbild und die *Vektoren* im Potentialdiagramm sind nicht einzeln bezeichnet. Nur die Bezeichnung der *Hauptklemmen* ist beibehalten worden.

Zur Aufstellung des Potentialdiagramms gehen wir, wie üblich, von der *Oberspannungsseite* aus. In Abb. 108a sind auf dem linken Schenkel die beiden Wicklungsabteilungen angeordnet, wobei eine oben an U und die andere unten an V angeschlossen ist. Der Vektor der oberen Wicklungsabteilung zeigt nach U in Richtung von V nach U. Hieran ist der Vektor der unteren Wicklungsabteilung auf dem rechten Schenkel, entsprechend der Lage der *Sternpunktverbindung*, entgegen der Richtung U nach W angesetzt, da die beiden Wicklungsabteilungen auf dem rechten Schenkel quasi an W und U angeschlossen sind. Der Sternpunkt Mp ist damit über Phase U erreicht. In gleicher Weise läßt sich die Zusammensetzung der Vektoren für die anderen Phasen ermitteln, so daß oberspannungsseitig das Potentialdiagramm in der angegebenen

Form aufgezeichnet werden kann. Da die Unterspannungswicklung genauso wie die Oberspannungswicklung geschaltet ist, müssen die Potentialdiagramme der beiden Wicklungen, abgesehen von den Absolutbeträgen, vollkommen übereinstimmen. Damit kann unterspannungsseitig das Potentialdiagramm ebenfalls aufgezeichnet werden. Um den Phasenwinkel besser feststellen zu können, denken wir uns die Sternpunkte oberspannungs- und unterspannungsseitig *verbunden* und zeichnen die Diagramme dann so auf, daß die beiden Sternpunkte *in einem Punkt* zusammenfallen.

In Abb. 108b sind unterspannungsseitig die *inneren Schaltverbindungen* umgelegt, wodurch, wie bereits behandelt, die Unterspannungsvektoren um 60° nach links verschoben werden. Durch die Eigenart dieser gleichsinnigen Schaltung gilt die Drehung nur für die Spitzenpunkte u, v und w, denn die Komponenten selbst haben andere Richtungen. Auf der Unterspannungsseite sind die beiden Wicklungsabteilungen auf dem linken Schenkel quasi an u und w angeschlossen. Von w nach u muß also die gleiche Vektorenrichtung wie von V nach U vorhanden sein. Der Vektor der *oberen* Wicklungsabteilung zeigt nach u, und zwar in die gleiche Richtung wie der nach U zeigende Vektor der oberspannungsseitigen Wicklungsabteilung. Hieran wird der Vektor der *unteren* Wicklungsabteilung des mittleren Schenkels, entsprechend der Lage der *Sternpunktverbindung*, entgegen der Richtung von W nach V gesetzt, wodurch über Phase u der Sternpunkt unterspannungsseitig erreicht wird. Die Zusammensetzung der Vektoren für die beiden anderen Phasen läßt sich analog ermitteln.

In Abb. 108c und d sind die *gegensinnigen Schaltungen* dargestellt. Auf der Unterspannungsseite der letzten Abbildung liegen die obere und untere Wicklungsabteilung des linken Schenkels quasi an $\frac{2}{3}$ der Spannung U_{uw}, und der Vektor der unteren Wicklungsabteilung muß, entsprechend der Schaltung, entgegengesetzt zu der Richtung von V nach U sein. Der obere Vektor muß andererseits nach der Lage der Sternpunktverbindung — Anschluß oben und *Sternpunktverbindung* unten — die gleiche Richtung wie von W nach V haben. Damit ist die Phase u im Potentialdiagramm bestimmt, und die anderen beiden Phasen können analog gezeichnet werden. Die bis jetzt behandelten vier *Schaltgruppen* ergeben die Phasenwinkel 0°, 300°, 180° und 120° und die entsprechenden Bezeichnungen sind $Zz\ 0$, $Zz\ 10$, $Zz\ 6$ und $Zz\ 4$.

Die Umlegung der *inneren Schaltverbindungen* der oberspannungsseitigen Zickzackschaltung läßt vier weitere Schaltgruppen entstehen, die in Abb. 109 angegeben sind. Die Konstruktion der Potentialdiagramme erfolgt hier in der gleichen Weise wie bereits oben beschrieben, wobei man zu berücksichtigen hat, daß die Richtung der Oberspannungsvektoren geändert worden ist. Die Wicklungsabteilungen *liegen* jetzt schenkelweise *an anderen* Spannungen. Am Schenkel links liegen sie an der Spannung U_{UW}, Mitte an U_{VU} und rechts an U_{WV}. Vorher waren die Wicklungsabteilungen an U_{UV}, U_{VW} und U_{WU} angeschlossen. Es ergeben sich, wie aus der Abbildung ersichtlich, folgende Phasenwinkel: 60°, 0°, 240° und 180°. Die Bezeichnung der *Schaltgruppen*

Zickzack-Zickzack-Schaltung Zz

ist deshalb $Zz\,2$, $Zz\,0$, $Zz\,8$ und $Zz\,6$. Obwohl die Richtung der Vektoren in den Abb. 109 b und d gegenüber den Richtungen in den Abb. 108 a und c verschieden ist, stimmen die Phasenwinkel in den Abbildungen jeweils überein, so daß hier nur zwei neue Schaltgruppen

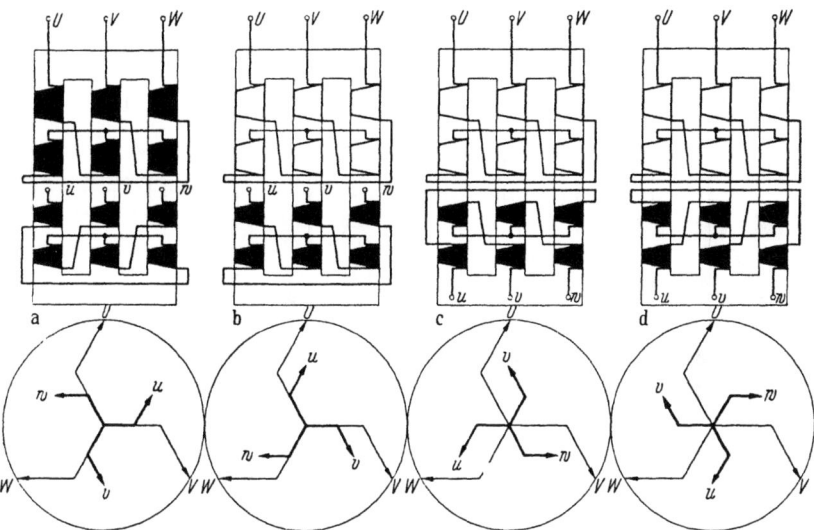

Abb. 109. Zickzack-Zickzack-Schaltung mit umgelegten inneren Schaltverbindungen auf der Oberspannungsseite. a) gleichsinnige Schaltung, Phasenwinkel 60°, Schaltgruppe: $Zz\,2$; b) gleichsinnige Schaltung, Phasenwinkel 0°, Schaltgruppe: $Zz\,0$; c) gegensinnige Schaltung, Phasenwinkel 240°, Schaltgruppe: $Zz\,8$; d) gegensinnige Schaltung, Phasenwinkel 180°, Schaltgruppe: $Zz\,6$

entstehen. Insgesamt ergeben die Kennzahlen der sechs Schaltgruppen dieser Zz-Schaltung Übereinstimmung mit der Dz-Schaltung.

Für die Berechnung des Übersetzungsverhältnisses gilt folgende Tabelle.

Tabelle 27. *Übersetzungsverhältnis der Zickzack-Zickzack-Schaltung*

	Windungszahl je Wicklungsstrang	Windungszahl je Wicklungsabteilung	Relative Windungszahl eines Wicklungsstranges	Phasenspannung	Linienspannung
Zickzackschaltung Oberspannungswicklung	n_1	$\dfrac{n_1}{2}$	$\sqrt{3}\,\dfrac{n_1}{2}$	$\dfrac{U}{\sqrt{3}}$	U
Zickzackschaltung Unterspannungswicklung	n_2	$\dfrac{n_2}{2}$	$\sqrt{3}\,\dfrac{n_2}{2}$	$\dfrac{u}{\sqrt{3}}$	u
Übersetzungsverhältnis		$\ddot{u} = \dfrac{\sqrt{3}\,n_1/2}{\sqrt{3}\,n_2/2} = \dfrac{U/\sqrt{3}}{u/\sqrt{3}},$	$\ddot{u} = \dfrac{n_1}{n_2} = \dfrac{U}{u}$		

Die Zickzack-Zickzack-Schaltung wird in der Praxis kaum verwendet.

43. Zickzack-Stern-Schaltung Zy

Bei dieser Wicklungskombination sind insgesamt vier verschiedene *Schaltgruppen* mit den gleichen Phasenwinkeln wie bei der Dreieck-Stern-Schaltung vorhanden. Die zwei *gleichsinnigen* und die zwei *gegensinnigen* Schaltungen sind in Abb. 110 dargestellt.

In Abb. 110a muß der Unterspannungsvektor der Phase u, entsprechend der Schaltung, die gleiche Richtung wie von V nach U, der Phase v wie von W nach V und der Phase w wie von U nach W haben.

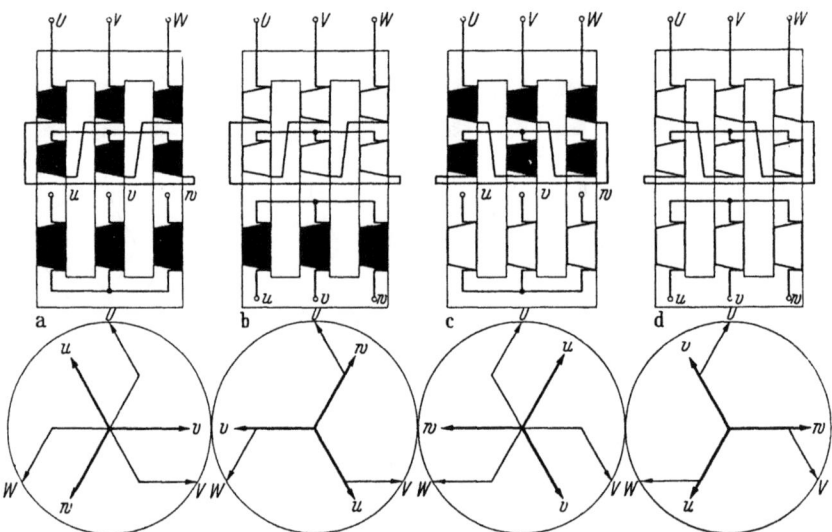

Abb. 110. Zickzack-Stern-Schaltung mit der normalen Schaltung und mit umgelegten inneren Schaltverbindungen auf der Oberspannungsseite. a) gleichsinnige Schaltung, Phasenwinkel 330°, Schaltgruppe: Zy 11; b) gegensinnige Schaltung, Phasenwinkel 150°, Schaltgruppe: Zy 5; c) gleichsinnige Schaltung, Phasenwinkel 30°, Schaltgruppe: Zy 1; d) gegensinnige Schaltung, Phasenwinkel 210°, Schaltgruppe: Zy 7.

Die vektorielle Lage der *Unterspannungsvektoren* ist hierdurch ausreichend bestimmt, und das Potentialdiagramm kann zusammengeschoben unter der Annahme, daß beide Sternpunkte verbunden sind, aufgezeichnet werden. Auf diese einfache Weise lassen sich weiterhin die Potentialdiagramme auf Grund der vorangegangenen eingehenden Behandlung der verschiedenen Schaltungen für die Abb. 110b, c und d ermitteln. Es ergeben sich folgende Phasenwinkel: 330°, 150°, 30° und 210°. Die Bezeichnung der vier *Schaltgruppen* ist demnach: Zy 11, Zy 5, Zy 1 und Zy 7. Woraus zu ersehen ist, daß Übereinstimmung mit der Dreieck-Stern-Schaltung, wie bereits oben erwähnt, besteht.

Die Zickzack-Stern-Schaltung wird mit schwacher Sternwicklung für Zickzack-Drosselspulen verwendet. Diese *Drosselspulen* dienen als *künstlicher Sternpunkt* zum Anschluß von Erdschlußspulen an einer beliebigen Stelle des Netzes, also unabhängig von Leistungstransformatoren. Die schwache Sternwicklung wird für Meßzwecke oder zur Spei-

Zickzack-Dreieck-Schaltung Zd

sung von kleineren Eigenbedarfsnetzen benötigt. Auch für Hilfstransformatoren nach Abb. 122 kann die Zickzack-Stern-Schaltung verwendet werden.

Für die Berechnung des Übersetzungsverhältnisses gilt folgende Tabelle.

Tabelle 28. *Übersetzungsverhältnis der Zickzack-Stern-Schaltung*

	Windungszahl je Wicklungsstrang	Windungszahl je Wicklungsabteilung	Relative Windungszahl eines Wicklungsstranges	Phasenspannung	Linienspannung
Zickzackschaltung Oberspannungswicklung	n_1	$\dfrac{n_1}{2}$	$\sqrt{3}\,\dfrac{n_1}{2}$	$\dfrac{U}{\sqrt{3}}$	U
Sternschaltung Unterspannungswicklung	n_2	—	—	$\dfrac{u}{\sqrt{3}}$	u
Übersetzungsverhältnis	$\ddot{u}=\dfrac{\sqrt{3}\,n_1/2}{n_2}=\dfrac{U/\sqrt{3}}{u/\sqrt{3}}$,		$\ddot{u}=\dfrac{\sqrt{3}}{2}\,\dfrac{n_1}{n_2}=\dfrac{U}{u}$		

44. Zickzack-Dreieck-Schaltung Zd

Diese Schaltung besitzt acht drehfeldrichtige *Schaltmöglichkeiten*, die in Abb. 111 und 112 dargestellt sind. Vergleicht man die Potentialdiagramme mit Abb. 93 und 94, so ist in bezug auf die potentielle Lage des Spannungsdreiecks auf der Unterspannungsseite vollkommene *Übereinstimmung* feststellbar. Die Zickzack-Dreieck-Schaltung hat also die gleichen sechs verschiedenen Schaltgruppen wie die Dreieck-Dreieck-Schaltung.

In Abb. 111a hat der Unterspannungsvektor U_{uv} die gleiche Richtung wie der Oberspannungsvektor der oberen Wicklungsabteilung auf dem linken Schenkel. Die beiden Wicklungsabteilungen der Oberspannungswicklung auf diesem Schenkel liegen quasi an $\frac{2}{3}$ der Spannung U_{UV}. Entsprechend der Schaltung der Unterspannungswicklung folgt jetzt im *Spannungsdreieck* der Vektor U_{vw}. Dieser muß, da die Schaltung gleichsinnig ist, die gleiche Richtung wie die Spannung U_{VW} haben, weil *Anfang* und *Ende* der beiden ideell in *Reihe* geschalteten Wicklungsabteilungen der Oberspannungswicklung des mittleren Schenkels an $\frac{2}{3}$ dieser Spannung angeschlossen sind. Endlich folgt der Vektor U_{wu}, der in die gleiche Richtung wie der Oberspannungsvektor der oberen Wicklungsabteilung des rechten Schenkels zeigt. Das *Spannungsdreieck* ist damit geschlossen, und es ergibt sich für diese Schaltung ein Phasenwinkel von 0°.

Werden nun die *inneren Schaltverbindungen* der Unterspannungswicklung, wie in Abb. 111b dargestellt, umgelegt, besitzt die linke Schenkelwicklung nicht mehr den Vektor U_{uv}, sondern U_{uw}, die mittlere nicht mehr U_{vw}, sondern U_{vu} und die rechte nicht mehr U_{wu}, sondern U_{wv}. Die *Spitzen* der Vektoren zeigen potentiell zu den *Hauptklemmen* u, v und w, ihre Enden sind aber mit anderen Indexbuchstaben bezeichnet. Die vektorielle Lage des Spannungsdreiecks wird

132 Die Schaltung der Drehstrom-Leistungstransformatoren

hier um 60° nach links gedreht. Der Vektor U_{uw} hat die gleiche Richtung wie der Vektor U_{UV}, U_{wv} wie U_{WU} und U_{vu} wie U_{VW}. Das gedrehte *Spannungsdreieck* kann somit aufgezeichnet werden, und die

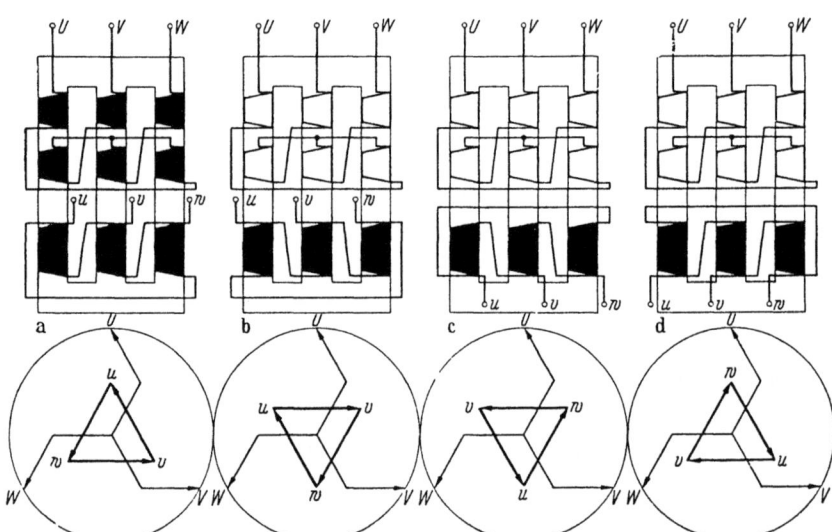

Abb. 111. Zickzack-Dreieck-Schaltung mit der normalen Schaltung auf der Oberspannungsseite. a) gleichsinnige Schaltung, Phasenwinkel 0°, Schaltgruppe: $Zd\,0$; b) gleichsinnige Schaltung, Phasenwinkel 300°, Schaltgruppe: $Zd\,10$; c) gegensinnige Schaltung, Phasenwinkel 180°, Schaltgruppe $Zd\,6$; d) gegensinnige Schaltung, Phasenwinkel 120°, Schaltgruppe: $Zd\,4$

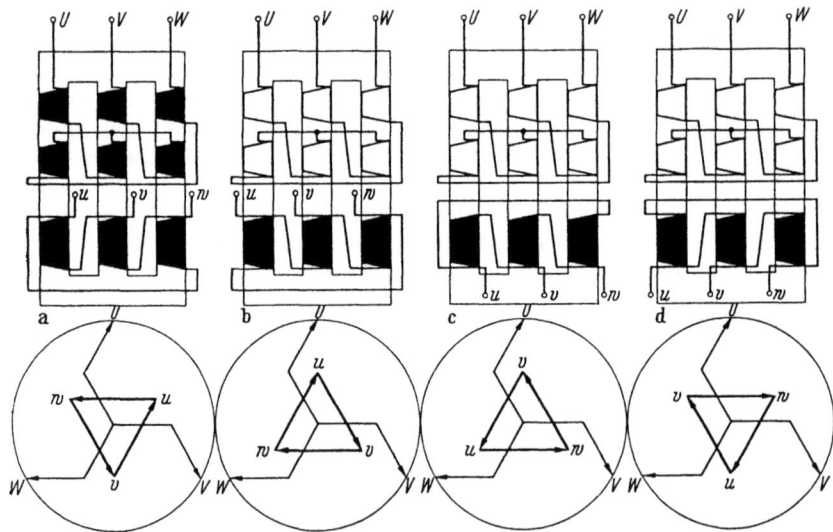

Abb. 112. Zickzack-Dreieck-Schaltung mit umgelegten inneren Schaltverbindungen auf der Oberspannungsseite. a) gleichsinnige Schaltung, Phasenwinkel 60°, Schaltgruppe: $Zd\,2$; b) gleichsinnige Schaltung, Phasenwinkel 0°, Schaltgruppe: $Zd\,0$; c) gegensinnige Schaltung, Phasenwinkel 240°, Schaltgruppe: $Zd\,8$; d) gegensinnige Schaltung, Phasenwinkel 180°, Schaltgruppe: $Zd\,6$

Das Durchflutungsdiagramm der Zickzackschaltung

Spitzenpunkte der Vektoren geben die neue Phasenlage der Unterspannungswicklung an. Auf ähnliche einfache Weise lassen sich die anderen Potentialdiagramme der einzelnen Schaltungen aufstellen.

In Abb. 112a sind die inneren *Schaltverbindungen* auf der Oberspannungsseite umgelegt, und aus dem Vergleich mit Abb. 111a ist zu ersehen, daß infolgedessen das Spannungsdreieck auf der Unterspannungsseite um 60° nach rechts gedreht wird. Die weiteren Drehungen des Spannungsdreiecks in den Abb. 112b, c und d erfolgen gleichfalls durch Änderung der Schaltung der Unterspannungswicklung.

Zusammengenommen ergeben sich hier folgende Phasenwinkel: 0°, 300°, 180°, 120°, 60°, 0°, 240° und 180°. Die Bezeichnung der einzelnen *Schaltgruppen* ist wie folgt: $Zd\,0, Zd\,10, Zd\,6, Zd\,4, Zd\,2, Zd\,0, Zd\,8$ und $Zd\,6$.

Für die Berechnung des Übersetzungsverhältnisses dieser Schaltung dient folgende Tabelle.

Tabelle 29. *Übersetzungsverhältnis der Zickzack-Dreieck-Schaltung*

	Windungszahl je Wicklungsstrang	Windungszahl je Wicklungsabteilung	Relative Windungszahl je Wicklungsstrang	Phasenspannung	Linienspannung
Zickzackschaltung Oberspannungswicklung	n_1	$\dfrac{n_1}{2}$	$\sqrt{3}\,\dfrac{n_1}{2}$	$\dfrac{U}{\sqrt{3}}$	U
Dreieckschaltung Unterspannungswicklung	n_2	—	—	u	u
Übersetzungsverhältnis	$\ddot{u} = \dfrac{\sqrt{3}\,n_1/2}{n_2} = \dfrac{U/\sqrt{3}}{u}$, $\quad \ddot{u} = \dfrac{3}{2}\,\dfrac{n_1}{n_2} = \dfrac{U}{u}$				

Die Zickzack-Dreieck-Schaltung wird in der Praxis kaum verwendet.

45. Das Durchflutungsdiagramm der Zickzackschaltung

Es ist uns nach Abschn. 19 und 37 bekannt, daß die *Phasenspannung* der Zickzackschaltung durch die geometrische Summe der beiden, zu einem Wicklungsstrang gehörenden, Abteilungsspannungen gebildet wird. Die Wicklungsabteilungen liegen indessen immer *phasenweise* auf zwei verschiedenen Schenkeln des Eisenkernes. Der Belastungsstrom durchfließt diese Wicklungsabteilungen, ohne seine Phasenlage zur Phasenspannung zu ändern, in entgegengesetzter Richtung. Es kommen folglich je Schenkel stets zwei Wicklungsabteilungen zusammen, in denen *phasenverschobene* Ströme fließen.

Um vektoriell die inneren *Zusammenhänge* näher zu untersuchen, sind in Abb. 113 ein Eisenkern mit Wicklungen der Stern-Zickzack-Schaltung, Schaltgruppe $Yz\,11$, und die zugehörigen *Durchflutungsdiagramme* aufgezeichnet. Die Unterspannungswicklung ist wie üblich unterhalb der Oberspannungswicklung dargestellt. Sie sind aber, wie des öfteren erwähnt, stets koaxial zusammengeschoben zu denken.

134 Die Schaltung der Drehstrom-Leistungstransformatoren

Nehmen wir an, daß die *Belastungsströme* I_u, I_v und I_w keine Phasenverschiebung zu den Phasenspannungen aufweisen, d. h. $\varphi = 0$ ist, können die Ströme in der Phasenlage der Spannungen angegeben werden. Es wird weiterhin zur Vereinfachung $\ddot{u} = 1$ gewählt. Die

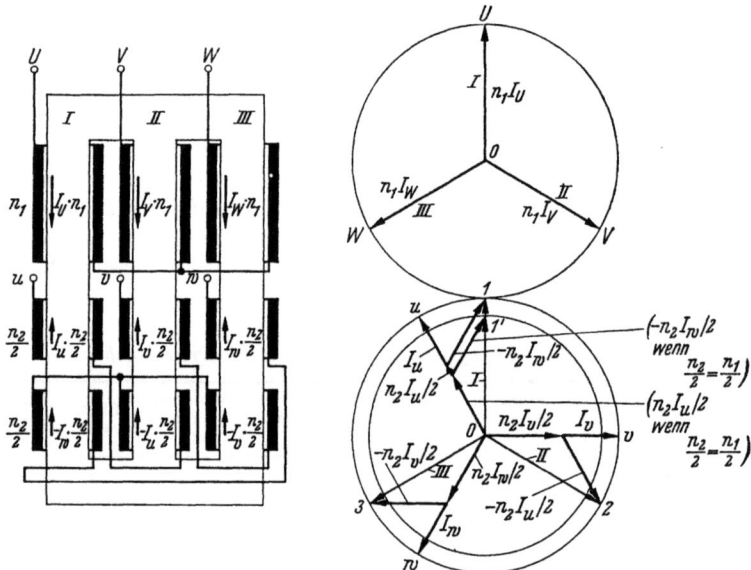

Abb. 113. Das Durchflutungsdiagramm der Stern-Zickzack-Schaltung. Schaltgruppe: Yz 11

Durchflutung einer Wicklungsabteilung ergibt sich bekanntlich aus dem Produkt des Belastungsstromes und der Windungszahl der Wicklungsabteilung. Sie hat vektoriell die gleiche Richtung wie der Belastungsstrom.

Bezeichnen wir die Windungszahl einer Wicklungsabteilung mit $n_2/2$, so sind auf Schenkel I die Durchflutungen $I_u n_2/2$ und $I_w n_2/2$ wirksam. Da infolge der Gegenschaltung die räumliche Fließrichtung der Ströme in den unteren Wicklungsabteilungen den oberen entgegengesetzt sind, müssen ihre *Durchflutungen* mit negativen Vorzeichen in Rechnung gesetzt werden.

Die geometrische Differenz der *Abteilungsdurchflutungen* ergibt demnach die *Schenkeldurchflutung* der Zickzackschaltung. Es wird folglich für Schenkel I

$$AW_I = \tfrac{1}{2} I_u n_2 \mathbin{\widehat{=}} \tfrac{1}{2} I_w n_2 \quad (AW), \tag{112}$$

für Schenkel II

$$AW_{II} = \tfrac{1}{2} I_v n_2 \mathbin{\widehat{=}} \tfrac{1}{2} I_u n_2 \quad (AW) \tag{113}$$

und für Schenkel III

$$AW_{III} = \tfrac{1}{2} I_w n_2 \mathbin{\widehat{=}} \tfrac{1}{2} I_v n_2 \quad (AW). \tag{114}$$

Sämtliche Durchflutungen sind in der Abbildung als Vektoren im Potentialdiagramm der Schaltgruppe eingetragen. Verursacht durch die 120°-Phasenverschiebung der Ströme, wirken die negativen Durchflutungen verstärkend, so daß die Schenkeldurchflutung um $\sqrt{3}$ mal größer als eine Abteilungsdurchflutung wird. Die Schenkeldurchflutungen eilen dem Belastungsstrom der jeweiligen Phase um 30° nach und fallen damit räumlich in die gleichen Richtungen wie die Schenkeldurchflutungen der Oberspannungswicklung.

Der Absolutbetrag der Durchflutung für Schenkel I ist

$$AW_I = \sqrt{3}\, \frac{n_2}{2} I_u \quad (AW), \tag{115}$$

für Schenkel II

$$AW_{II} = \sqrt{3}\, \frac{n_2}{2} I_v \quad (AW) \tag{116}$$

und für Schenkel III

$$AW_{III} = \sqrt{3}\, \frac{n_2}{2} I_w \quad (AW), \tag{117}$$

wobei $\sqrt{3}\, \frac{n_2}{2}$ die relative Windungszahl (s. Abschn. 37) eines Wicklungsstranges bedeutet. Es ist die Windungszahl, die, mit dem Belastungsstrom multipliziert, die Schenkeldurchflutung ergibt.

Das Übersetzungsverhältnis der Stern-Zickzack-Schaltung ist nach Tabelle 20

$$\ddot{u} = \frac{2}{\sqrt{3}} \frac{n_1}{n_2} = \frac{U}{u} = \frac{I_u}{I_U}, \tag{118}$$

und es folgt, daß

$$\left. \begin{aligned} \sqrt{3}\, \frac{n_2}{2} I_u &= n_1 I_U, \\ \sqrt{3}\, \frac{n_2}{2} I_v &= n_1 I_V, \\ \sqrt{3}\, \frac{n_2}{2} I_w &= n_1 I_W \end{aligned} \right\} \quad (AW) \tag{119}$$

wird, d. h., die *Belastungsdurchflutungen* sind schenkelweise oberspannungs- und unterspannungsseitig gleich. Sie fallen räumlich in die *gleiche* und zeitlich in die *entgegengesetzte* Richtung und befinden sich damit im Gleichgewicht (s. Abschn. 6).

In der Abbildung lassen sich diese inneren Zusammenhänge an Hand des *Durchflutungsdiagramms* der Zickzackschaltung deutlich erkennen. Die zeitliche Richtung, die stets entgegengesetzt ist, ist links in der Schaltung eingetragen. Die räumliche Richtung ist dagegen durch die Eintragung in das Potentialdiagramm der gleichsinnigen Schaltgruppe Yz 11 festgelegt.

In der Abbildung ist noch für die Phase u die Differenz der Abteilungsdurchflutungen für $\ddot{u} = 1{,}155$ angegeben. Für diesen Fall ist ja

$n_1 = n_2$ und folglich $n_1/2 = n_2/2$, wodurch die *Schenkeldurchflutung* von 01 auf 01' herabsinkt. Infolge des geänderten Übersetzungsverhältnisses wird aber auch der Strom I_U im gleichen Verhältnis kleiner, und die *Belastungsdurchflutungen* kommen wieder ins *Gleichgewicht*.

Zum gleichen Resultat führt die Untersuchung, wenn statt der Schaltgruppe Yz 11 eine andere gewählt wird. Bei *gegensinnigen* Schaltgruppen wird die räumliche Richtung der Belastungsdurchflutungen durch die Eintragung in das Potentialdiagramm auf der Unterspannungsseite um 180° gedreht.

46. Zusammenfassung der Schaltgruppen

Die drei Grundschaltungen — Stern-, Dreieck- und Zickzackschaltung — ober- und unterspannungsseitig verwendet, ergeben zusammengenommen nach den bisherigen Ermittlungen 3 · 3 = 9 *Wicklungskombinationen* mit 50 drehfeldrichtigen *Schaltmöglichkeiten*. Darin sind 42 verschiedene Schaltgruppen mit 10 verschiedenen Kennzahlen enthalten, da 8 Schaltmöglichkeiten keine neuen Schaltgruppen hervorbringen. Von den 12 Kennzahlen sind mit Ausnahme von 3 und 9 die Kennzahlen 0 und 6 je fünfmal und alle übrigen je viermal vertreten. Die eine Hälfte der Schaltgruppen (21) ist *gleichsinnig* und die andere Hälfte (21) *gegensinnig* geschaltet.

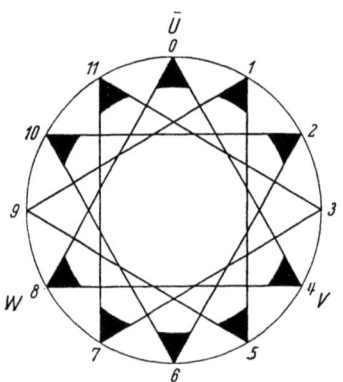

Abb. 114. Die Kennzahlen der 42 drehfeldrichtigen Schaltgruppen. Oben sind die gleichsinnigen und unten die gegensinnigen Schaltungen markiert

Um einen umfassenden *Überblick* zu vermitteln und eine gewünschte Schaltung leicht aufzufinden, ist in Tabelle 30 ein *Schaltgruppenplan* mit drehfeldrichtigen Anschlüssen angegeben. Nach Ermittlung einer Schaltung werden meist eine Anzahl grundsätzlicher und langwieriger Überlegungen vermieden, denn die Beschreibung der zahlreichen zusammenhängenden Schaltgruppen führt als Leitfaden auf dem kürzesten Wege zum Verständnis der gesuchten Wicklungskombination.

In Abb. 114 sind die Kennzahlen der in der Tabelle enthaltenen Schaltgruppen zeichnerisch angegeben. Oben sind die gleichsinnigen und unten die gegensinnigen Schaltungen markiert. Die Kennzahlen 3 und 9 sind weder für eine *gleichsinnige* noch für eine *gegensinnige* Schaltung zuständig. Sie kommen deshalb im Schaltgruppenplan nicht vor.

Diese Kennzahlen können aber durch die *doppelte* oder zyklische *Phasenvertauschung* nach Abschn. 51 oder 52 sowie durch Zickzackschaltungen ohne Gegenschaltung der Wicklungsabteilungen erreicht werden. Vertauscht man die Anschlüsse der unteren Wicklungsabteilungen der Zickzackschaltung in Abb. 106d (Schwenkung der Komponenten um 180°), wird die Kennzahl 3, und vertauscht man die Anschlüsse

Tabelle 30. *Schaltgruppenplan mit drehfeldrichtigem Anschluß der Schaltungen*[1]

Schaltsinn	Phasenwinkel in Grad	Stern			Dreieck			Zickzack		
		Stern	Dreieck	Zickzack	Dreieck	Stern	Zickzack	Zickzack	Stern	Dreieck
gleich	0	$Yy\,0$			$Dd\,0$		$Dz\,0$	$Zz\,0$		$Zd\,0$
gleich	30		$Yd\,1$	$Yz\,1$		$Dy\,1$			$Zy\,1$	
gleich	60				$Dd\,2$		$Dz\,2$	$Zz\,2$		$Zd\,2$
gegen	90									
gegen	120				$Dd\,4$		$Dz\,4$	$Zz\,4$		$Zd\,4$
gegen	150		$Yd\,5$	$Yz\,5$		$Dy\,5$			$Zy\,5$	
gegen	180	$Yy\,6$			$Dd\,6$		$Dz\,6$	$Zz\,6$		$Zd\,6$
gegen	210		$Yd\,7$	$Yz\,7$		$Dy\,7$			$Zy\,7$	
gegen	240				$Dd\,8$		$Dz\,8$	$Zz\,8$		$Zd\,8$
gleich	270									
gleich	300				$Dd\,10$		$Dz\,10$	$Zz\,10$		$Zd\,10$
gleich	330		$Yd\,11$	$Yz\,11$		$Dy\,11$			$Zy\,11$	
Summe		2	4	4	6 (8)	4	6 (8)	6 (8)	4	6 (8)
Teilsumme		10			16 (20)			16 (20)		
Gesamtsumme		42 (50)								
Schaltmöglichkeiten		(50)								

[1] Siehe Ergänzungen durch Tabelle 46 oder 58.

der oberen Wicklungsabteilungen in Abb. 106b, die Kennzahl 9 erzeugt.

Ergänzend sind in untenstehender Tabelle die für die *Dimensionierung* der Wicklungen maßgebenden Nennspannungen und Nennströme angegeben.

Tabelle 31. *Spannungen, Ströme und Leistungen der Wicklungen von Drehstrom-Leistungstransformatoren (Nennwerte)*

	Sternschaltung		Dreieckschaltung		Zickzackschaltung		Stern-, Dreieck- und Zickzackschaltung
	Spannung je Phase (V)	Strom je Phase (A)	Spannung je Phase (V)	Strom je Phase (A)	Spannung je Phase (V)	Strom je Phase (A)	Leistung in kVA
Oberspannungswicklung	$\dfrac{U}{\sqrt{3}}$	I_1	U	$\dfrac{I_1}{\sqrt{3}}$	$\dfrac{U}{\sqrt{3}}$	I_1	$U\,I_1\sqrt{3}\cdot 10^{-3}$
Unterspannungswicklung	$\dfrac{u}{\sqrt{3}}$	I_2	u	$\dfrac{I_2}{\sqrt{3}}$	$\dfrac{u}{\sqrt{3}}$	I_2	$u\,I_2\sqrt{3}\cdot 10^{-3}$

47. Regeln für die Konstruktion und Aufstellung von Potentialdiagrammen

Die im Abschn. 11 aufgestellten Regeln für die Konstruktion der Potentialdiagramme können jetzt auf Grund der vorangegangenen Untersuchungen erweitert und auf Drehstromschaltungen ausgedehnt werden.

Es ergeben sich zusammenfassend folgende *Gesetzmäßigkeiten* für die Spannungsvektoren der Transformatorenwicklungen.

1. Die auf einem Schenkel des Eisenkernes sitzenden Teilwicklungen und Wicklungsabteilungen haben *Spannungsvektoren*, die parallel sind oder durch eine gerade Linie verbunden werden können.
2. Bei gleichem *Wickelsinn* der Teilwicklungen, also bei Verwendung von linksgängigen oder rechtsgängigen Wicklungen auf der Oberspannungs- und Unterspannungsseite, hängt die Richtung der Spannungsvektoren von der Schaltung ab. Bei gleichsinniger Schaltung — *Schaltsinn gleich* — haben die Spannungsvektoren gleiche und bei gegensinniger Schaltung — *Schaltsinn gegen* — entgegengesetzte Richtung. Die Spitze des Spannungsvektors einer Schenkelwicklung zeigt potentiell zur Hauptklemme und wird gleichnamig mit dieser bezeichnet.
3. Beim *Wenden*, also beim *Wechseln* der *Wicklungsverbindung* der Hauptklemmen vom Ende der Wicklung oder umgekehrt, drehen sich die Spannungsvektoren um 180°.
4. Bei Umlegung der *inneren Schaltverbindungen der Sternschaltung*, also der Sternpunktverbindung, drehen sich die Spannungsvektoren um 180°. Bei der Umlegung werden gleichzeitig die Hauptklemmen gewechselt.
5. Bei Umlegung der *inneren Schaltverbindungen der Dreieckschaltung* drehen sich die Spannungsvektoren um 60°. Bei der Umlegung werden die Hauptklemmen nicht gewechselt. Die Spannungsvektoren zeigen potentiell zu den gleichen Hauptklemmen. Die Richtungsfolge, also die Folge der Aneinanderreihung der Spannungsvektoren, hängt von der Lage der Schaltverbindungen ab.
6. Werden bei der Umlegung der inneren Schaltverbindungen der Dreieckschaltung gleichzeitig die *Hauptklemmen gewechselt*, drehen sich die Spannungsvektoren um 180°.

7. Bei der offenen Sternschaltung gibt die *Richtung der Energie* die Lage der Sternpunktverbindung an. Tritt die Energie am Anfang in die offene Wicklung ein, so liegen die Sternpunktverbindung elektrisch am Anfang und die Hauptklemmen am Ende der Wicklung. Tritt sie dagegen am Ende in die Wicklung ein, liegen die Sternpunktverbindung elektrisch am Ende und die Hauptklemmen am Anfang der Wicklung.

8. *Schaltverbindungen*, sowohl innere als auch äußere, gelten als Punkte gleichen Potentials. Wird eine *Schaltverbindung* zwischen zwei getrennten Wicklungen eingelegt, müssen die Potentialdiagramme der Wicklungen, ohne zu drehen, so zusammengeschoben werden, daß die Verbindungspunkte ineinanderfallen.

Für die *Aufstellung* von *Potentialdiagrammen* gelten zusammenfassend folgende Regeln.

9. Bei der Aufstellung beginnt man stets mit der *Oberspannungsseite* des Transformators. Die Hauptklemmen der Oberspannungswicklung sind immer oben am Anfang der Wicklung angeschlossen, während die der Unterspannungswicklung je nach *Schaltsinn* mit der Wicklung oben oder unten verbunden sind.

10. Potentialdiagramme sind, wenn man einen Transformator allein betrachtet, unabhängig von der *Energierichtung*, denn sie geben die Spannungsvektoren der Oberspannungs- und Unterspannungswicklung nach Größe und räumlicher Richtung relativ zueinander an. Die *Aufnahme- und Abgabeseite* sind hierbei nicht definiert, denn sowohl die *Oberspannungs- als auch die Unterspannungswicklung* kann je nach Energierichtung Aufnahme- oder Abgabewicklung sein.

11. Normalerweise werden die Spannungsvektoren der Oberspannungswicklung in *symmetrischer nach oben aufgerichteter Lage*, entsprechend Wicklungsverbindung der Hauptklemmen — Phase U oben Mitte, V rechts und W links unten — dargestellt, wobei man daran gewöhnt ist, daß bei phasengleichem Anschluß des Transformators an die Energiequelle keine Verdrehung dieser Stellung eintritt. Auch das auf Grund der symmetrischen Lage aufgebaute Potentialdiagramm der Unterspannungswicklung erfährt hierbei keine Veränderung.

12. Bei Leitungen oder Sammelschienen, die von einem Generator direkt gespeist werden, kann der ankommende *Spannungsstern RST Mp* oder das *Spannungsdreieck RST* räumlich in der obigen ursprünglichen symmetrischen Lage angenommen werden. Setzt man diese Stellung als *Bezugs-Spannungssystem* der Energiequelle fest, müssen die Potentialdiagramme der Transformatoren des angeschlossenen Netzes von hieraus, entsprechend der vorhandenen Verbindungen, ermittelt werden.

13. Wird nun ein Transformator auf der Oberspannungsseite mit einer so gespeisten Sammelschiene *phasengleich* verbunden, findet auf Grund des Gesetzes der gleichen Potentiale nach Punkt 8 keine Drehung der Diagramme statt. Die *gleichnamigen Spitzen* R und U, S und V, T und W der Spannungsvektoren kommen also gleichzeitig zur Deckung.

14. Speist dagegen ein Transformator die Sammelschiene, wird die räumliche Lage des ankommenden *Spannungsdreiecks RST* durch seine Schaltgruppe beeinflußt. Ist das Spannungsdreieck des *Bezugssystems* an der Sammelschiene der Aufnahmeseite wirksam, dreht sich außer bei *Kennzahl* gleich Null das Spannungsdreieck der Abgabeseite. Wird nun ein Transformator an dieser Seite phasengleich angeschlossen, müssen seine Potentialdiagramme nach dem *Gesetz* der gleichen *Potentiale* die gleiche *Drehung* mitmachen. Dies gilt für den Fall, daß die Oberspannungsseite des zweiten Transformators zur Aufnahmeseite wird und die Unterspannungsseite offen ist oder umgekehrt. Betrachtet man eine Reihe von Transformatoren hintereinander, so muß man folglich bis zum *Generator* zurückgehen, um die wirkliche Stellung der einzelnen Potentialdiagramme ermitteln zu können.

Transformatoren, die starr mit Generatoren verbunden sind, üben keinen Einfluß auf das Spannungsdreieck des Bezugssystems aus.

15. Wird durch Anschluß an eine Sammelschiene die Unterspannungswicklung zur *Aufnahmewicklung* des Transformators, wobei das Spannungsdreieck des *Bezugssystems wirksam* ist, findet mit Ausnahme bei *Kennzahl* gleich Null der

Schaltgruppe des Transformators *Drehung* der Potentialdiagramme statt. Die Drehung erfolgt so lange, bis die Spitzenpunkte r und u, s und v, t und w zur *Deckung* kommen. Das Potentialdiagramm der Oberspannungswicklung zeigt dann nicht mehr die unter Punkt 11 angegebene *symmetrische Stellung*.

16. Sind die *Hauptklemmen der Oberspannungswicklung* im Gegensatz zum Punkt 9 unten an die Wicklung angeschlossen, muß, ohne daß man die Stellung des Potentialdiagramms auf der Unterspannungsseite ändert, das Diagramm auf der Oberspannungsseite um 180° gedreht werden. Erfolgt der Anschluß der *Oberspannungsseite* an der Sammelschiene des *Bezugssystems*, werden beide Potentialdiagramme um 180° zurückgedreht, weil die aufgedrückte Spannung der Aufnahmeseite die tatsächlichen Potentiale der Wicklungen bestimmt. Hierdurch kommt das Potentialdiagramm der Oberspannungsseite wieder in die übliche *symmetrische Stellung*, wobei, entsprechend der geänderten Wicklungsverbindung, das Potentialdiagramm der Unterspannungsseite eine andere — gegensinnige oder gleichsinnige — Lage erhält.

17. Werden Änderungen an der Schaltung der Unterspannungswicklung vorgenommen, muß das zugehörige Potentialdiagramm nach den gegebenen *Gesetzen* entsprechend berichtigt werden. Das Potentialdiagramm der Oberspannungswicklung behält in diesem Fall seine *ursprüngliche* symmetrische Lage unverändert bei.

18. Sollen beide Seiten eines Transformators an Sammelschienen angeschlossen werden und ist hierdurch die Schließung eines *Kreises über Transformatoren* zu erwarten, müssen, von einem gemeinsamen Spannungsdreieck beginnend, für beide Seiten des Kreises bis zur *letzten Trennstelle* die Potentialdiagramme aufgestellt werden. Es ist dann zu prüfen, ob die Spitzen der gegenüberstehenden Spannungsvektoren, entsprechend den beabsichtigten Verbindungen, der Trennstelle zur *Deckung* kommen oder ob Differenzspannungen verursacht werden.

Kommen die Spitzen zur Deckung, kann die letzte *Trennstelle* nach Prüfung auf Phasengleichheit geschlossen werden. Man kann auch das *Spannungsdreieck* des Bezugssystems auf der einen Seite der offenen Trennstelle annehmen und von hier aus die Potentialdiagramme des ganzen *Kreises* aufstellen. Bei Phasengleichheit muß dann auf der anderen Seite der offenen Trennstelle ebenfalls das *Spannungsdreieck* des Bezugssystems entstehen.

19. Für die Eintragung von *Kraftflüssen* und *Magnetisierungsströmen* ist das Potentialdiagramm der Aufnahmeseite maßgebend, während für die *Belastungsströme* das Diagramm der Abgabeseite in erster Linie zuständig ist.

48. Die VDE-Schaltgruppen

Nach den VDE-Vorschriften, 0532 Regeln für Transformatoren, sind zwölf *Schaltgruppen* für Drehstrom-Leistungstransformatoren, und zwar sechs gleichsinnige mit den Kennzahlen 0 und 11 und sechs gegensinnige mit den Kennzahlen 5 und 6 als die gebräuchlichsten zusammengefaßt. Hierbei wird die Zickzackschaltung nur auf der Unterspannungsseite verwendet. Die Schaltgruppen sind in Tabelle 32 aufgestellt, woraus zu ersehen ist, daß auf jede Kennzahl drei Schaltgruppen entfallen. Diese können also untereinander für *Parallelfahrt* vorgesehen werden. Für *neue Anlagen* wird die Verwendung der Schaltgruppen $Yy\,0$, $Dy\,5$, $Yd\,5$ und $Yz\,5$ empfohlen.

In Abb. 115 sind die *genormten Schaltgruppen* mit Hilfe von Vektorbildern und Schaltzeichen dargestellt. Gleichzeitig sind die Übersetzung und die frühere Bezeichnung der Schaltgruppen angegeben. Die verwendeten *Kennzahlen* sind in Abb. 116 zeichnerisch festgelegt. Bei Kennzahl 0 wird der Unterspannungsvektor um 0°, bei 5 um 150°, bei 6 um 180° und bei 11 um 330° rückwärts gedreht. Die

Die VDE-Schaltgruppen 141

Phasenbezeichnung U, V und W ist hier gegenüber der Abb. 114 am Kreisumfang um 120° nach links verschoben. Dies ist für die Potentialdiagramme weniger praktisch als die Festlegung nach Abb. 114, weil man bei der Aufstellung immer von der ersten Phase oder vom

Die VDE Schaltgruppen von Drehstromleistungstransformatoren

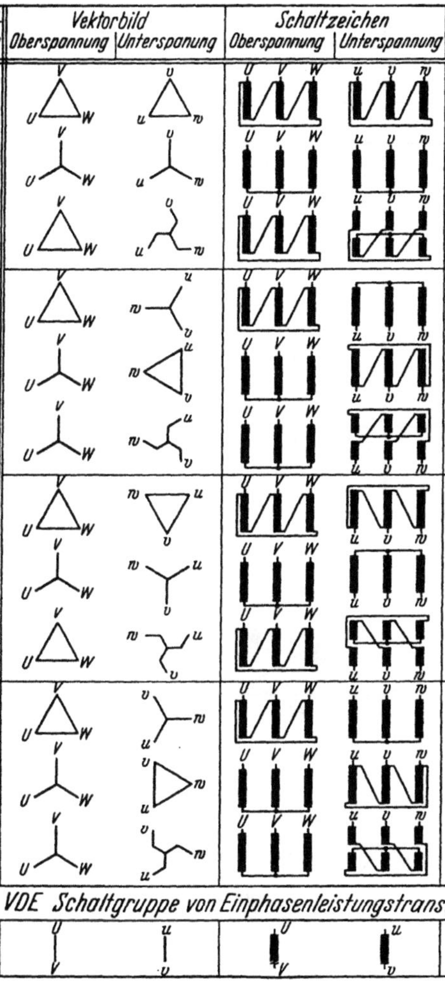

Kennzahl	Schaltgruppe	Vektorbild Oberspannung	Vektorbild Unterspannung	Schaltzeichen Oberspannung	Schaltzeichen Unterspannung	Übersetzung	frühere Bezeichnung
0	Dd 0	△	△			$\dfrac{U}{u} = \dfrac{n_1}{n_2}$	A 1
0	Yy 0	Y	Y			$\dfrac{U}{u} = \dfrac{n_1}{n_2}$	A 2
0	Dz 0	△	⅄			$\dfrac{U}{u} = \dfrac{2n_1}{3n_2}$	A 3
5	Dy 5	△	Y			$\dfrac{U}{u} = \dfrac{n_1}{\sqrt{3}\,n_2}$	C 1
5	Yd 5	Y	△			$\dfrac{U}{u} = \dfrac{\sqrt{3}\,n_1}{n_2}$	C 2
5	Yz 5	Y	⅄			$\dfrac{U}{u} = \dfrac{2n_1}{\sqrt{3}\,n_2}$	C 3
6	Dd 6	△	▽			$\dfrac{U}{u} = \dfrac{n_1}{n_2}$	B 1
6	Yy 6	Y	Y			$\dfrac{U}{u} = \dfrac{n_1}{n_2}$	B 2
6	Dz 6	△	⅄			$\dfrac{U}{u} = \dfrac{2n_1}{3n_2}$	B 3
11	Dy 11	△	Y			$\dfrac{U}{u} = \dfrac{n_1}{\sqrt{3}\,n_2}$	D 1
11	Yd 11	Y	△			$\dfrac{U}{u} = \dfrac{\sqrt{3}\,n_1}{n_2}$	D 2
11	Yz 11	Y	⅄			$\dfrac{U}{u} = \dfrac{2n_1}{\sqrt{3}\,n_2}$	D 3

Die VDE Schaltgruppe von Einphasenleistungstransformatoren

0	Ii 0					$\dfrac{U}{u} = \dfrac{n_1}{n_2}$	E

Abb. 115. Die genormten Schaltgruppen der Leistungstransformatoren

ersten Schenkel, also von links, ausgeht und den Phasenwinkel des Unterspannungsvektors oben von Null ab zählt. Vor allen Dingen wird bei der einphasigen Darstellung von Potentialdiagrammen stets die Phase U, auch vornehmlich bei Regeltransformatoren, und nicht die Phase V herangezogen.

Tabelle 32. *Die VDE-Schaltgruppen*

Schaltsinn	Phasenwinkel in Grad	Stern			Dreieck		
		Stern	Dreieck	Zickzack	Dreieck	Stern	Zickzack
gleich	0	Yy 0			Dd 0		Dz 0
	30						
	60						
	90						
	120						
gegen	150		Yd 5	Yz 5		Dy 5	
gegen	180	Yy 6			Dd 6		Dz 6
	210						
	240						
	270						
	300						
gleich	330		Yd 11	Yz 11		Dy 11	
Summe		2	2	2	2	2	2
Teilsumme		6			6		
Gesamtsumme		12					

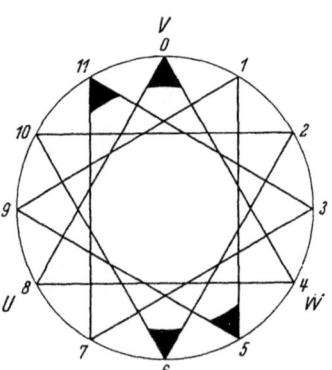

Abb. 116. Die Kennzahlen der zwölf genormten Schaltgruppen. Oben sind die gleichsinnigen und unten die gegensinnigen Schaltungen markiert

49. Die gleichphasige Belastung des Drehstromtransformators

Gleichphasige Belastung eines Drehstromtransformators kann beim *Erdschluß* eines Netzleiters, wenn am Sternpunkt eine Erdschlußspule angeschlossen oder bei *unsymmetrischer Belastung*, wenn ein Sternpunktleiter vorhanden ist, auftreten. Die gleichphasige Belastung ist allgemein dadurch gekennzeichnet, daß die Ströme in den drei

Schenkelwicklungen in jedem Zeitmoment gleich groß und von *gleicher Richtung* sind.

Nachfolgend sollen einige der behandelten Schaltgruppen bei gleichphasiger Belastung für den Fall des *Erdschlusses eines Netzleiters* bei angeschlossener Erdschlußspule untersucht werden.

In Abb. 117 ist zu diesem Zweck eine Stern-Stern-Schaltung der Schaltgruppe Yy 6 nach Abb. 73 bei gleichphasiger Belastung dargestellt. Dem Transformator fließen, wie ersichtlich, in jeder Phase

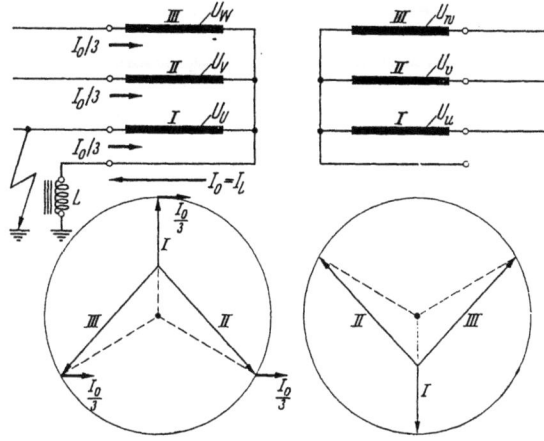

Abb. 117. Stern-Stern-Schaltung bei gleichphasiger Belastung. Schaltgruppe: Yy 6 nach Abb. 73. Bezeichnungen: $I_0/3$ = gleichphasiger Teilstrom, $I_L = I_0$ = Erdschlußspulenstrom, L = Erdschlußspule, I, II und III = Schenkelwicklungen oder Phasenspannungen, U_U, U_V und U_W = Phasenspannungen oberspannungsseitig, U_u, U_v und U_w = Phasenspannungen unterspannungsseitig

Teilströme von der Größe 1/3 des Erdschlußspulenstromes $I_L = I_0$ zu, und, da sie induktiv sind, eilen sie der Spannung der erdgeschlossenen Phase U_U (I) um 90° nach. Infolge des Fehlens von Gegenamperewindungen wirken die Teilströme *magnetisierend* und erzeugen Luftflüsse, die eine *Sternpunktverlagerung* zur Folge haben. Die Verlagerung bewirkt die Verminderung der Spannung an der Erdschlußspule L. Da die Summe der Kraftflüsse nicht mehr Null ist, tritt auch in der Unterspannungswicklung des Transformators *Sternpunktverlagerung* auf. In der Abbildung sind die Teilströme zur besseren Übersicht im Potentialdiagramm der Oberspannungswicklung eingetragen.

Grundsätzlich anders verhält sich eine Stern-Dreieck-Schaltung bei gleichphasiger Belastung. In Abb. 118 ist die Schaltgruppe Yd 7 nach Abb. 79d mit Belastungsströmen dargestellt. Die symmetrischen Belastungsströme I_U, I_V und I_W auf der Oberspannungsseite sind links im Zeitdiagramm (Kreis *1*) eingezeichnet. Die Teilströme $I_0/3$ addieren sich dazu geometrisch, und die Summe gibt die wirklich durch die Schenkelwicklungen fließenden Ströme der Sternschaltung an. Im Zeitdiagramm rechts sind die Ströme der Dreieckschaltung angegeben. Die *Phasenströme* (Kreis *2*) sind schenkelweise den Phasen-

144 Die Schaltung der Drehstrom-Leistungstransformatoren

strömen auf der Oberspannungsseite in jedem Zeitmoment entgegengesetzt gerichtet. Zu den Phasenströmen der Dreieckschaltung addieren sich die gleichphasigen Teilströme $I_0'/3$ geometrisch, die in jedem Zeitmoment den Teilströmen $I_0/3$ entgegengesetzt gerichtet sind. Die wirklichen Phasenströme, die durch die Schenkelwicklungen fließen, sind also I', II' und III'. Die *Linienströme* werden dagegen in den Knotenpunkten durch die Differenz der Phasenströme gebildet, und zwar so,

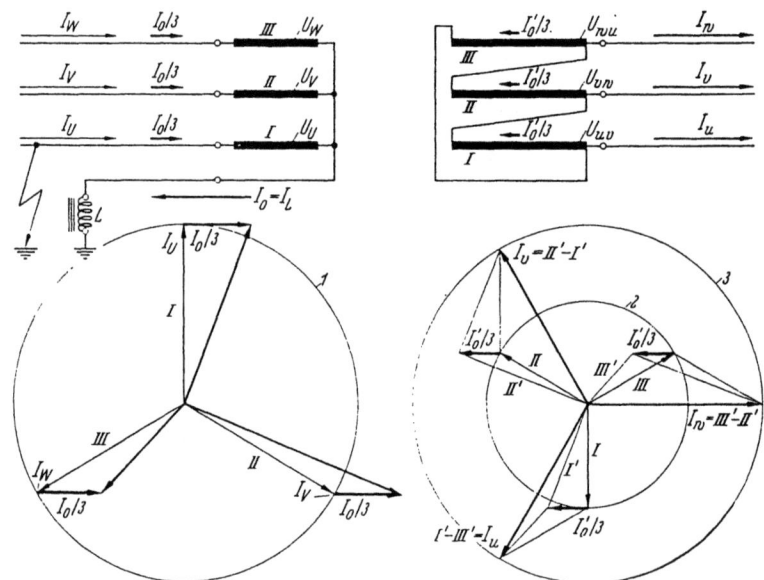

Abb. 118. Stern-Dreieck-Schaltung bei gleichphasiger und symmetrischer Belastung. Schaltgruppe: $Yd\,7$ nach Abb. 79d. Bezeichnungen: $I_0/3$ = gleichphasiger Teilstrom in der Sternwicklung, $I_0'/3$ = gleichphasiger Teilstrom in der Dreieckwicklung, I_U, I_V und I_W = symmetrische Belastungsströme oberspannungsseitig (Kreis 1), I_u, I_v und I_w = symmetrische Belastungsströme unterspannungsseitig (Kreis 3), I, II und III = Schenkelwicklungen oder Phasenströme (Kreis 1 und 2), I', II' und III' = resultierende Phasenströme der Dreieckwicklung, U_U, U_V und U_W = Phasenspannungen oberspannungsseitig, U_{uv}, U_{vw} und U_{wu} = Linienspannungen unterspannungsseitig

daß der Strom in der Schenkelwicklung, die direkt am Knotenpunkt liegt, positiv und der Strom in der Schaltverbindung negativ zu zählen sind.

Nach der elektrischen Lage der inneren *Schaltverbindungen* der in der Abbildung dargestellten Dreieckschaltung sind demnach die Linienströme

$$\left.\begin{array}{l}I_u = I' \mathrel{\frown} III' \\ I_v = II' \mathrel{\frown} I' \\ I_w = III' \mathrel{\frown} II'\end{array}\right| \text{(A)} \qquad (120)$$

und ohne die gleichphasigen Teilströme $I_0'/3$

$$\left.\begin{array}{l}I_u = I \mathrel{\frown} III \\ I_v = II \mathrel{\frown} I \\ I_w = III \mathrel{\frown} II\end{array}\right| \text{(A)}, \qquad (121)$$

woraus folgt, daß die gleichphasigen Teilströme durch die *Differenzbildung* der Phasenströme ausfallen und die Linienströme (Kreis *3*) symmetrisch werden. Es fließt ein gleichphasiger Ringstrom gleich $I_0'/3$ innerhalb der Dreieckwicklung.

Bei der hier behandelten Schaltgruppe eilen die Linienströme den Phasenströmen *I*, *II* und *III* um 30° nach. Werden die inneren Schaltverbindungen umgelegt, so entsteht die Schaltgruppe *Yd* 5 nach Abb. 79 c, und die Linienspannungen U_{uv}, U_{vw} und U_{wu} werden durch die Linienspannungen U_{uw}, U_{vu} und U_{wv} ersetzt.

Die neuen Linienströme sind

$$\begin{array}{l} I_u = I' \backsimeq II' \\ I_v = II' \backsimeq III' \\ I_w = III' \backsimeq I' \end{array} \bigg| \text{ (A)} \tag{122}$$

und ohne die gleichphasigen Teilströme $I_0'/3$

$$\begin{array}{l} I_u = I \backsimeq II \\ I_v = II \backsimeq III \\ I_w = III \backsimeq I \end{array} \bigg| \text{ (A),} \tag{123}$$

woraus folgt, daß die Umlegung der inneren *Schaltverbindungen* die gleichphasigen Teilströme, also den Ringstrom nicht beeinflußt und nur die Linienströme um 60° nach links verschoben werden. Sie eilen jetzt den Phasenströmen um 30° vor. Der Ringstrom fließt aber, ohne seine Richtung in den Schenkelwicklungen zu ändern, in den inneren Schaltverbindungen in umgekehrter Richtung.

Schließlich kommen wir zu der Feststellung, daß eine Dreieckwicklung bei gleichphasiger Belastung in der Lage ist, Gegenamperewindungen zu stellen und folglich das *magnetische Gleichgewicht* aufrechtzuerhalten. Sie verhindert die Sternpunktverlagerung und unterdrückt damit die Sternpunktspannung des Transformators.

Wird statt der Dreieckwicklung eine Zickzackwicklung, wie in Abb. 119 angegeben, verwendet, tritt bei gleichphasiger Belastung eine einseitige Sternpunktverlagerung auf. Durch die Eigenart der Zickzackschaltung wird die *Sternpunktverlagerung* auf der erdschlußfreien Seite des Transformators unterbunden. In der Abbildung ist die Schaltgruppe *Yz* 5 nach Abb. 84 mit der Schaltfolge $_uI^2 \to {_y}II^1 \to mp$, $_vII^2 \to {_z}III^1 \to mp$ und $_wIII^2 \to {_x}I^1 \to mp$ der Zickzackschaltung dargestellt. Wie aus dem Potentialdiagramm ersichtlich ist, bleiben die Kreispunkte *1*, *2* und *3* trotz unterschiedlicher Spannungsvektoren der Wicklungsabteilungen unverändert.

Bei der Stern-Stern-Tertiär-Schaltung, Abb. 120, fließt der Ringstrom $I_0'/3$, von den Belastungsströmen getrennt, allein in der Tertiärwicklung. Der *Ringstrom* hebt die magnetisierenden Durchflutungen der Teilströme $I_0/3$ auf, und auf der Unterspannungsseite fließen die Phasenströme I_u, I_v und I_w, die genauso wie die Phasenströme auf der Oberspannungsseite I_U, I_V und I_W symmetrisch sind. In der Abbildung ist die Schaltgruppe $Yy\ 6\ D_T\ 1$ mit Stromdiagrammen dargestellt.

Die Zickzackwicklung ist allein in der Lage, die gleichphasigen Durchflutungen der Teilströme $I_0/3$ aufzuheben. In Abb. 121 ist der Verlauf der gleichphasigen Teilströme durch die Zickzackwicklung an-

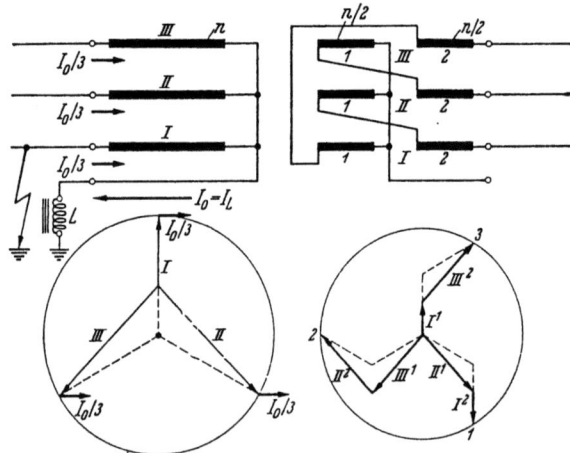

Abb. 119. Stern-Zickzack-Schaltung bei gleichphasiger Belastung. Schaltgruppe: Yz 5 nach Abb. 84. Übersetzungsverhältnis $ü = 1{,}155$. Keine Sternpunktverlagerung auf der Seite der Zickzackwicklung

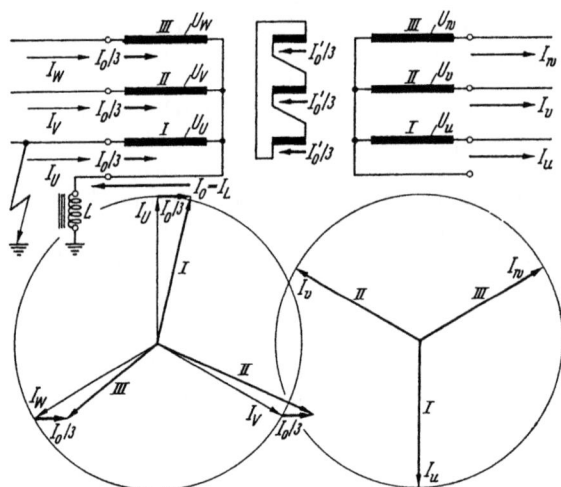

Abb. 120. Stern-Stern-Tertiär-Schaltung bei gleichphasiger und symmetrischer Belastung. Schaltgruppe: Yy 6 D_T 1 nach Abb. 88

gegeben. Als Beispiel ist die Schaltgruppe Zy 5 nach Abb. 110 verwendet. Die Teilströme sind auch im Potentialdiagramm eingetragen.

Bietet man eine Durchflußmöglichkeit für die Teilströme $I_0'/3$ bei der Stern-Stern-Schaltung durch Schließung der Stromkreise bei Anordnung eines *Sternpunktleiters*, können die gleichphasigen Durchflutungen der Teilströme $I_0/3$ aufgehoben werden. Der Sternpunktleiter auf der Seite, an der die Erdschlußspule nicht angeschlossen ist, wird zu diesem Zweck entweder mit dem Sternpunkt eines speisenden

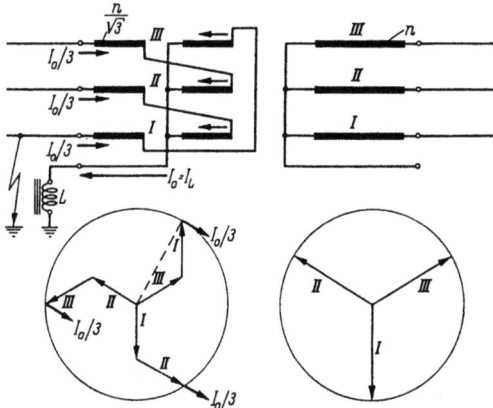

Abb. 121. Zickzack-Stern-Schaltung bei gleichphasiger Belastung. Schaltgruppe: Zy 5 nach Abb. 110 b. Übersetzungsverhältnis $ü = 1$. Die gleichphasigen Ströme in der Zickzackwicklung halten sich selbst in Gleichgewicht

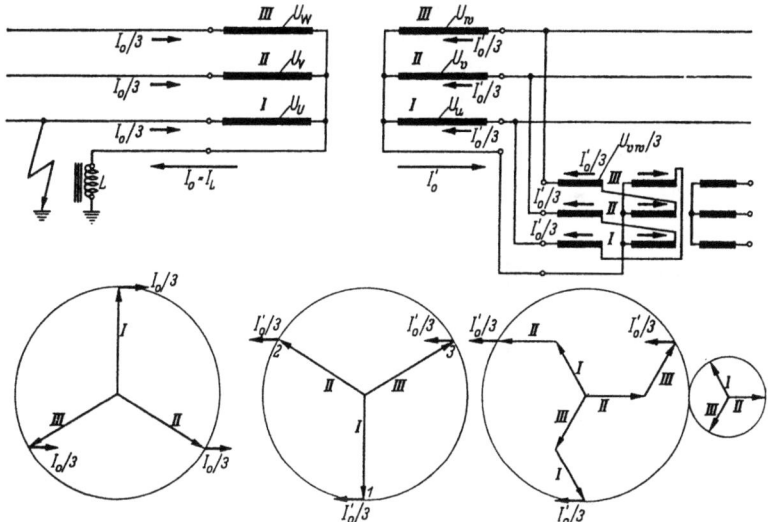

Abb. 122. Stern-Stern-Schaltung mit Hilfstransformator bei gleichphasiger Belastung. Schaltgruppe Haupttransformator: Yy 6 nach Abb. 73, Schaltgruppe Hilfstransformator: Zy 5 nach Abb. 110 b, Potentialdiagramme von links nach rechts: Oberspannungswicklung, Unterspannungswicklung, Zickzackwicklung und Sternwicklung

Generators oder Transformators verbunden. Sind diese Sternpunkte nicht zugänglich oder hat der speisende Transformator keine Dreieckwicklung, kann auch ein Hilfstransformator mit Zickzackschaltung verwendet werden. Hierbei wird der Sternpunktleiter mit dem Sternpunkt der Zickzackwicklung verbunden. In Abb. 122 ist eine derartige Schaltung mit *Hilfstransformator* dargestellt. In den Potentialdiagrammen sind die Vektoren der Teilströme eingefügt und in der Schaltung der räumliche Stromverlauf der gleichphasigen Teilströme angegeben. Der Haupttransformator hat die Schaltgruppe Yy 6 nach Abb. 73 und der Hilfstransformator Zy 5 nach Abb. 110b. Die Potentialdiagramme des Hilfstransformators sind, entsprechend den vorhandenen Verbindungsleitungen, die bekanntlich jeweils Punkte gleichen Potentials darstellen, auf die Kreispunkte *1, 2* und *3* des Potentialdiagramms der Unterspannungsseite des *Haupttransformators* gedreht. Die Wicklungsabteilungen der Zickzackwicklung sind dementsprechend für 1/3 der Linienspannung der Unterspannungswicklung zu bemessen. Die Sternwicklung des Hilfstransformators kann zur Speisung von Eigenbedarfsanlagen oder für sonstige Zwecke verwendet werden. Die Nennleistung des Hilfstransformators richtet sich nach der Größe der Teilströme $I'_0/3$ und der zu erwartenden zusätzlichen Belastung.

50. Die einfache Phasenvertauschung

Einfache Phasenvertauschung liegt dann vor, wenn zwei Leitungen oberspannungs- oder unterspannungsseitig an den Hauptklemmen außerhalb des Drehstromtransformators *vertauscht angeschlossen* werden. Da hierdurch eine Änderung in der Phasenfolge eintritt, läuft das *Drehfeld* in entgegengesetzte Richtung. Der Anschluß des Transformators ist also nicht drehfeldrichtig. Liegt dagegen die Vertauschung innerhalb der Hauptklemmen, so ist der Transformator selbst nicht drehfeldrichtig geschaltet. Für die *einfache Phasenvertauschung* gibt es drei Möglichkeiten, die in folgender Tabelle angegeben sind.

Tabelle 33. *Die einfache Phasenvertauschung bei Drehstromtransformatoren*

	Phasen vertauscht	Phasenfolge	Beispiel in Abbildung
Normaler Anschluß	—	U V W	123a oben
1. Vertauschung	V mit W	U W V	123b oben
2. Vertauschung	U mit W	W V U	123c oben
3. Vertauschung	U mit V	V U W	123d oben

In Abb. 123a ist ein Drehstromtransformator der Schaltgruppe Yd 5 oberspannungs- und unterspannungsseitig an den Sammelschienen $R\,S\,T$ und $r\,s\,t$, wie es die Drehrichtung des Potentialdiagramms angibt, drehfeldrichtig angeschlossen. In den Abb. 123b, c und d sind dagegen die drei Fälle der *Phasenvertauschung* des Anschlusses auf der Oberspannungsseite eines Transformators der Schaltgruppe Yd 11 dargestellt. Den drehfeldrichtigen Anschluß dieses Transformators zeigt Abb. 124a. Entsprechend der Lage der Hauptklemmen und der inneren Schaltverbindungen der Unterspannungswicklung, ist in dieser Abbildung der Anfang des Vektors U_{uw} der linken Schenkelwicklung — also die Spitze mit dem Indexbuchstaben u — mit dem Ende des Vektors U_{vu} der mittleren Schenkelwicklung — dem Indexbuchstaben u — verbunden. Der Vektor U_{wv} der rechten Schenkelwicklung ist schließlich

Die einfache Phasenvertauschung

mit seinem Ende an den Anfang des Vektors U_{vu} angeschlossen. Hierdurch ist das *Spannungsdreieck* vektoriell eindeutig bestimmt.

Bei der Vertauschung der Phasen V und W in Abb. 123b zeigt der Unterspannungsvektor U_{vu} nicht mehr von links oben nach rechts

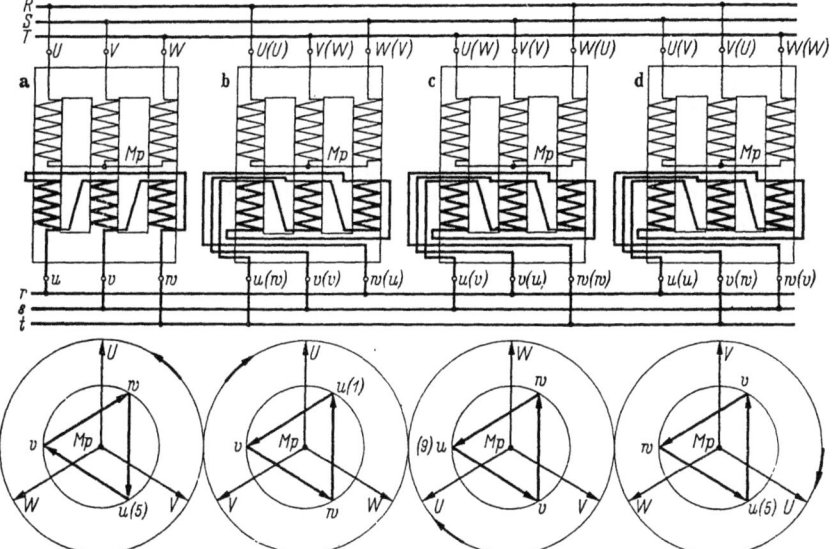

Abb. 123. Die einfache und doppelte Phasenvertauschung bei einem Drehstromtransformator der Schaltgruppe $Yd\,11$ nach Abb. 79a.   a) Normalanschluß, drehfeldrichtig, der Schaltgruppe $Yd\,5$ zwecks Phasenvergleich;   b), c) und d) nur oben: die einfache Phasenvertauschung; b), c) und d) oben und unten: die doppelte Phasenvertauschung für gleiche Phasenwinkel wie Schaltgruppe $Yd\,5$

unten, sondern, entsprechend der geänderten Richtung des Oberspannungsvektors, von rechts oben nach links unten. Analog verhält sich auch der Vektor U_{wv}. Da aber nun die Schaltung nicht geändert worden ist, muß die *Richtungsfolge der Vektoren* bestehenbleiben. Es ergibt sich damit eine neue vektorielle Lage des Spannungsdreiecks. Der Knotenpunkt v wird um 180° umgeklappt. Dieses Spannungsdreieck kommt folglich in die gleiche vektorielle Lage wie das Spannungsdreieck der Schaltgruppe $Yd\,5$.

Während also bei oberspannungsseitiger *Phasenvertauschung* zwei Oberspannungsvektoren ihre Richtungen wechseln, wird auf der Unterspannungsseite der Stern-Dreieck-Schaltung das Spannungsdreieck in die Lage gebracht, als ob die inneren Schaltverbindungen umgelegt worden wären, jedoch mit dem Unterschied, daß, entsprechend dem oberspannungsseitigen Richtungswechsel, zwei Phasen vertauscht sind (s. Abb. 79b). Es tritt somit auch auf der Unterspannungsseite des Transformators Phasenvertauschung auf. Die *Phasenfolge* stimmt nicht mehr von rechts nach links, sondern von links nach rechts mit den Bezeichnungen der Hauptklemmen auf der Unterspannungsseite überein. Vertauscht man jedoch zwei Ableitungen oder die Bezeichnungen zweier Hauptklemmen, werden die Haupt-

150 Die Schaltung der Drehstrom-Leistungstransformatoren

klemmen auf dieser Seite des Transformators wieder *drehfeldrichtig*. (Doppelte Phasenvertauschung s. Abschn. 51.)

Wie aus Abb. 123a und b ersichtlich ist, kann durch Vertauschung der Klemmenbezeichnungen u und w — auch im Potentialdiagramm — die Schaltgruppe $Yd\,11$ in die Schaltgruppe $Yd\,5$ verwandelt werden. Dieser Vorgang ist umkehrbar, denn wie die Abb. 124a und b zeigen, wird durch die Phasenvertauschung die Schaltgruppe $Yd\,5$ in $Yd\,11$ geändert.

Bei der Dreieck-Stern-Schaltung bewirkt eine Phasenvertauschung gemäß Abb. 125 b, c und d auf der Oberspannungsseite die gleiche Drehung der Unterspannungsvektoren, als wenn die *inneren Schaltverbindungen* umgelegt worden wären, jedoch mit dem Unterschied, daß jetzt ebenfalls zwei Phasen vertauscht sind. Wie aus Abb. 98 hervorgeht, sind die gleichen Phasen auf der Unterspannungsseite wie auf der Oberspannungsseite vertauscht.

Entsprechend der Abb. 125a und b, kann durch Vertauschung der Bezeichnungen u und w der Hauptklemmen *Phasengleichheit* zwischen den Schaltgruppen $Yd\,11$ und $Dy\,5$ (Abb. 97) erzielt werden.

51. Die doppelte Phasenvertauschung

Doppelte Phasenvertauschung liegt dann vor, wenn zwei Leitungen oberspannungs- und unterspannungsseitig an den Hauptklemmen *außerhalb* des Drehstromtransformators *vertauscht* angeschlossen werden. Während also das *Drehfeld* an den Hauptklemmen in entgegengesetzter Richtung läuft, sind die Sammelschienen $R\,S\,T$ und $r\,s\,t$ drehfeldrichtig angeschlossen. Für die doppelte Phasenvertauschung gibt es neun *Möglichkeiten*, da mit den drei oberspannungsseitigen einfachen Vertauschungen je drei Vertauschungen auf der Unterspannungsseite ausgeführt werden können.

In den Abb. 123, 124 und 125 wird gezeigt, wie man mit Hilfe der doppelten Phasenvertauschung Schaltgruppen mit verschiedenen Phasenwinkeln zwecks *Parallelarbeit* auf gleiche Phasenwinkel bringen kann. Vergleicht man diese Abbildungen miteinander, so kommt man zu der Feststellung, daß bei gleicher *Phasenvertauschung* auf der Oberspannungsseite eine bestimmte *Phasenvertauschung* auf der Unterspannungsseite für alle drei Schaltgruppen zugeordnet ist.

Die neun Möglichkeiten der doppelten Phasenvertauschung sind in Tabelle 34 angegeben, wobei die unterstrichenen Phasenvertauschungen gleiche Phasenwinkel erzeugen.

Tabelle 34. *Die doppelte Phasenvertauschung bei Drehstromtransformatoren*

	1. bis 3. Doppelvertauschung		4. bis 6. Doppelvertauschung		7. bis 9. Doppelvertauschung	
Oberspannung	$U\,W\,V$		$W\,V\,U$		$V\,U\,W$	
Unterspannung	1	$\underline{w\,v\,u}$	4	$w\,v\,u$	7	$w\,v\,u$
	2	$\underline{v\,u\,w}$	5	$\underline{v\,u\,w}$	8	$v\,u\,w$
	3	$u\,w\,v$	6	$\underline{u\,w\,v}$	9	$\underline{u\,w\,v}$

Die doppelte Phasenvertauschung

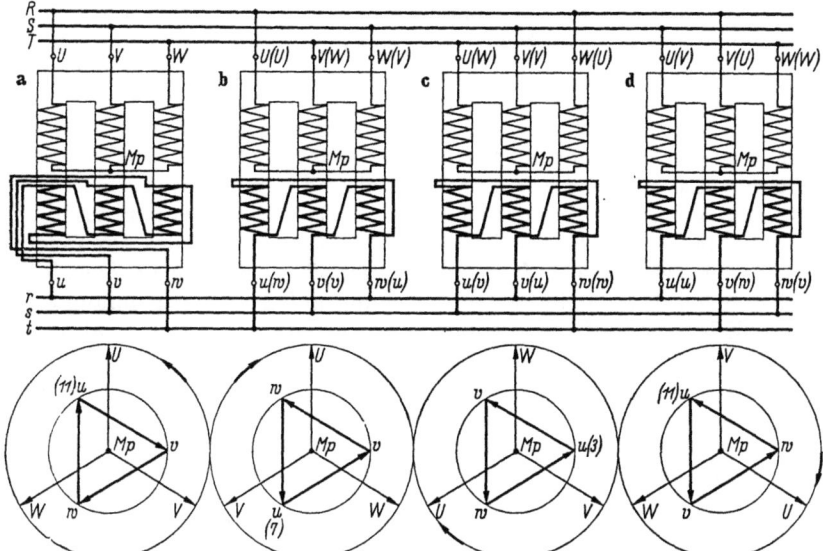

Abb. 124. Die einfache und doppelte Phasenvertauschung bei einem Drehstromtransformator der Schaltgruppe $Yd\,5$ nach Abb. 79c. a) Normalanschluß, drehfeldrichtig, der Schaltgruppe $Yd\,11$ zwecks Phasenvergleich; b), c) und d) nur oben: die einfache Phasenvertauschung; b), c) und d) oben und unten: die doppelte Phasenvertauschung für gleiche Phasenwinkel wie Schaltgruppe $Yd\,11$

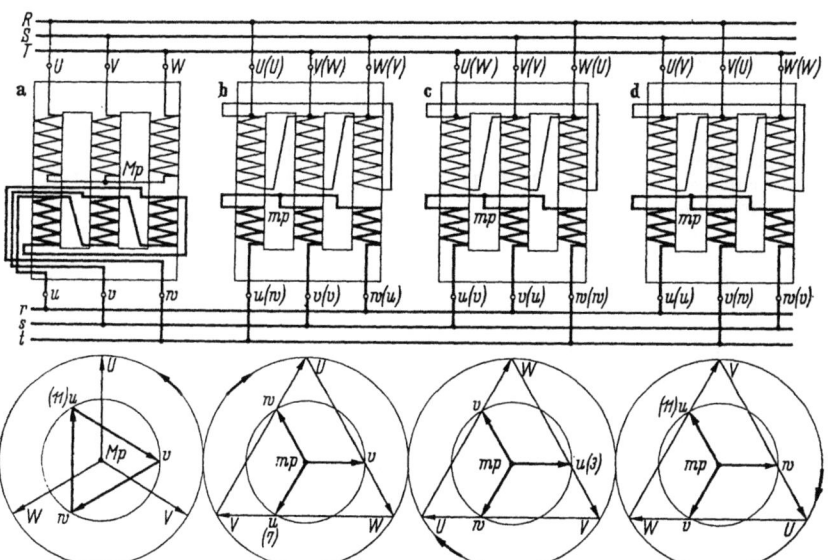

Abb. 125. Die einfache und doppelte Phasenvertauschung bei einem Drehstromtransformator der Schaltgruppe $Dy\,5$ nach Abb. 97. a) Normalanschluß, drehfeldrichtig, der Schaltgruppe $Yd\,11$ zwecks Phasenvergleich; b), c) und d) nur oben: die einfache Phasenvertauschung; b), c) und d) oben und unten: die doppelte Phasenvertauschung für gleiche Phasenwinkel wie Schaltgruppe $Yd\,11$

Die Sammelschienen-Verbindungen bei der doppelten Phasenvertauschung nach den Abb. 123 bis 125 sind für die Parallelarbeit der Schaltgruppen $Yd\,11$, $Yd\,5$ und $Dy\,5$ in Tabelle 35 übersichtlich zusammengestellt.

Die Differenz der *Kennzahlen* der auf gleiche Phasenwinkel gebrachten Schaltgruppen beträgt $11 - 5 = 6$. Die gleichnamigen Phasen sind also $6 \cdot 30° = 180°$ voneinander entfernt. Verfolgt man die Bewegung der potentiellen Lage, z. B. des Spitzenpunktes u am Kreisumfang ohne Rücksicht auf die *Umlaufrichtung* des Drehfeldes, ist bei der ersten und fünften *Doppelvertauschung* nach rechts bzw. links feststellbar, daß die Phasenvertauschung auf der Oberspannungsseite eine 60°- und auf der Unterspannungsseite eine 120°-, also zusammen eine 180°-Drehung, verursacht. (Abb. 124a, 123b und 123a, Kennzahlen: 11, 1 und 5.) Bei der neunten Doppelvertauschung erfolgt die Drehung um 180° direkt. Die relative Bewegung des Spitzenpunktes u je einfache Phasenvertauschung auf der Oberspannungsseite beträgt $4 \cdot 30° = 120°$. (Abb. 123b, c und d, Kennzahlen: 1, 9 und 5.)

Tabelle 35. *Sammelschienen-Verbindungen von Drehstromtransformatoren der Schaltgruppe Yd 11 für gleichen Phasenwinkel wie Schaltgruppe Yd 5, der Schaltgruppe Yd 5 für gleichen Phasenwinkel wie Yd 11 und der Schaltgruppe Dy 5 für gleichen Phasenwinkel wie Yd 11*

Schaltgruppe $Yd\,5$ Schaltgruppe $Yd\,11$ Schaltgruppe $Yd\,11$		Schaltgruppe $Yd\,11$ (Abb. 123) Schaltgruppe $Yd\,5$ (Abb. 124) Schaltgruppe $Dy\,5$ (Abb. 125)		
	Normaler Anschluß	1. Doppelvertauschung	5. Doppelvertauschung	9. Doppelvertauschung
Sammelschienen, Oberspannungsseite	$R\ S\ T$	$R\ S\ T$	$R\ S\ T$	$R\ S\ T$
Hauptklemmen-Anschlüsse, Oberspannungsseite	$U\ V\ W$	$U\ W\ V$	$W\ V\ U$	$V\ U\ W$
Hauptklemmen-Anschlüsse, Unterspannungsseite	$u\ v\ w$	$w\ v\ u$	$v\ u\ w$	$u\ w\ v$
Sammelschienen, Unterspannungsseite	$r\ s\ t$	$r\ s\ t$	$r\ s\ t$	$r\ s\ t$

Zusammengenommen müßte man annehmen, daß alle Schaltgruppen, die eine Kennzahldifferenz von 6 aufweisen, durch die erste, fünfte oder neunte *Doppelvertauschung* auf gleiche Phasenwinkel gebracht werden können. Nach Tabelle 30 kämen in dieser Hinsicht zur Nachprüfung, wenn man von der Zickzackschaltung absieht, noch folgende Schaltgruppen in Frage: $Yy\,0 - Yy\,6$, $Yd\,1 - Yd\,7$, $Dy\,1 - Dy\,7$ und $Dd\,0 - Dd\,6$. Die Zickzackschaltung liefert in dieser Beziehung infolge ihres Dreieckcharakters die gleichen Resultate wie eine Dreieckschaltung.

Die doppelte Phasenvertauschung 153

Die Nachprüfung ergibt, daß bei den *Schaltgruppen* $Yy\,0$ und $Yy\,6$ eine Phasenvertauschung auf der Oberspannungsseite die gleiche Phasenvertauschung auf der Unterspannungsseite verursacht (s. Abb. 73). Der Spitzenpunkt u wird durch die oben angegebenen Doppelvertauschungen statt um 180° nur um 120° gedreht. Diese Schaltgruppen können also nicht auf gleiche Phasenwinkel gebracht werden. Um die 120°-Drehung zu veranschaulichen, sind die zugehörigen Diagramme in Tabelle 36 dargestellt.

Bei den *Schaltgruppen* $Yd\,1$, $Yd\,7$, $Dy\,1$ und $Dy\,7$ wird im Gegensatz zu den Schaltgruppen $Yd\,5$, $Yd\,11$, $Dy\,5$ und $Dy\,11$ statt der Spitzenpunkt v der Spitzenpunkt w durch die erste Doppelvertauschung um 180° umgeklappt (s. Abb. 79, 96 und 98). Obwohl jetzt eine 60°-Drehung zustande kommt, ist die 120°-Drehung entgegengesetzt, und der Spitzenpunkt u wird nur um die Differenz dieser Winkel, also 60°, gedreht.

Tabelle 36. *Doppelte Phasenvertauschung der Schaltgruppe* $Yy\,0$. *Erzeugter Phasenwinkel gleich* 120°

	1. Doppelvertauschung	5. Doppelvertauschung	9. Doppelvertauschung
Oberspannung			
Unterspannung			

Schließlich verursacht bei den *Schaltgruppen* $Dd\,0$ und $Dd\,6$ eine Phasenvertauschung auf der Oberspannungsseite die gleiche Phasenvertauschung auf der Unterspannungsseite. Die 60°-*Drehung* kommt also hier ebenfalls nicht zustande, und die *potentielle* Lage der Spannungsvektoren auf der Unterspannungsseite bleibt unverändert. Es liegen die gleichen Verhältnisse wie bei den Schaltgruppen $Yy\,0$ und $Yy\,6$ vor. Der *Spitzenpunkt* u wird also um 120° verschoben.

Zusammenfassend ergeben sich durch die erste, fünfte oder neunte Doppelvertauschung bei den bisher behandelten und nachgeprüften Schaltgruppen folgende Kennzahlen:

$$\begin{array}{cccccc} 11 & 5 & 11 & 5 & 4 & 10 \\ Yd\,5 & Yd\,11 & Dy\,5 & Dy\,11 & Yy\,0 & Yy\,6, \end{array}$$

$$\begin{array}{cccccc} 3 & 9 & 3 & 9 & 4 & 10 \\ Yd\,1 & Yd\,7 & Dy\,1 & Dy\,7 & Dd\,0 & Dd\,6, \end{array}$$

woraus zu entnehmen ist, daß nur die ersten vier Schaltgruppen, wie es die Kennzahlen zeigen, auf gleiche Phasenwinkel gebracht werden können.

Abgesehen von der Zickzackschaltung besitzen nur die Schaltungskombinationen Stern-Dreieck und Dreieck-Stern *ungerade* Kennzahlen. Bei diesen tritt die Veränderung der Vektoren im Potentialdiagramm der Unterspannungsseite, also der relativen Stellung zur Oberspannungsseite, auf. Dagegen bleibt bei den Schaltungskombinationen mit *geraden* Kennzahlen, also Stern-Stern und Dreieck-Dreieck, die vektorielle Stellung unverändert.

Die eingangs angegebenen neun *Möglichkeiten* der *doppelten Phasenvertauschung* können in drei Gruppen, die jeweils gleiche Phasenwinkel erzeugen, eingeteilt werden, und zwar

Gruppe I: 1., 5., 9. Doppelvertauschung,

Gruppe II: 2., 6., 7. Doppelvertauschung,

Gruppe III: 3., 4., 8. Doppelvertauschung.

Es genügt damit, die Untersuchung einer Schaltgruppe auf die erste, zweite und dritte Doppelvertauschung auszudehnen, um den Einfluß der neun Möglichkeiten zu erkennen.

In den folgenden vier Tabellen sind für die Schaltgruppen $Yd\,5$, $Yd\,11$, $Dy\,5$ und $Dy\,11$, die infolge der doppelten Phasenvertauschung nach Gruppe I, II und III erzeugten Phasenwinkel nebst Potentialdiagrammen zusammengestellt. Die *Aufstellung* der Potentialdiagramme erfolgt derart, daß zunächst, von der Oberspannungsseite ausgehend, die vorliegende Phasenvertauschung bezeichnet wird und unter Beachtung des Schaltsinnes die Vektoren auf der Unterspannungsseite ermittelt werden. Die auf diese Weise gewonnenen Phasenbezeichnungen gelten für die Hauptklemmen auf der Unterspannungsseite des Transformators, wobei zu beachten ist, daß die Hauptklemmen selbst weder oberspannungs- noch unterspannungsseitig umbezeichnet werden dürfen. Denn nur die Vektoren ändern ihre Richtungen, während die Bezeichnungen unverändert bestehenbleiben. Für die Unterspannungssammelschiene kann dann, damit das *Drehfeld* wieder richtig umläuft, die *zweite Phasenvertauschung* vorgenommen werden. Hierbei muß folgende *Gesetzmäßigkeit* Berücksichtigung finden. Bei der ersten Doppelvertauschung bleibt die Phase v stehen, und u und w werden gewechselt, bei der zweiten bleibt w stehen, und u und v werden gewechselt und schließlich bei der dritten bleibt u stehen, und v und w werden gewechselt. Der Schaltsinn ändert sich durch die Doppelvertauschung nicht, denn die Schaltung der Wicklungen bleibt hiervon unbeeinflußt. Die gleichsinnige Schaltung bleibt also gleichsinnig und die gegensinnige gegensinnig, wobei die *ursprüngliche Bezeichnung* der Vektoren maßgebend ist.

Die Tabellen zeigen, daß die oben angegebenen Schaltgruppen durch die *erste* und *dritte* Doppelvertauschung neue Kennzahlen, 11 und 7 bzw. 5 und 1, erhalten, die nur von der Kennzahl der Schaltgruppe abhängig sind. Durch die *zweite* Doppelvertauschung werden

Tabelle 37. *Doppelte Phasenvertauschung der Schaltgruppe Yd 5*
(Phasenwinkel: 150°, Abb. 78), Sammelschienen drehfeldrichtig

Phasenvertauschung Oberspannungsseite			
Verbindung: Sammelschiene Hauptklemmen	R S T U W V		
	1. Doppel-vertauschung	2. Doppel-vertauschung	3. Doppel-vertauschung
Phasenvertauschung Unterspannungsseite			
Verbindung: Hauptklemmen Sammelschiene	w v u r s t	v u w r s t	u w v r s t
Phasenwinkel an der Unterspannungs-sammelschiene	330°	90°	210°
Kennzahl an der Unterspannungs-sammelschiene	11	3	7
Differenz der Phasen-winkel	+180°	−60°	+60°
	Potentialdiagramme bei $ü = 1$		
Sammelschiene Oberspannungsseite		wie links	wie links
Hauptklemmen Oberspannungsseite		wie links	wie links
Hauptklemmen Unterspannungsseite		wie links	wie links
Sammelschiene Unterspannungsseite			

Tabelle 38. *Doppelte Phasenvertauschung der Schaltgruppe Yd* 11
(*Phasenwinkel: 330°, Abb. 77*). *Sammelschienen drehfeldrichtig*

		1. Doppel-vertauschung	2. Doppel-vertauschung	3. Doppel-vertauschung
Phasenvertauschung Oberspannungsseite				
Verbindung: Sammelschiene Hauptklemmen	R S T U W V			
Phasenvertauschung Unterspannungsseite				
Verbindung: Hauptklemmen Sammelschiene		w v u r s t	v u w r s t	u w v r s t
Phasenwinkel an der Unterspannungssammelschiene		150°	270°	30°
Kennzahl an der Unterspannungssammelschiene		5	9	1
Differenz der Phasenwinkel		−180°	−60°	−300°
	Potentialdiagramme bei $ü = 1$			
Sammelschiene Oberspannungsseite			wie links	wie links
Hauptklemmen Oberspannungsseite			wie links	wie links
Hauptklemmen Unterspannungsseite			wie links	wie links
Sammelschiene Unterspannungsseite				

Tabelle 39. *Doppelte Phasenvertauschung der Schaltgruppe Dy 5 (Phasenwinkel: 150°, Abb. 97). Sammelschienen drehfeldrichtig*

	1. Doppel-vertauschung	2. Doppel-vertauschung	3. Doppel-vertauschung
Phasenvertauschung Oberspannungsseite			
Verbindung: Sammelschiene Hauptklemmen	R S T U W V		
Phasenvertauschung Unterspannungsseite			
Verbindung: Hauptklemmen Sammelschiene	w v u r s t	v u w r s t	u w v r s t
Phasenwinkel an der Unterspannungs-sammelschiene	330°	90°	210°
Kennzahl an der Unterspannungs-sammelschiene	11	3	7
Differenz der Phasen-winkel	+180°	−60°	+60°
Potentialdiagramme bei $ü = 1$			
Sammelschiene Oberspannungsseite		wie links	wie links
Hauptklemmen Oberspannungsseite		wie links	wie links
Hauptklemmen Unterspannungsseite		wie links	wie links
Sammelschiene Unterspannungsseite			

Tabelle 40. *Doppelte Phasenvertauschung der Schaltgruppe* D y 11 *(Phasenwinkel: 330°, Abb. 95). Sammelschienen drehfeldrichtig*

Phasenvertauschung Oberspannungsseite			
Verbindung: Sammelschiene Hauptklemmen	R S T U W V		
	1. Doppelvertauschung	2. Doppelvertauschung	3. Doppelvertauschung
Phasenvertauschung Unterspannungsseite			
Verbindung: Hauptklemmen Sammelschiene	w v u r s t	v u w r s t	u w v r s t
Phasenwinkel an der Unterspannungssammelschiene	150°	270°	30°
Kennzahl an der Unterspannungssammelschiene	5	9	1
Differenz der Phasenwinkel	−180°	−60°	−300°
	Potentialdiagramme bei $ü = 1$		
Sammelschiene Oberspannungsseite		wie links	wie links
Hauptklemmen Oberspannungsseite		wie links	wie links
Hauptklemmen Unterspannungsseite		wie links	wie links
Sammelschiene Unterspannungsseite			

weiterhin die Schaltgruppen $Yd\,5$ und $Dy\,5$ auf die Kennzahl 3 und die Schaltgruppen $Yd\,11$ und $Dy\,11$ auf die Kennzahl 9 gebracht. Die letztgenannten Kennzahlen gehören aber bekanntlich zu Schaltungskombinationen, die theoretisch einen *neutralen Schaltsinn* besitzen.

Um einen umfassenden Einblick in die *Gesetze der Doppelvertauschung* zu gewinnen, sollen jetzt einige Schaltgruppen mit geraden Kennzahlen untersucht werden.

In den folgenden vier Tabellen sind für die Schaltgruppen $Yy\,6$, $Yy\,0$, $Dd\,2$ und $Dd\,4$ die *neuen Kennzahlen* nebst Potentialdiagrammen zusammengestellt. Die oben angegebenen *Regeln* für die Aufstellung der Potentialdiagramme haben hier verständlicherweise auch Gültigkeit. Bei der Schaltungskombination Dreieck-Dreieck könnte man zunächst annehmen, daß auf der Unterspannungsseite eine Änderung der *vektoriellen Lagen der Spannungen* eintritt. Dieses würde auch der Fall sein, wenn nicht die Schaltungsweise der Wicklungen hierbei hinderlich im Wege stünde. Betrachten wir beispielsweise die Schaltgruppe $Dd\,2$, deren Schaltung in Abb. 94a dargestellt ist. Dort ist zu ersehen, daß der Vektor U_{uv} gleichsinnig zum Vektor U_{UW}, analog U_{vw} zum Vektor U_{VU} und U_{wu} zum Vektor U_{WV} gezeichnet sind. Nach Tabelle 43 ergeben die Potentialdiagramme nach dieser Schaltungsweise keine Änderung der *vektoriellen Lagen der Spannungen* auf der Unterspannungsseite gegenüber der Abb. 94a. Es sind lediglich nur die Phasen vertauscht, und dadurch ist die *Richtungsfolge* der Vektoren geändert. Würde man diese Schaltungsweise nicht beachten und zu dem Oberspannungsvektor U_{VU} den Vektor U_{vu} usw. gleichsinnig annehmen, dreht sich das Spannungsdreieck auf der Unterspannungsseite um 60° nach links, was einer Umklappung des Spitzenpunktes w um 180° entspricht. Die *doppelte Phasenvertauschung* hat also bei Schaltgruppen mit geraden Kennzahlen im Gegensatz zu ungeradzahligen Schaltgruppen keinen Einfluß auf die unterspannungsseitigen Vektorenlagen des Transformators. Hierdurch erklärt sich die Tatsache, daß die Doppelvertauschung Gruppe I, II und III bei den geradzahligen Schaltgruppen nur jeweils *zwei verschiedene* von den ursprünglich abweichenden *Kennzahlen* hervorbringt.

Die Berücksichtigung der Schaltungsweise ist bereits in den Abb. 124a und 123b vorhanden. In beiden Fällen ist die Bezeichnung der Vektoren (U_{uw}, U_{wv} und U_{vu}), entsprechend der Schaltungsweise gleich, obwohl die vektoriellen Lagen verschieden sind. Ähnlich verhält es sich bei dem Potentialdiagramm für die Hauptklemmen der Unterspannungsseite in Tabelle 43 und des von Abb. 94a. Hier sind neben den Bezeichnungen der Vektoren auch die vektoriellen Lagen gleich. In beiden Fällen erfolgt der *Richtungswechsel* der Vektoren an der unterspannungsseitigen Sammelschiene.

Das Ergebnis der Untersuchungen, auf sämtliche Schaltgruppen ausgedehnt, ist in Tabelle 45 angegeben. Die oben begonnene Ermittlung, einen umfassenden Einblick zu verschaffen, ist dadurch als abgeschlossen zu betrachten.

Tabelle 41. *Doppelte Phasenvertauschung der Schaltgruppe Yy 6 (Phasenwinkel: 180°, Abb. 73). Sammelschienen drehfeldrichtig*

	1. Doppelvertauschung	2. Doppelvertauschung	3. Doppelvertauschung
Phasenvertauschung Oberspannungsseite	R S T / U V W (gekreuzt)		
Verbindung: Sammelschiene / Hauptklemmen	R S T / U W V		
Phasenvertauschung Unterspannungsseite			
Verbindung: Hauptklemmen / Sammelschiene	w v u / r s t	v u w / r s t	u w v / r s t
Phasenwinkel an der Unterspannungssammelschiene	300°	60°	180°
Kennzahl an der Unterspannungssammelschiene	10	2	6
Differenz der Phasenwinkel	+120°	−120°	0°
Potentialdiagramme bei $\ddot{u} = 1$			
Sammelschiene Oberspannungsseite		wie links	wie links
Hauptklemmen Oberspannungsseite		wie links	wie links
Hauptklemmen Unterspannungsseite		wie links	wie links
Sammelschiene Unterspannungsseite			

Tabelle 42. *Doppelte Phasenvertauschung der Schaltgruppe* $Yy0$
(Phasenwinkel: 0°, Abb. 72). Sammelschienen drehfeldrichtig

Phasenvertauschung Oberspannungsseite			
Verbindung: Sammelschiene Hauptklemmen	$R\ S\ T$ $U\ W\ V$		
	1. Doppelvertauschung	2. Doppelvertauschung	3. Doppelvertauschung
Phasenvertauschung Unterspannungsseite			
Verbindung: Hauptklemmen Sammelschiene	$w\ v\ u$ $r\ s\ t$	$v\ u\ w$ $r\ s\ t$	$u\ w\ v$ $r\ s\ t$
Phasenwinkel an der Unterspannungssammelschiene	120°	240°	0°
Kennzahl an der Unterspannungssammelschiene	4	8	0
Differenz der Phasenwinkel	+120°	+240°	0°
Potentialdiagramme bei $ü = 1$			
Sammelschiene Oberspannungsseite		wie links	wie links
Hauptklemmen Oberspannungsseite		wie links	wie links
Hauptklemmen Unterspannungsseite		wie links	wie links
Sammelschiene Unterspannungsseite			

Tabelle 43. *Doppelte Phasenvertauschung der Schaltgruppe* Dd 2
(Phasenwinkel: 60°, Abb. 94a). Sammelschienen drehfeldrichtig

Phasenvertauschung Oberspannungsseite			
Verbindung: Sammelschiene Hauptklemmen	R S T U W V		
	1. Doppelvertauschung	2. Doppelvertauschung	3. Doppelvertauschung
Phasenvertauschung Unterspannungsseite			
Verbindung: Hauptklemmen Sammelschiene	w v u r s t	v u w r s t	u w v r s t
Phasenwinkel an der Unterspannungssammelschiene	60°	180°	300°
Kennzahl an der Unterspannungssammelschiene	2	6	10
Differenz der Phasenwinkel	0°	+120°	+240°
	Potentialdiagramme bei $ü = 1$		
Sammelschiene Oberspannungsseite		wie links	wie links
Hauptklemmen Oberspannungsseite		wie links	wie links
Hauptklemmen Unterspannungsseite		wie links	wie links
Sammelschiene Unterspannungsseite			

Tabelle 44. *Doppelte Phasenvertauschung der Schaltgruppe Dd 4 (Phasenwinkel: 120°, Abb. 93d). Sammelschienen drehfeldrichtig*

Phasenvertauschung Oberspannungsseite			
Verbindung: Sammelschiene Hauptklemmen	R S T U W V		
	1. Doppelvertauschung	2. Doppelvertauschung	3. Doppelvertauschung
Phasenvertauschung Unterspannungsseite			
Verbindung: Hauptklemmen Sammelschiene	w v u r s t	v u w r s t	u w v r s t
Phasenwinkel an der Unterspannungssammelschiene	0°	120°	240°
Kennzahl an der Unterspannungssammelschiene	0	4	8
Differenz der Phasenwinkel	−120°	0°	+120°
	Potentialdiagramme bei $ü = 1$		
Sammelschiene Oberspannungsseite		wie links	wie links
Hauptklemmen Oberspannungsseite		wie links	wie links
Hauptklemmen Unterspannungsseite		wie links	wie links
Sammelschiene Unterspannungsseite			

11*

Tabelle 45. *Kennzahlen der Schaltgruppen bei doppelter Phasenvertauschung*

Schaltgruppe	Kenn-zahl	1. Doppel-vertauschung Gruppe I	2. Doppel-vertauschung Gruppe II	3. Doppel-vertauschung Gruppe III
Yy	6 0	10 4	2 8	6 0
Yd	1 5 7 11	3 11 9 5	7 3 1 9	11 7 5 1
Dd	2 4 6 8 10 0	2 0 10 8 6 4	6 4 2 0 10 8	10 8 6 4 2 0
Dy	1 5 7 11	3 11 9 5	7 3 1 9	11 7 5 1

Aus dieser Tabelle kann man für jede beliebige Schaltgruppe mit gerader oder ungerader Kennzahl die durch eine bestimmte doppelte Phasenvertauschung erzeugte Kennzahl entnehmen. Die Tabelle zeigt eindeutig, daß die Doppelvertauschung bei Schaltgruppen mit gleicher Kennzahl, unabhängig von der Art der Schaltungskombination, *gleiche Kennzahlen* hervorbringt.

Die zwölf neuen Schaltgruppen sind in Tabelle 46 zusammengestellt.

Tabelle 46. *Neue Schaltgruppen durch doppelte Phasenvertauschung. Hauptklemmen für drehfeldrichtigen Anschluß*[1])

Schaltsinn	Phasen-winkel in Grad	Stern			Dreieck	Zickzack
		Stern	Dreieck	Zickzack	Stern	Stern
gleich	0					
gleich	30					
gleich	60	$Yy\,2$				
neutral	90		$Yd\,3$	$Yz\,3$	$Dy\,3$	$Zy\,3$
gegen	120	$Yy\,4$				
gegen	150					
gegen	180					
gegen	210					
gegen	240	$Yy\,8$				
neutral	270		$Yd\,9$	$Yz\,9$	$Dy\,9$	$Zy\,9$
gleich	300	$Yy\,10$				
gleich	330					
Summe		4	2	2	2	2
Teilsumme		8			2	2
Gesamtsumme		12				

[1]) Ergänzung für Tabelle 30

Verlegt man die Doppelvertauschung *innerhalb* des Transformators, also zwischen Wicklung und Hauptklemmen, kann der Anschluß drehfeldrichtig vorgenommen werden. In diesem Fall entstehen folgende *neue Schaltgruppen: Yy* 2, *Yy* 4, *Yy* 8, *Yy* 10, *Yd* 3, *Yd* 9, *Dy* 3 und *Dy* 9. Da nun die Zickzackschaltung in dieser Beziehung völligen Dreieckcharakter besitzt, ergeben sich noch *weitere Schaltgruppen*, und zwar: *Yz* 3, *Yz* 9, *Zy* 3 und *Zy* 9. Durch diesen Zuwachs von vier neuen Schaltgruppen mit geraden und acht mit ungeraden Kennzahlen, wird eine totale Ergänzung der Tabelle 30 herbeigeführt. Die *Gesamtsumme der Schaltgruppen* erhöht sich damit auf $42 + 4 + 8 = 54$, also auf $50 + 12 = 62$ Schaltmöglichkeiten. Es gibt folglich zusammengenommen 24 Schaltgruppen mit ungeraden und 30 Schaltgruppen mit geraden Kennzahlen, wobei auf jede Schaltungskombination sechs Schaltgruppen entfallen.

Die Kreuzung der Phasen unterhalb des Deckels des Transformators kann bei hohen Spannungen störend auf die Konstruktion und Isolierung der Verbindungen und Ableitungen wirken. Derartige Schaltungen werden deshalb in solchen Fällen nach Möglichkeit vermieden, oder die Kreuzung der Phasen wird einfach nach außen verlegt. Aus dem gleichen Grunde werden auch Zickzackschaltungen bei hoher Spannung nur selten verwendet.

52. Die zyklische Phasenvertauschung

Zyklische Phasenvertauschung liegt dann vor, wenn alle drei Leitungen oberspannungs- oder unterspannungsseitig an die Hauptklemmen außerhalb des Drehstromtransformators in der Reihenfolge Leitung *1* an Stelle 3, Leitung *3* an Stelle 2 und Leitung *2* an Stelle 1, also im Kreise vertauscht, angeschlossen werden. Da hierdurch eine Änderung in der *Phasenfolge* nicht eintritt, läuft das *Drehfeld* in gleicher Richtung weiter. Der Anschluß des Transformators bleibt also bei zyklischer Phasenvertauschung drehfeldrichtig. Liegt andererseits die Vertauschung innerhalb der Hauptklemmen, so ist der Transformator zyklisch vertauscht geschaltet.

Im Potentialdiagramm äußert sich die *zyklische Vertauschung* dadurch, daß die Bezeichnungen der Phasen U, V und W (Abb. 126) oder u, v und w (Abb. 127) am Kreisumfang, ohne die Vektoren zu bewegen, um 120° gedreht werden. Da die Drehung nach links oder nach rechts erfolgen kann, gibt es für die zyklische Phasenvertauschung nur zwei Möglichkeiten (s. Tabelle 47). Durch diese Vertauschung tritt keine Änderung in der relativen Stellung der oberspannungs- und unter-

Tabelle 47. *Die zyklische Phasenvertauschung bei Drehstromtransformatoren*

	Leitungsanschluß	Phasenfolge	Beispiel in Abbildung
Normaler Anschluß	1 2 3	*U V W*	126a
1. Zyklische Vertauschung	2 3 1	*V W U*	126b
2. Zyklische Vertauschung	3 1 2	*W U V*	126c

spannungsseitigen Potentialdiagramme auf. Wenn die Anschlüsse an den Hauptklemmen auf beiden Seiten des Transformators in der gleichen Richtung zyklisch gewechselt werden, bleibt die ursprüngliche Schaltgruppe erhalten.

In den Abb. 126 und 127 sind getrennte zyklische Vertauschungen, oberspannungs- und unterspannungsseitig, dargestellt. Die Verände-

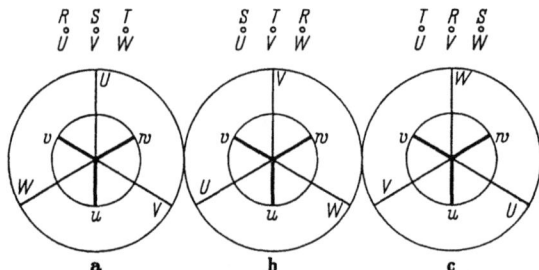

Abb. 126. Die zyklische Phasenvertauschung der Anschlüsse auf der Oberspannungsseite eines Drehstromtransformators. a) Normalanschluß für Schaltgruppe Yy 6 als Ausgangspunkt; b) Drehung der Bezeichnungen nach links; c) Drehung der Bezeichnungen nach rechts

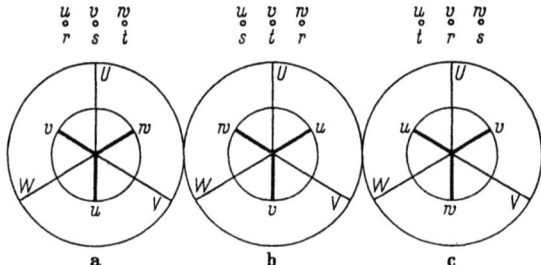

Abb. 127. Die zyklische Phasenvertauschung der Anschlüsse auf der Unterspannungsseite eines Drehstromtransformators. a) Normalanschluß für Schaltgruppe Yy 6 als Ausgangspunkt; b) Drehung der Bezeichnungen nach links; c) Drehung der Bezeichnungen nach rechts

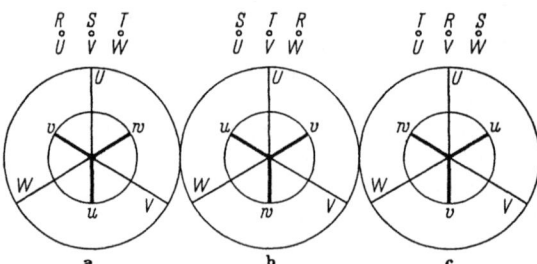

Abb. 128. Zyklische Phasenvertauschung der Anschlüsse auf der Oberspannungsseite und Bezeichnung der veränderten Phasen auf der Unterspannungsseite (s. Abb. 126). a) Normalanschluß für Schaltgruppe Yy 6 als Ausgangspunkt; b) die Bezeichnungen drehen sich auf der Unterspannungsseite nach rechts; c) die Bezeichnungen drehen sich auf der Unterspannungsseite nach links

rung der Phasen auf der Unterspannungsseite, wenn sie auf der Oberspannungsseite zyklisch vertauscht aber nicht umbezeichnet werden, zeigt Abb. 128.

Durch die zyklische Vertauschung der Anschlüsse von *drei Drehstromtransformatoren* kann bei primärer Zusammenschaltung aus der Summe der *drei Magnetisierungsströme* die dritte Oberwelle vollkommen ausgesiebt werden. Hierbei sind immer die primär in Stern oder

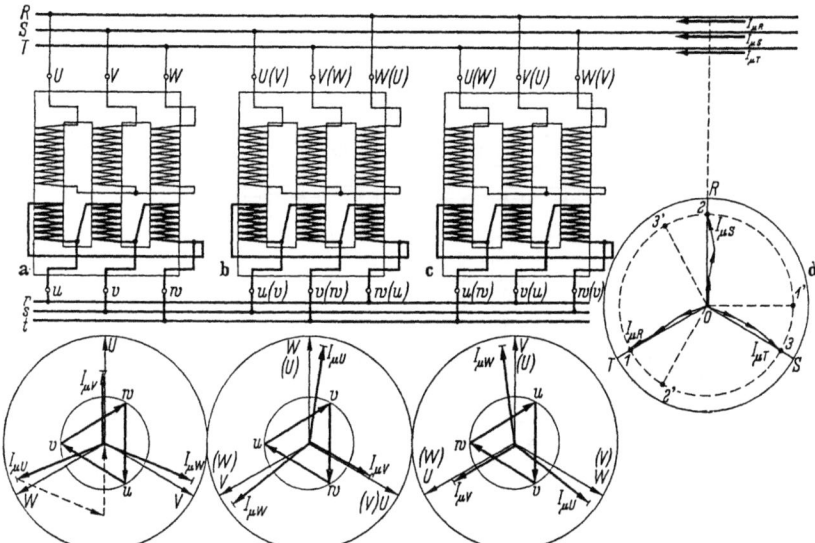

Abb. 129. Kompensierung der dritten Oberwelle des Magnetisierungsstromes in der Summe durch zyklische Vertauschung der Anschlüsse von drei Drehstromtransformatoren der Schaltgruppe $Yd\,5$. (In den Potentialdiagrammen sind die Magnetisierungsströme stark vergrößert eingetragen). a) Normalanschluß des ersten Transformators der Schaltgruppe $Yd\,5$ mit Potentialdiagramm. Die unsymmetrischen Magnetisierungsströme sind in der gleichen vektoriellen Lage eingezeichnet, wie es in der Abb. 28 links unten dargestellt ist; b) Zweite zyklische Vertauschung der Anschlüsse des zweiten Transformators der Schaltgruppe $Yd\,5$ oberspannungs- und unterspannungsseitig. Drehung der Magnetisierungsströme um 120° nach rechts; c) Erste zyklische Vertauschung der Anschlüsse des dritten Transformators der Schaltgruppe $Yd\,5$ oberspannungs- und unterspannungsseitig. Weitere Drehung der Magnetisierungsströme um 120° nach rechts; d) Summation der Magnetisierungsströme an der primären Sammelschiene. Im Diagramm sind die Ströme im Verhältnis 1:3 verkleinert dargestellt. $I_{\mu R}$ (1), $I_{\mu S}$ (2) und $I_{\mu T}$ (3) sind die resultierenden symmetrischen Summen-Magnetisierungsströme. Die Punkte 1, 2 und 3 liegen genau 120° voneinander, am Kreisumfang, entfernt. Die Punkte 1′, 2′ und 3′ geben die richtige Phasenlage der Summen-Magnetisierungsströme nach Zurückdrehung, entsprechend Abb. 28, an

in Dreieck geschalteten Transformatoren jeweils zusammen anzuschließen. Bei Schaltgruppen mit gleicher Kennzahl und gleicher zyklischer Vertauschung oberspannungs- und unterspannungsseitig können die drei Transformatoren auch sekundär zusammengeschaltet, also parallel geschaltet werden.

In Abb. 129 ist dieses Kompensationsverfahren durch Schaltungsmaßnahmen mit Schaltbild und Vektorendiagrammen für die Schaltgruppe $Yd\,5$ und in Abb. 130 für die Schaltgruppe $Dy\,5$ dargestellt.

Führt man die *erste* oder *zweite* zyklische Phasenvertauschung entweder nur auf einer Seite oder auf beiden Seiten aber in ungleicher Richtung durch, verändert sich der Phasenwinkel des Transformators. Im Gegensatz zur doppelten Phasenvertauschung tritt aber hier weder bei den ungeradzahligen noch bei den geradzahligen Schaltgruppen eine Veränderung der relativen Stellungen der oberspannungs- und unterspannungsseitigen Potentialdiagramme auf. Die Potentialdiagramme bleiben in ihrer Form unverändert bestehen.

In den Tabellen 48 bis 51 ist zwecks Untersuchung der Zusammenhänge die *zyklische Phasenvertauschung* bei einigen geradzahligen

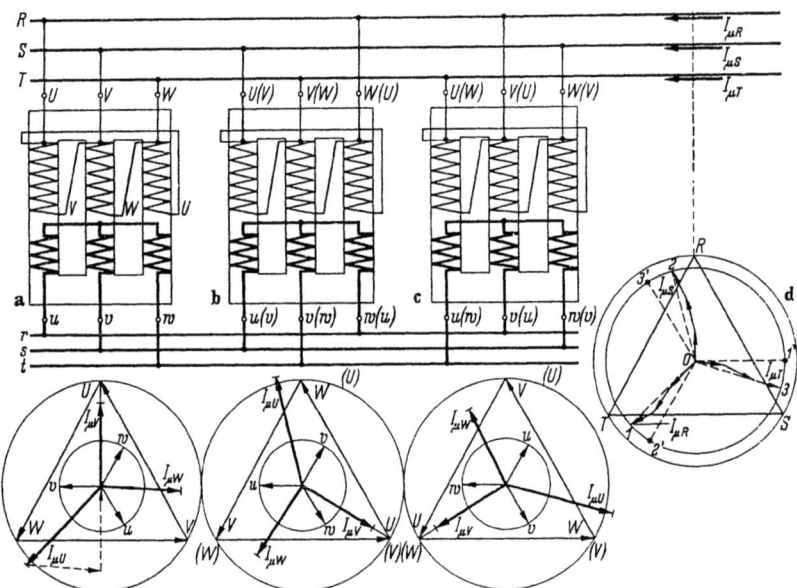

Abb. 130. Kompensierung der dritten Oberwelle des Magnetisierungsstromes in der Summe durch zyklische Vertauschung der Anschlüsse von drei Drehstromtransformatoren der Schaltgruppe $Dy\,5$. (In den Potentialdiagrammen sind die Magnetisierungsströme stark vergrößert eingetragen). a) Normalanschluß des ersten Transformators der Schaltgruppe $Dy\,5$ mit Potentialdiagramm. Die unsymmetrischen Magnetisierungsströme sind in der gleichen vektoriellen Lage eingezeichnet, wie es in Abb. 28 Mitte unten dargestellt ist; b) Zweite zyklische Vertauschung der Anschlüsse des zweiten Transformators der Schaltgruppe $Dy\,5$ oberspannungs- und unterspannungsseitig. Drehung der Magnetisierungsströme um 120° nach rechts; c) Erste zyklische Vertauschung der Anschlüsse des dritten Transformators der Schaltgruppe $Dy\,5$ oberspannungs- und unterspannungsseitig. Weitere Drehung der Magnetisierungsströme um 120° nach rechts; d) Summation der Magnetisierungsströme an der primären Sammelschiene. Im Diagramm sind die Ströme im Verhältnis 1:3 verkleinert dargestellt. $I_{\mu R}$ (1), $I_{\mu S}$ (2) und $I_{\mu T}$ (3) sind die resultierenden symmetrischen Summen-Magnetisierungsströme. Die Punkte 1, 2 und 3 liegen genau 120° voneinander am Kreisumfang entfernt. Die Punkte 1', 2' und 3' geben die richtige Phasenlage der Summen-Magnetisierungsströme nach Zurückdrehung, entsprechend Abb. 28, an

Schaltgruppen auf der Unterspannungsseite vorgenommen worden. Bei der Feststellung der Polarität des Spannungsdreiecks oder des Spannungssternes geht man an Hand der Tabelle 47 wie folgt vor. Für die *erste Vertauschung* gilt: statt u wird v, statt v wird w und statt w wird u gegenüber dem Normalanschluß eingesetzt. Für die *zweite Vertauschung* gilt: statt u wird w, statt v wird u und statt w wird v eingesetzt. Dies gilt aber nicht für die Hauptklemmen des Transformators, sondern nur für die Bezeichnung der Vektoren selbst. Die Bezeichnungen der Hauptklemmen bleiben unverändert.

Die Tabellen 48 bis 51 zeigen, daß ähnlich wie bei der doppelten Phasenvertauschung mit ungeradzahligen Schaltgruppen nur ungerade Kennzahlen erzeugt werden können, ferner, daß durch die zweite Vertauschung die Kennzahlen für den *neutralen Schaltsinn*, und zwar 9 bei den Schaltgruppen $Yd\,5$ und $Dy\,5$ und 3 bei den Schaltgruppen $Yd\,11$ und $Dy\,11$ erzeugt werden.

Führt man die zyklische Phasenvertauschung statt auf der Unterspannungsseite auf der Oberspannungsseite durch, so ergeben sich die gleichen Kennzahlen wie bei einer entsprechenden unterspannungsseitigen Vertauschung.

Zwecks Beweisführung ist in Tabelle 56 für die Schaltgruppe $Yd\,5$ die erste und zweite zyklische Phasenvertauschung auf der Oberspannungsseite angewendet. Wie aus den Potentialdiagrammen ersichtlich ist, werden hier, wie vorausgesetzt, gleichfalls die Kennzahlen 1 und 9 erzeugt; denn die *Schaltungsweise* der Wicklungen kann bei der zyklischen Phasenvertauschung keinerlei Veränderungen in den potentiellen Stellungen der Vektoren hervorrufen. Für die Oberspannungsseite gilt auch hier für die *erste Vertauschung*, daß statt $U = V$, statt $V = W$ und statt $W = U$ und für die *zweite Vertauschung* statt $U = W$ statt $V = U$ und statt $W = V$ zu setzen ist.

Um die *Gesetzmäßigkeiten* der zyklischen Phasenvertauschung zu ermitteln, sind in den Tabellen 52 bis 55 weitere Schaltgruppen, und zwar geradzahlige untersucht worden. Die Stern-Stern-Schaltung, die nur zwei Schaltgruppen mit den Kennzahlen 6 und 0 besitzt, kann durch die zyklische Phasenvertauschung um vier Schaltgruppen mit verschiedenen Kennzahlen erweitert werden. Wie ein Vergleich mit den Tabellen 41 und 42 zeigt, entstehen hier genau die gleichen Kennzahlen wie bei der doppelten Phasenvertauschung. Bei der Dreieck-Dreieck-Schaltung tritt, wie zu erwarten war, ebenfalls keine Änderung in der Richtung der Vektoren ein. Denn unabhängig davon, welche zyklische Vertauschung auch angewendet wird, *zeigen die Vektoren* potentiell nach den *Hauptklemmen* der Wicklung. In den Tabellen 52 bis 55 werden, wie ersichtlich, immer nur gerade Kennzahlen erzeugt.

Das Ergebnis der *Untersuchungen*, die auf alle Schaltgruppen ausgedehnt worden sind, ist in Tabelle 57 zusammengestellt. Die Tabelle zeigt uns, daß durch die *zyklische Phasenvertauschung* zwar nur 2/3 der Gesamtzahl der Kennzahlen gegenüber der doppelten Phasenvertauschung erzeugt werden können (weil hier statt drei nur zwei Vertauschungen möglich sind), jedoch alle zwölf verschiedenen Kennzahlen wie in Tabelle 45 vorhanden sind. Weiterhin ist zu ersehen, daß bei der Stern-Stern-Schaltung eine interne Parallelarbeit, also innerhalb der Schaltungskombination, weder durch die zyklische noch durch die doppelte Phasenvertauschung möglich ist. Die Stern-Dreieck-Schaltung und die Dreieck-Stern-Schaltung können dagegen mit den *gruppenmäßigen Kennzahlen* 1 und 5 oder 7 und 11 jeweils auf gleiche Kennzahlen gebracht werden. Ebenfalls ist auch bei der Dreieck-Dreieck-Schaltung eine interne und externe Parallelarbeit möglich.

Tabelle 48. *Zyklische Phasenvertauschung der Schaltgruppe Yd5 (Abb. 78) auf der Unterspannungsseite. Hauptklemmen und Sammelschienen drehfeldrichtig angeschlossen*

	Normalanschluß	1. Vertauschung	2. Vertauschung
Normalanschluß Oberspannungsseite			
Verbindung: Sammelschiene Hauptklemmen	$\begin{array}{ccc} R & S & T \\ U & V & W \end{array}$		
Zyklische Vertauschung Unterspannungsseite			
Verbindung: Hauptklemmen Sammelschiene	$\begin{array}{ccc} u & v & w \\ r & s & t \end{array}$	$\begin{array}{ccc} v & w & u \\ r & s & t \end{array}$	$\begin{array}{ccc} w & u & v \\ r & s & t \end{array}$
Phasenwinkel an der Unterspannungssammelschiene	150°	30°	270°
Kennzahl an der Unterspannungssammelschiene	5	1	9
Differenz der Phasenwinkel	0°	−120°	+120°
Potentialdiagramme bei $\ddot{u}=1$			
Sammelschiene Oberspannungsseite		wie links	wie links
Hauptklemmen Oberspannungsseite		wie links	wie links
Hauptklemmen Unterspannungsseite		wie links	wie links
Sammelschiene Unterspannungsseite			

Tabelle 49. *Zyklische Phasenvertauschung der Schaltgruppe Yd 11 (Abb. 77) auf der Unterspannungsseite. Hauptklemmen und Sammelschienen drehfeldrichtig angeschlossen*

Normalanschluß Oberspannungsseite			
Verbindung: Sammelschiene Hauptklemmen		$R\ S\ T$ $U\ V\ W$	
	Normalanschluß	1. Vertauschung	2. Vertauschung
Zyklische Vertauschung Unterspannungsseite			
Verbindung: Hauptklemmen Sammelschiene	$u\ v\ w$ $r\ s\ t$	$v\ w\ u$ $r\ s\ t$	$w\ u\ v$ $r\ s\ t$
Phasenwinkel an der Unterspannungssammelschiene	330°	210°	90°
Kennzahl an der Unterspannungssammelschiene	11	7	3
Differenz der Phasenwinkel	0°	−120°	−240° (+120°)
Potentialdiagramme bei $ü = 1$			
Sammelschiene Oberspannungsseite		wie links	wie links
Hauptklemmen Oberspannungsseite		wie links	wie links
Hauptklemmen Unterspannungsseite		wie links	wie links
Sammelschiene Unterspannungsseite			

Tabelle 50. *Zyklische Phasenvertauschung der Schaltgruppe Dy 5 (Abb. 97) auf der Unterspannungsseite. Hauptklemmen und Sammelschienen drehfeldrichtig angeschlossen*

	Normalanschluß	1. Vertauschung	2. Vertauschung
Verbindung: Hauptklemmen Sammelschiene	*u v w* *r s t*	*v w u* *r s t*	*w u v* *r s t*
Phasenwinkel an der Unterspannungssammelschiene	150°	30°	270°
Kennzahl an der Unterspannungssammelschiene	5	1	9
Differenz der Phasenwinkel	0°	−120°	+120°
	Potentialdiagramme		
Sammelschiene Unterspannungsseite			

Tabelle 51. *Zyklische Phasenvertauschung der Schaltgruppe Dy 11 (Abb. 95) auf der Unterspannungsseite. Hauptklemmen und Sammelschienen drehfeldrichtig angeschlossen*

	Normalanschluß	1. Vertauschung	2. Vertauschung
Verbindung: Hauptklemmen Sammelschiene	*u v w* *r s t*	*v w u* *r s t*	*w u v* *r s t*
Phasenwinkel an der Unterspannungssammelschiene	330°	210°	90°
Kennzahl an der Unterspannungssammelschiene	11	7	3
Differenz der Phasenwinkel	0°	−120°	−240° (+120°)
	Potentialdiagramme		
Sammelschiene Unterspannungsseite			

Die zyklische Phasenvertauschung

Tabelle 52. *Zyklische Phasenvertauschung der Schaltgruppe Yy 6 (Abb. 73) auf der Unterspannungsseite. Hauptklemmen und Sammelschienen drehfeldrichtig angeschlossen*

	Normalanschluß	1. Vertauschung	2. Vertauschung
Verbindung: Hauptklemmen Sammelschiene	u v w r s t	v w u r s t	w u v r s t
Phasenwinkel an der Unterspannungssammelschiene	180°	60°	300°
Kennzahl an der Unterspannungssammelschiene	6	2	10
Differenz der Phasenwinkel	0°	−120°	+120°
	Potentialdiagramme		
Sammelschiene Unterspannungsseite			

Tabelle 53. *Zyklische Phasenvertauschung der Schaltgruppe Yy 0 (Abb. 72) auf der Unterspannungsseite. Hauptklemmen und Sammelschienen drehfeldrichtig angeschlossen*

	Normalanschluß	1. Vertauschung	2. Vertauschung
Verbindung: Hauptklemmen Sammelschiene	u v w r s t	v w u r s t	w u v r s t
Phasenwinkel an der Unterspannungssammelschiene	0°	240°	120°
Kennzahl an der Unterspannungssammelschiene	0	8	4
Differenz der Phasenwinkel	0°	+240° (−120°)	+120°
	Potentialdiagramme		
Sammelschiene Unterspannungsseite			

174 Die Schaltung der Drehstrom-Leistungstransformatoren

Tabelle 54. *Zyklische Phasenvertauschung der Schaltgruppe Dd 2 (Abb. 94a) auf der Unterspannungsseite. Hauptklemmen und Sammelschienen drehfeldrichtig angeschlossen*

	Normalanschluß	1. Vertauschung	2. Vertauschung
Verbindung: Hauptklemmen Sammelschiene	u v w r s t	v w u r s t	w u v r s t
Phasenwinkel an der Unterspannungssammelschiene	60°	300°	180°
Kennzahl an der Unterspannungssammelschiene	2	10	6
Differenz der Phasenwinkel	0°	+240° (−120°)	+120°
	Potentialdiagramme		
Sammelschiene Unterspannungsseite			

Tabelle 55. *Zyklische Phasenvertauschung der Schaltgruppe Dd 4 (Abb. 93d) auf der Unterspannungsseite. Hauptklemmen und Sammelschienen drehfeldrichtig angeschlossen*

	Normalanschluß	1. Vertauschung	2. Vertauschung
Verbindung: Hauptklemmen Sammelschiene	u v w r s t	v w u r s t	w u v r s t
Phasenwinkel an der Unterspannungssammelschiene	120°	0°	240°
Kennzahl an der Unterspannungssammelschiene	4	0	8
Differenz der Phasenwinkel	0°	−120°	+120°
	Potentialdiagramme		
Sammelschiene Unterspannungsseite			

Tabelle 56. *Zyklische Phasenvertauschung der Schaltgruppe* Yd 5 (Abb. 78) *auf der Oberspannungsseite. Hauptklemmen und Sammelschienen drehfeldrichtig angeschlossen*

Zyklische Phasenvertauschung Oberspannungsseite			
Verbindung: Sammelschiene Hauptklemmen	R S T U V W	R S T V W U	R S T W U V
	Normalanschluß	1. Vertauschung	2. Vertauschung
Normalanschluß Unterspannungsseite			
Verbindung: Hauptklemmen Sammelschiene		u v w r s t	
Phasenwinkel an der Unterspannungssammelschiene	150°	30°	270°
Kennzahl an der Unterspannungssammelschiene	5	1	9
Differenz der Phasenwinkel	0°	$-120°$	$+120°$
	Potentialdiagramme bei $ü = 1$		
Sammelschiene Oberspannungsseite			
Hauptklemmen Oberspannungsseite			
Hauptklemmen Unterspannungsseite			
Sammelschiene Unterspannungsseite	wie oben	wie oben	wie oben

Tabelle 57. *Kennzahlen der Schaltgruppen bei zyklischer Phasenvertauschung (1. Vertauschung: 120° nach links, 2. Vertauschung: 120° nach rechts)*

Schaltgruppe		Zyklische Vertauschung	
	Kennzahl	1. Vertauschung	2. Vertauschung
Yy	6 0	2 8	10 4
Yd	1 5 7 11	9 1 3 7	5 9 11 3
Dd	2 4 6 8 10 0	10 0 2 4 6 8	6 8 10 0 2 4
Dy	1 5 7 11	9 1 3 7	5 9 11 3

Aus der Tabelle 57 kann man für jede beliebige *Schaltgruppe* mit gerader oder ungerader Kennzahl die durch die *erste* oder *zweite* zyklische Phasenvertauschung erzeugte Kennzahl entnehmen. Unabhängig von der Art der Schaltungskombination, werden hier auch bei gleicher gruppenmäßiger Kennzahl gleiche *Kennzahlen* hervorgerufen.

Tabelle 58. *Neue Schaltgruppen durch zyklische Phasenvertauschung Hauptklemmen für normalen Anschluß. Ergänzung für Tabelle 30*

Schaltsinn	Phasenwinkel in Grad	Stern			Dreieck	Zickzack
		Stern	Dreieck	Zickzack	Stern	Stern
gleich	0					
gleich	30					
gleich	60	$Yy\,2$				
neutral	90		$Yd\,3$	$Yz\,3$	$Dy\,3$	$Zy\,3$
gegen	120	$Yy\,4$				
gegen	150					
gegen	180					
gegen	210					
gegen	240	$Yy\,8$				
neutral	270		$Yd\,9$	$Yz\,9$	$Dy\,9$	$Zy\,9$
gleich	300	$Yy\,10$				
gleich	330					
Summe		4	2	2	2	2
Teilsumme		8			2	2
Gesamtsumme		12				

Verlegt man die zyklische Phasenvertauschung innerhalb des Transformators, also zwischen *Wicklung* und *Hauptklemmen*, kann der Anschluß normal ausgeführt werden. In diesem Fall entstehen folgende *neue Schaltgruppen*: $Yy\,2$, $Yy\,4$, $Yy\,8$, $Yy\,10$, $Yd\,3$, $Yd\,9$, $Dy\,3$ und $Dy\,9$. Da nun die Zickzackschaltung in dieser Beziehung totalen Dreieckcharakter besitzt, ergeben sich weiterhin folgende *neue Schaltgruppen*: $Yz\,3$, $Yz\,9$, $Zy\,3$ und $Zy\,9$. Mit diesen Schaltgruppen werden drehfeldrichtig alle offenen Stellen besetzt, und eine vollkommene Ergänzung der Tabelle 30 wird herbeigeführt. Die zyklische Phasenvertauschung bewirkt demnach genau wie die doppelte, daß die fehlenden Schaltgruppen im *Schaltgruppenplan* erscheinen können.

Der auf diese Weise ergänzte Plan umfaßt 24 Schaltgruppen mit ungeraden und 30 Schaltgruppen mit geraden Kennzahlen, also zusammen 54 Schaltgruppen. Jede Schaltungskombination besitzt sechs Schaltgruppen. Die zwölf neuen Schaltgruppen sind in Tabelle 58 zusammengestellt.

Die zyklische Phasenvertauschung wird bei *umschaltbaren* Transformatoren (s. Abschn. 66) und vor allen Dingen bei Regeltransformatoren angewendet. Zum Ausgleich von Phasendifferenzen kann die zyklische ebenso wie auch die doppelte Phasenvertauschung (s. Abschn. 56) unter gegebenen Verhältnissen von großem Nutzen sein.

H. Netzkupplungstransformatoren

Netzkupplungstransformatoren *schließen* Netze gleicher oder verschiedener Spannungen *zusammen*, die hintereinander oder einseitig induktiv verbunden sind, und die infolge verschiedener Schaltgruppen der Leistungstransformatoren an der Schließungsstelle Unterschiede in der *Phasenlage* der Spannungen aufweisen. Die Netzkupplungstransformatoren dienen zum *Lastausgleich* in einer oder in beiden Richtungen, zur Erhöhung der *Betriebssicherheit* der Stromlieferung und zur Verbesserung der *Spannungshaltung* der gekuppelten Netze. Sie können zwei oder mehrere hintereinandergeschaltete Netze oder Leistungstransformatoren überbrücken, auch zwei einseitig zusammengeschaltete Netze oder Leistungstransformatoren parallel verbinden.

Netzkupplungstransformatoren werden meistens mit Stern-Dreieck-Schaltung, aber auch je nach den Erfordernissen mit einer anderen Schaltungskombination ausgeführt. *Spartransformatoren* kann man ebenfalls zur Schließung von Netzen verwenden.

Die Kupplung von zwei Netzen mit gleicher Phasenlage, aber unterschiedlicher Höhe der Spannungen oder von asynchronen Netzen kann auch über einen Netzkupplungstransformator, wenn z. B. Lastausgleich verlangt wird, erfolgen. Im ersten Fall hat die Schaltgruppe die Kennzahl gleich Null. Im zweiten Fall spielt die Kennzahl keine Rolle; denn bei asynchronen Netzen muß ja an der Verbindungsstelle vor jedem Zusammenschalten stets synchronisiert werden.

53. Überbrückung von hintereinandergeschalteten Leistungstransformatoren

Bei Netzkupplungstransformatoren, die zwei oder mehrere hintereinandergeschaltete Leistungstransformatoren überbrücken, muß der Phasenwinkel mit der *Summe der Phasenwinkel* der Leistungstransformatoren übereinstimmen. Der Netzkupplungstransformator verbindet die Oberspannungs- oder Unterspannungsseite des ersten mit der Unterspannungs- oder Oberspannungsseite des letzten Leistungstransformators.

In Abb. 131 sind zwei Netze, *II* und *III*, hintereinandergeschaltet dargestellt. Der Transformator 2 speist die Sammelschiene *II* und

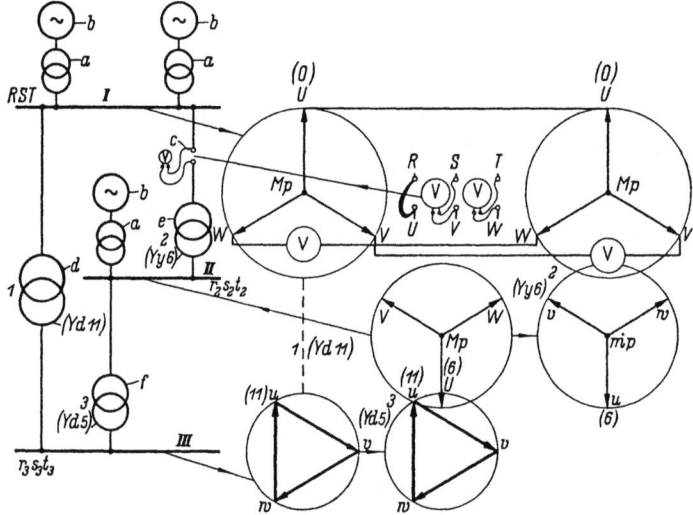

Abb. 131. Einpoliger Netz-Schaltplan mit Schaltkurzzeichen nebst Potentialdiagrammen der Transformatoren. Überbrückung hintereinandergeschalteter Leistungstransformatoren durch einen Netzkupplungstransformator. *a* Aufspannwerkstransformator; *b* Generator; *c* Trennstelle mit Differenz-Spannungsmesser (angedeutet); *d* Netzkupplungstransformator (1) Schaltgruppe: Yd 11; *e* Leistungstransformator (2) Schaltgruppe: Yy 6; *f* Leistungstransformator (3) Schaltgruppe: Yd 5

Transformator 3 die Sammelschiene *III*. Die Schaltgruppen haben verschiedene Kennzahlen. Die Sammelschiene *I* wird von zwei Generatoren (*b*) über Aufspannwerkstransformatoren (*a*) gespeist. Die Schaltgruppe der Aufspannwerkstransformatoren kann bei dieser Anordnung beliebig gewählt werden, weil sie nur einseitig zusammengeschaltet sind und die Generatoren die *Phasenlage ihrer Spannungen* frei einstellen können.

Der Transformator 2 hat die Schaltgruppe *Yy* 6 und dreht die Spannungsvektoren der Sammelschiene *II* gegenüber denen der Sammelschiene *I* um 180° rückwärts. Die Sammelschiene *II* ist über dem Transformator 3, Schaltgruppe *Yd* 5, mit der Sammelschiene *III* verbunden. Die Spannungsvektoren dieser Sammelschiene haben also eine

Rückwärtsdrehung von $180° + 150° = 330°$. Der Netzkupplungstransformator überbrückt diese Leistungstransformatoren. Er hat die Schaltgruppe $Yd\,11$ und dreht seine Spannungsvektoren ebenfalls um $330°$ rückwärts. Es ergibt sich, in *Kennzahlen* ausgedrückt, daß $6 + 5 = 11$ und $6 + 5 - 11 = 0$ sind. Hieraus folgt die erste Gesetzmäßigkeit für Netzkupplungstransformatoren (s. Abschn. 55).

In der Abbildung ist eine Trennstelle (c) im Kreis der Transformatoren eingefügt. Die Potentialdiagramme sind, von Transformator *1* beginnend, zu dieser Trennstelle hin entwickelt. Wie ersichtlich, kann an dieser Stelle keine *Differenzspannung* gemessen werden. Die eingebauten Spannungsmesser zeigen also Null an. Es besteht somit Phasengleichheit zwischen den Spannungsvektoren an der Trennstelle.

Der Transformator *3* hat die gleiche Phasenlage auf der Unterspannungsseite wie der Transformator *1*, weil sie auf dieser Seite *leitend miteinander verbunden* sind. Hierdurch werden die Spannungsvektoren auf der Oberspannungsseite des Transformators *3* um $180°$ gedreht und kommen damit in die gleiche Phasenlage wie die Spannungsvektoren auf der Unterspannungsseite des Transformators *2*. Das Potentialdiagramm dieses Transformators wird folglich nicht bewegt. Im geschlossenen Kreise (*1, 3, 2*) herrscht überall *Phasengleichheit*. Die Trennstelle kann sich an jedem beliebigen Ort des Kreises befinden; die Differenzspannungen bleiben immer gleich Null. Hierbei ist daran zu denken, daß die Potentialdiagramme für Leerlauf und bei Vernachlässigung der Spannungsverluste gelten.

54. Parallelschaltung von einseitig verbundenen Leistungstransformatoren

Bei Netzkupplungstransformatoren, die zwei Sammelschienen, die von Leistungstransformatoren mit Schaltgruppen verschiedener Kennzahl gespeist werden, parallel verbinden, muß der Phasenwinkel mit der *Differenz der Phasenwinkel* der einseitig zusammengeschalteten Leistungstransformatoren übereinstimmen. Der Netzkupplungstransformator verbindet die Abgabeseite des ersten mit der Abgabeseite des zweiten Leistungstransformators.

In Abb. 132 sind die Sammelschienen *II* und *III*, die von den Transformatoren *2* und *3* gespeist werden, über einem Netzkupplungstransformator (*1*) verbunden, dargestellt. Der Transformator *2* mit der Schaltgruppe $Yd\,11$ dreht den Spannungsvektor der Sammelschiene *I* um $330°$, und der Transformator *3* mit der Schaltgruppe $Yy\,6$ dreht ihn um $180°$ rückwärts. Die Differenz beträgt $150°$. Es könnte also ein Netzkupplungstransformator mit der Kennzahl 5 verwendet werden. Wir schließen zunächst probeweise den Netzkupplungstransformator *1* mit der Schaltgruppe $Yd\,5$, wie in der Abbildung angegeben ist, an und prüfen nach, ob hierbei an der Trennstelle *A* *Differenzspannungen* auftreten oder nicht. Ausgehend von den Transformatoren *2* und *3*, werden zu diesem Zweck ihre Potentialdiagramme aufgestellt. Da die Unterspannungsseite vom Transformator *2* mit der

Oberspannungsseite des Transformators *1* leitend verbunden ist, müssen die gleichnamigen Kreispunkte der betreffenden Potentialdiagramme zusammenfallend gezeichnet werden. Hierdurch erfährt das

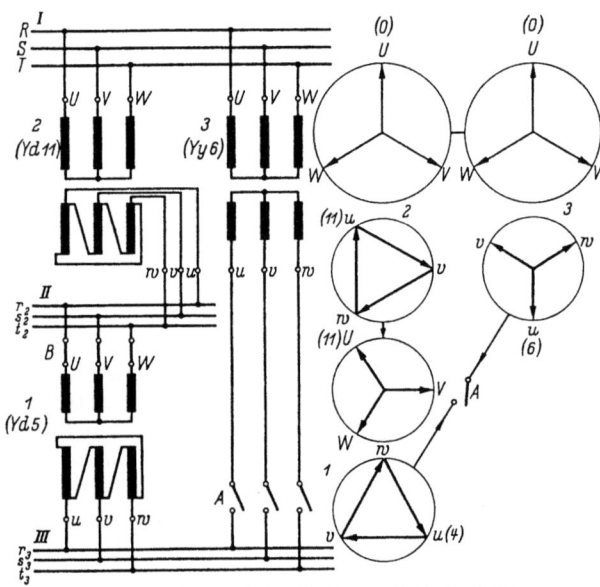

Abb. 132. Mehrpoliger Netz-Schaltplan mit Schaltzeichen nebst Potentialdiagrammen der Transformatoren. Parallelschaltung von einseitig verbundenen Leistungstransformatoren über einen Netzkupplungstransformator. Die Trennstelle *A* ist offen und *B* ist geschlossen

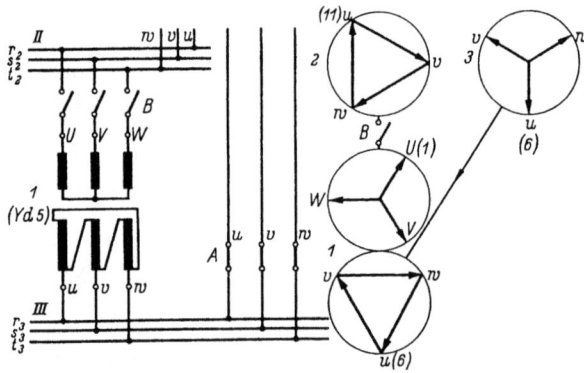

Abb. 133. Der Netzkupplungstransformator. Öffnung der Trennstelle *B* und Schließung der Trennstelle *A* (zur Abb. 132)

oberspannungsseitige Potentialdiagramm des Transformators *1* eine Drehung um 30° nach links, und damit geht das unterspannungsseitige Potentialdiagramm von der Kennzahl 5 auf 4 zurück. Die Kennzahl des Transformators *3* ist aber 6, so daß an der Trennstelle *A* eine Phasendifferenz von $2 \cdot 30° = 60°$ entsteht.

Parallelschaltung von einseitig verbundenen Leistungstransformatoren 181

In Abb. 133 ist die *Trennstelle A* geschlossen und dafür die *Trennstelle B* geöffnet worden. Jetzt ist daher die Unterspannungsseite des Transformators *3* mit der Unterspannungsseite des Transformators *1* leitend verbunden. Das Spannungsdreieck des Transformators *1* muß sich also auf die Phasenlage des Spannungssternes der Unterspannungsseite des Transformators *3* einstellen. Das oberspannungsseitige Potentialdiagramm erfährt hierdurch eine Drehung um 30° nach rechts, und die Phasendifferenz zu Transformator *2* beträgt an der Trennstelle *B* ebenfalls 60°. Die Trennstellen können also *nicht gleichzeitig* geschlossen werden. Eine Parallelfahrt ist somit nicht möglich.

Die Kreise der Potentialdiagramme des Netzkupplungstransformators haben in den Abbildungen gleichen Durchmesser. Wir haben

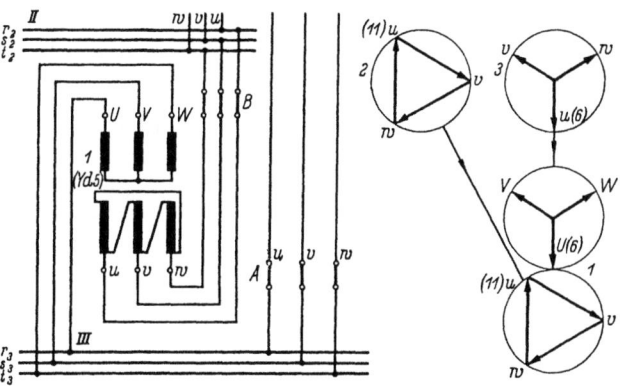

Abb. 134. Der Netzkupplungstransformator. Vertauschung der Anschlüsse der beiderseitigen Hauptklemmen (zur Abb. 132)

demnach stillschweigend die Spannung der Sammelschienen *II* und *III* als gleich angenommen und folglich $ü = 1$ gewählt. Halten wir diese Voraussetzung aufrecht, so können die Anschlüsse der Hauptklemmen ohne weiteres gewechselt werden. Wir verbinden daher im Gegensatz zu Abb. 133 die Hauptklemmen *U*, *V* und *W* drehfeldrichtig mit der Sammelschiene *III* und die Hauptklemmen *u*, *v* und *w* mit der Sammelschiene *II*. Es ergibt sich damit die unerwartete Tatsache, wie aus Abb. 134 zu ersehen ist, daß jetzt die *Parallelarbeit* möglich wird. Da nun die Dreieckwicklung des Netzkupplungstransformators mit der Dreieckwicklung des Transformators *2* leitend verbunden ist, wird sowohl das Spannungsdreieck gegenüber der Abb. 132 um 210° (von 4 auf 11) als auch der Spannungsstern um 210° (von 11 auf 6) nach rechts gedreht.

Gemäß Diagramm in Abb. 132 eilt die Phase *u* des Netzkupplungstransformators, entsprechend der Schaltgruppe *Yd* 5, der Phase *U* um 150° nach. Dagegen eilt in Abb. 134 die Phase *U*, entsprechend der Vertauschung der gruppenmäßig bezeichneten Seiten des Netzkupplungstransformators — also Oberspannung mit Unterspannung —, der Phase *u* um 210° nach, und es ist 150° + 210° = 360°.

Die Spitzenpunkte oder die Kreispunkte der Spannungsvektoren an der Sammelschiene *III* kommen hierdurch mit den Kreispunkten der Unterspannungsvektoren *u*, *v* und *w* des Transformators *3* vollkommen zur Deckung. Die Trennstelle *A* kann nun geschlossen werden, denn die *Phasendifferenz* von 60° wird durch die Vergrößerung des *Phasenwinkels* um 210° − 150° = 60° ausgeglichen. Es ist nach diesen Untersuchungen offensichtlich nicht gleichgültig, wenn man in diesem Zusammenhang von einer unterschiedlichen Höhe der Spannungen absieht, mit welchen Seiten der Netzkupplungstransformator mit den anderen Transformatoren im Ring verbunden wird.

55. Die Ringschaltung von Leistungstransformatoren

Um die verschiedenen *Anschlußmöglichkeiten* des Netzkupplungstransformators rechnerisch verfolgen zu können, müssen außer den positiven auch negative Kennzahlen eingeführt werden.

Von Sammelschiene *II* kommend, hat in Abb. 132 der Netzkupplungstransformator *1* die Kennzahl +5 und in Abb. 134 die

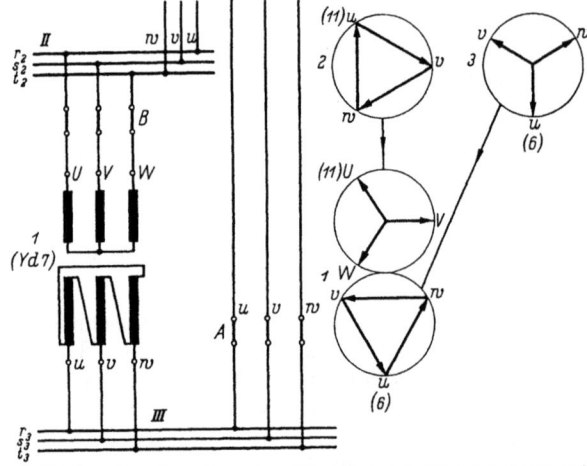

Abb. 135. Der Netzkupplungstransformator. Einsatz eines Transformators mit der Schaltgruppe *Yd* 7 (zur Abb. 132)

Kennzahl −5 oder 12 − 5 = +7. Man kann also, wie in Abb. 135 gezeigt wird, statt Wechslung der Anschlüsse einen anderen Transformator, vor allen Dingen bei unterschiedlichen Spannungen, mit der Schaltgruppe *Yd* 7 einsetzen.

Für die Ermittlung der *resultierenden Kennzahl* an einer offenen Stelle der in Ring geschalteten Transformatorengruppe erscheint es also zweckmäßig, die *Lauf- und Zählrichtung* bei der *Summierung* festzulegen. Wir betrachten hierzu die Abb. 132 und wählen die Laufrichtung, die von *I* beginnt, über *3* nach *1* und nach *2* geht und dann wieder bei *I* endet. Die Summe der Kennzahlen ist hierbei

$$+6 - 5 - 11 = -10 \quad \text{oder} \quad 12 - 10 = +2, \tag{124}$$

Die Ringschaltung von Leistungstransformatoren 183

d. h. es besteht eine *Phasendifferenz* von $-10 \cdot 30° = -300°$ oder $+2 \cdot 30° = +60°$. Nach der Schaltung in Abb. 134 wird die Summe

$$+6 + 5 - 11 = 0, \qquad (125)$$

d. h. es ist jetzt Parallelarbeit möglich. In entgegengesetzter Laufrichtung wird ebenfalls die Summe

$$+11 - 5 - 6 = 0 \qquad (126)$$

und schließlich nach Einsatz eines Netzkupplungstransformators mit der Schaltgruppe *Yd* 7 nach Abb. 135

$$+11 + 7 - 6 = 12. \qquad (127)$$

Zusammenfassend ergeben sich also folgende *Gesetzmäßigkeiten*.

1. In jedem geschlossenen Kreise, der von Transformatoren gebildet wird, ist die *Summe der Kennzahlen* der Schaltgruppen gleich Null. Hierbei sind die Summenzahlen 12, 24, 36 usw. mit Null identisch.
2. In einer beliebig festgelegten *Laufrichtung* muß bei der Summierung die Kennzahl der Schaltgruppen, von der Oberspannungsseite nach der Unterspannungsseite laufend, *positiv* und, im umgekehrten Sinne laufend, *negativ* gezählt werden. Diese *Zählrichtung* gilt für alle Schaltungen.
3. Die *resultierende Kennzahl*, also die Summe der Kennzahlen an einer offenen Stelle der im Ring geschalteten Transformatoren, zeigt die bestehende Phasendifferenz an.
4. Die resultierende Kennzahl, mit -1 multipliziert, gibt die Kennzahl der *Schaltgruppe des Netzkupplungstransformators* in *Laufrichtung* an. Die Kennzahl der Schaltgruppe des Netzkupplungstransformators, von 12 subtrahiert (bei negativem Vorzeichen addiert), gibt die Kennzahl in *entgegengesetzter Laufrichtung* an.
5. Ist die resultierende Kennzahl größer als 12, 24, 36 usw., so sind diese Zahlen, da sie *volle Umdrehungen* der Vektoren angeben, jeweils von der Summenzahl zu subtrahieren.

Um die Verhältnisse näher zu erläutern, soll ein einfaches *Beispiel* wie folgt gegeben werden.

Nach Abb. 132 ist in *Laufrichtung* $3 \to 1 \to 2$ die resultierende Kennzahl $-11 + 6 = -5$. Die Kennzahl der Schaltgruppe des Netzkupplungstransformators in Laufrichtung, also von *III* nach *II*, ist folglich $+5$. In entgegengesetzter Laufrichtung, also *II* nach *III*, ist die Kennzahl $12 - 5 = +7$. Hierbei bedeuten $+5$, daß die Oberspannung an *III* und die Unterspannung an *II* und $+7$, daß die Oberspannung an *II* und die Unterspannung an *III* anzuschließen sind. In *Laufrichtung* $2 \to 1 \to 3$ ist $-6 + 11 = +5$; die Kennzahl der Schaltgruppe in Laufrichtung, also von *II* nach *III*, ist gleich -5 oder $(+7)$ und von *III* nach *II* $12 + 5 = 17$, $17 - 12 = +5$ oder $(12 - 7 = +5)$.

Ergibt sich an der offenen Stelle bei der *Summierung* die resultierende Kennzahl zu Null, so kann, wenn die Spannungen gleich sind, direkt oder im anderen Fall über einen Transformator, der eine Schaltgruppe der Kennzahl 0 besitzt, gekuppelt werden.

In Abb. 131 sind die Transformatoren *2* und *3* spannungsmäßig gleichsinnig *in Reihe geschaltet*. Die Höhe der Spannung am Anfang und

Ende der Reihe ist eindeutig bestimmt. Am Anfang befindet sich die Oberspannung, also die höhere, und am Ende die Unterspannung, also die tiefere Spannung. Bei der *Parallelschaltung* liegt dagegen keine eindeutige Festlegung in dieser Beziehung vor, denn die Transformatoren sind hier gegensinnig in Reihe geschaltet. In Abb. 132 sind die Transformatoren auf der Oberspannungsseite an eine gemeinsame Sammelschiene, also an eine gemeinsame Spannung angeschlossen. Auf der Unterspannungsseite brauchen sie aber nicht gleiche Spannungen zu besitzen.

Wir haben oben gesehen, daß für den Anschluß des Netzkupplungstransformators nach Abb. 134 und 135, also je nach Laufrichtung, zwei Möglichkeiten bestehen.

In Abb. 134 ist die Oberspannung an die Sammelschiene *III* und die Unterspannung an die Sammelschiene *II* für die Kennzahl 5 angeschlossen. In Abb. 135 sind hierzu im Gegensatz die Oberspannung an *II* und die Unterspannung an *III* für die Kennzahl 7 angeschlossen. Man ist stets in der Lage, je nach der unterschiedlichen Nennspannung der Sammelschienen, einen Netzkupplungstransformator mit passender Schaltgruppe einzusetzen.

Der im Abschn. 54 angegebenen *Gesetzmäßigkeit*, daß bei Parallelschaltung die Differenz der Kennzahlen zu bilden ist, muß noch eine Ergänzung hinzugefügt werden. Infolge der spannungsmäßig gegensinnigen Ringschaltung und der festgelegten Zählrichtung wird in jeder Laufrichtung eine andere Kennzahl negativ. Die *Differenzbildung* wird also durch die Laufrichtung bestimmt und kann nicht beliebig vorgenommen werden. Bei der Ermittlung der Kennzahl der Schaltgruppe des Netzkupplungstransformators muß deshalb, um Fehler zu vermeiden, stets die *Lauf- und Zählrichtung* nach den auf S. 183 angegebenen Regeln Anwendung finden.

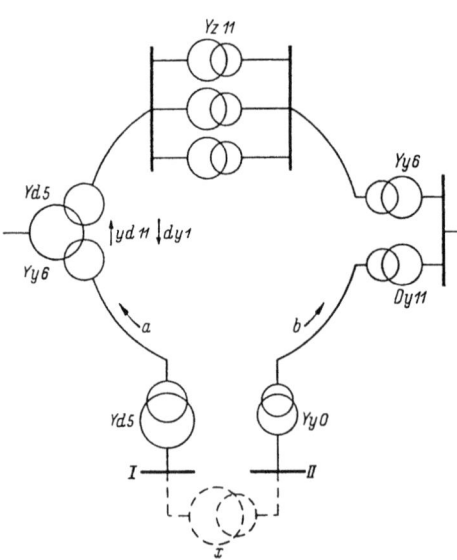

Abb. 136. Die Ringschaltung von Leistungstransformatoren. Ermittlung der resultierenden Kennzahl x. Der Dreiwicklungstransformator ist nach Abb. 144 geschaltet

Die dort ermittelten Zusammenhänge haben allgemeine Gültigkeit, denn für die *Ringschaltung* ist es ohne Belang, ob die einzelnen Transformatoren des Ringes relativ zu Sammelschienen *hintereinander* oder *parallel* geschaltet sind. Durch diese einfache Methode läßt sich ohne zeichnerische Arbeit bei mehreren in Ring geschalteten Transformatoren die *Phasendifferenz* an einer Trennstelle oder die erforderliche *Kennzahl* der für den Netzkupplungstransformator in Frage kommenden Schaltungskombination schnell ermitteln.

In Abb. 136 ist eine Ringschaltung mit mehreren Transformatoren angegeben, wobei die Oberspannungs- und Unterspannungsseiten mit verschieden großen Kreisen der Schaltkurzzeichen gekennzeichnet worden sind.

In Laufrichtung a ergibt sich die resultierende Kennzahl zu

$$x'_a = +5 + 11 + 11 - 6 + 11 - 0 = 32$$

$$x'_a = 32 - 24 = +8$$

und die Kennzahl der Schaltgruppe wird

$$x_a = -8\,(=+4), \tag{128}$$

und in der Laufrichtung b ist

$$x'_b = +0 - 11 + 6 - 11 + 1 - 5 = -20$$

$$x'_b = -20 + 12 = -8$$

$$x_b = +8. \tag{129}$$

Da die Spannungen der Sammelschienen I und II durch die Kreisdurchmesser festgelegt sind, muß die resultierende Kennzahl in Lautrichtung b, also von Oberspannung zur Unterspannung, gewählt werden. Es wird dementsprechend nach Tabelle 30 ein Netzkupplungstransformator mit der Schaltgruppe Dd 8 eingesetzt.

56. Anwendung der doppelten Phasenvertauschung

Eine weitere Möglichkeit, Phasendifferenzen auszugleichen, bietet die *doppelte Phasenvertauschung*. In Abb. 137a ist die Schaltgruppe $Yd5$ mit Potentialdiagrammen ohne und in Abb. 137b mit doppelter Phasenvertauschung dargestellt. In Abschn. 51 Tab. 37 ist diese dritte Doppel-

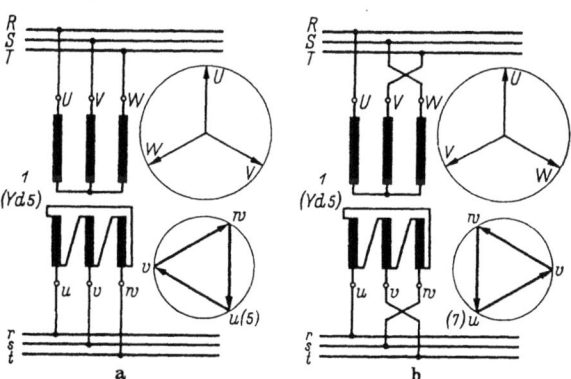

Abb. 137. Die doppelte Phasenvertauschung der Schaltgruppe Yd 5. a) Schaltung und Potentialdiagramme; b) Doppelvertauschung der Anschlüsse VW und vw mit Potentialdiagrammen. (Die dritte Doppelvertauschung)

vertauschung angegeben, woraus hervorgeht, daß durch die *Kreuzung der Phasen* aus der Schaltgruppe *Yd* 5 die Schaltgruppe *Yd* 7 entsteht.

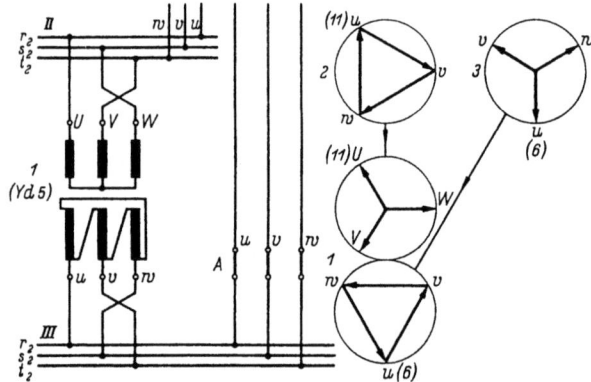

Abb. 138. Der Netzkupplungstransformator. Einsatz eines Transformators der Schaltgruppe *Yd* 5 mit Doppelvertauschung (zur Abb. 132)

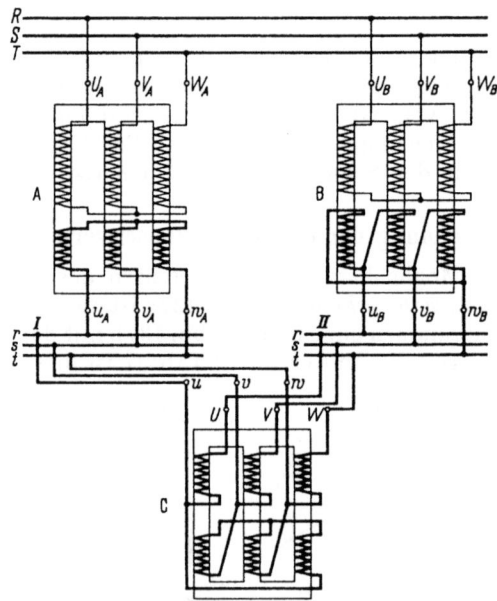

Abb. 139. Der Spartransformator mit Zickzackschaltung als Netzkupplungstransformator zur Kupplung von Netzen mit verschiedenen Spannungen und Schaltgruppen. *A* Leistungstransformator der Schaltgruppe *Yy* 6, *B* Leistungstransformator der Schaltgruppe *Yd* 5 und *C* Spartransformator der Schaltgruppe *SpT/ZY* 1

Man kann also den Netzkupplungstransformator (*1*) in Abb. 132 mit seinen Anschlüssen an den Sammelschienen *II* und *III* bestehen lassen und zur *Ausgleichung* der 60°-Phasendifferenz die doppelte

Phasenvertauschung anwenden. In Abb. 138 sind die Verhältnisse dargestellt. Das Potentialdiagramm auf der Oberspannungsseite des Netzkupplungstransformators behält mit vertauschten Phasen die gleiche vektorielle Lage wie in Abb. 132. Auf der Unterspannungsseite wird das Spannungsdreieck um 60° nach rechts gedreht, besitzt aber verkehrte *Phasenfolge*. Nach Kreuzung der Anschlüsse wird die Sammelschienenspannung auf der Unterspannungsseite drehfeldrichtig und in Übereinstimmung mit den Phasen des Transformators 3 gebracht.

Auf gleiche Weise lassen sich mit Hilfe der doppelten Phasenvertauschung auch noch andere Probleme lösen, die durch Phasendifferenzen entstanden sind.

Vergleicht man die Abb. 135 und 138 miteinander, so ist feststellbar, daß die Umlegung der inneren Schaltverbindungen der Dreieckwicklung das *Spannungsdreieck* in die gleiche vektorielle Lage wie die doppelte Phasenvertauschung, aber mit richtiger Phasenfolge, bringt (am Kreisbogen nach links drehend u, v und w. Siehe Abb. 79c und d).

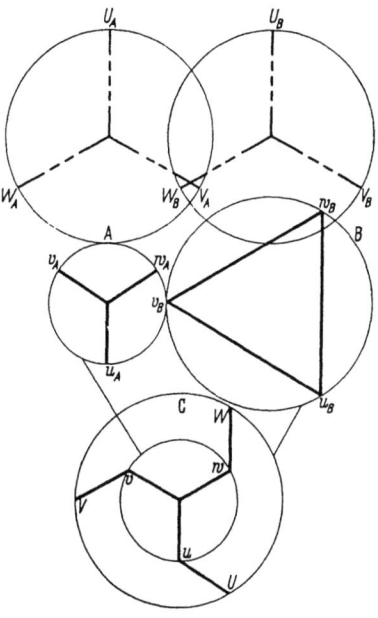

Abb. 140. Der Spartransformator in Zickzackschaltung als Netzkupplungstransformator. Potentialdiagramme zur Abb. 139. Das Übersetzungsverhältnis des Spartransformators ist $ü = \sqrt{3} =$ konst. Die Absolutbeträge der Linienspannungen sind: $\sqrt{3}\, U_{u_A v_A} = U_{v_B u_B} = \sqrt{3}\, U_{uv} = U_{UV}$.

57. Der Spartransformator als Netzkupplungstransformator

Wird auf eine *induktive Trennung* der zu kuppelnden Netze kein Wert gelegt, und ist der *Spannungsunterschied* nicht zu groß, können auch Spartransformatoren als Netzkupplungstransformatoren verwendet werden.

In Abb. 139 ist ein *Beispiel* für den Einsatz eines Spartransformators in *Zickzackschaltung* angegeben. Die zu kuppelnden Netze *I* und *II* sind über die Transformatoren *A* und *B* gespeist. Die Oberspannungsseite der Transformatoren ist auf eine gemeinsame Sammelschiene geschaltet. Die *Schaltgruppen* sind für Transformator *A*: $Yy\,6$ und für *B*: $Yd\,5$. In Laufrichtung $A \to B \to C$ ist die resultierende Kennzahl und die Kennzahl der Schaltgruppe

$$x' = -6 + 5 = -1, \quad x = +1 \qquad (130)$$

und in Laufrichtung $C \to B \to A$

$$x' = -5 + 6 = +1, \quad x = -1\,(= +11.) \qquad (131)$$

Da die Spannung der Sammelschiene *II* höher als die von *I* ist, muß die Oberspannungsseite des Spartransformators an *II* und die Unterspannungsseite an *I* angeschlossen werden. Wir wählen die Schaltgruppe des Spartransformators nach Abschn. 31 Abb. 62 zu $SpT/ZY\,1$, da nach der *ersten Laufrichtung* die Kennzahl zu $x = +1$ ermittelt worden ist. Durch die Zickzackschaltung ist das Verhältnis der zu kuppelnden Netzspannungen eindeutig festgelegt, denn der Spartransformator in dieser symmetrischen Schaltung hat ein unveränderliches *Übersetzungsverhältnis* von $ü = \sqrt{3}$. In Abb. 140 sind die Potentialdiagramme der Leistungstransformatoren und des Spartransformators dargestellt. Wie aus der *Überdeckung* der Kreispunkte der Vektoren hervorgeht, können die Transformatoren *A* und *B* über den Netzkupplungstransformator *C* parallel geschaltet werden.

I. Drehstrom-Leistungstransformatoren mit drei Wicklungen
Dreiwicklungstransformatoren

Im Gegensatz zum gewöhnlichen Drehstromtransformator, der im *Betriebe* nur eine *Aufnahme-* und eine *Abgabewicklung* besitzt, hat der Dreiwicklungstransformator eine Aufnahme- und zwei Abgabewicklungen oder zwei Aufnahme- und eine Abgabewicklung. Bei Dreiwicklungstransformatoren kann man *drei Wicklungspaare* unterscheiden und sie gruppenmäßig bezeichnen. Es gibt hier zwei Schaltgruppen in der Längs- und eine in der Querrichtung.

58. Verwendung von Dreiwicklungstransformatoren

Dreiwicklungstransformatoren können allgemein für *drei verschiedene Zwecke* verwendet werden, und zwar *erstens* nach Abb. 141a zur Kupplung von zwei Generatoren zwecks Speisung eines gemeinsamen Netzes, *zweitens* nach Abb. 141b zur Kupplung und Speisung von zwei getrennten Netzen oder Sammelschienen einer Anlage mit gleicher oder verschiedener Spannung und *drittens* als Vermischung dieser beiden Verwendungsfälle nach Abb. 141c zur Speisung von zwei getrennten Netzen mit gleicher oder verschiedener Spannung durch einen gemeinsamen Generator.

Der letzte Verwendungsfall wird meistens dann am zweckmäßigsten sein, wenn neben der Speisung einer Hauptsammelschiene (1) die getrennte Belieferung eines Orts- oder Eigenbedarfsnetzes (2) vorgenommen werden soll. Ist der Generator nicht in Betrieb, so kann das Nebennetz vom Hauptnetz weiter versorgt werden.

Die Nennleistung der *Abgabewicklungen* kann gleich oder verschieden sein, ihre Summe muß aber stets mit der Nennleistung der *Aufnahmewicklung* übereinstimmen. Analog verhält es sich, wenn zwei Aufnahmewicklungen und eine Abgabewicklung vorhanden sind. Die *Typenleistung* des Dreiwicklungstransformators entspricht der halben Summe der Nennleistung aller Wicklungen.

Dreiwicklungstransformatoren begrenzen die Kurzschlußströme zwischen zwei gekuppelten Generatoren, Netzen oder Sammelschienen einer Anlage sehr wirksam. So kann z. B. bei der Verwendungsart nach Abb. 141b bei günstiger *Wicklungsanordnung* je Transformatorenhälfte, also in der Längsrichtung von 1 nach 2 und von 1 nach 3, eine Streureaktanz von 10% für die halbe Nennleistung vorhanden sein. In der Querrichtung besitzt dann der Transformator

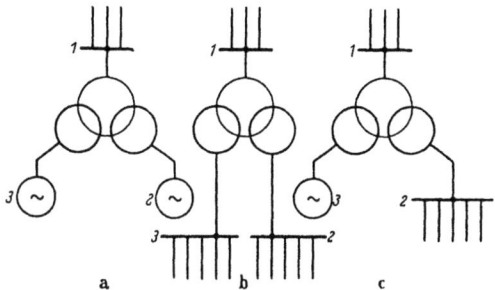

Abb. 141. Die drei Verwendungsmöglichkeiten von Dreiwicklungstransformatoren. a) Kupplung von zwei Generatoren; b) Kupplung von zwei Netzen; c) Kupplung eines Generators mit zwei Netzen

von 2 nach 3 oder von 3 nach 2 für die Gesamtleistung eine Streureaktanz von etwa 20%. Im Normalbetrieb ist folglich je Sammelschiene, 2 und 3, 10% Längsreaktanz vorgeschaltet. Im Fall eines Kurzschlusses an der Sammelschiene 2 oder 3 wird aber bei Einspeisung von der Sammelschiene 3 oder 2 eine Querreaktanz von etwa 20% wirksam.

59. Schaltung der Dreiwicklungstransformatoren

In Abschn. 38 wurden bereits für Drehstromtransformatoren mit drei Wicklungen gelegentlich der Behandlung der Stern-Stern-Tertiär-Schaltungen Potentialdiagramme angegeben. Auf gleiche Weise lassen sich auch für Dreiwicklungstransformatoren diese Diagramme aufstellen.

Bei *Dreiwicklungstransformatoren* oder überhaupt bei Mehrwicklungstransformatoren werden die *Schaltgruppen* für die einzelnen Wicklungspaare in bestimmter *Reihenfolge* für die *Längsrichtung* angegeben. Wie üblich, muß allgemein auch hier bei der Feststellung der Schaltgruppen von der Oberspannung ausgegangen werden. Die Reihenfolge wird in erster Linie vom *Isolationspegel* gegen Erde und in zweiter Linie von der Größe der *Nennleistung* der übrigen Wicklungen abhängig gemacht. Es ist der höchste Isolationspegel oder bei gleichem Isolationspegel die höchste Nennleistung voranzustellen.

In Abb. 142 ist die Stern-Dreieck-Dreieck-Schaltung, geeignet für den Verwendungsfall nach Abb. 141a, mit Potentialdiagrammen dargestellt. Die Oberspannungswicklung ist in Stern, und die beiden Unterspannungswicklungen *1* und *2* sind gegensinnig zur Oberspannungswicklung in Dreieck geschaltet. Nach Abb. 78 hat der Dreiwicklungstransformator in dieser Schaltung *zweimal die Schaltgruppe Yd 5*. Die Bezeichnung der Schaltgruppe des Dreiwicklungstransformators in der

Längsrichtung ist demnach $Yd\,5/Yd\,5$. Die Schaltgruppe für die *Querrichtung* ergibt sich hieraus zu: $dd\,0$.

Für den Verwendungsfall nach Abb. 141b ist die in Abb. 143 dargestellte Stern-Stern-Stern-Tertiär-Schaltung am zweckmäßigsten. Die Oberspannungswicklung ist in Stern, und die beiden Unterspannungs-

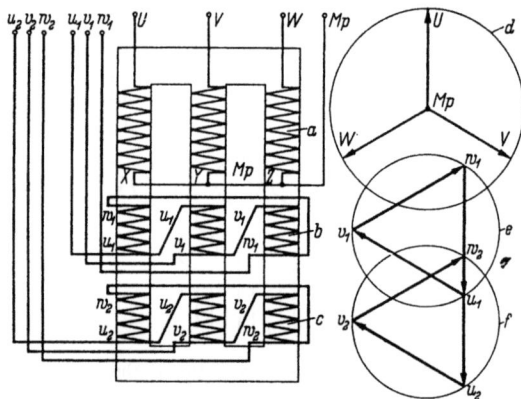

Abb. 142. Dreiwicklungstransformator in Stern-Dreieck-Dreieck-Schaltung. Schaltgruppe: $Yd\,5/Yd\,5/dd\,0$. *a* Oberspannungswicklung; *b* Unterspannungswicklung 1; *c* Unterspannungswicklung 2; *d* Potentialdiagramm zu *a*; *e* Potentialdiagramm zu *b*; *f* Potentialdiagramm zu *c*

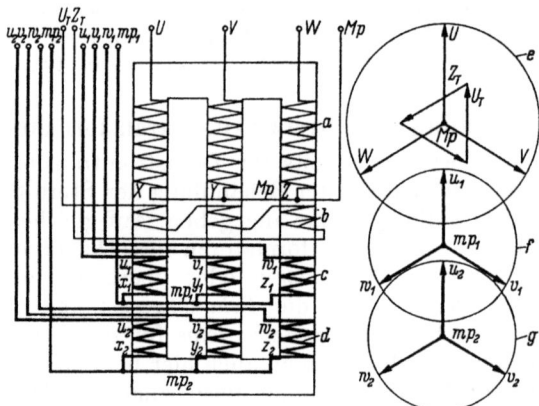

Abb. 143. Dreiwicklungstransformator in Stern-Stern-Stern-Tertiär-Schaltung. Schaltgruppe $Yy\,0/Yy\,0/D_T\,1/yy\,0$. *a* Oberspannungswicklung; *b* Tertiärwicklung; *c* Unterspannungswicklung 1; *d* Unterspannungswicklung 2, *e* Potentialdiagramm zu *a* und *b*; *f* Potentialdiagramm zu *c*; *g* Potentialdiagramm zu *d*

wicklungen *1* und *2* sind gleichsinnig in Stern geschaltet. Die Tertiärwicklung entspricht der Kombination, jedoch ohne Drehstromanschluß, nach Abb. 88. Der Dreiwicklungstransformator hat in dieser Schaltung nach Abb. 72 zweimal die Schaltgruppe $Yy\,0$. Die Bezeichnung in der *Längsrichtung* ist $Yy\,0/Yy\,0/D_T\,1$ und in der *Querrichtung* $yy\,0$.

Der dritte Verwendungsfall, Abb. 141c, kann am vorteilhaftesten mit der Stern-Dreieck-Stern-Schaltung nach Abb. 144 ausgerüstet werden. Die Oberspannungswicklung ist in Stern, die erste Unterspannungswicklung gegensinnig in Dreieck und die zweite gegensinnig in Stern geschaltet. Der Dreiwicklungstransformator hat in dieser Schaltung nach Abb. 78 und 73 zwei verschiedene Schaltgruppen, und

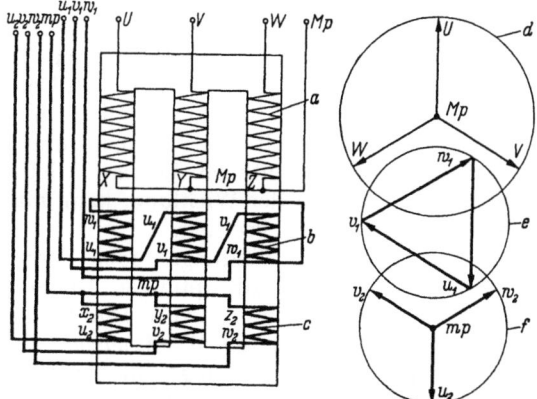

Abb. 144. Dreiwicklungstransformator in Stern-Dreieck-Stern-Schaltung. Schaltgruppe: $Yd\,5/Yy\,6/dy\,1$. a Oberspannungswicklung; b Unterspannungswicklung 1; c Unterspannungswicklung 2; d Potentialdiagramm zu a; e Potentialdiagramm zu b; f Potentialdiagramm zu c

zwar $Yd\,5$ und $Yy\,6$. Der *Generator* wird an die *Dreieckwicklung* angeschlossen und das Nebennetz von der zweiten Unterspannungswicklung gespeist. In der Abb. 144 sind die Potentialdiagramme für die beiden Unterspannungswicklungen mit gleichem Durchmesser gezeichnet. Die Spannungen dieser Wicklungen sind demnach von gleicher Größe. Da die Dreieckwicklung nach obengenannter Verwendungsart die Aufnahmewicklung darstellt, hat sie eine größere Nennleistung als die zweite in Stern geschaltete Unterspannungswicklung.

Bei der Bezeichnung der *Schaltgruppen* des Dreiwicklungstransformators ist folglich die Dreieckwicklung voranzustellen. In der *Längsrichtung* gilt die Bezeichnung: $Yd\,5/Yy\,6$ und in der *Querrichtung*: $dy\,1$. In der *anderen Querrichtung* von y nach d ist die Kennzahl -1 oder $12-1=+11$ und die Bezeichnung der Schaltgruppe $yd\,11$.

In Abb. 136 ist dieser Dreiwicklungstransformator im Beispiel für die Ringschaltung von Transformatoren verwendet worden.

Neben den hier dargelegten Schaltungen können verständlicherweise je nach den Erfordernissen auch andere *Kombinationen* der Wicklungen, aus Kapitel G schöpfend, gewählt werden.

J. Leistungstransformatoren mit Anzapfungen

Anzapfungen sind zusätzliche Wicklungsanschlüsse; sie dienen zur stufenweisen Änderung der Übersetzung. Die Übersetzung ist das ungekürzte Verhältnis der Oberspannung zur Unterspannung im Leerlauf des Transformators.

60. Allgemeines über Anzapfungen

Die Anzapfungen können schalttechnisch am Anfang, am Ende, gleichzeitig am Anfang und Ende, in der Mitte oder in der Doppelmitte der Wicklung angebracht werden. Befinden sich die Anzapfungen am *Anfang* der *Wicklung*, bezeichnet man die mittlere oder eine der beiden mittleren, die der größeren Windungszahl entspricht, als *Hauptanzapfung*. Die Hauptanzapfungen sind in diesem Fall mit den Hauptklemmen verbunden. Für die Hauptanzapfungen gilt die *Nennübersetzung* des Transformators, also das Verhältnis der Nennspannungen der Oberspannungs- und Unterspannungsseite im Leerlauf. Befinden sich die Anzapfungen an anderen Stellen der Wicklung, kann man sinngemäß ebenfalls von Hauptanzapfungen sprechen.

Unter Stufen versteht man Windungs- oder Spannungsschritte zwischen zwei aufeinanderfolgenden Anzapfungen. Die *Stufenspannung*, also die Leerlaufspannung einer Stufe, wird in Prozent der Nennspannung angegeben. Je nachdem, ob die *Windungszahl* der Anzapfungen *höher* oder *niedriger* als die Windungszahl der Hauptanzapfung ist, werden die entsprechenden Anschlußklemmen der Wicklung mit Plus-Anschlüssen oder Minus-Anschlüssen bezeichnet. In gleichem Sinne spricht man auch von Plus-Stufen und Minus-Stufen, vor allen Dingen bei Regeltransformatoren.

Die stufenweise *Änderung der Übersetzung* wird bei Leistungstransformatoren nur im spannungslosen Zustand — nach erfolgter Abschaltung des in Betrieb befindlichen Transformators — vorgenommen. Bei Regeltransformatoren mit Stufenschalter erfolgt dagegen die stufenweise Änderung der Übersetzung unter Last, also während des Betriebes des Transformators.

Das *Einstellen der Anzapfungen* in spannungslosem Zustand kann entweder durch *Umklemmung* der Leitungen an den Klemmen der herausgeführten Wicklungsanschlüsse oder durch *Umsteller* erfolgen. Es gibt einpolige, drei einpolige mit gemeinsamer Betätigung und dreipolige Umsteller. Die erste Ausführungsart der Umsteller wird hauptsächlich für Einphasentransformatoren und in einzelnen Fällen für Drehstromtransformatoren, die zweite für größere und die dritte für kleinere Drehstromtransformatoren verwendet. Man bezeichnet auch die Umsteller nach ihrer Schaltung wie z. B. Sternpunktumsteller, Mittenumsteller und Doppelmittenumsteller.

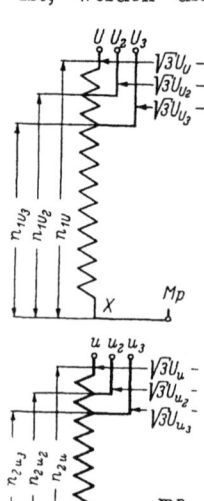

Abb. 145. Darstellung und Bezeichnung von Anzapfungen, die am Anfang der Wicklung angeordnet sind. Oben: Eine Phase der Oberspannungswicklung bei Stern-Schaltung. Unten: Eine Phase der Unterspannungswicklung bei Stern-Schaltung.

In Abb. 145 ist *eine Phase* eines Drehstromtransformators in Stern-Stern-Schaltung mit Anzapfungen auf der Oberspannungs- und Unterspannungsseite dargestellt. Die *Hauptanzapfung* liegt zwischen den beiden anderen Anzapfungen und ist mit U_2, V_2, W_2 bzw. u_2, v_2, w_2 bezeichnet. Die *Plus-Anschlüsse* führen die Bezeichnung U, V, W bzw. u, v, w und die *Minus-Anschlüsse* U_3, V_3, W_3 bzw. u_3, v_3, w_3. Die Anzapfungen sind am Anfang der Wicklung angeordnet.

Zu jeder Anzapfung gehört nach Gl. (6) eine eindeutig bestimmte Spannung, bei der die Nenninduktion des Transformators in Rechnung gestellt ist. Ist die Oberspannungswicklung die Energie aufnehmende Wicklung, so müssen bei veränderlich ankommender Spannung die Anzapfungen UVW, $U_2V_2W_2$ und $U_3V_3W_3$ jeweils auf die entsprechende Höhe der ankommenden Spannung eingestellt werden, um die *Nenninduktion* konstant zu halten.

Unter Berücksichtigung der Gl. (5) ist die Spannung der Aufnahmeseite des Transformators je Phase

$$U_U = 4{,}44\, f\, B_{Sch}\, F_e\, n_{1U}\, 10^{-8} \quad (V), \tag{132}$$

$$U_{U_2} = 4{,}44\, f\, B_{Sch}\, F_e\, n_{1U_2}\, 10^{-8} \quad (V) \tag{133}$$

und

$$U_{U_3} = 4{,}44\, f\, B_{Sch}\, F_e\, n_{1U_3}\, 10^{-8} \quad (V). \tag{134}$$

Die Induktion B_{Sch} bleibt, wie aus den Gleichungen ersichtlich, bestehen, weil nach Gl. (12)

$$\frac{U_U}{U_{U_2}} = \frac{n_{1U}}{n_{1U_2}} \quad \text{und} \quad \frac{U_{U_2}}{U_{U_3}} = \frac{n_{1U_2}}{n_{1U_3}}$$

ist. Die auf diese Weise konstant erzeugte Induktion B_{Sch} hält ihrerseits die Spannung auf der Abgabeseite des Transformators unverändert auf gleicher Höhe. Hierdurch läßt sich zusammengenommen bei veränderlich ankommender Spannung mittels *Anzapfungen* auf der *Aufnahmeseite* die *abgehende Spannung* auf konstant oder auf annähernd konstanter Höhe einstellen.

Ist dagegen die ankommende Spannung konstant und auf die entsprechende Anzapfung eingestellt, ist die Induktion B_{Sch} ebenfalls konstant. Die *abgehende Spannung* kann in diesem Fall mittels Anzapfungen auf der *Abgabeseite* linear mit der Windungszahl n_2 erhöht oder vermindert werden.

Die Spannung auf der *Abgabeseite* des Transformators je Phase ist

$$U_u = 4{,}44\, f\, B_{Sch}\, F_e\, n_{2u}\, 10^{-8} \quad (V), \tag{135}$$

$$U_{u_2} = 4{,}44\, f\, B_{Sch}\, F_e\, n_{2u_2}\, 10^{-8} \quad (V) \tag{136}$$

und

$$U_{u_3} = 4{,}44\, f\, B_{Sch}\, F_e\, n_{2u_3}\, 10^{-8} \quad (V). \tag{137}$$

In Abb. 146 ist die lineare Veränderung der abgehenden Spannung $\sqrt{3}\, U_u$ in Abhängigkeit von der Windungszahl n_2 dargestellt. Die Spannung steigt, wie ersichtlich, *direkt proportional* mit der Windungszahl an.

Wird die konstant ankommende Spannung auf Anzapfungen, deren Sollwert von der Spannung abweichend ist, eingestellt, verändert sich die Nenninduktion des Transformators.

Entspricht die ankommende Spannung z. B. der Spannung U_U, so gilt für die Anzapfungen $U_2 V_2 W_2$ und $U_3 V_3 W_3$ auf der *Aufnahmeseite* je Phase

$$U_{U_2} = 4{,}44\, f\, B'_{Sch}\, F_e\, n_{1U_2}\, 10^{-8} = U_U \quad (V) \tag{138}$$

und

$$U_{U_3} = 4{,}44\, f\, B''_{Sch}\, F_e\, n_{1U_3}\, 10^{-8} = U_U \quad (V), \tag{139}$$

wobei angenommen worden ist, daß die Spannung U_U den Anzapfungen nacheinander zugeführt wird. Da die Windungszahlen n_{1U_2} und

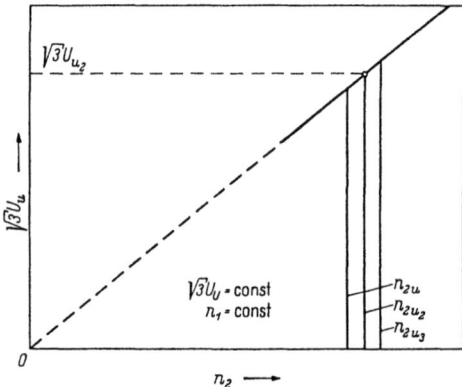

Abb. 146. Änderung der Spannnung eines Transformators auf der Abgabeseite in Abhängigkeit von der Windungszahl n_2 bei konstanter Nenninduktion

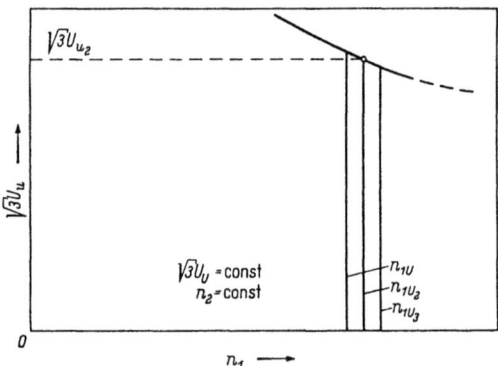

Abb. 147. Änderung der Spannung eines Transformators auf der Abgabeseite in Abhängigkeit von der Windungszahl n_1 bei konstanter Spannung auf der Aufnahmeseite. Nenninduktion mit n_1 veränderlich

n_{1U_2} kleiner als n_{1U} sind, muß die *Induktion* von B_{Sch} auf B'_{Sch} und B''_{Sch} ansteigen. Entspricht dagegen die ankommende Spannung der Spannung U_{U_3}, muß die Induktion B_{Sch} bei Benutzung der Anzapfungen UVW und $U_2 V_2 W_2$ *absinken*. Die abgehende Spannung kann also auf diese Weise mittels Anzapfungen auf der Aufnahmeseite *umgekehrt proportional* mit der Windungszahl n_1 erhöht oder vermindert werden. Es ist

$$\frac{U_U}{U_u} = \frac{n_{1U}}{n_{2u}}, \qquad U_u = U_U \frac{n_{2u}}{n_{1U}} = C \frac{1}{n_{1U}} \quad (V) \qquad (140)$$

und folglich

$$U'_u = C \frac{1}{n_{1U_2}}, \qquad U''_u = C \frac{1}{n_{1U_3}} \quad (V). \qquad (141)$$

In Abb. 147 ist die hyperbelähnliche Veränderung der abgehenden Spannung $\sqrt{3}\,U_u$ in Abhängigkeit von der Windungszahl n_1 dargestellt. Die Spannung nimmt, wie ersichtlich, mit zunehmender Windungszahl ab.

Die *Nenninduktion der Transformatoren* darf allgemein nur in engen Grenzen, etwa $\pm 5\%$, geändert werden, um die optimale Ausnutzung nicht zu beeinträchtigen. Die Stufenspannung beträgt bei Anzapfungen, die im spannungslosen Zustand eingestellt werden, $\pm 2\%$ bis $\pm 5\%$. Es bestehen folglich keine Bedenken, durch eine Induktionsänderung die Spannung auf der Abgabeseite innerhalb dieser Grenzen zu beeinflussen.

Beispiel: Auf der Oberspannungsseite eines Drehstromtransformators sind folgende *Anzapfungen* vorhanden: $\sqrt{3}\,U_U = 30600$ V, $\sqrt{3}\,U_{U_2} = 30000$ V und $\sqrt{3}\,U_{U_3} = 29400$ V. Die *Nennübersetzung* ist 30000/6000 V und das *Nennübersetzungsverhältnis* $\ddot{u} = 5/1 = 5$. Die konstant ankommende Spannung soll 30600 V betragen. Wird diese Spannung nacheinander an die Anzapfungen gelegt, entstehen auf der Unterspannungsseite folgende Spannungen:

$$\sqrt{3}\,U_u = 30600 \frac{6000}{30600} = 6000 \text{ V}, \qquad \sqrt{3}\,U'_u = 30600 \frac{6000}{30000} = 6120 \text{ V}$$

und

$$\sqrt{3}\,U''_u = 30600 \frac{6000}{29400} = 6244 \text{ V}.$$

Ist die ankommende Spannung dagegen 29400 V, so wird:

$$\sqrt{3}\,U''_u = 29400 \frac{6000}{30600} = 5764 \text{ V}, \qquad \sqrt{3}\,U'_u = 29400 \frac{6000}{30000} = 5888 \text{ V}$$

und

$$\sqrt{3}\,U_u = 29400 \frac{6000}{29400} = 6000 \text{ V}.$$

61. Leistungstransformatoren mit herausgeführten Anzapfungen

Drei von den fünf oben erwähnten Möglichkeiten, herausgeführte *Anzapfungen* an in Stern geschalteten Transformatorenwicklungen anzubringen, sind in bezug auf ihre elektrische Lage in Abb. 148 dargestellt. In Abb. 148a wird bei Einstellung der Anzapfungen in spannungslosem Zustand nur die Sternpunktverbindung umgeklemmt und die Hauptleitungen können vorteilhafterweise stehenbleiben. In Abb. 148b werden die Hauptleitungen und die Sternpunktverbindung und schließlich in Abb. 148c nur die Verbindungslaschen umgeklemmt.

Neben diesen schalttechnischen Vor- und Nachteilen richtet sich die Anbringung der *Anzapfungen* noch nach anderen grundlegenden Gesichtspunkten. Allgemein müssen danach Anzapfungen nach Möglichkeit stets symmetrisch angeordnet werden, um zusätzliche Streuungen und Verluste zu vermeiden, und um die *dynamischen* Beanspruchungen im Kurzschlußfall herabzusetzen. Die entstehenden Lücken

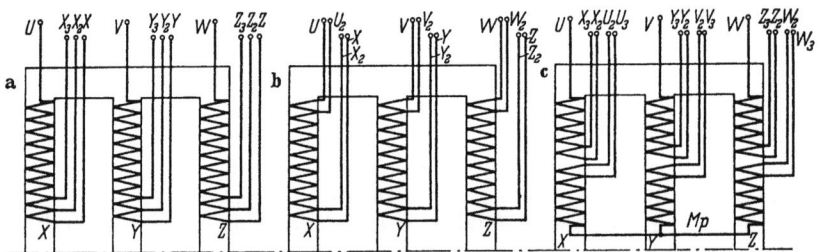

Abb. 148. Die elektrische Lage und Bezeichnung von Anzapfungen bei Sternschaltung. a) Anzapfungen am Ende; b) Anzapfungen am Anfang und Ende; c) Anzapfungen in der Mitte der Wicklung

in der Wicklungsdurchflutung müssen genügend verteilt und kompensiert werden. Befindet sich z. B. in Abb. 148a die Sternpunktverbindung an den Klemmen $X_3 Y_3 Z_3$, sind am Ende der Wicklung mehrere Windungen abgeschaltet, also nicht vom Strom durchflossen. Je nachdem, wie die Anzapfungen eingestellt sind, kann deshalb mehr oder weniger eine *Verkürzung* oder bei besonderen Anordnungen sogar eine *Verlängerung* der Wicklung eintreten. Mit Rücksicht auf Stoßüberspannungen und Begrenzung der *Axialkräfte*, die im Fall eines Kurzschlusses bei einseitig ungleich langen Wickelzylindern auftreten, legt man die Anzapfungen elektrisch vom Anfang der Wicklung entfernt und räumlich in die Mitte des Schenkels und ordnet in der anderen Wicklung entsprechende Aussparungen an. Bei Leistungstransformatoren wirkt es in dieser Beziehung günstig, daß die üblichen Anzapfungen von $\pm 2\%$ bis $\pm 5\%$ im Verhältnis zur Schenkellänge gering sind.

Die *Verteilung der Anzapfungen*, elektrisch und räumlich, am Anfang und Ende einer Wicklung nach Abb. 148b ist bei kleineren Transformatoren anwendbar. Nach Abb. 148c ist bei mittelgroßen Transformatoren die Anordnung elektrisch in der Mitte der Wicklung und räumlich in der Mitte des Schenkels oder, auf die Doppelmitte verteilt (s. Abb. 161), zweckmäßig. Bei größeren Transformatoren werden meistens, um die Axialkräfte wesentlich herabzusetzen, die Anzapfungen elektrisch und räumlich auf die Doppelmitte des Schenkels verteilt (s. Abb. 156 und S. 204—205).

Um die günstigen elektrischen Verhältnisse, die bei Anzapfungen im *Sternpunkt* vorhanden sind, auszunutzen, können die zusätzlichen

Wicklungsanschlüsse statt an das Ende durch eine gegenläufige Wicklungshälfte in die Mitte des Schenkels gebracht werden (s. Abb. 153 und 162). Die Anzapfungen liegen dann zwar *elektrisch* am Ende der Wicklung, *räumlich* aber in der Mitte des Schenkels.

Regeltransformatoren besitzen meistens große Einstellbereiche; es muß deshalb dort durch besondere Maßnahmen für die Verminderung der Axialkräfte gesorgt werden.

In Abb. 149 sind drei von den fünf oben erwähnten Möglichkeiten für die Anbringung von Anzapfungen bei *Dreieckschaltung* nach

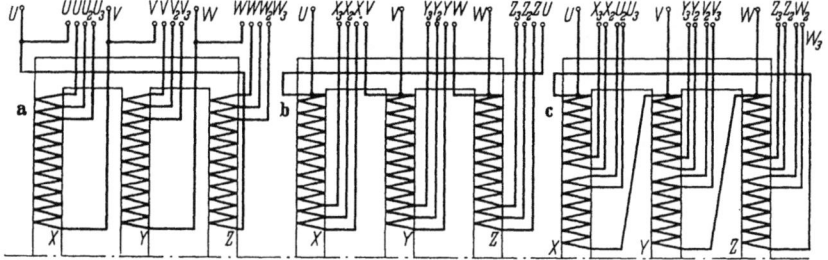

Abb. 149. Die elektrische Lage und Bezeichnung von Anzapfungen bei Dreieckschaltung. a) Anzapfungen am Anfang; b) Anzapfungen am Ende; c) Anzapfungen in der Mitte der Wicklung

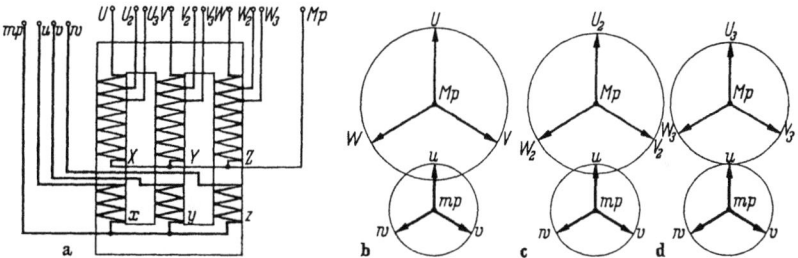

Abb. 150. Vektoren-Potentialdiagramme bei Anzapfungen auf der Oberspannungsseite und bei Sternschaltung. Nenninduktion konstant. Ankommende Spannung veränderlich. a) Schaltbild; b) für Anzapfung UVW; c) für Anzapfung $U_2 V_2 W_2$; d) für Anzapfung $U_3 V_3 W_3$. Abgehende Spannung konstant

Abb. 25 und 91 angegeben. Am vorteilhaftesten erscheint nach den vorangegangenen Darlegungen die Schaltung nach Abb. 149c. Die Verteilung der Anzapfungen am Anfang und Ende der Wicklung ist mit Rücksicht auf die doppelte Anzahl und die Kompliziertheit der erforderlichen Verbindungen hier unzweckmäßig. Bei der Dreieckschaltung nach Abb. 98 können die Anzapfungen gleichfalls nach Abb. 149 angebracht werden.

Die in den Abbildungen angegebenen Bezeichnungen gelten sinngemäß auch für die *Klemmen der Umsteller*. Für Unterspannungswicklungen sind wie üblich kleine Buchstaben zu verwenden.

Die *Vektoren-Potentialdiagramme* bei Anzapfungen sind bei Konstanthaltung der Induktion auf Nennwert für veränderlich ankommende Spannung auf der Oberspannungsseite in Abb. 150 und für unveränderlich ankommende in Abb. 151 bei Stern-Stern-Schaltung dargestellt. In Abb. 150 sind die Anzapfungen auf der Oberspannungsseite, und die Unterspannung wird konstant gehalten. In Abb. 151

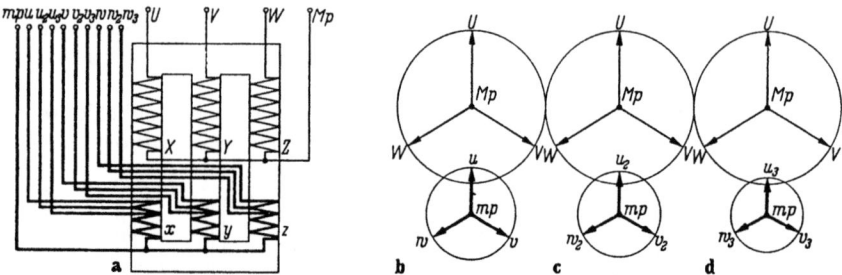

Abb. 151. Vektoren-Potentialdiagramme bei Anzapfungen auf der Unterspannungsseite und bei Sternschaltung. Nenninduktion konstant. Ankommende Spannung konstant. a) Schaltbild; b) für Anzapfung $u\,v\,w$; c) für Anzapfung $u_2\,v_2\,w_2$; d) für Anzapfung $u_3\,v_3\,w_3$. Abgehende Spannung veränderlich

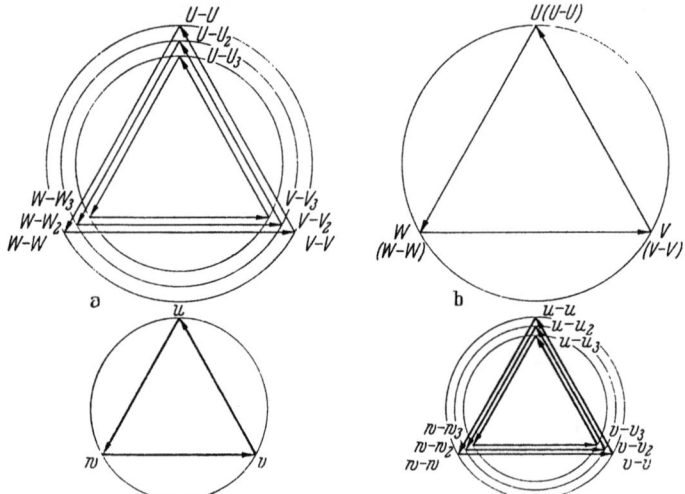

Abb. 152. Vektoren-Potentialdiagramme bei Anzapfungen und bei Dreieck-Dreieck-Schaltung nach Abb. 91 und 149a. Nenninduktion konstant. a) ankommende Spannung veränderlich, abgehende Spannung konstant; b) ankommende Spannung konstant und auf Anzapfung U-U, V-V, W-W gelegt. Abgehende Spannung veränderlich

sind dagegen die Anzapfungen auf der Unterspannungsseite, und die Unterspannung wird proportional mit der Windungszahl verändert. In Abb. 152 sind die Potentialdiagramme bei Dreieck-Dreieck-Schaltung für die gleichen Fälle angegeben. Die Bezeichnung der Anzapfungen entspricht hierbei der Schaltung nach Abb. 149a.

Die praktische Anordnung von *herausgeführten Anzapfungen* zeigt Abb. 153. Die zusätzlichen Wicklungsanschlüsse sind mittels Durchführungsisolatoren über dem Deckel des Ölkessels des Transformators herausgeführt und für die Umklemmung der Hauptleitungen und Sternpunktverbindungen zugänglich gemacht. Die *Sternpunktverbindung* besteht hier aus einer verzinnten Kupferschiene und kann mit Vorteil unverwechselbar für die Einstellung der Anzapfungen bei zweckmäßiger Verteilung der Durchführungsisolatoren eingerichtet werden.

Die Unterspannungswicklung mit *Anzapfungen im Sternpunkt* des dargestellten Transformators besteht je Schenkel aus vier rechtsgängigen und vier linksgängigen *Wicklungsabteilungen*, wobei jeweils zwei hintereinander und dann parallel geschaltet sind. Die rechtsgängigen und linksgängigen Wicklungsabteilungen sind abermals parallel geschaltet. Auf diese Weise fällt das Potential vom Anfang und Ende des Schenkels nach innen ab, und der Sternpunkt wird räumlich erst in der Mitte des Schenkels erreicht.

Die einzelnen parallel geschalteten *Wicklungsabteilungen* können auch ineinander geschoben gedacht werden, und zwar so, daß die *vierfache* Höhe einer Wicklungsabteilung der ganzen Länge einer Schenkelwicklung entspricht. An den Stoßstellen zwischen den rechts- und linksgängigen Wicklungsabteilungen besteht *keine Potentialdifferenz*, weil ja der Stern-

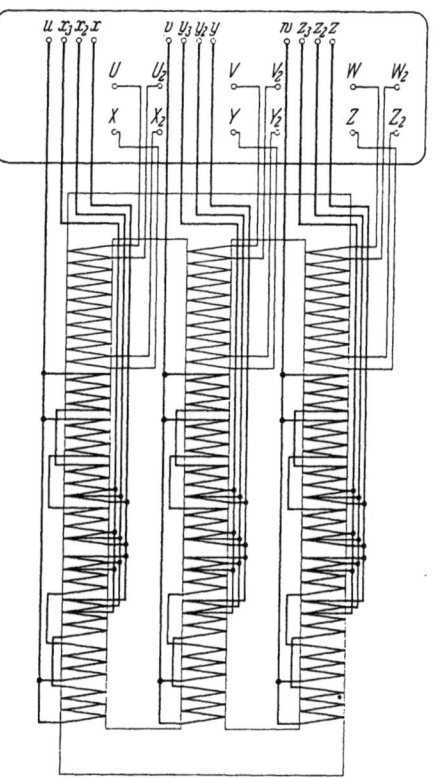

Abb. 153. Deckelschaltbild eines Drehstrom-Öltransformators mit oberspannungs- und unterspannungsseitig herausgeführten Anzapfungen. Parallelschaltung der Teilwicklungen und der Anzapfungen auf der Unterspannungsseite. Durch doppelkonzentrische Wicklungsanordnung können hier die Anzapfstellen zugänglich gemacht werden

punkt für die oberen und unteren Wicklungsteile gemeinsam ist, und das Potential bei Symmetrie von oben und unten gleichmäßig nach innen abfällt. In Hinblick auf die *Isolierung* ist also diese Wicklungsanordnung sehr vorteilhaft. Da je Schenkel insgesamt acht Wicklungsabteilungen vorhanden sind, aber hiervon nur die Summe der Windungszahlen von zwei Wicklungsabteilungen der Phasenspannung entspricht, ist jede Schenkelwicklung *vierfach parallel* geschaltet. Diese Wicklungsanordnung eignet sich also für hohe Stromstärken (s. Abschn. 2).

Nach den Bezeichnungen der Klemmen ist der Transformator für die Schaltgruppe Yy 0 geschaltet. Da jedoch die Sternpunktverbindung außerhalb des Transformators angeschlossen wird, kann er leicht durch Vertauschung der Bezeichnungen der Oberspannung: U und U_2 mit X und X_2 usw. für die Schaltgruppe Yy 6 eingerichtet werden.

Auf der Oberspannungs- und Unterspannungsseite können nach folgender Tabelle die Anzapfungen eingestellt werden.

Tabelle 59. *Einstellung der Anzapfungen für die Schaltung nach Abb. 153. Die Anzapfungen sind herausgeführt*

Hauptleitungen an	Sternpunktverbindung an	Windungszahl	Beispiel für Spannungen
Oberspannung			
$U\ V\ W$	$X\ Y\ Z$	höchste	11 275 V
$U\ V\ W$	$X_2\ Y_2\ Z_2$	mittlere	11 000 V
$U_2\ V_2\ W_2$	$X_2\ Y_2\ Z_2$	niedrigste	10 725 V
Unterspannung			
$u\ v\ w$	$x\ y\ z$	höchste	6 150 V
$u\ v\ w$	$x_2\ y_2\ z_2$	mittlere	6 000 V
$u\ v\ w$	$x_3\ y_3\ z_3$	niedrigste	5 850 V

62. Leistungstransformatoren mit einpoligem Umsteller

Einpolige Umsteller werden hauptsächlich bei *Einphasentransformatoren* verwendet. Bei Drehstromtransformatoren eingesetzt, haben sie den Nachteil, daß sie phasenweise auf verschiedene Stellungen eingestellt werden können. Als Grobumsteller, wenn sie nur selten betätigt werden, oder für sonstige Einzelfälle können sie jedoch auch bei *Drehstromtransformatoren* Verwendung finden. In den Abb. 154, 155 und 156 sind einpolige Umsteller dargestellt. Die Schaltungen gelten, da sie phasenweise vollkommen unabhängig sind, natürlich auch für Einphasentransformatoren.

In Abb. 154 hat der *einpolige Mittenumsteller* vier Stellungen bei fünf Anzapfungen der Oberspannungswicklung, die elektrisch und räumlich in der Mitte des Schenkels liegen. Die Anzapfungen können nach folgender Tabelle eingestellt werden.

Ein Mittenumsteller, ebenfalls mit gestreckten Kontaktarmen, aber mit sechs Kontakten für eine nach Abb. 149 c

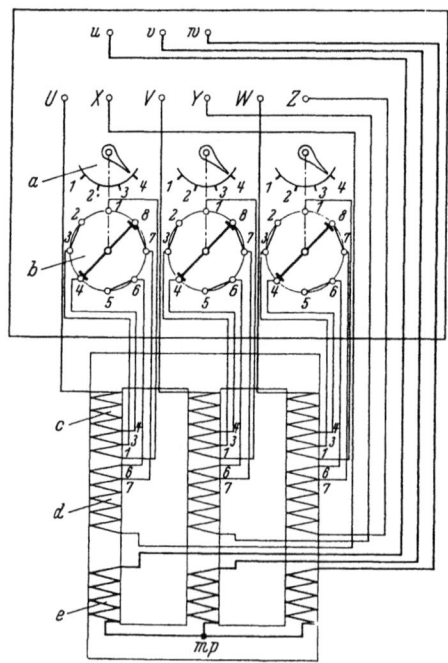

Abb. 154. Drehstromtransformator der Schaltgruppe Yy 0 mit einpoligem Mittenumsteller auf der Oberspannungsseite. Der Umsteller hat gestreckte Kontaktarme und vier Stellungen. *a* Stellungsanzeiger; *b* einpoliger Mittenumsteller; *c* Oberspannungswicklung obere Wicklungsabteilung; *d* untere Wicklungsabteilung; *e* Unterspannungswicklung

Tabelle 60. *Einstellung der Anzapfungen für die Schaltung nach Abb. 154 mittels einpoligen Mittenumstellern*

Stellung des Umstellers	Verbindungen	Windungszahl	Beispiel für Spannungen
Oberspannung			
1	1—(5)6	höchste	30 600 V
2	(2)3—6	mittlere	30 000 V
3	3—7	niedrigere	29 400 V
4	4—(8)7	niedrigste	28 800 V

Zusätzliche Wicklungsanschlüsse: $1 = X_2 Y_2 Z_2$, $3 = X_3 Y_3 Z_3$, $4 = X_4 Y_4 Z_4$, $6 = U_2 V_2 W_2$, $7 = U_3 V_3 W_3$.

in *Dreieck* geschaltete Oberspannungswicklung, ist in Abb. 155 angegeben. Der *einpolige Umsteller* hat drei Stellungen und die Wicklung,

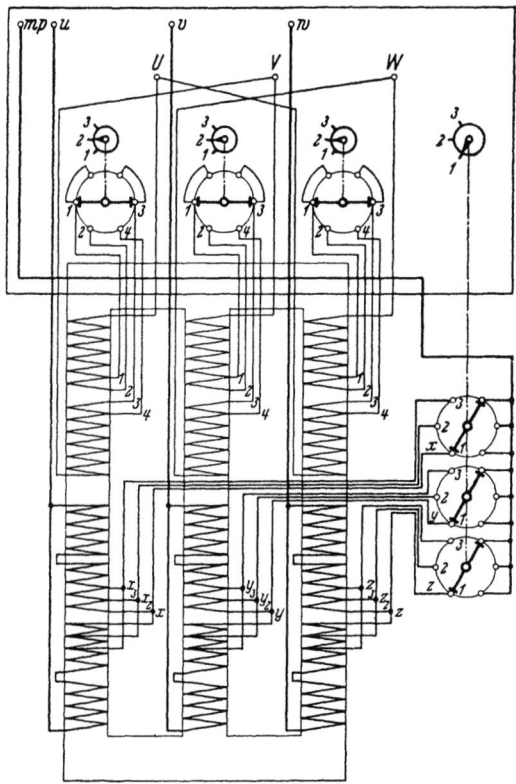

Abb. 155. Drehstromtransformator der Schaltgruppe Dy 11 mit einpoligem Mittenumsteller und Sternpunktumsteller auf Oberspannungs- und Unterspannungsseite. Auf der Unterspannungsseite sind Wicklung und Anzapfungen parallel geschaltet. Die dazugehörigen Sternpunktumsteller haben gemeinsame Betätigung. Die doppelte Ausführung der Oberspannungsseite mit gemeinsamer Betätigung der sechs einpoligen Umsteller ergibt die Schaltung für einen Doppelmittenumsteller

die in der Mitte angezapft ist, vier zusätzliche Wicklungsanschlüsse. Die Anzapfungen können nach folgender Tabelle eingestellt werden.

Tabelle 61. *Einstellung der Anzapfungen für die Schaltung nach Abb. 155 mittels einpoligen Mittenumstellern*

Stellung des Umstellers	Verbindungen	Windungszahl	Beispiel für Spannungen
Oberspannung			
1	2—3	höchste	61 800 V
2	1—3	mittlere	60 000 V
3	1—4	niedrigste	58 200 V

Zusätzliche Wicklungsanschlüsse: $1 = X_3 Y_3 Z_3$, $2 = X_2 Y_2 Z_2$, $3 = U_2 V_2 W_2$, $4 = U_3 V_3 W_3$.

Um eine weitere Verwendungsmöglichkeit von einpoligen Umstellern zu zeigen, sind in Abb. 156 *Grob- und Feinumsteller* dargestellt. Die Oberspannungswicklung des Drehstromtransformators besitzt je Phase drei gleich große *Wickelzylinder*, die jeweils die ganze Länge des Schen-

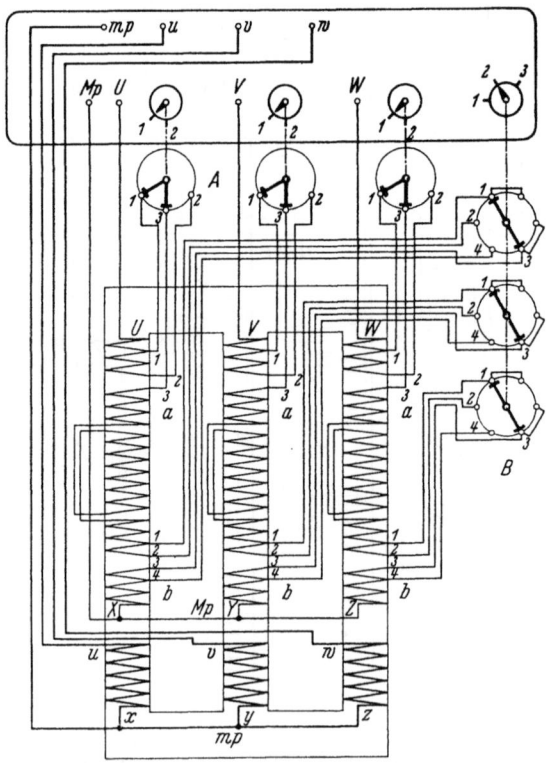

Abb. 156. Drehstromtransformator der Schaltgruppe $Yy0$ mit Grob- und Feinumsteller. Tertiärwicklung weggelassen. *a* Grobanzapfungen; *b* Feinanzapfungen; *A* Grobumsteller; *B* Feinumsteller. Die Feinumsteller haben gemeinsame Betätigung und können ähnlich wie die Grobumsteller horizontal unter dem Deckel mit ausreichendem Isolationsabstand eingebaut werden

kels bedecken. Der äußere und innere Wickelzylinder haben rechtsgängige und der mittlere hat linksgängige Wicklung. Die Wickelzylinder sind hintereinander geschaltet. Angefangen bei Klemme U oben außen, wird der äußere Zylinder unten mit dem mittleren Zylinder unten verbunden. Der mittlere Zylinder wird oben mit dem inneren Zylinder oben verbunden. Der innere Zylinder endet schließlich unten an der Klemme X. Auf diese Weise werden äußere umleitende Schaltverbindungen an den Wickelzylindern vermieden, und alle Anzapfungen der Grob- (a) und Feinumsteller (b) kommen räumlich in die Mitte des Schenkels. Eine *Verkürzung der Wickelzylinder* kann bei der Einstellung der Anzapfungen nicht eintreten. Elektrisch liegen die Anzapfungen vom Anfang und Ende um 1/6 von der Gesamtwindungszahl des Wicklungsstranges entfernt.

Der Grobumsteller (A) besitzt zwei und der Feinumsteller (B) drei Stellungen. Die drei einpoligen Feinumsteller haben gemeinsame Betätigung.

Die *Windungszahl* der *Wicklungen* und der *Anzapfungen* kann man nach zwei Gesichtspunkten bemessen, und zwar entweder für konstante Nenninduktion oder für eine etwa 5%ige Induktionsschwankung. Die Induktionsschwankung wird so gewählt, daß die höchste und tiefste Induktion um etwa 2,5% von der Nenninduktion abweichend ist. Bei der *ersten Bemessung* handelt es sich für uns um die bereits oben erwähnte Grob- und Feineinstellung, also um Vergrößerung der Stufenzahl und bei der *zweiten* um die Erhöhung oder Verminderung der Spannung auf der Abgabeseite des Transformators. Die Einstellung der Anzapfungen für die beiden Fälle ist in den Tabellen 62 und 63 angegeben.

Tabelle 62. *Einstellung der Anzapfungen für die Schaltung nach Abb. 156. Nenninduktion um 2,5% gesenkt und konstant in allen Stellungen. Grob- und Feineinstellung*

Stellung des Grobumstellers (A)	Verbindung	Stellung des Feinumstellers (B)	Verbindung	Windungszahl	Beispiel für Spannungen	
					Grobstufen	Feinstufen
Oberspannung						
2	2—3	1	2—3	höchste	32 000 V	32 000 V
		2	1—3			31 000 V
		3	1—4	mittlerer		30 000 V
1	1—3	1	2—3	mittlerer	29 000 V	29 000 V
		2	1—3			28 000 V
		3	1—4	niedrigste		27 000 V

Zusätzliche Wicklungsanschlüsse: a1: $X_5 Y_5 Z_5$, a2: $X_4 Y_4 Z_4$, a3: $U_2 V_2 W_2$, b1: $X_3 Y_3 Z_3$, b2: $X_2 Y_2 Z_2$, b3: $U_3 V_3 W_3$, b4: $U_4 V_4 W_4$.

In dem oben angegebenen Beispiel für Spannungen ist die Spannung der Grobstufe zu $3000/\sqrt{3}$ V und die der Feinstufen zu je $1000/\sqrt{3}$ V gewählt.

Bei *Stellung* 1 des Umstellers für Abgabeseite (A) tritt eine 5%ige Erhöhung der Induktion auf; die Spannung auf der *Abgabeseite* steigt deshalb von 6000 V auf 6300 V an. Es ist aber vorsorglich die Nenn-

Tabelle 63. *Einstellung der Anzapfungen für die Schaltung nach Abb. 156. Erhöhung oder Verminderung der Spannung auf der Abgabeseite*

Stellung des Umstellers für Abgabeseite (A)	Verbindung	Stellung des Umstellers für Aufnahmeseite (B)	Verbindung	Windungszahl	Beispiel für Spannungen	
					Abgabeseite	Aufnahmeseite
Oberspannung						
2	2—3	1	2—3	höchste	6000 V	30750 V
		2	1—3			30000 V
		3	1—4	mittlerer		29250 V
1	1—3	1	2—3	mittlerer	6300 V	30750 V
		2	1—3			30000 V
		3	1—4	niedrigste		29250 V

induktion um 2,5% gesenkt. Bei obiger Stellung wird also die Nenninduktion nur um 2,5% höher. Die Spannung *der einen Stufe* des Umstellers (A) kann nach Abschn. 60 und nach dem Beispiel in Abschn. 61 wie folgt berechnet werden. Es ist

$$6300 = 30750 \frac{6000}{\sqrt{3}\,U'_U} \text{ V}, \quad \sqrt{3}\,U'_U = 29285 \text{ V}$$

und

$$U_{X_3 X_4} = \frac{30750}{\sqrt{3}} - \frac{29285}{\sqrt{3}} = \frac{1465}{\sqrt{3}} \text{ V}.$$

Die Spannung *einer Stufe* des Umstellers für Aufnahmeseite (B) beträgt 2,5% der Nennspannung. Um eine 5%ige Erhöhung der Spannung auf der *Abgabeseite* zu erzielen, muß die Spannung 30750 V der *Aufnahmeseite* auf eine Anzapfung, die um 5% tiefer liegt, also auf Sollwert 29250 V eingestellt werden, analog die Spannung 30000 V auf die Anzapfung 28500 V und die Spannung 29250 V auf die Anzapfung 27750 V. Die Spannung der einen Stufe des Umstellers A beträgt also rund 1500 V bzw. 1500/$\sqrt{3}$ V oder, genau wie oben berechnet, 1465/$\sqrt{3}$ V.

Soll die 5%ige Stufe auf der *Abgabeseite*, also in unserem Fall auf der Unterspannungsseite, direkt eingestellt werden, so kann, wenn angängig, eine ähnliche *Wicklungsanordnung* wie oben beschrieben, aber nur mit zwei Wickelzylindern, für diese Seite verwendet werden. Die eine Hälfte der Stufe, also 2,5%, legt man dann räumlich in die Mitte des äußeren und die andere Hälfte, also ebenfalls 2,5%, in die Mitte des inneren Wickelzylinders. Der *Umsteller* muß in diesem Fall so ausgebildet sein, daß er gleichzeitig zwei Verbindungen herstellen kann. Hierzu eignet sich der in Abb. 161 dargestellte *Doppelumsteller* am besten.

Werden für die Oberspannungswicklung nur die *rechtsgängigen* Wickelzylinder verwendet und *nicht* zusammengeschoben, so daß jeweils zwei Wickelzylinder die ganze Schenkellänge bedecken, kommen die Anzapfungen elektrisch und räumlich in die Doppelmitte der Wicklung. Diese Wicklungsanordnung eignet sich für die Schaltung mit *Doppelmittenumsteller* nach Abb. 161, wobei die Stufen halbiert, auf beide Mitten verteilt und die Hälften gleichzeitig eingestellt werden. Für jede *Wicklungshälfte* kann die Schaltung auch nach Abb. 155 (Anzapfungen *1, 2, 3* und *4*) erfolgen, wobei dann alle sechs einpoligen Umsteller eine *gemeinsame* Betätigung erhalten.

Bei *Leistungstransformatoren für hohe Spannungen* muß dafür gesorgt werden, daß in jeder Stellung des Umstellers die Entstehung von

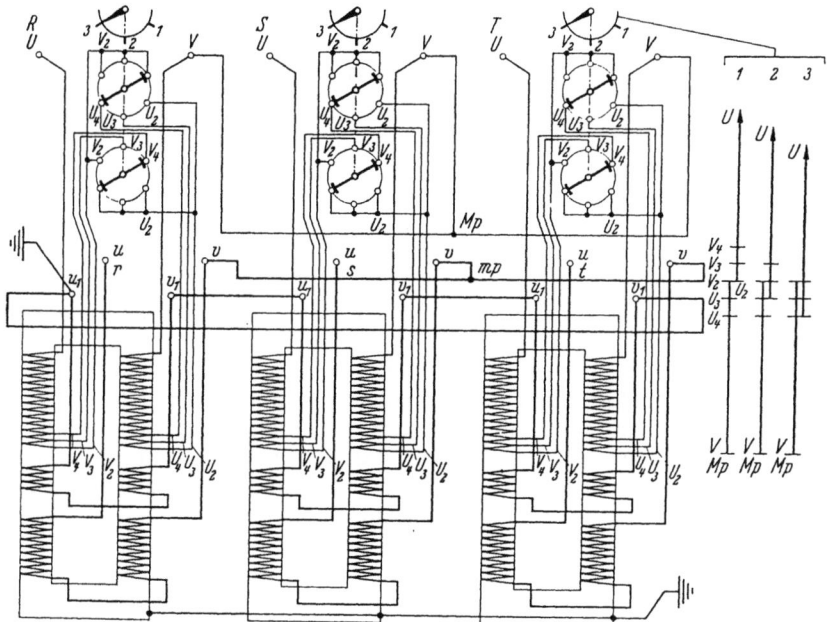

Abb. 157. Drei Einphasen-Leistungstransformatoren mit Tertiärwicklung als Drehstromsatz für hohe Spannung. Die Einphasentransformatoren haben auf der Oberspannungsseite Doppelumsteller für Einstellung der Anzapfungen ohne freies Wicklungsende. Die Anzapfungen sind parallel geschaltet und können räumlich nach Abschn. 23 in eine günstigere Lage gebracht werden

freien Wicklungsenden unterbunden wird. Freie Wicklungsenden wirken bei Beanspruchung des Transformators mit Stoßüberspannungen als offene Stellen und können zu Überschlägen führen.

Tabelle 64. *Einstellung der Anzapfungen für die Schaltung nach Abb. 157 mit Doppelumsteller*

Stellung des Doppel- umstellers	Verbindungen	Zahl der Stufen für Spannungs- bildung	Windungszahl	Beispiel für Spannungen
		Oberspannung		
1	$V_2 - U_2$ und $V_2 - U_2$	4	höchste	225 500 V
2	$V_2 - U_3$ und $V_3 - U_2$	3	mittlere	220 000 V
3	$V_2 - U_4$ und $V_4 - U_2$	2	niedrigste	214 500 V

Bei dieser Schaltung braucht man gegenüber der der Einfachumsteller für die Einstellung von drei verschiedenen Spannungen statt vier sechs Anzapfungen und statt zwei vier Stufen.

In Abb. 157 sind einpolige Doppelumsteller für Einphasentransformatoren auf der Oberspannungsseite angegeben. Die Anzapfungen sind *parallel geschaltet* und die Anzapfwindungen vom halben Strom durchflossen. Gleichzeitig werden hierdurch die Wicklungsverluste etwas verringert. Eine Verkürzung der Wickelzylinder wird nicht herbeigeführt. Es können nach vorstehender Tabelle die Anzapfungen eingestellt werden.

63. Leistungstransformatoren mit drei einpoligen Umstellern und gemeinsamer Betätigung

Normalerweise erhalten größere Drehstromtransformatoren bei Anzapfungen drei einpolige Umsteller mit *gemeinsamer Betätigung*. Diese können auch unter Umständen, wenn sie im Sternpunkt angeordnet sind, entsprechend den vorherrschenden Spannungen zwischen den Phasen, weit voneinander, etwa in dem Abstand der Mittellinien der Schenkel unter dem Deckel, befestigt werden. Einpolige Umsteller sind mit Rücksicht auf eine übersichtliche Verlegung der Ableitungen zweckmäßig. Sie können im Zuge der Ableitungen direkt eingebaut werden.

In Abb. 155 sind auf der Unterspannungsseite des dargestellten Drehstromtransformators drei einpolige Sternpunktumsteller mit gemeinsamer Betätigung eingezeichnet. Die *Wicklungsanordnung* ist ähnlich wie in Abb. 153, es ist aber statt der vierfachen nur eine zweifache Parallelschaltung der Wicklungsabteilungen durchgeführt. Die Umsteller befinden sich räumlich in der Mitte des Schenkels und elektrisch im Sternpunkt der Wicklung, also fast ohne Spannungen zwischen den Phasen. Sie haben sechs Kontakte, wovon jeweils drei Kontakte überbrückt und mit dem *Sternpunkt mp* verbunden sind.

Die Anzapfungen können nach folgender Tabelle auf der Unterspannungsseite eingestellt werden.

Tabelle 65. *Einstellung der Anzapfungen für die Schaltung nach Abb. 155. Anordnung der Umsteller im Sternpunkt*

Stellung des Sternpunktumstellers	Sternpunktverbindung	Windungszahl	Beispiel für Spannungen
Unterspannung			
1	$x \; y \; z$	höchste	3 100 V
2	$x_2 \; y_2 \; z_2$	mittlere	3 000 V
3	$x_3 \; y_3 \; z_3$	niedrigste	2 900 V

Die Zusammenfassung der in Abb. 156 dargestellten Grob- und Feinumsteller wird ermöglicht, wenn alle Anzapfungen phasenweise auf benachbarte Stellen der Wicklung verlegt werden. Um die Stärke der Isolation der Umsteller allgemein nicht unwirtschaftlich groß zu bemessen, müssen die *Spannungsdifferenzen* zwischen den zusammengefaßten Anzapfungen möglichst klein gehalten werden. In Abb. 156 wären die Spannungsdifferenzen für eine Zusammenlegung unter Umständen viel zu hoch. Deshalb sind alle Anzapfungen elektrisch und räumlich in Abb. 158 phasenweise für einen Umsteller in die Mitte des

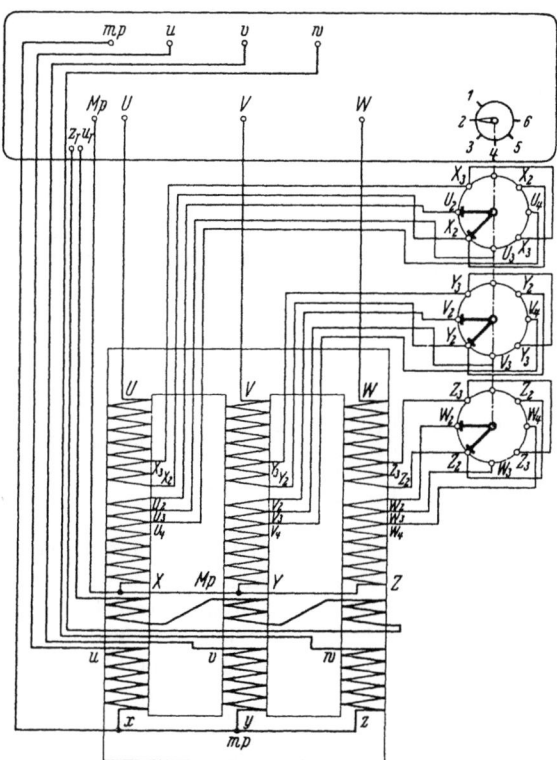

Abb. 158. Drehstromtransformator der Schaltgruppe $Yy\,0\,d_t\,1$ mit Grob- und Feinanzapfungen und drei einpoligen Umstellern auf der Oberspannungsseite. Die Mittenumsteller haben gemeinsame Betätigung und winklige Kontaktarme mit sechs Stellungen. Sie werden normalerweise horizontal unter dem Deckel befestigt

Tabelle 66. *Einstellung der Anzapfungen für die Schaltung nach Abb. 158. Nenninduktion konstant. Grob- und Feineinstellung*

Stellung des Umstellers	Verbindungen	Windungszahl	Beispiel für Spannungen		
			Abgabeseite	Grobstufen	Feinstufen
Oberspannung					
2	$X_2 - U_2,\ Y_2 - V_2,\ Z_2 - W_2$	höchste	30000	62400	62400
3	$X_2 - U_3,\ Y_2 - V_3,\ Z_2 - W_3$				61200
6	$X_2 - U_4,\ Y_2 - V_4,\ Z_2 - W_4$				60000
1	$X_3 - U_2,\ Y_3 - V_2,\ Z_3 - W_2$		30000	58800	58800
4	$X_3 - U_3,\ Y_3 - V_3,\ Z_3 - W_3$				57600
5	$X_3 - U_4,\ Y_3 - V_4,\ Z_3 - W_4$	niedrigste			56400

In dem oben angegebenen Beispiel hat die Grobstufe $62400 - 58800 = 3600$ V, gleich 6%, und die Feinstufen haben je 1200 V, gleich 2% der Nennspannung 60000 V.

Schenkels gelegt. Die dort verwendeten einpoligen Mittenumsteller haben acht Kontakte, wovon sieben besetzt sind. Die *winkligen Kontaktarme* sind auf Grund der Schaltung in der Lage, alle Anzapfungen hintereinander in bestimmter *Reihenfolge* einstellen zu können. In den Tabellen 66 und 67 sind die Einstellungen für konstante Nenninduktion und für die Erhöhung oder Verminderung der Nenninduktion angegeben.

Tabelle 67. *Einstellung der Anzapfungen für die Schaltung nach Abb. 158. Erhöhung oder Verminderung der Spannung auf der Abgabeseite*

Stellung des Umstellers	Verbindungen	Windungszahl	Beispiel für Spannungen		
			Grobstufen	Abgabeseite	Aufnahmeseite
Oberspannung					
2	$X_2 - U_2$, $Y_2 - V_2$, $Z_2 - W_2$	höchste	62400	30000	62400
3	$X_2 - U_3$, $Y_2 - V_3$, $Z_2 - W_3$				61200
6	$X_2 - U_4$, $Y_2 - V_4$, $Z_2 - W_4$				60000
1	$X_3 - U_2$, $Y_3 - V_2$, $Z_3 - W_2$		58800	31800	62400
4	$X_3 - U_3$, $Y_3 - V_3$, $Z_3 - W_3$				61200
5	$X_3 - U_4$, $Y_3 - V_4$, $Z_3 - W_4$	niedrigste			60000

Bei Stellung 1 des Mittenumstellers tritt jetzt eine *Erhöhung* der Nenninduktion um 6% auf, weil die Spannung von 62400 V an eine Anzapfung gelegt wird, die einer um 6% niedrigeren Spannung entspricht. Die Spannung auf der *Abgabeseite* wird von 30000 V auf 31800 V, also um 6%, erhöht, denn es ist 62400 (30000/58800) = 31800 V.

Ohne die *Anzapfungen* und die *Stufenspannung* zu ändern, kann man, wie obiges Beispiel zeigt, lediglich durch die passende Wahl der Beschriftung der Stellungen des Umstellers den Transformator mit konstanter oder mit erhöhter Nenninduktion arbeiten lassen. Damit die Nenninduktion nicht so stark erhöht zu werden braucht, wählt man die Induktion für die Tabelle 66, z. B. 3% niedriger als die Nenninduktion und erreicht dadurch, wie schon dargelegt, daß in Tabelle 67 bei Stellung 1 eine Erhöhung von nur 3% eintreten kann.

Der in Abb. 159 dargestellte Drehstromtransformator hat die gleichen einpoligen *Mittenumsteller* auf der Oberspannungsseite, wie sie in Abb. 155 angegeben sind, aber mit gemeinsamer Betätigung. Die Anzapfungen sind entsprechend dem abweichenden Wicklungsaufbau in Abb. 159 parallel geschaltet. Jede *Schenkelwicklung* besteht hier aus sechs Wicklungsabteilungen oder Lagen, wobei vier rechts- und zwei linksgewickelt sind. Jede *Wicklungsabteilung* bedeckt die ganze Länge des Schenkels. Die linksgewickelten sind in der Mitte geteilt und mit Anzapfungen versehen. Sie befinden sich zwischen je zwei rechtsgewickelten Wicklungsabteilungen. Die Windungszahl von drei Wicklungsabteilungen entspricht der Phasenspannung. Da sechs Wicklungsabteilungen vorhanden sind, ist die Schenkelwicklung zweifach parallel geschaltet. Zwischen den Abteilungen sind bei dieser Wicklungsanordnung nur kurze Verbindungen vorhanden.

Eine Wicklungsanordnung mit gleichfalls *parallel geschalteten* Anzapfungen zeigt Abb. 160. Die zusätzlichen Wicklungsanschlüsse sind nach Abb. 148b und 153 auf der Oberspannungsseite angebracht. Da zwischen den oberen und unteren Anzapfungen, also zwischen Anfang und Ende der Schenkelwicklung, die volle Phasenspannung wirksam ist, müssen aus bereits erwähnten Gründen getrennte, also sechs einpolige Umsteller verwendet werden. Wie aus der Abbildung ersichtlich,

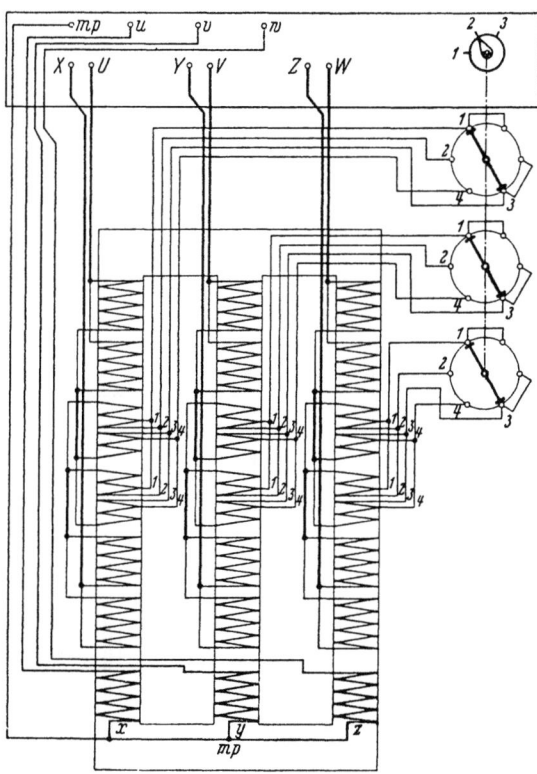

Abb. 159. Drehstromtransformator der Schaltgruppe Yy 0 mit drei einpoligen Umstellern mit gemeinsamer Betätigung auf der Oberspannungsseite. Die Tertiärwicklung ist weggelassen
Parallelschaltung der Anzapfungen und Schaltung mit Mittenumsteller

ist für je drei zusammengehörige Umsteller *gemeinsame Betätigung* vorgesehen. Jede Schenkelwicklung besteht aus vier Wicklungsabteilungen, wobei die Windungszahl von je zwei der Phasenspannung entspricht. Es liegt also zweifache Parallelschaltung vor, wobei eine Wicklungsabteilung die halbe Höhe des Schenkels bedeckt. Die Unterspannungswicklung ist in Dreieck geschaltet, und der Transformator hat die Schaltgruppe Yd 11.

Auf der Oberspannungsseite können nach folgender Tabelle die Anzapfungen eingestellt werden.

Tabelle 68. *Einstellung der Anzapfungen für die Schaltung nach Abb. 160. Getrennte Umsteller*

Stellung des Umstellers A	Stellung des Umstellers B	Stellung der Umsteller A und B	Verbindungen	Windungszahl	Beispiel für Spannungen
			Oberspannung		
1 2	1 2	A1–B1 A1–B2 (A2–B1) A2–B2	$U-U$, $V-V$, $W-W$ $U-U_2$, $V-V_2$, $W-W_2$ $Mp-X$, $Mp-Y$, $Mp-Z$ $Mp-X_2$, $Mp-Y_2$, $Mp-Z_2$	höchste mittlere niedrigste	11 275 V 11 000 V 10 725 V

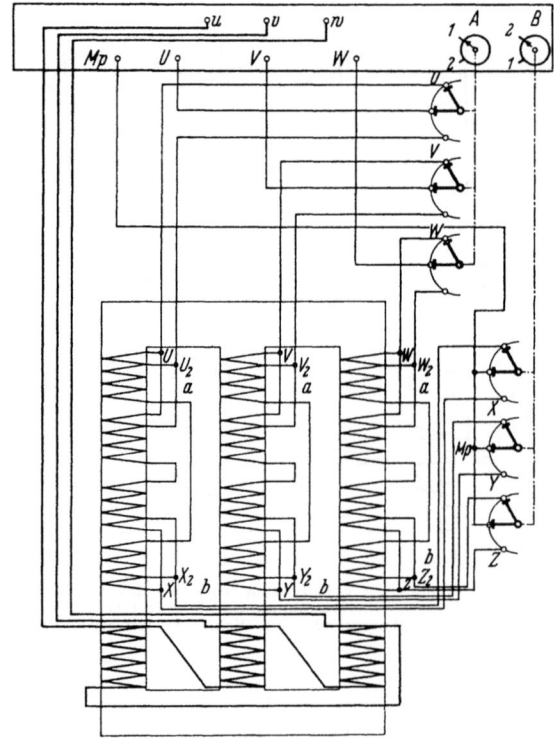

Abb. 160. Drehstromtransformator der Schaltgruppe Yd 11 mit sechs einpoligen Umstellern auf der Oberspannungsseite. Die parallel geschalteten Anzapfungen sind elektrisch und räumlich auf Anfang (*a*) und Ende (*b*) der Wicklung verteilt

Wie zweckmäßig eine Grobstufe, z. B. von 5% bis 6%, elektrisch in der Mitte der Wicklung und räumlich nach dem oberen und unteren Mittelteil des Schenkels, also nach der Doppelmitte, verteilt wird, damit keine große Durchflutungslücke an einer Stelle in der Wicklung entsteht, wird durch die Schaltung in Abb. 161 auf der Unterspannungsseite gezeigt. Je Schenkelwicklung sind zwei *rechtsgängige* und zwei *linksgängige* Wicklungsabteilungen vorhanden. Die Anzapfungen der verteilten Grobstufe befinden sich jeweils zwischen zwei rechtsgängigen

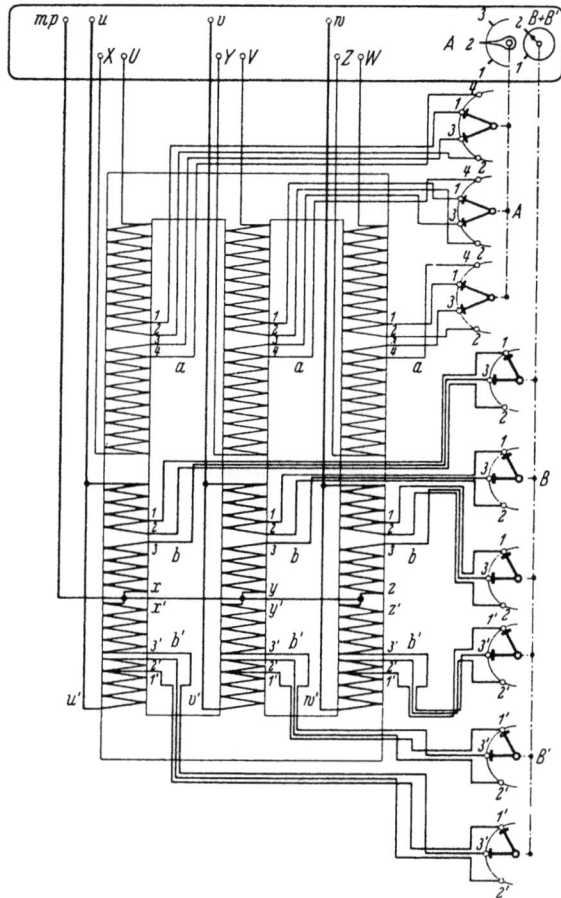

Abb. 161. Drehstromtransformator der Schaltgruppe Yy 0 (Tertiärwicklung weggelassen) mit drei einpoligen Mittenumstellern auf der Oberspannungsseite und drei einpoligen Doppelmittenumstellern auf der Unterspannungsseite. Auf der Unterspannungsseite ist eine Grobstufe elektrisch auf zwei parallel geschaltete Zweige in der Mitte der Wicklung und räumlich auf die Doppelmitte des Schenkels verteilt

und zwei linksgängigen Wicklungsabteilungen. Die vier Abteilungen bedecken die ganze Schenkellänge und die Windungszahl von zwei Abteilungen entspricht der Phasenspannung. Die Wicklung ist demnach zweifach parallel geschaltet. An der *Stoßstelle* der rechts- und linksgängigen Abteilungen ist die Sternpunktverbindung fest mit den Wicklungsenden verbunden. Da das Potential der Wicklung von oben und unten nach der Mitte des Schenkels gleichmäßig abfällt, besteht zwischen den oberen (b) und den unteren Anzapfungen (b') kein *Potentialunterschied*. Da aber die Grobstufe mit zwei getrennten Stromkreisen gleichzeitig geschaltet wird, werden *Doppelmittenumsteller* notwendig. Die einpoligen Umsteller können aber hier dicht untereinander, wenn die Leitungsführung es gestattet, auf gemeinsamer Welle sitzend, angeordnet werden. Bei der sonst üblichen Schaltung des Doppelmittenumstellers ist dagegen die halbe Phasenspannung zwischen den oberen und unteren Mitten wirksam.

Die dargestellte *Wicklungsanordnung* besitzt in mehrerer Hinsicht Vorzüge. Die Spannungsverteilung, entlang dem Schenkel, ist gleichmäßig und aus isoliertechnischen Gründen günstig. Bei niedriger Spannung also niedriger Windungszahl ist die *Verdoppelung der Wicklungshöhe* vorteilhaft. Große Schenkellängen können gleichmäßig mit Ampérewindungen bedeckt werden. Schließlich ist die gleichzeitig vorhandene zweifache Parallelschaltung bei hohen Stromstärken oder bei höheren Nennleistungen erwünscht. Diese Wicklungsanordnung kann aber nur bei *Sternschaltung* verwendet werden.

Auf der Unterspannungsseite können nach folgender Tabelle die Anzapfungen eingestellt werden.

Tabelle 69. *Einstellung der Anzapfungen für die Schaltung nach Abb. 161.*
Doppelmittenumsteller.

Stellung des Umstellers $B + B'$	Verbindungen	Windungszahl	Beispiel für Spannungen
Unterspannung			
1	2—3, 2'—3'	höchste	6300 V
2	1—3, 1'—3'	niedrigste	6000 V

Auf der Oberspannungsseite sind folgende Einstellmöglichkeiten vorhanden.

Tabelle 70. *Einstellung der Anzapfungen für die Schaltung nach Abb. 161.*
Mittenumsteller

Stellung des Umstellers A	Verbindung	Windungszahl	Beispiel für Spannungen
Oberspannung			
1	2—3	höchste	30600 V
2	3—1	mittlere	30000 V
3	1—4	niedrigste	29400 V

Zusätzliche Wicklungsanschlüsse:
$a1: X_3 Y_3 Z_3$, $a2: X_2 Y_2 Z_2$, $a3: U_2 V_2 W_2$, $a4: U_3 V_3 W_3$.
$b1: x_3 y_3 z_3$, $b2: x_2 y_2 z_2$, $b3: u_2 v_2 w_2$,
$b'1': x'_3 y'_3 z'_3$, $b'2': x'_2 y'_2 z'_2$, $b'3': u'_2 v'_2 w'_2$,

64. Leistungstransformatoren mit dreipoligem Umsteller

Bei kleineren Transformatoren mit mittlerer Spannung werden *dreipolige Umsteller* für die Einstellung der Anzapfungen verwendet. Die Verbindungsleitungen zwischen den zusätzlichen Wicklungsanschlüssen und dem Umsteller können hier phasenweise gebündelt zusammengeführt werden, und zwar unter Umständen auch dann, wenn die Anzapfungen nicht im Sternpunkt angebracht sind.

In Abb. 162 ist, um die allgemein übliche Schaltung zu zeigen, im *Sternpunkt der Oberspannungswicklung* ein dreipoliger Umsteller angeordnet. Damit die Anzapfungen in die Mitte des Schenkels kommen, ist die untere Hälfte der Wicklung gegenläufig gewickelt. Dadurch entsteht an der *Stoßstelle* zwischen den rechts- und linksgewickelten Wicklungsabteilungen ein Potentialunterschied, der der halben Phasenspannung entspricht. An diesen Stellen muß also die Isolation verstärkt ausgeführt werden. Bei höheren Spannungen bereitet diese Isolierung gegenüber Stoßüber-

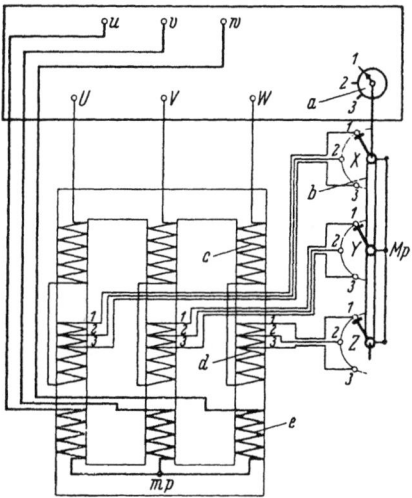

Abb. 162. Drehstromtransformator der Schaltgruppe Yy 0 mit dreipoligem Umsteller. Die Anzapfungen liegen elektrisch im Sternpunkt und räumlich in Schenkelmitte. *a* Stellungsanzeiger; *b* Sternpunktumsteller; *c* Oberspannungswicklung obere Abteilung rechtsgängig; *d* Oberspannungswicklung untere Abteilung linksgängig; *e* Unterspannungswicklung

spannungen naturgemäß große Schwierigkeiten, weshalb obige Wicklungsanordnung nachteilig ist. Aus diesem Grunde geht auch der *Verwendungsbereich* nur bis etwa 20000 V. Der *Sternpunktumsteller* wird vertikal oder horizontal eingebaut.

Die Anzapfungen können nach folgender Tabelle eingestellt werden.

Tabelle 71. *Einstellung der Anzapfungen für die Schaltung nach Abb. 162.*
Dreipoliger Umsteller im Sternpunkt

Stellung des Sternpunktumstellers	Sternpunktverbindung	Windungszahl	Beispiel für Spannungen
Oberspannung			
1	$1 - Mp$	höchste	6180 V
2	$2 - Mp$	mittlere	6000 V
3	$3 - Mp$	niedrigste	5820 V

Zusätzliche Wicklungsanschlüsse:
$1 = XYZ$, $2 = X_2 Y_2 Z_2$, $3 = X_3 Y_3 Z_3$.

K. Umschaltbare Leistungstransformatoren

Umschaltbare Leistungstransformatoren sind dadurch gekennzeichnet, daß bei ihnen mittels *Umklemmung* oder *Umschaltung* verschiedene Nennspannungen und Schaltgruppen unter Beibehaltung der festgelegten Normalinduktion einstellbar sind. Diese Transformatoren werden in Netzen, die verschiedene Spannungen und Schaltgruppen besitzen, wahlweise je nach Bedarf als Reserve- oder als Wandertransformatoren eingesetzt. Auch können in Sonderfällen, z. B. zwecks Einsparung von Verlusten, bei Schwachlast- und Starklastbetrieb umschaltbare Transformatoren verwendet werden.

Nachfolgend sind einige *Beispiele* für die Schaltungsweise dieser Transformatoren angegeben und eingehend beschrieben.

65. Dreiwicklungstransformator mit Umklemmung der Wicklungsanschlüsse

Die Wicklungsanschlüsse der beiden Unterspannungswicklungen des in Abb. 163 dargestellten *Dreiwicklungstransformators* sind herausgeführt und an gegenüberliegenden Klemmen in bestimmter Reihenfolge, *zyklisch* vertauscht und *gegensinnig* angeschlossen. Ohne die Hauptleitungen zu verändern, kann man hierdurch diese Wicklungen

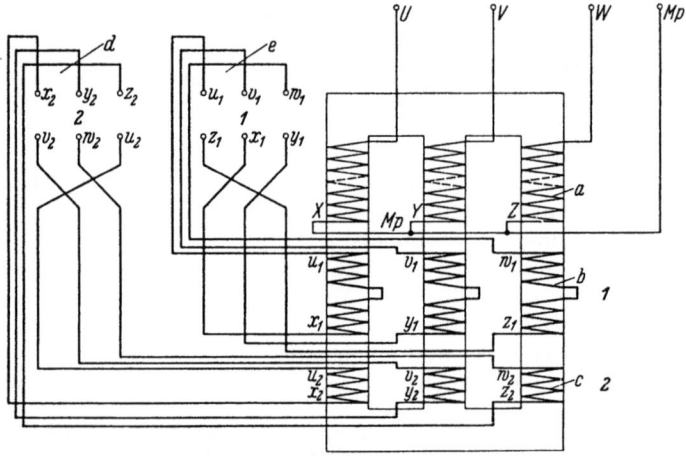

Abb. 163. Umklemmbarer Dreiwicklungstransformator mit vier verschiedenen Schaltungskombinationen und vier verschiedenen Spannungen. *a* Oberspannungswicklung; *b* Unterspannungswicklung *1*; *c* Unterspannungswicklung *2*; *d* Hauptklemmen für Wicklung *2*; *e* Hauptklemmen für Wicklung *1*

nur mittels *Umlegung* von Laschenverbindungen wahlweise in Stern oder in Dreieck schalten. Für den Dreiwicklungstransformator sind dadurch vier Schaltungsmöglichkeiten gegeben, wovon drei in Abb. 164a, b und c dargestellt sind. Die vierte Möglichkeit ergibt sich ergänzend dann, wenn die beiden Unterspannungswicklungen jeweils in Dreieck geschaltet werden. Die Abb. 164d, e und f stellen die Auflösungen der oben angegebenen drei Schaltungsmöglichkeiten dar.

Die Unterspannungswicklungen *1* und *2* sind nach den Bezeichnungen der *Hauptklemmen* zur Oberspannungswicklung *gleichsinnig* geschaltet. Werden die Hauptleitungen an die obere Reihe der Hauptklemmen angeschlossen, so sind die Unterspannungswicklung *1 gleichsinnig* und die Unterspannungswicklung *2 gegensinnig* geschaltet. Die Windungszahl eines Wicklungsstranges von Wicklung *1* verhält sich,

Dreiwicklungstransformator mit Umklemmung der Wicklungsanschlüsse 215

wie aus Abb. 163 zu ersehen ist, zu der von Wicklung 2 wie 2 : 1. Mit diesen Daten lassen sich die Potentialdiagramme für die einzelnen Schaltungsmöglichkeiten ohne weiteres aufstellen. Dies ist in Abb. 165a, b und c für die Schaltungen nach Abb. 164a, b und c durchgeführt.

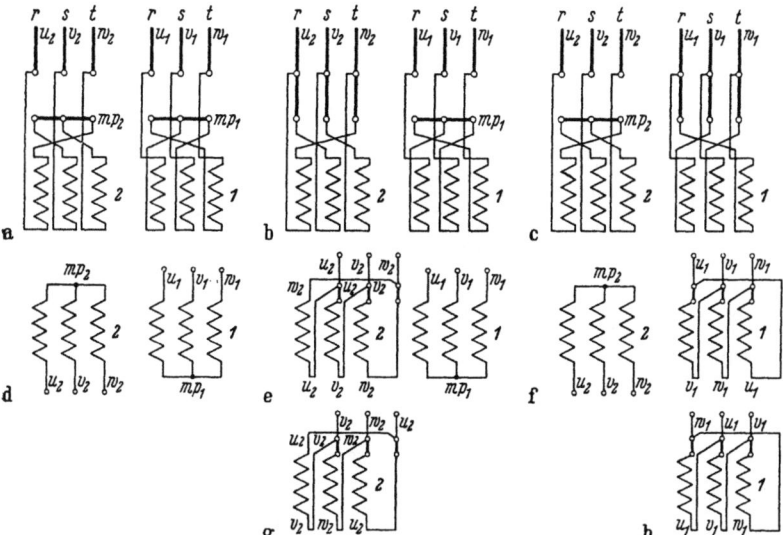

Abb. 164. Schaltungsmöglichkeiten des in Abb. 163 dargestellten Dreiwicklungstransformators. a) Stern-Stern-Schaltung; b) Dreieck-Stern-Schaltung; c) Stern-Dreieck-Schaltung auf der Unterspannungsseite; d) Auflösung der Schaltung nach a); e) Auflösung nach b); f) Auflösung nach c); g) zyklische Vertauschung der Bezeichnungen der Hauptklemmen von Schaltung b 2; h) zyklische Vertauschung der Bezeichnungen der Hauptklemmen von Schaltung c 1

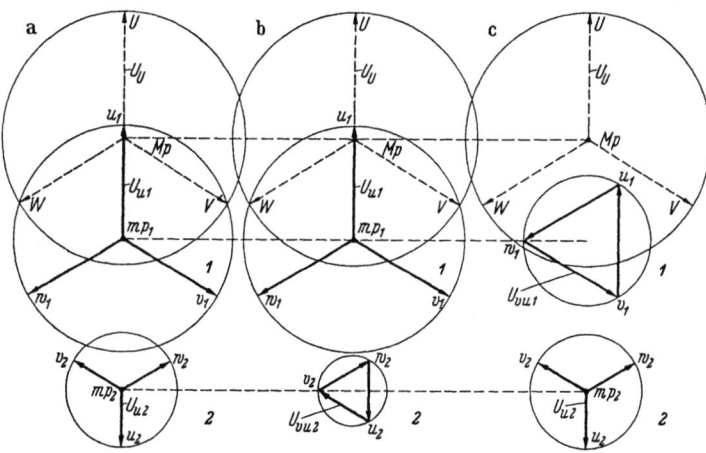

Abb. 165. Vektoren-Potentialdiagramme des umklemmbaren Dreiwicklungstransformators nach Abb. 163. a) Schaltgruppe: $Yy\,0/Yy\,6/yy\,6$, Linienspannung $\sqrt{3}\,U_{u_1}$ und $\sqrt{3}\,U_{u_2}$; b) Schaltgruppe: $Yy\,0/Yd\,5/yd\,5$, Linienspannung $\sqrt{3}\,U_{u_1}$ und U_{vu_2}; c) Schaltgruppe: $Yd\,1/Yy\,6/dy\,5$, Linienspannung U_{vu_1} und $\sqrt{3}\,U_{u_2}$

Zusammengenommen kann man mit dem umschaltbaren Dreiwicklungstransformator vier verschiedene *Schaltungskombinationen* mit acht *Schaltgruppen*, darunter vier verschiedenen Schaltgruppen in der Längsrichtung und vier verschiedenen Spannungen herstellen. In der folgenden Tabelle sind die Schaltungskombinationen übersichtlich zusammengestellt.

Tabelle 72. *Schaltungskombination des umklemmbaren Dreiwicklungstransformators nach Abb. 163 für drehfeldrichtigen Normalanschluß: UVW an RST, $u_1 v_1 w_1$ an rst und $x_2 y_2 z_2$ an rst*

Schaltungs-kombination	Schaltung nach Abbildung	Schaltung der Unterspannungswicklung		Schaltgruppen			Potential-diagramme nach Abbildung
		Wicklung 2 gegensinnig	Wicklung 1 gleichsinnig	Obersp. 2	Obersp. 1	$\frac{1}{2}$	
1. Stern/Stern	164a2,1(d2,1)	Stern	Stern	Yy 6	Yy 0	yy 6	165a
2. Dreieck/Stern	164b2,1(e2,1)	Dreieck	Stern	Yd 5	Yy 0	yd 5	165b
3. Stern/Dreieck	164c2,1(f2,1)	Stern	Dreieck	Yy 6	Yd 1	dy 5	165c
4. Dreieck/Dreieck	164e2–164f1	Dreieck	Dreieck	Yd 5	Yd 1	dd 4	—

Als *Beispiel* für Spannungen nehmen wir, entsprechend dem oben angegebenen Verhältnis der Windungszahlen, für die Phasenspannung der Unterspannungswicklung *1*: $21000/\sqrt{3} = 12130$ V und für die der Unterspannungswicklung *2*: $10500/\sqrt{3} = 6065$ V an. Aus folgender Tabelle können die Spannungen der einzelnen Schaltungskombinationen für dieses Beispiel entnommen werden.

Tabelle 73. *Umklemmbarer Dreiwicklungstransformator nach Abb. 163. Beispiel für Spannungen*

Schaltungs-kombination	Linienspannungen auf der Unterspannungsseite	
	Wicklung 2 Volt	Wicklung 1 Volt
1	10500	21000
2	6065	21000
3	10500	12130
4	6065	12130

Innerhalb einer Schaltungskombination können durch Anwendung der *zyklischen Phasenvertauschung*, also unter Beibehaltung des drehfeldrichtigen Anschlusses, die Schaltgruppen geändert werden. Ebenfalls läßt sich die Spannung, wenn auch in engen Grenzen, durch Anbringung von Anzapfungen, die am zweckmäßigsten hier in die Mitte oder Doppelmitte der Wicklung zu legen sind, auf andere Werte einstellen.

66. Anwendung der zyklischen Phasenvertauschung

Durch die zyklische Phasenvertauschung besteht die Möglichkeit, eine vorhandene Schaltgruppe des *umschaltbaren* Transformators in eine andere, für bestimmte Verhältnisse geeignete, Schaltgruppe zu verwandeln. Die Schaltung kann, um *Verwechslungen* zu vermeiden, so angeordnet werden, daß eine besondere Reihe von Hauptklemmen errichtet, und hieran die Wicklung mit zyklischer Vertauschung angeschlossen wird. Die Hauptklemmen sind dann mit u, v, w oder U, V, W für die zyklisch erzeugte Schaltgruppe zu bezeichnen.

In Abb. 164g ist die erste zyklische Phasenvertauschung (Tab. 47) bei der zweiten Schaltungskombination (Tab. 72) und in Abb. 164h die zweite zyklische Phasenvertauschung bei der dritten Schaltungskombination für die unterspannungsseitigen *Dreieckwicklungen* dargestellt. Nach Tabelle 48 entsteht im ersten Fall für die Schaltgruppe Yd 5 die Kennzahl 1 und im zweiten Fall nach Tabelle 57 für die Schaltgruppe Yd 1 die Kennzahl 5. Es lassen sich aber auf diese Weise noch andere Kennzahlen durch Änderung der Dreieckschaltung erzeugen, so z. B. 7 und 11 oder 11 und 3.

Die Schaltungskombinationen 2 und 3 lassen sich demnach auch durch andere Schaltgruppen darstellen, als es in Tabelle 72 angegeben ist. Die *neuen Schaltgruppenverbindungen* des Dreiwicklungstransformators können aus untenstehender Tabelle entnommen werden.

Tabelle 74. *Schaltungskombinationen des umklemmbaren Dreiwicklungstransformators nach Abb. 163. Ergänzung zur Tabelle 72. Neue Schaltgruppenverbindungen durch Anwendung der zyklischen Phasenvertauschung*

Schaltungs-kombination	Schaltung nach Abbildung	Schaltung der Unterspannungswicklung				Schaltgruppen		
		Wicklung 2 gegensinnig	Wicklung 1 gegensinnig	Wicklung 2 gleichsinnig	Wicklung 1 gleichsinnig	Obersp. 2	Obersp. 1	$\frac{1}{2}$
2. Dreieck/Stern	164g2—164e1	—	—	Dreieck	Stern	Yd 1	Yy 0	yd 1
3. Stern/Dreieck	164f2—164h1	Stern	Dreieck	—	—	Yy 6	Yd 5	dy 1

Man kann entweder, wie schon dargelegt, die Bezeichnungen der Hauptklemmen mit u, v, w bzw. U, V, w beibehalten und die Ableitungen der Wicklungen mit diesen Klemmen, zyklisch vertauscht, verbinden oder die Bezeichnungen der Hauptklemmen in v, w, u bzw. V, W, U sowie w, u, v bzw. W, U, V ändern und die Hauptleitungen entsprechend anschließen. Beide Wege führen zum gleichen Resultat.

67. Zweiwicklungstransformator mit umklemmbarer Zickzackwicklung

Bei einer umschaltbaren Zickzackwicklung sind die inneren *Schaltverbindungen* angezapft, über dem Deckel herausgeführt und mit Klemmen verbunden. Die Enden der Wicklung sind gleichfalls herausgeführt, und die *Sternpunktverbindung* kann außerhalb des Transformators angeschlossen werden.

In Abb. 166 ist ein *umschaltbarer* Transformator mit der eben beschriebenen Zickzackwicklung auf der Unterspannungsseite ausgerüstet, wobei die Oberspannungswicklung in Stern geschaltet ist. Sind die Hauptleitungen an den Klemmen u, v und w und die Sternpunktverbindung an x, y und z angeschlossen, entsteht eine Stern-Zickzack-Schaltung mit der *Schaltgruppe Yz* 5, entsprechend Abb. 84.

Liegen dagegen die Hauptleitungen an den durch Laschen parallel verbundenen Klemmen xu, yv und zw und die Sternpunktverbindung an den Klemmen x', y' und z', wird die Zickzackschaltung in eine *Sternschaltung* mit zwei parallelen Zweigen verwandelt. Es entsteht eine

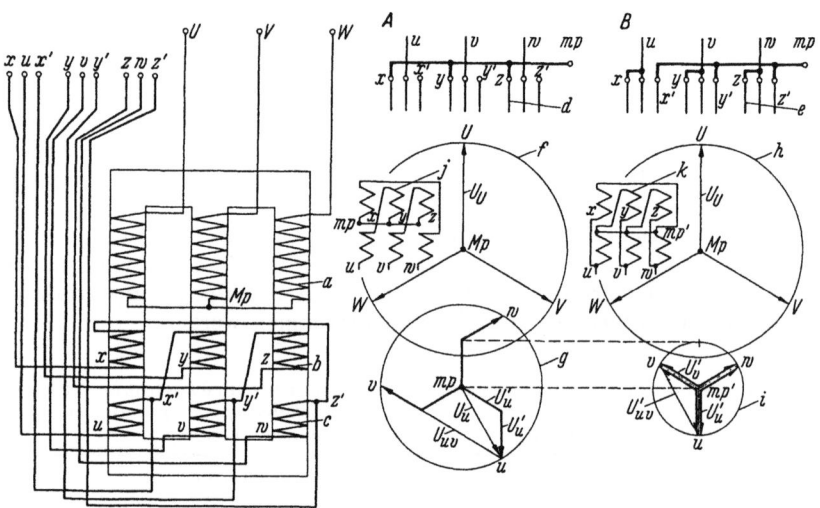

Abb. 166. Zweiwicklungstransformator mit umklemmbarer Zickzackwicklung. Schaltung *A* entspricht der Schaltgruppe Yz 5 und Schaltung *B* der Schaltgruppe Yy 6, wobei die Linienspannung auf der Unterspannungsseite $1/\sqrt{3}$ mal kleiner als bei *A* ist. *a* Oberspannungswicklung;   *b* Zickzackwicklung obere Wicklungsabteilung;   *c* untere Wicklungsabteilung; *d* Klemmenverbindungen für Schaltung *A*; *e* für Schaltung *B*; *f, g, h, i* Potentialdiagramme für Oberspannungs- und Unterspannungswicklung;   *j, k* Auflösung der Schaltung von *A* und *B*

Stern-Stern-Schaltung mit der *Schaltgruppe Yy* 6, entsprechend Abbildung 73. Da nun jetzt die Wicklungsabteilungen der Zickzackschaltung parallel geschaltet sind, ist die Phasenspannung der Sternschaltung mit der Spannung einer Wicklungsabteilung identisch.

Die Phasenspannung der *Zickzackschaltung* ist

$$U_u = \sqrt{3}\, U'_u \quad (V), \tag{142}$$

wobei U'_u die Phasenspannung der doppelten *Sternschaltung* bedeutet. Die Linienspannungen sind

$$U_{uv} = \sqrt{3}\, U_u = 3 U'_u = \sqrt{3}\, U'_{uv} \quad (V), \tag{143}$$

woraus folgt, daß die Linienspannung der Zickzackschaltung $\sqrt{3}$ mal größer als die Linienspannung der doppelten Sternschaltung ist.

Während also bei Umlegung der Sternpunktverbindung und Öffnung der Laschen die Schaltgruppe von Yy 6 nach Yd 5 wechselt, wird gleichzeitig die Linienspannung auf der Unterspannungsseite um $\sqrt{3}$ erhöht, und der zulässige *Nennstrom* muß auf dieser Seite auf etwa die Hälfte herabgesetzt werden.

In der folgenden Tabelle sind die *Klemmenverbindungen* für Schaltung A und B sowie ein Beispiel für Spannungen und Ströme angegeben. Um die Nennleistung bei Schaltung A und B gleichzuhalten, wählt man den zulässigen Nennstrom bei Schaltung A statt 200 A zu $\sqrt{3} \cdot 220 \cdot 400 / \sqrt{3} \cdot 380 = 232$ A.

Der umklemmbare Zweiwicklungstransformator kann bei A, wenn erforderlich, auch nach der Schaltgruppe Yz 11 geschaltet werden. Dann entsteht bei B, also nach der Umklemmung, statt der Schaltgruppe Yy 6 die Schaltgruppe Yy 0.

Tabelle 75. *Umklemmbarer Zweiwicklungstransformator nach Abb. 166. Einstellung verschiedener Schaltgruppen und Spannungen*

Schaltung	Sternpunktverbindung	Hauptleitungen	Schaltung der Wicklung		Schaltgruppe	Beispiel	
			Oberspannung	Unterspannung		für Spannungen (V)	für Ströme (A)
A	$x\ y\ z$	$u\ v\ w$	Stern	Zickzack	Yz 5	$\dfrac{6000}{380}$	$\dfrac{12{,}6}{200}$
B	$x'\ y'\ z'$	$x\,u\ y\,v\ z\,w$	Stern	Stern	Yy 6	$\dfrac{6000}{220}$	$\dfrac{14{,}7}{400}$

68. Die Schwachlast-Starklast-Umschaltung

Die Umschaltung für Schwachlast- und Starklastbetrieb bildet eine Ausnahme in der Reihe der umschaltbaren Transformatoren, denn sie arbeitet mit veränderlicher Induktion. Es handelt sich hierbei um die Anpassung der Schaltung *eines einzelnen* Transformators an die jeweilige *Belastung* des Netzes, z. B. für Sommerlast oder Winterlast, um Verluste zu sparen, folglich um die wirtschaftlichste Fahrweise.

Die *Eisenverluste* verändern sich bekanntlich quadratisch und die Induktion direkt proportional mit der zugeführten Spannung der Wicklung. Die *Wicklungsverluste* verändern sich andererseits quadratisch mit dem Belastungsstrom.

Bei Schaltung B in Abb. 167 ist die Oberspannungswicklung in *Dreieck* geschaltet und für die Normalinduktion bemessen.

Bildet die Oberspannungswicklung die Aufnahmeseite des Transformators, ist bei Schaltung A eine Schenkelwicklung statt an der Linien- an der Phasenspannung des Netzes angeschlossen, und die Normalinduktion wird folglich herabgesetzt. Da sich die Phasenspannung U_U zur Linienspannung U_{UV} wie $1/\sqrt{3}$ verhält, werden die Eisenverluste auf $(1/\sqrt{3})^2 = 1/3$ des Wertes der Schaltung B, also des Nennwertes V_{FeN}, ebenfalls herabgesetzt. Betrachten wir nun in umgekehrter Richtung — also nach Übergang von Schaltung A nach B — die Veränderung der Wicklungsverluste, so sind folgende Zusammenhänge feststellbar. Der Linienstrom, mit I bezeichnet, fließt bei Schaltung A, da Sternschaltung vorliegt, je Schenkelwicklung durch die

Oberspannungswicklung. Bei Schaltung B fließt dagegen je Schenkelwicklung statt der Linienstrom nur der Phasenstrom $I/\sqrt{3}$, und die Folge ist, daß die *Wicklungsverluste* auf 1/3 des Wertes der Schaltung A herabsinken. Der Ohmsche Gesamtwiderstand mal Wirbelstromfaktor gleich $3\,R_{W1}$ bleibt, da es sich nur um einen einzelnen Transformator handelt, unverändert. Die *Eisenverluste* werden infolge Erhöhung der Spannung nach dem Übergang von Schaltung A nach B verdreifacht.

Für den Fall, daß die Erhöhung der Eisenverluste gleich der Verminderung der Wicklungsverluste wird, sind die Gesamtverluste bei

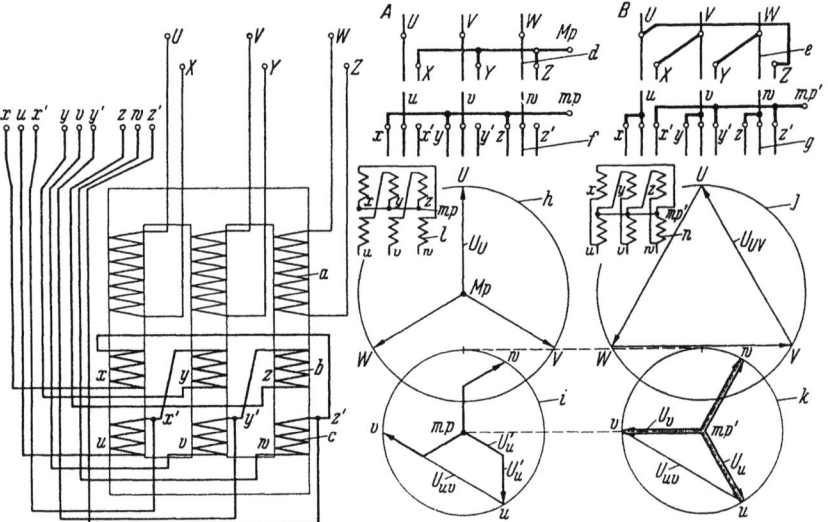

Abb. 167. Umklemmbarer Zweiwicklungstransformator für Schwachlast-Starklast-Umschaltung. *a* Oberspannungswicklung; *b* Zickzackwicklung obere Wicklungsabteilung; *c* untere Wicklungsabteilung; *d, f* Klemmenverbindungen für Schaltung A; *e, g* für Schaltung B; *h, i, j, k* Potentialdiagramme für Oberspannungs- und Unterspannungswicklung; *l, n* Auflösung der Schaltung von A und B

Schaltung A und B gleich, und der wirtschaftlichste *Umschaltmoment* ist erreicht. Für diesen Umschaltmoment gilt demnach

$$V_A - V_B = (\tfrac{1}{3}V_{\text{Fe}N} + I^2\, 3R_{W1}) - (V_{\text{Fe}N} + \tfrac{1}{3}I^2\, 3R_{W1}) = 0 \quad (144)$$

und folglich

$$V_{\text{Fe}N} = I^2\, 3R_{W1} \quad \text{(W)}. \quad (145)$$

Setzen wir in diese Gleichung die *Nennwicklungsverluste* $V_{\text{Cu}N} = I_N^2\, 3R_{W1}$ und das *Verlustverhältnis* $m = V_{\text{Fe}N}/V_{\text{Cu}N}$ ein, so ergibt sich der wirtschaftliche *Umschaltstrom* zu

$$I = I_N\sqrt{m} \quad \text{(A)}, \quad (146)$$

wobei I_N den *Nennstrom* des Transformators bedeutet.

Unterhalb dieser Stromstärke ist es also wirtschaftlicher, nach der Schaltung A und oberhalb nach der Schaltung B zu fahren. Bei $m = 1/4$ beträgt z. B. der wirtschaftliche Umschaltstrom $0,5\ I_N$.

Der *maximale Wirkungsgrad* eines Transformators tritt bekanntlich dann ein, wenn die Wicklungsverluste gleich den Eisenverlusten werden. Der wirtschaftliche Umschaltstrom eines einzelnen Transformators fällt im Betrieb gemäß Gl. (145) und (146) mit der Stromstärke, bei welcher der maximale Wirkungsgrad entsteht, zusammen.

Damit nun bei der Umschaltung auf der Aufnahmeseite von A nach B oder umgekehrt auf der Abgabeseite weder die Linienspannung noch die Kennzahl der Schaltgruppe verändert wird, ist, wie aus Abb. 167 ersichtlich, die umschaltbare Zickzackwicklung auf der Unterspannungsseite eingesetzt. Bei Schaltung A sind die Wicklungsabteilungen hintereinander in Zickzack und bei B parallel in Stern geschaltet. Im ersten Fall entsteht deshalb die Schaltgruppe $Yz\,5$ und im zweiten Fall die Schaltgruppe $Dy\,5$. Da die Induktion bei Schaltung B um $\sqrt{3}$ größer als bei Schaltung A ist, sind die Linienspannungen in beiden Fällen gleich. Es ist also

$$\sqrt{3}\,U_U = U_{UV}, \quad U_u = \sqrt{3}\,U'_u \quad \text{und} \quad U_{uv} = \sqrt{3}\,U_u \quad \text{(V)}. \qquad (147)$$

Die Potentialdiagramme in der Abbildung machen diese Verhältnisse bedeutend verständlicher.

In der folgenden Tabelle sind die einzelnen *Klemmenverbindungen* für Schaltung A und B übersichtlich zusammengestellt; gleichzeitig ist ein Zahlenbeispiel angegeben.

Tabelle 76. *Umklemmbarer Zweiwicklungstransformator nach Abb. 167 für Schwachlast-Starklast-Umschaltung. Verlustverhältnis $m = 1/4$*

Schaltung	Schaltgruppe	Sternpunktverbindung	Hauptleitungen	Schaltung der Wicklung		Beispiel für Nennspannungen	Beispiel für Nennströme	Betrieb
				Oberspannung	Unterspannung			
A	$Yz\,5$	$X\ Y\ Z$ $x\ y\ z$	$U\ V\ W$ $u\ v\ w$	Stern	—	$\dfrac{6000}{380}$ V	232 A	Schwachlast bis 200 A
				—	Zickzack			
B	$Dy\,5$	$x'\ y'\ z'$	$UZ\ VX\ WY$ $ux\ vy\ wz$	Dreieck	—	$\dfrac{6000}{380}$ V	400 A	Starklast über 200 A
				—	Stern			

69. Dreiwicklungstransformator mit Umschaltung der Wicklungsanschlüsse

In manchen Fällen ist es von Vorteil, wenn die *Umschaltung* der Wicklungen nicht durch Umklemmung, sondern durch Spezialumschalter vorgenommen wird. Außer der Zeitersparnis, die hierbei entsteht, besitzen derartige Schaltanordnungen mit den für diese Zwecke besonders eingerichteten Umschaltorganen den Vorteil, daß bei ihnen eine *Verwechslung* der Anschlüsse der Hauptleitungen und Verbindungsschienen vollkommen ausgeschlossen wird.

In Abb. 168 ist ein *Dreiwicklungstransformator* mit derartigen Umschaltern dargestellt. Wie aus der Abbildung zu ersehen ist, kann mittels des Umschalters a, der zwei Stellungen — A und B — besitzt, die

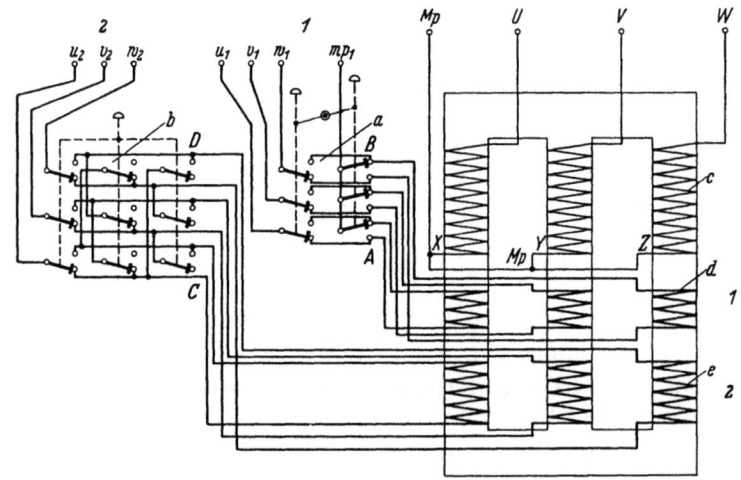

Abb. 168. Dreiwicklungstransformator mit Umschaltung der Wicklungsanschlüsse für vier verschiedene Schaltgruppen. a Umschalter für Sternschaltung; b Umschalter für Dreieckschaltung; c Oberspannungswicklung; d Unterspannungswicklung *1*; e Unterspannungswicklung *2*; Stellung A Schaltgruppe: $Yy\,0$, Stellung B: $Yy\,6$, Stellung C: $Yd\,5$ und Stellung D: $Yd\,11$.

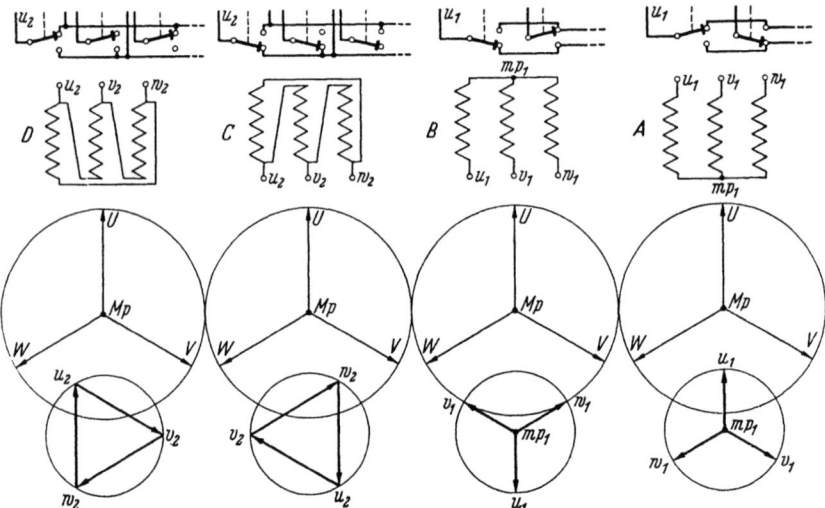

Abb. 169. Potentialdiagramme des umschaltbaren Dreiwicklungstransformators nach Abb. 168

Unterspannungswicklung *1* für die Schaltgruppen $Yy\,0$ und $Yy\,6$ umgeschaltet werden. Die Unterspannungswicklung *2* kann mittels des Umschalters b, der ebenfalls zwei Stellungen — C und D — besitzt, für die Schaltgruppen $Yd\,5$ und $Yd\,11$ umgestellt werden.

Mit diesem umschaltbaren Dreiwicklungstransformator kann man also vier verschiedene Schaltgruppen mit gleicher oder mit zwei verschiedenen Linienspannungen herstellen.

In Abb. 169 sind die Potentialdiagramme für die verschiedenen Stellungen der Umschalter sowie die Auflösung der Schaltung der Wicklungen dargestellt. Für beide Unterspannungswicklungen sind hierbei gleiche Linienspannungen angenommen worden.

L. Schaltgruppenkontrolle von Drehstrom-Leistungstransformatoren

Die Schaltgruppenkontrolle dient allgemein zur *Ermittlung* der unbekannten oder zur *Nachprüfung* der bekannten Schaltgruppe eines Transformators. Sie läßt sich wie folgt einteilen.
1. Feststellung der Schaltarten oberspannungs- und unterspannungsseitig an Hand der Schaltverbindungen durch Augenschein,
2. Zeichnerische oder rechnerische Bestimmung der Kennzahl durch Spannungsmessungen oder direkte Bestimmung durch Brückenmessung.

Bei der *Spannungsmessung* wird der zu untersuchende Transformator von der Oberspannungsseite aus mit *Niederspannung*, meistens 220, 380 oder 500 V, dreiphasig erregt, und mittels eines Spannungsmessers werden die Spannungen zwischen den Hauptklemmen U, V, W, u, v und w gemessen. Damit die Messung auch zwischen Ober- und Unterspannung zustande kommt, erfolgt die leitende Verbindung durch eine Brücke zwischen je einer Hauptklemme der getrennten Wicklungen.

Die *überbrückten* Hauptklemmen nehmen gleiches Potential an, weil zwischen ihnen keine Spannung mehr bestehen kann. Die Potentialdiagramme der Oberspannungs- und Unterspannungswicklung müssen deshalb, ohne eine Drehung auszuführen, so weit zusammengeschoben werden, bis die den betreffenden Hauptklemmen entsprechenden Potentialpunkte zur Deckung kommen.

Bei der *Spannungsmessung* werden also die Linienspannungen U und u und die Differenzspannungen U_D ermittelt. Die oberspannungsseitigen Linienspannungen entsprechen der aufgedrückten Erregerspannung U_E. Ist der Sternpunkt zugänglich, kann, wenn wünschenswert, die Messung auch hierauf ausgedehnt werden.

70. Zeichnerische Ermittlung der Kennzahl

Abgesehen vom Phasenwinkel, sind die bei der *Spannungsmessung* ermittelten Differenzspannungen von der Erregerspannung, dem Übersetzungsverhältnis $ü$ und der elektrischen Lage der eingelegten Brücke abhängig. Da die Erregerspannung nur in vorgeschriebenen Grenzen veränderlich und das Übersetzungsverhältnis eine konstante Größe ist, kann bei gegebenem Phasenwinkel die Differenzspannung hauptsächlich durch die verschiedenen Möglichkeiten bei der Wahl der Überbrückungsstelle beeinflußt werden.

In Abb. 170 sind zwei *Drehstromtransformatoren* bei der Ausführung der Spannungsmessung nebst Potentialdiagrammen dargestellt. Die Erregung erfolgt, wie es die eingetragenen Pfeile andeuten, über die Oberspannungsklemmen U, V und W mit Drehstrom. Die *gleichnamigen* Hauptklemmen U und u sind leitend widerstandslos mit einer

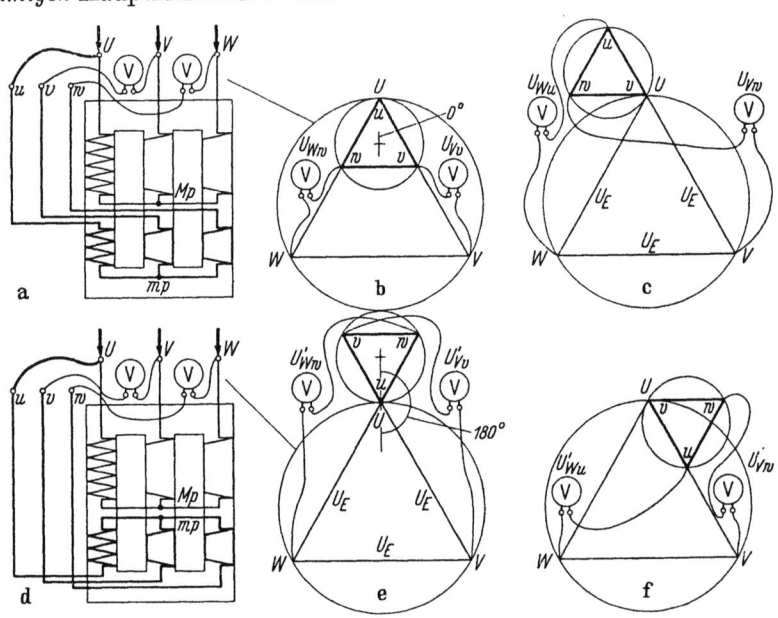

Abb. 170. Schaltgruppenkontrolle von Drehstromtransformatoren. Spannungsmessung zur Bestimmung der Kennzahl. a) Transformator mit Schaltgruppe $Yy\,0$; b) Potentialdiagramm für Kennzahl 0 bei Verbindung gleichnamiger Klemmen; c) bei Verbindung ungleichnamiger Klemmen; d) Transformator mit Schaltgruppe $Yy\,6$; e) wie b) für Kennzahl 6; f) wie c) für Kennzahl 6

Brücke verbunden. Es sind zwei Spannungsmesser vorhanden, die ebenfalls zwischen gleichnamigen Hauptklemmen liegen. Sie messen die Differenzspannung zwischen V und v sowie W und w. Nach Ermittlung der Linienspannungen und Wahl eines Spannungsmaßstabes in Millimeter läßt sich mit diesen Meßwerten das zusammengeschobene Potentialdiagramm für die Bestimmung der Kennzahl aufzeichnen.

Wie aus der Abbildung ersichtlich, sind die gemessenen *Differenzspannungen* gleich. Bei Transformator a ist $U_{W_w} = U_{V_v}$ kleiner und bei Transformator d $U'_{W_w} = U'_{V_v}$ größer als die aufgedrückte Erregerspannung. Sie sind im ersten Fall mit der Differenz und im zweiten mit der Summe der Linienspannungen identisch (s. Abschn. 11). Die Potentialdiagramme können also nur in der Form, wie unter b und e angegeben, aufgezeichnet werden. Die Kennzahl läßt sich damit eindeutig bestimmen. Die Schaltgruppe des Transformators a hat die Kennzahl 0 (0°) und die des Transformators d die Kennzahl 6 (180°). Die Schaltarten sind Stern Stern, und folglich die Bezeichnungen der

Schaltgruppen $Yy\,0$ und $Yy\,6$. Die Potentialdiagramme sind nur mit Linienspannungen aufgebaut und deshalb vollkommen unabhängig von den Schaltarten und etwa vorhandenen Verlagerungen des elektrischen Sternpunktes. Sie dienen lediglich zur zeichnerischen Bestimmung der Kennzahl.

Für die Verbindung *ungleichnamiger* Hauptklemmen gelten die Potentialdiagramme c und f. Bei Transformator a ist $U_{W_u} = U_{V_w}$

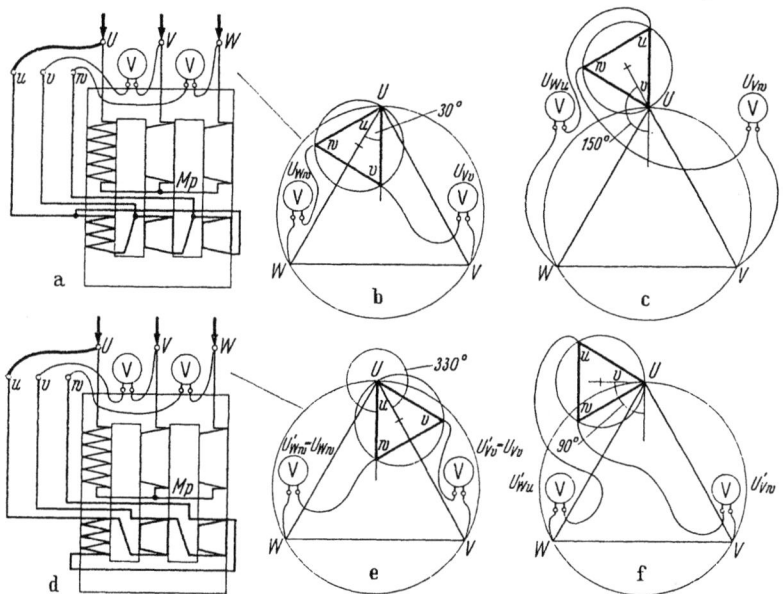

Abb. 171. Schaltgruppenkontrolle von Drehstromtransformatoren. Spannungsmessung zur Bestimmung der Kennzahl. a) Transformator mit Schaltgruppe $Yd\,1$; b) Potentialdiagramm für Kennzahl 1 bei Verbindung gleichnamiger Klemmen; c) bei Verbindung ungleichnamiger Klemmen; d) Transformator mit Schaltgruppe $Yd\,11$; e) wie b) für Kennzahl 11; f) wie c) für Kennzahl 11

größer und bei Transformator d $U'_{W_u} = U'_{V_w}$ kleiner als die aufgedrückte Erregerspannung. Mit dieser Überbrückungsstelle läßt sich also auch eine eindeutige Kennzahlbestimmung erreichen.

Andere Verhältnisse liegen vor, wenn die Kennzahl der Schaltgruppe des zu untersuchenden Transformators von 0 und 6 abweichend ist. In Abb. 171 sind zwei Drehstromtransformatoren dargestellt, deren Schaltgruppen die Kennzahlen 1 und 11 besitzen. Wie aus den Potentialdiagrammen b und e hervorgeht, sind hier alle vier, zwischen gleichnamigen Hauptklemmen gemessenen, Differenzspannungen gleich. Es ist $U_{W_w} = U_{V_v} = U'_{W_w} = U'_{V_v}$. Das Spannungsdreieck $u\,v\,w$ läßt sich folglich für einen Transformator in zwei verschiedenen Lagen, Phasenwinkel gleich 30° und 330°, aufzeichnen. Die Spannungen zwischen den Hauptklemmen W und w sowie V und v bei Überbrückung von U und u haben scheinbar doppelte Richtungen. Die Spannungen zwischen den Hauptklemmen W und v sowie V und w sind jedoch hier, im Gegensatz zu den Spannungen in Abb. 170b und e, ungleich. Zieht man diese Differenzspannungen mit heran, kann für jeden Transformator nur ein Spannungsdreieck $u\,v\,w$ aufgezeichnet werden.

Aus diesen Feststellungen ergibt sich, daß mit zwei gleich großen Differenzspannungen die Kennzahlen mit Ausnahme der symmetrischen Kennzahlen 0 und 6 nicht eindeutig bestimmt werden können.

Bei der *ungleichnamigen* Überbrückung der Hauptklemmen, und zwar bei U und v, herrschen ähnliche Verhältnisse. Wie bereits oben ermittelt,

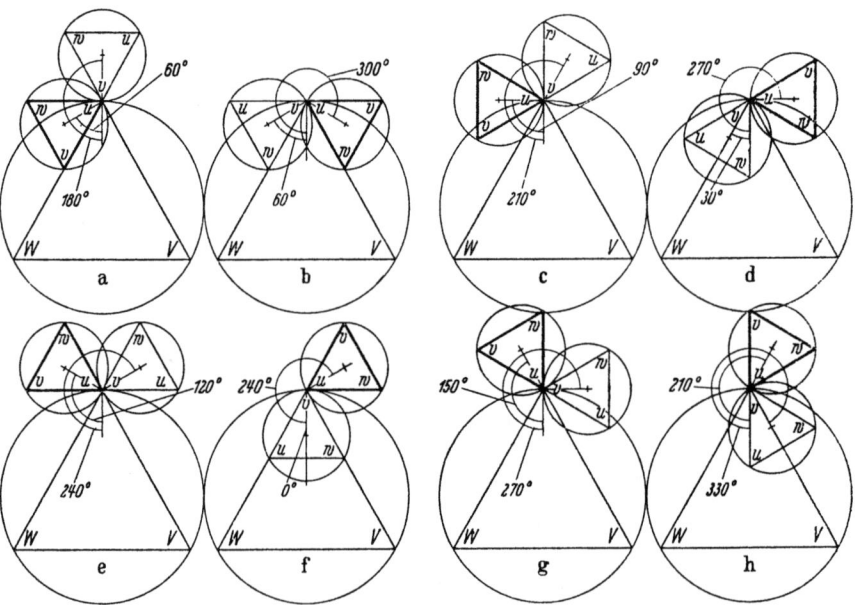

Abb. 172. Potentialdiagramme für Überbrückung von U und u sowie von U und v. a), b) Kennzahl 2 und 10; c), d) Kennzahl 3 und 9; e), f) Kennzahl 4 und 8; g), h) Kennzahl 5 und 7

sind hier die Differenzspannungen U_{W_u} und U_{V_w} miteinander gleich. Es können folglich mit diesen Differenzspannungen ebenfalls zwei Spannungsdreiecke auf der Unterspannungsseite für verschiedene Phasenwinkel aufgezeichnet werden. Der Vergleich der Potentialdiagramme für die Überbrückung U und v (Abb. 171c mit Abb. 172c und Abb. 171f mit Abb. 172g) bestätigt diese Gesetzmäßigkeit vollkommen. Die Summe der Phasenwinkel beträgt in den Diagrammen c und c $30° + 90° = 120°$ und in f und g $330° + 150° = 480°$, also ebenfalls $120°$. Bei der gleichnamigen Überbrückung der Hauptklemmen, und zwar bei U und u, betrug diese Summe $30° + 330° = 360°$.

Um den Zusammenhang zwischen Phasenwinkel und Differenzspannungen zu erfassen, sind in Abb. 172 für alle noch fehlenden Kennzahlen die Potentialdiagramme für gleichnamige und ungleichnamige Überbrückung aufgestellt und die zugehörigen Phasenwinkel eingetragen. Hieraus lassen sich zusammenfassend folgende *Gesetzmäßigkeiten* ableiten.

1. Bei allen Kennzahlen sind die Differenzspannungen bei Verbindung *gleichnamiger Klemmen* mit Brücke und Spannungsmesser jeweils miteinander gleich. Für Verbindung *ungleichnamiger Klemmen* gilt das gleiche. Mit diesen Differenzspannungen kann man keine eindeutige Kennzahlbestimmung vornehmen, denn in beiden Fällen lassen sich je zwei Spannungsdreiecke $u\,v\,w$ darstellen.

2. Es muß vielmehr eine *dritte Differenzspannung*, und zwar im ersten Fall zwischen ungleichnamigen und im zweiten zwischen gleichnamigen Klemmen gemessen werden. Sie entscheidet, welche der beiden Spannungsdreiecke für die Bestimmung der Kennzahl maßgebend ist.

3. Bei den Kennzahlen 0 und 6 ist mit gleichen Differenzspannungen jeweils nur ein *Spannungsdreieck $u\,v\,w$* darstellbar, weil hier Symmetrie zwischen den Spannungsdreiecken $u\,v\,w$ und $U\,V\,W$ besteht. Diese Kennzahlen sind auf diese Weise eindeutig bestimmbar.

4. Allgemein müssen bei der Spannungsmessung minimal folgende *drei Differenzspannungen* ermittelt werden. Bei Überbrückung von U und u: U_{V_v}, U_{W_w}, U_{W_v} oder bei Überbrückung von U und v: U_{V_w}, U_{W_u}, U_{W_w}.

Die Spannungsdreiecke $u\,v\,w$, die nach Punkt 1 entstehen, sind in Abb. 172 bei *Überbrückung U und u* stark und bei *Überbrückung U und v* schwach gezeichnet. Für erstere können die Phasenwinkel, die oberhalb geschrieben sind, direkt abgelesen werden; für letztere muß erst die Zusammengehörigkeit auf Grund übereinstimmender Differenzspannungen in den Diagrammen gesucht werden, wobei ebenfalls die oberhalb geschriebenen Zahlen für die Phasenwinkel Gültigkeit haben.

Diese Winkel sind zusammen mit denen der Abb. 170 und 171 in untenstehender Tabelle angegeben.

Tabelle 77. *Phasenwinkel der Spannungsdreiecke $u\,v\,w$ für gleiche Differenzspannungen $U_{Vv} = U_{Ww}$ oder $U_{Vw} = U_{Wu}$*

Verbindung gleichnamiger Klemmen		Verbindung ungleichnamiger Klemmen			
0°	360°	0°	120°	360°	120°
30°	330°	30°	90°	330°	150°
60°	300°	60°	60°	300°	180°
90°	270°	90°	30°	270°	210°
120°	240°	120°	0°	240°	240°
150°	210°	150°	330°	210°	270°
180°	180°	180°	300°	180°	300°
Winkel + Komplementwinkel = 360°		Winkel + Komplementwinkel = 120°			

Sind *Anzapfungen* an den Wicklungen vorhanden, müssen verständlicherweise Brücke und Spannungsmesser immer an die zusammengehörigen Klemmen der drei Phasen angeschlossen werden. In Abb. 173 sind die Verhältnisse bei Anzapfungen dargestellt. Die zusätzlichen Wicklungsanschlüsse sind an der Unterspannungswicklung des Transformators a angeordnet. Die *Spannungsdreiecke* bei b gelten für den

Tabelle 78. *Schaltgruppenkontrolle eines Drehstromtransformators*

Erregerspannung: 500 V, Drehstrom 50 Hz
Brücke: Cu — Draht
Klemmen: $U\ V\ W$
Klemmen: $W\ w$

Klemmenanschlüsse		Gemessene Spannung Volt
Oberspannung	Unterspannung	
$U-V$		500,0
$U-W$		500,0
$V-W$		500,0
	$u-v$	102,0
	$u-w$	102,0
	$v-w$	101,5
U	u	600,0
	v	557,5
	w	500,0
V	u	557,5
	v	600,0
	w	500,0
W	u	102,0
	v	101,5
	w	000,0

Diagramm:

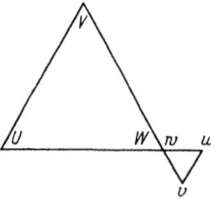

Ergebnis:
Kennzahl: 6
Schaltarten: D und z
Schaltgruppe: $Dz\ 6$

Fall, daß drei vollständige Spannungsmessungen ausgeführt werden, und die Brücke zwischen U und u_3 nach jeder Messung um eine Anzapfung, also nach u_2 und u, versetzt wird. Bei c sind die gleichen Messungen ausgeführt, aber die Brücke wurde unverändert gelassen. Zur deutlicheren Darstellung sind die Spannungsdreiecke im Verhältnis übertrieben groß gezeichnet.

Ein Zahlenbeispiel für die praktische Ausführung der zeichnerischen Bestimmung der Kennzahl, wobei alle vorhandenen Differenzspannungen gemessen werden, ist in nebenstehender Tabelle angegeben.

71. Rechnerische Ermittlung der Kennzahl

Stellt man die Differenzspannungen als Funktion des Über-

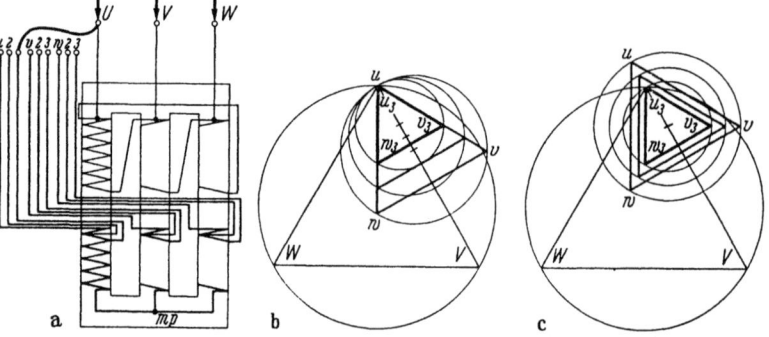

Abb. 173. Schaltgruppenkontrolle von Drehstromtransformatoren. Spannungsmessung bei Anzapfungen. a) Transformator mit Anzapfungen auf der Unterspannungsseite; b) Spannungsdreiecke bei Versetzung der Brückenverbindung; c) Spannungsdreiecke bei unveränderter Brückenverbindung

setzungsverhältnisses $ü$ für alle Phasenwinkel dar und setzt die Erregerspannung als konstante Größe ein, kann die *Kennzahl* rechnerisch ermittelt werden.

Mit Hilfe von ähnlichen Dreiecken und des Cosinus-Satzes sind die Differenzspannungen bei Verbindung gleichnamiger Klemmen auf diese Weise berechnet und in nachstehender Tabelle im Verhältnis zur Erregerspannung eingesetzt worden.

Tabelle 79. *Differenzspannung U_D im Verhältnis zur Erregerspannung U_E bei Verbindung gleichnamiger Klemmen (Brücke: $U\,u$, Spannungsmesser: $V\,v$, $W\,w$) in Abhängigkeit vom Übersetzungsverhältnis $ü$ und Phasenwinkel*

Phasenwinkel und Komplementphasenwinkel	$\dfrac{U_D}{U_E}$	$\dfrac{\sqrt{3}\,U_D}{U_E}$ bei $ü=1$
0° 360°	$1 - \dfrac{1}{ü}$	0
30° 330°	$\sqrt{1 + \dfrac{1}{ü^2} - \dfrac{\sqrt{3}}{ü}}$	$\sqrt{6 - 3\sqrt{3}}$
60° 300°	$\sqrt{1 + \dfrac{1}{ü^2} - \dfrac{1}{ü}}$	$\sqrt{3}$
90° 270°	$\sqrt{1 + \dfrac{1}{ü^2}}$	$\sqrt{6}$
120° 240°	$\sqrt{1 + \dfrac{1}{ü^2} + \dfrac{1}{ü}}$	3
150° 210°	$\sqrt{1 + \dfrac{1}{ü^2} + \dfrac{\sqrt{3}}{ü}}$	$\sqrt{6 + 3\sqrt{3}}$
180° 180°	$1 + \dfrac{1}{ü}$	$2\sqrt{3}$

Die *Schaltgruppenkontrolle* ist theoretisch bei dem Übersetzungsverhältnis $ü = 1$ mit der *Phasenkontrolle* zweier Transformatoren identisch. Für diesen Fall müßten also die in obiger Tabelle angegebenen Differenzspannungen mit den Angaben der Tab. 85 übereinstimmen. Tatsächlich besteht volkommene Übereinstimmung, woraus gefolgert werden kann, daß die Berechnungen richtig sind.

Die in Tab. 79 angegebenen Differenzspannungen gelten gleichzeitig für zwei Winkel, Phasenwinkel und Komplementphasenwinkel, sind also für eine eindeutige *Bestimmung der Kennzahl* nicht allein brauchbar. Nun kann aber die Kennzahl auch mit vier paarweise gleichen Differenzspannungen bestimmt werden. Die Gesetzmäßigkeiten in Abb. 171 lehren, daß die Diagramme b und e in bezug auf paarweise gleiche Differenzspannungen übereinstimmend sind, nicht aber c und f. Hieraus ergibt sich, daß mit b und c oder e und f die Bestimmung möglich ist. Das Diagramm c' ist in dieser Beziehung, wie bereits erwähnt, mit Abb. 172 c und f mit Abb. 172 g identisch. Man muß demnach noch zusätzlich die untereinander gleichen Differenzspannungen bei Überbrückung von U und v berechnen.

Um den Rechnungsgang abzukürzen, wird folgender Weg eingeschlagen. Wenn man annimmt, daß die *Phasen* des Spannungsdreiecks $u\,v\,w$ in den Diagrammen c und f zyklisch vertauscht oder um 120° nach rechts gedreht sind, dann entspricht c einem *Phasenwinkel* von 150° und f einem solchen von 90°. Die Spannungen zwischen V und w sowie W und u entsprechen denen zwischen V und v sowie W und w und sind miteinander gleich. Es liegen also die gleichen Verhältnisse vor, als ob das Spannungsdreieck $u\,v\,w$ von $\alpha = 30°$ nach $\alpha' = 150°$, also um 120° oder von $\alpha = 330°$ nach $\alpha' = 90°$, also ebenfalls um 120°, gedreht worden wäre. Die Größen der Winkel α' findet man in Abb. 172 unterhalb der Zahlen für α eingetragen. Die sich auf diese Weise ergänzenden Winkel α und α' sind in folgender Tabelle zusammengestellt.

Tabelle 80. *Phasenwinkel nach zyklischer Vertauschung der Spannungsdreiecke $u\,v\,w$*

Kennzahl	α	α'	Kennzahl	α	α'	Kennzahl	α	α'
0	0°	120°	4	120°	240°	8	240°	0°
1	30°	150°	5	150°	270°	9	270°	30°
2	60°	180°	6	180°	300°	10	300°	60°
3	90°	210°	7	210°	330°	11	330°	90°

Die beiden Winkel α und α' liefern die Grundlage für die rechnerische Bestimmung der Kennzahl, denn die zugehörigen *Differenzspannungen* sind bereits ermittelt und können aus Tab. 79 entnommen werden. Für jede Kennzahl lassen sich also zwei verschiedene Gleichungen des Verhältnisses U_D/U_E zusammenbringen.

In Tab. 81 ist die *Kennzahlbestimmung* zusammengefaßt angegeben, wobei statt des einfachen Verhältnisses U_D/U_E das quadratische $(U_D/U_E)^2$ eingesetzt worden ist. Die Benutzung dieser Tabelle setzt voraus, daß die vier paarweise gleichen Differenzspannungen an dem zu untersuchenden Transformator gemessen worden sind. Sie müssen, mit der Erregerspannung dividiert, für die gesuchte Kennzahl mit dem für das Übersetzungsverhältnis $ü$ des Transformators berechneten Betrag des Quotienten von U_D/U_E übereinstimmen. Durch die Bildung der quadratischen Verhältnisse, die gleichfalls übereinstimmen müssen, wird die Berechnung erleichtert. Auf Grund der Tatsache, daß für jede Schaltungskombination entweder gerade oder ungerade Kennzahlen in Frage kommen, braucht jeweils nur die Hälfte der Kennzahlen Berücksichtigung finden. Zieht man normalerweise nur die VDE-Schaltgruppen mit ihren Kennzahlen 0, 5 (7), 6 und 11 (1) in Betracht, tritt weitere Vereinfachung und Erhöhung der Genauigkeit auf. Dagegen nimmt die Genauigkeit der Kennzahlbestimmung mit zunehmendem Übersetzungsverhältnis $ü$ beträchtlich ab.

Direkte Bestimmung der Kennzahl durch Brückenmessung

Tabelle 81. *Rechnerische Ermittlung der Kennzahl auf Grund der gemessenen gleichen Differenzspannungen bei Verbindung gleichnamiger und ungleichnamiger Klemmen des zu untersuchenden Transformators*

Kennzahl	Phasen-winkel	Differenzspannung im quadratischen Verhältnis zur Erregerspannung		Ab-bildung
		Brücke: Uu $(U_{Vv}/U_E)^2 = (U_{Ww}/U_E)^2$	Brücke: Uv $(U_{Vw}/U_E)^2 = (U_{Wu}/U_E)^2$	
0	0°	$\left(1 - \dfrac{1}{\ddot{u}}\right)^2$	$1 + \dfrac{1}{\ddot{u}^2} + \dfrac{1}{\ddot{u}}$	170
1	30°	$1 + \dfrac{1}{\ddot{u}^2} - \dfrac{\sqrt{3}}{\ddot{u}}$	$1 + \dfrac{1}{\ddot{u}^2} + \dfrac{\sqrt{3}}{\ddot{u}}$	171
11	330°		$1 + \dfrac{1}{\ddot{u}^2}$	
2	60°	$1 + \dfrac{1}{\ddot{u}^2} - \dfrac{1}{\ddot{u}}$	$\left(1 + \dfrac{1}{\ddot{u}}\right)^2$	172
10	300°		$1 + \dfrac{1}{\ddot{u}^2} - \dfrac{1}{\ddot{u}}$	
3	90°	$1 + \dfrac{1}{\ddot{u}^2}$	$1 + \dfrac{1}{\ddot{u}^2} + \dfrac{\sqrt{3}}{\ddot{u}}$	172
9	270°		$1 + \dfrac{1}{\ddot{u}^2} - \dfrac{\sqrt{3}}{\ddot{u}}$	
4	120°	$1 + \dfrac{1}{\ddot{u}^2} + \dfrac{1}{\ddot{u}}$	$1 + \dfrac{1}{\ddot{u}^2} + \dfrac{1}{\ddot{u}}$	172
8	240°		$\left(1 - \dfrac{1}{\ddot{u}}\right)^2$	
5	150°	$1 + \dfrac{1}{\ddot{u}^2} + \dfrac{\sqrt{3}}{\ddot{u}}$	$1 + \dfrac{1}{\ddot{u}^2}$	172
7	210°		$1 + \dfrac{1}{\ddot{u}^2} - \dfrac{\sqrt{3}}{\ddot{u}}$	
6	180°	$\left(1 + \dfrac{1}{\ddot{u}}\right)^2$	$1 + \dfrac{1}{\ddot{u}^2} - \dfrac{1}{\ddot{u}}$	170

72. Direkte Bestimmung der Kennzahl durch Brückenmessung

Mit dem Trafo-Übersetzungsmesser nach KELLER von Hartmann & Braun kann die Kennzahl auf einfache Weise direkt bestimmt werden. Auf Grund des angewendeten Kompensations-Prinzips können stets nur zwei praktisch gleichphasige Spannungen mit gleicher

232 Schaltgruppenkontrolle von Drehstrom-Leistungstransformatoren

Polarität miteinander verglichen werden. Bei der *Prüfung des Transformators* ist es gleichgültig, ob die Erregung einphasig oder dreiphasig erfolgt, denn es sind in beiden Fällen zwei miteinander vergleichbare Spannungen vorhanden. Der *Übersetzungsmesser* hat zwei Oberspannungsklemmen, die mit R und S und zwei Unterspannungsklemmen, die mit r und s bezeichnet sind.

Setzt man bei der Messung voraus, daß richtiger Wickelsinn, richtige Wahl der zu vergleichenden Spannungen, richtige Stellung des Übersetzungsbereich-Wählers auf den kleinsten Bereich und intakter Transformator vorhanden sind, so darf bei *Einschaltung* des Übersetzungsmessers die Glimmlampe Z nicht aufleuchten. Der Empfindlichkeitsregler ist vor jeder Einschaltung auf die Stellung ∞ zu bringen. Leuchtet die Glimmlampe Z auf (Zündspannung etwa 65 V), so ist die

Tabelle 82. *Anschluß des Trafo-Übersetzungsmessers nach Keller von Hartmann & Braun an Drehstromtransformatoren zwecks direkter Ermittlung der Kennzahl für die VDE-Schaltgruppen bei dreiphasiger Erregung.*

Kennzahl	Phasenwinkel	Anschluß an $R-S$			Anschluß an $r-s$			Erregerspannung in Volt an $U\,V\,W$
		1	2	3	1	2	3	
0	0°	$U-V$	$V-W$	$W-U$	$u-v$	$v-w$	$w-u$	3×220
5	150°	$U-V$	$V-W$	$W-U$	$mp-u$	$mp-v$	$mp-w$	3×220
5*	150°	$U-Mp$	$V-Mp$	$W-Mp$	$w-u$	$u-v$	$v-w$	3×380
6	180°	$U-V$	$V-W$	$W-U$	$v-u$	$w-v$	$u-w$	3×220
11	330°	$U-V$	$V-W$	$W-U$	$u-mp$	$v-mp$	$w-mp$	3×220
11*	330°	$U-Mp$	$V-Mp$	$W-Mp$	$u-w$	$v-u$	$w-v$	3×380

Anschluß 1 der Meßeinrichtung bei Kennzahl 6:

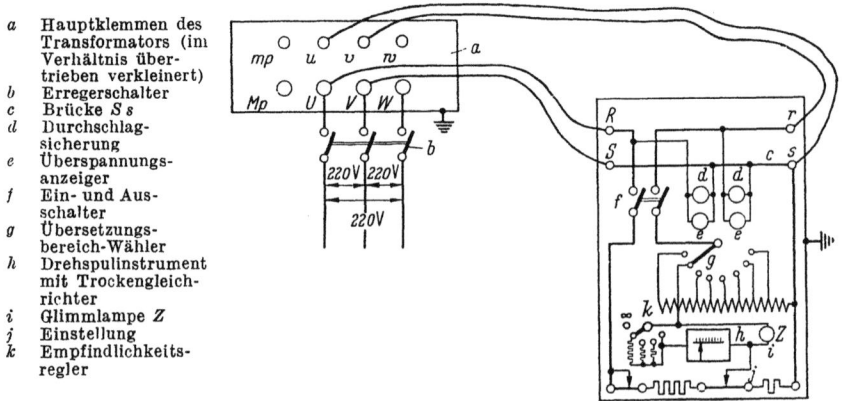

a Hauptklemmen des Transformators (im Verhältnis übertrieben verkleinert)
b Erregerschalter
c Brücke $S\,s$
d Durchschlagsicherung
e Überspannungsanzeiger
f Ein- und Ausschalter
g Übersetzungsbereich-Wähler
h Drehspulinstrument mit Trockengleichrichter
i Glimmlampe Z
j Einstellung
k Empfindlichkeitsregler

---

* bei Schaltungskombination Yd

Polarität verwechselt, und der Anschluß an R und S oder an r und s muß vertauscht werden. Spricht dagegen beim Einschalten der Erregung eine der Durchschlagsicherungen oder einer der Überspannungsanzeiger an, ist die Schaltung des Transformators falsch, oder es liegt eine *Verwechslung* der Anschlüsse der Oberspannungs- mit der Unterspannungsseite vor.

In Abb. 171 haben die Transformatoren a und d gleiche Schaltungskombinationen aber verschiedene Kennzahlen, und zwar 1 und 11. Bei Kennzahl 1 muß der Übersetzungsmesser mit seinen Klemmen R und S an U und Mp sowie mit r und s an u und v angeschlossen werden, um gleichphasige Spannungen mit gleicher Polarität zusammenzubringen. Dagegen muß, um die gleichen Verhältnisse zu erzeugen, bei Kennzahl 11 u und w statt u und v mit r und s verbunden werden. Hieraus ist zu erkennen, daß mit dem Übersetzungsmesser die Kennzahl eindeutig bestimmt werden kann.

Die Messung wird bei allen *drei Phasen* wiederholt (Anschluß *1, 2* und *3*), wobei gleiche Verhältnisse angezeigt werden müssen. In Tab. 82 sind die richtigen Anschlüsse des Übersetzungsmessers für die VDE-Schaltgruppen bei dreiphasiger Erregung angegeben. Gleichzeitig ist dort die Schaltung der Meßeinrichtung vereinfacht dargestellt.

Die hohe *Meßgenauigkeit* des Übersetzungsmessers wird bei allen Übersetzungsverhältnissen und Spannungen durch Verwendung von Hilfswandlern konstant gehalten.

M. Phasenkontrolle von Drehstrom-Leistungstransformatoren

Einwandfreie *Parallelarbeit* von Leistungstransformatoren wird bekanntlich dann gewährleistet, wenn möglichst gleiche Übersetzung, also möglichst gleiche Nennspannungen auf der Oberspannungs- und Unterspannungsseite und annähernd gleiche Nennkurzschlußspannungen sowie gleiche Schaltgruppen oder Kennzahlen vorhanden sind. Um bei einem vertauschten Anschluß nach der Installation oder bei Verschiedenheit der Schaltgruppen hohe Ausgleichströme nach dem Zusammenschalten zu vermeiden, müssen vor der erstmaligen Parallelschaltung eines Transformators die Phasenlagen der Spannungen auf Übereinstimmung geprüft werden. Dieser Vergleich der Phasenlagen der zusammenzuschaltenden Spannungssysteme wird allgemein mit Phasenkontrolle bezeichnet.

Während also die Schaltgruppenkontrolle (Kap. L) die Phasenlagen der Spannungen zwischen zwei Wicklungen eines Transformators ermittelt, wird diese Ermittlung bei der Phasenkontrolle zwischen zwei Transformatoren durchgeführt.

Um eine klare Einsichtnahme in die bestehende Gesetzmäßigkeiten zu ermöglichen, werden in den kommenden Untersuchungen *Potentialdiagramme* verwendet.

73. Allgemeines über Phasenkontrolle

Bei der Phasenkontrolle kann man allgemein drei Fälle unterscheiden, und zwar leitende, teilweise leitende und rein induktive Kreise. Der leitende Kreis kommt bei *Leitungen* und *Spartransformatoren*, der teilweise leitende bei *Vierleitersystemen* und der rein induktive bei *Dreileitersystemen* vor.

Kennzeichen des leitenden und teilweise leitenden Kreises sind, daß bei der Phasenkontrolle die Pole an der offenen Stelle nur über

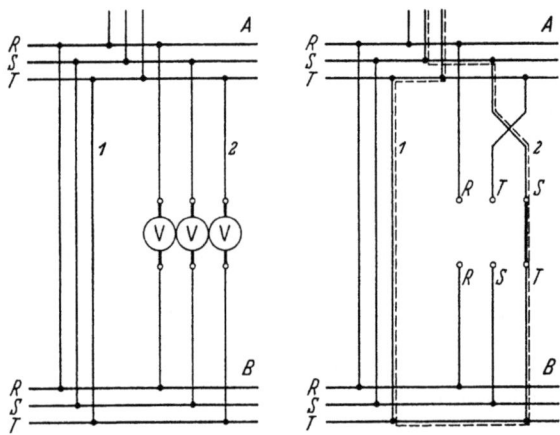

Abb. 174. Die Phasenkontrolle bei Leitungen. Links: Schaltung der Spannungsmesser für den elektrisch richtigen Phasenvergleich. Rechts: Bahn des Kurzschlußstromes bei Überbrückung und Phasenvertauschung

Spannungsmesser oder Spannungswandler verbunden werden dürfen, die des induktiven Kreises jedoch, daß, um überhaupt messen zu können, eine leitende Verbindung, also eine *Brücke* eingelegt werden muß.

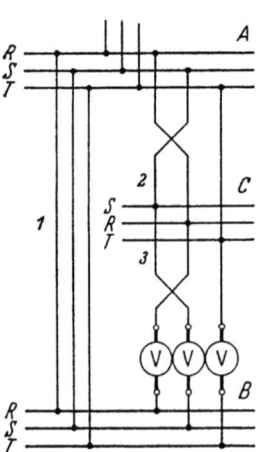

Abb. 175. Phasenkontrolle bei Doppelvertauschung. Die Spannungsmesser kontrollieren die Gesamtstrecke *AB* und nicht die Teilstrecke *AC*

In Abb. 174 sind zwei Leitungen, *1* und *2*, dargestellt, die parallel die Sammelschienen *A* und *B* miteinander verbinden sollen. Vor der erstmaligen *Parallelschaltung* der Leitung *2* müssen an der Trennstelle die Phasen überprüft werden. Zu diesem Zweck werden zwischen den zusammenzuschaltenden Polen drei Spannungsmesser oder abwechselnd ein Spannungsmesser geschaltet. Zeigen die Spannungsmesser oder der Spannungsmesser Null an, stimmen die Phasenlagen der Spannungen überein, und die Zusammenschaltung kann ohne Gefahr erfolgen. Da ein *leitender Kreis* vorliegt, darf *keine Brücke* bei der Phasenkontrolle eingelegt werden. Denn sonst würde im Falle einer irrtümlichen Phasenvertauschung, wie in

Allgemeines über Phasenkontrolle

der Abbildung rechts dargestellt, eine vollkommene Kurzschließung von zwei Phasen eintreten.

Bei *Leitungen* muß allgemein jede Teilstrecke für sich *getrennt* auf Phasengleichheit geprüft werden. In Abb. 175 zeigen die Spannungsmesser für die Gesamtstrecke, also zwischen Sammelschiene A und B, Null an, weil die Phasenvertauschung der Leitung 2 durch die der Leitung 3 aufgehoben wird. Die Vertauschung bleibt aber an der Sammelschiene C haften, wenn man nicht mit Hilfe einer anderen Leitung die Phasen der Teilstrecke AC oder die Richtung des Drehfeldes der Sammelschiene C nachprüft.

Bei der Phasenkontrolle von *Spartransformatoren*, siehe Abb. 176, liegt gleichfalls ein leitender Kreis vor. Die eingelegte Brücke verursacht bei Phasenvertauschung einen Kurzschlußstrom, der über je eine Wicklungsabteilung der Spartransformatoren fließt.

Bei *Vierleitersystemen* sind die Sternpunkte der Transformatoren leitend auf einer Seite über der Sternpunktsammelschiene verbunden. Es liegt also ein teilweise leitender Kreis vor. Die Phasenkontrolle muß deshalb ähnlich wie bei Leitungen ausgeführt werden. Den räumlichen Verlauf des Kurzschlußstromes bei Brückenverbindung und irrtümlicher Phasenvertauschung zeigt Abbildung 177. Es wird hier bei jedem Transformator eine Schenkelwicklung durchflossen. Erfolgt jedoch an Stelle der Brücke der Einbau eines Spannungsmessers, so zeigt er die *Linienspannung* an. Der vernachlässigbare Strom des Spannungsmessers, der Meßstrom, fließt auf demselben Wege wie vorher der Kurzschlußstrom.

Der *rein induktive Kreis* verlangt dagegen, daß eine *Brücke* eingelegt wird, damit der Meßstromkreis geschlossen werden kann. Wie aus Abbildung 178 ersichtlich, kommt bei fehlender Verbindung kein Stromfluß zustande. Bei Brückenverbindung und Phasenvertauschung zeigt der Spannungsmesser die *doppelte Linienspannung* an. Hierbei werden vom Meßstrom bei jedem Transformator zwei Schenkelwicklungen durchflossen.

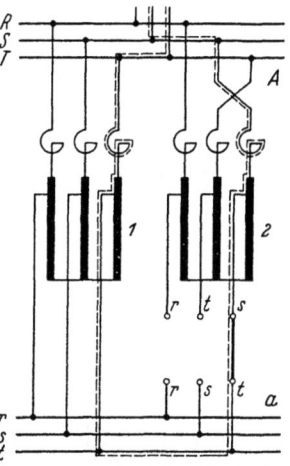

Abb. 176. Die Phasenkontrolle bei Spartransformatoren. Bahn des Kurzschlußstromes bei Überbrückung und Phasenvertauschung

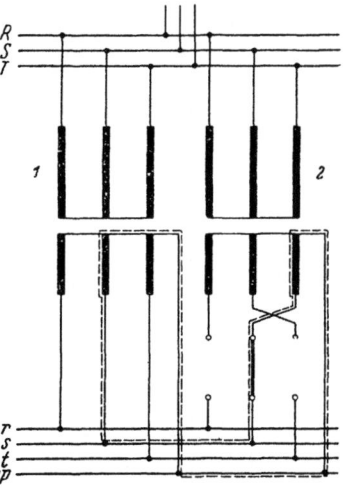

Abb. 177. Die Phasenkontrolle beim Vierleitersystem. Einbau einer Brücke unzulässig. Transformator *1* ist phasengleich an die Sammelschienen angeschlossen. Transformator *2* soll parallel geschaltet werden

Zusammengenommen kann nun gesagt werden, daß bei der Phasenkontrolle von Leistungstransformatoren stets eine Brückenverbindung, natürlich oder künstlich, vorhanden sein muß, um die relativen Phasenlagen der zu vergleichenden Spannungssysteme messen zu können. Die Potentialdiagramme der Transformatoren schieben sich hierdurch, ohne eine Drehung auszuführen, ähnlich wie[1] bei der Schaltgruppenkontrolle, zusammen. Ist die Verbindung der Sternpunkte nicht zusätzlich vertauscht, schieben sich die Diagramme beim *Vierleitersystem* so lange zusammen, bis die Sternpunkte der Spannungssterne zur Deckung kommen. Beim *Dreileitersystem* kommen dagegen stets zwei Eckpunkte der Spannungsdreiecke zur Deckung (s. Abb. 179 und 180).

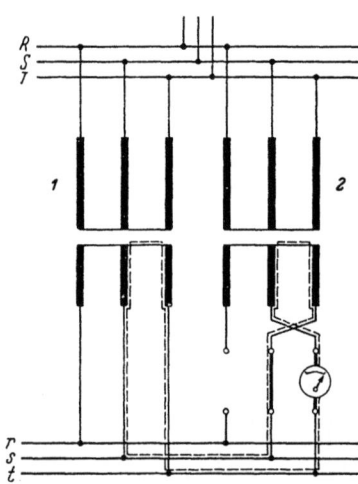

Abb. 178. Die Phasenkontrolle beim Dreileitersystem. Einbau einer Brücke erforderlich. Transformator *1* ist phasengleich an die Sammelschienen angeschlossen. Transformator *2* soll parallel geschaltet werden

Bei *Hochspannung*, also bei Spannungen über 1000 V, wird die Phasenkontrolle nicht mehr direkt mit Spannungsmesser, sondern nur

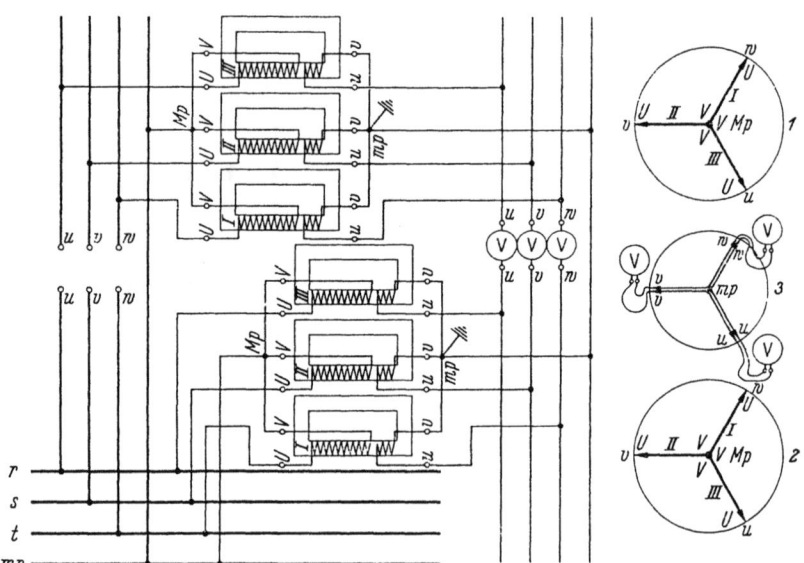

Abb. 179. Die Phasenkontrolle beim Vierleitersystem mit Spannungswandler

---

[1] Die Diagramme der Wicklungen

indirekt über Spannungswandler ausgeführt. Mit Hilfe der Spannungswandler werden die elektrischen Verhältnisse auf der Hochspannungsseite durch Niederspannung, meistens 100 V, nachgebildet. Einphasige Spannungswandler werden deshalb stets ohne Drehung der Vektoren nach der Schaltgruppe $Ii\,0$ und dreiphasige nach $Yy\,0$ geschaltet.

In Abb. 179 ist ein *Vierleitersystem* mit Spannungswandlern dargestellt. Wie ersichtlich, sind auf der Niederspannungsseite der Einphasen-Spannungswandler ebenfalls vier Sammelschienen, wobei die Sternpunkte auf der Hochspannungs- und Niederspannungsseite mit der entsprechenden Sternpunktsammelschiene verbunden werden, an-

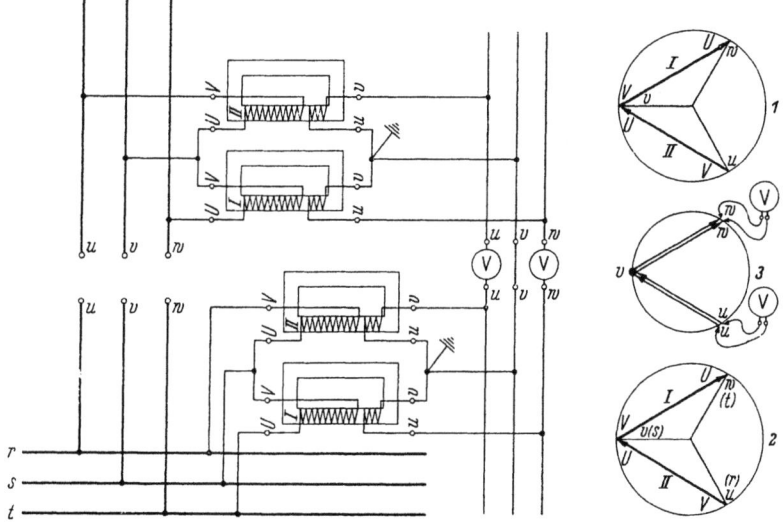

Abb. 180. Die Phasenkontrolle beim Dreileitersystem mit Spannungswandler

geordnet. Die Potentialdiagramme 1 und 2 stellen die Spannungen auf der Hochspannungsseite dar. Für die Niederspannungsseite gilt Diagramm 3 in vergrößertem Maßstab. Die Sternpunkte haben gleiches Potential, sie fallen deshalb in einem Punkt zusammen. Da auf der Hochspannungsseite die Spannungen phasengleich sind, zeigen die angeschlossenen Spannungsmesser auf der Niederspannungsseite Null an.

Ein *Dreileitersystem* mit Spannungswandler ist in Abb. 180 angegeben. Hier können mit Vorteil, weil nur Linienspannungen zu vergleichen sind, zwei Einphasen-Spannungswandler in V-Schaltung (s. Abschn. 91) verwendet werden. Die Potentialdiagramme 1 und 2 gelten für die Hochspannungsseite und Potentialdiagramm 3, ebenfalls in vergrößertem Maßstab, für die Niederspannungsseite. Bei *beiden Leitersystemen* wird *die schutzmäßige Erdung* der Wicklungen der Spannungswandler auf der Niederspannungsseite an den Klemmen vorgenommen, an denen die Brückenverbindung angeschlossen ist.

Dreileitersysteme, die mit dreiphasigen oder drei einphasigen Spannungswandlern ausgerüstet und mit hochspannungs- und niederspannungsseitiger Sternpunkterdung[1] der Spannungswandler in Betrieb sind, können naturgemäß als Vierleitersysteme behandelt werden.

Da nun die *Spannungswandler* einen Kreis für sich darstellen, müssen ihre Phasen bei der erstmaligen Parallelschaltung ebenfalls auf Gleichheit geprüft werden. In Abb. 181 ist die übliche *Prüfmethode* angegeben. Zunächst wird der parallel zu schaltende Transformator (B) mit der Phasenkontrolleinrichtung so unter Spannung gesetzt, daß beide Spannungswandler die gleiche Spannung erhalten (Abb. 181a). Hierbei

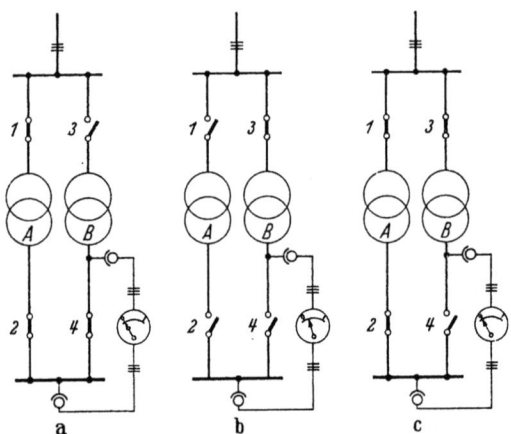

Abb. 181. Prüfung der Phasenkontrolleinrichtung auf Phasengleichheit. a) Die Kontrolleinrichtung erhält gleiche Spannungen; b) Über die Kontrolleinrichtung wird die freie Sammelschiene unter Spannung gesetzt; c) Die Kontrolleinrichtung erhält verschiedene Spannungen

müssen die Spannungsmesser Null anzeigen. Dann wird der Transformator allein von der anderen Seite aus eingeschaltet. Über die Spannungswandler wird damit die freie Sammelschiene unter Spannung gesetzt, und die Spannungsmesser müssen einen Ausschlag zeigen, zum Zeichen dafür, daß der Meßstromkreis an keiner Stelle unterbrochen worden und folglich intakt ist (Abb. 181b). Wird jetzt der andere Transformator (A) zugeschaltet, müssen im Moment der Zuschaltung die Spannungsmesser auf Null zurückgehen, vorausgesetzt, daß Phasengleichheit besteht (Abb. 181c).

Grundsätzlich anders liegen die Verhältnisse, wenn zwei Transformatoren zusammengeschaltet werden sollen, die über *getrennte Generatoren* gespeist werden. Die Schaltgruppe der Transformatoren spielt in diesem Fall keine Rolle, denn es liegt dauernd ein offener Kreis vor. Durch den Synchronisierungsvorgang werden hier die Phasenlagen der Generatorspannungen, die sich relativ frei einstellen können, in Übereinstimmung gebracht.

In Abb. 182 sind ergänzend die Verhältnisse bei *asynchronen Systemen* dargestellt. Am geöffneten Schalter 4 soll der Generator B über den Transformator B mit Generator A über Transformator A synchronisiert werden. Bei Asynchronismus befinden sich die Potentialdiagramme

---

[1] (Betriebs- und Schutzerdung)

relativ in Drehung, wobei der Drehpunkt durch die eingelegte Brückenverbindung bestimmt wird. Ist die Drehgeschwindigkeit der Spannungsvektoren verschieden, ändert sich die relative Lage der Potentialdiagramme dauernd. Die relative *Drehgeschwindigkeit* wird durch die Tourenzahl des Generators B bestimmt. Die Spannungsvektoren des Transformators B können hierbei, wie in der Abbildung rechts dargestellt, die drei Stellungen b, c und d hintereinander durchlaufen. Ohne Phasenvertauschung zeigen die zwischen $u-u$ und $w-w$ geschalteten

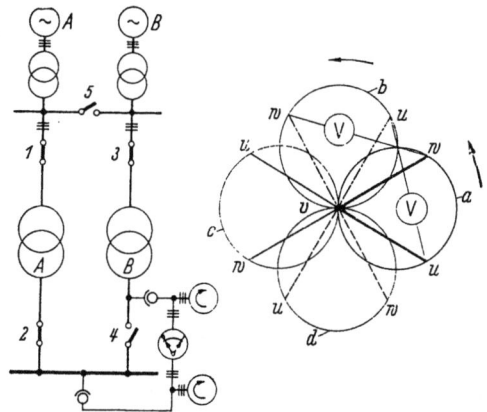

Abb. 182. Asynchrone Systeme. Links: Synchronisierung des Generators B über den Transformator B mittels Nullvoltmeter und Drehfeldanzeiger; Rechts: Potentialdiagramme bei asynchronen Systemen. Die relativen Lagen sind nicht mehr feststehend, sondern zueinander beweglich, wobei die Drehzahl des Generators B geändert und die des Generators A auf Nennwert konstant gehalten wird.

Spannungsmesser gleichzeitig immer den gleichen Wert an. Kommen die Spannungsvektoren langsam zur Deckung (Stellung a), kann der Schalter 4 in dem Moment, in dem die Spannungsmesser Null anzeigen, eingeschaltet werden, da Synchronismus besteht (Dunkelschaltung). Hierbei ist allerdings Voraussetzung, daß die *Drehrichtungen* der Spannungsvektoren der Generatoren übereinstimmen. Es müssen deshalb die Drehfelder durch einen Drehfeldanzeiger oder Asynchronmotor vorher auf gleiche Drehrichtung überprüft werden. Bei *Phasenvertauschung* zeigen die Spannungsmesser gleichzeitig verschiedene Werte an. Befinden sich die Generatoren A und B über den Transformatoren A und B parallel in Betrieb, darf der Schalter 5, um auch die Möglichkeit einer Doppelvertauschung zu berücksichtigen, nur dann eingeschaltet werden, wenn alle eingangs angegebenen Bedingungen und Prüfbestimmungen auch für die Parallelschaltung der oben genannten Transformatoren erfüllt werden.

Eine *andere Möglichkeit* der Phasenkontrolle von Drehstromtransformatoren ist in Abb. 183 angegeben. In größeren Stromversorgungsanlagen ist es meistens zulässig, in belastungsschwacher Zeit einen Generator ohne Beeinträchtigung des Betriebes für Prüfzwecke frei zu machen. Der zu prüfende Transformator D wird spannungslos zu einem bereits in Betrieb gewesenen Transformator (C) über die frei gemachten Hilfssammelschienen parallel geschaltet. Der Prüfgenerator (*4*) wird über die Leitung *a* mit den Transformatoren verbunden. Danach wird die Spannung allmählich gesteigert und in mehrere Stufen eingeteilt, bis der Nennwert erreicht ist. Tritt kein wesentlicher Ausgleichstrom auf, besteht Phasengleichheit zwischen den Trans-

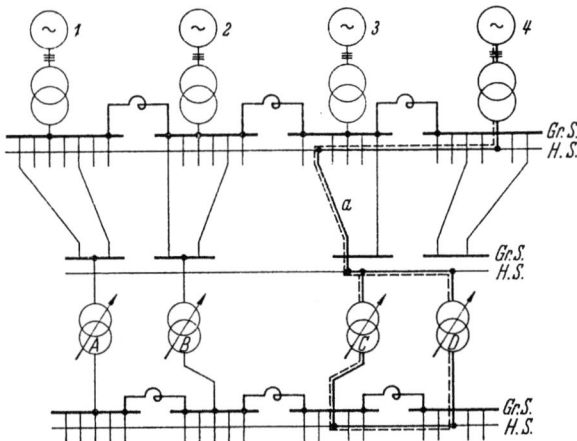

Abb. 183. Die Phasenkontrolle mit Prüfgenerator. Die Durchschaltung des Prüfgenerators auf die Transformatoren *C* und *D* ist gestrichelt angedeutet. Das Prüfnetz ist zum Hauptnetz asynchron

formatoren. Bei Regeltransformatoren werden hierbei die Regeleinrichtungen auf gleiche Stellungen eingestellt.

74. Phasenkontrolle auf der Oberspannungsseite

Stimmen die Schaltgruppen überein und sind die Transformatoren phasengleich angeschlossen, kann bei der Phasenkontrolle zwischen gleichnamigen Polen keine Spannung gemessen werden. Die Potentialdiagramme überdecken sich derart, daß die gleichnamigen Spitzen der Spannungsvektoren jeweils in einem Punkt zusammenfallen. Die Differenz der Kennzahlen ist gleich Null. Bei *ungleichen Schaltgruppen* treten dagegen zwischen gleichnamigen Polen Differenzspannungen auf. Für einige Schaltgruppen soll hier die Ermittlung der Differenzspannungen an Hand von Potentialdiagrammen, und zwar zunächst derart, daß die Phasenkontrolle auf der Oberspannungsseite stattfindet, vorgenommen werden.

In den Abb. 184 bis 187 sind demgemäß Schaltgruppen mit den Kennzahlen 0, 5 und 6 jeweils mit einer Schaltgruppe der Kennzahl 11 zusammengebracht. Die zugehörigen Potentialdiagramme sind für den Fall, daß die Brücke zwischen den Klemmen U, R und U liegt, aufgestellt.

In Abb. 184 ist Transformator A eingeschaltet und Transformator B auf der Oberspannungsseite mit der *Phasenkontrolleinrichtung* verbunden. Da die Unterspannungsseiten der Transformatoren auf eine Sammelschiene geschaltet sind, müssen die Potentialdiagramme des Transformators B oberspannungs- und unterspannungsseitig um 30° nach links gedreht werden (c, d). Durch die elektrische Lage der Brücke

Phasenkontrolle auf der Oberspannungsseite 241

bestimmt, schieben sich die Potentialdiagramme so zusammen, daß die Spitzenpunkte U der Vektoren zur Berührung kommen (e). Die

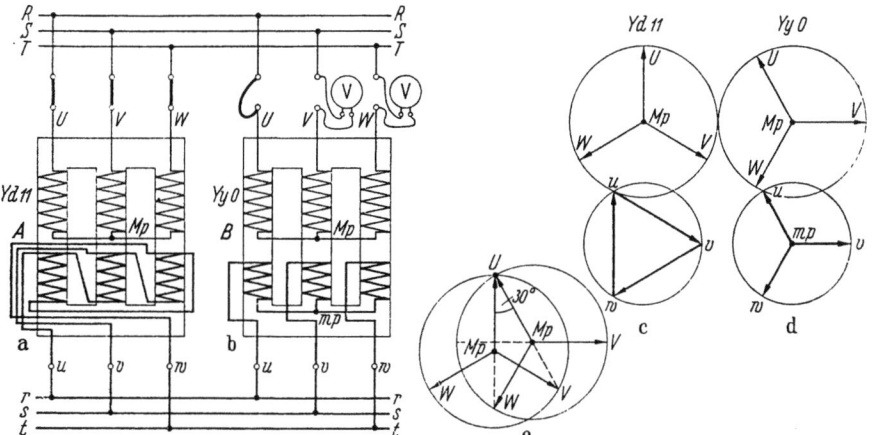

Abb. 184. Phasenkontrolle auf der Oberspannungsseite bei ungleichen Schaltgruppen. a) Transformator A, Schaltgruppe $Yd\,11$; b) Transformator B, Schaltgruppe $Yy\,0$; c) Potentialdiagramm Transformator A; d) Potentialdiagramm Transformator B; e) Potentialdiagramm an der Meßstelle

zwischen V, S und V sowie W, T und W geschalteten Spannungsmesser zeigen jeweils etwa die halbe *Linienspannung* und genau den Betrag von

$$U_D = \sqrt{(\sqrt{3}\,U_{Ph}/2)^2 + (\sqrt{3}\,U_{Ph} - 3\,U_{Ph}/2)^2} \quad \text{(V)} \qquad (148)$$

an. Hierbei wurde U_{Ph} als *Phasenspannung* der Oberspannungsseite angenommen. Die Differenz der Kennzahlen 11 und 0 ergibt -1.

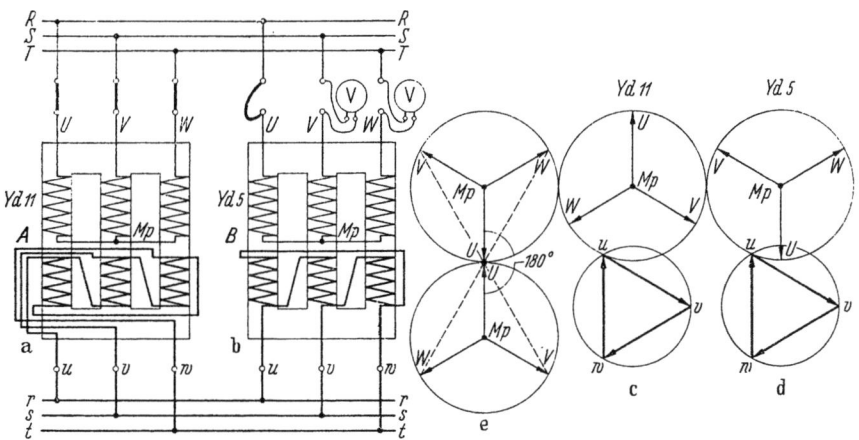

Abb. 185. Phasenkontrolle auf der Oberspannungsseite bei ungleichen Schaltgruppen. a) Transformator A, Schaltgruppe $Yd\,11$; b) Transformator B, Schaltgruppe $Yd\,5$; c) Potentialdiagramm Transformator A; d) Potentialdiagramm Transformator B; e) Potentialdiagramm an der Meßstelle

Andé, Leistungstransformatoren 16

In Abb. 185 ist das Potentialdiagramm des Transformators B infolge der unterspannungsseitigen Verbindung, die gleiche Phasenlagen bedingt, um 180° gedreht und dadurch auf der Oberspannungs-

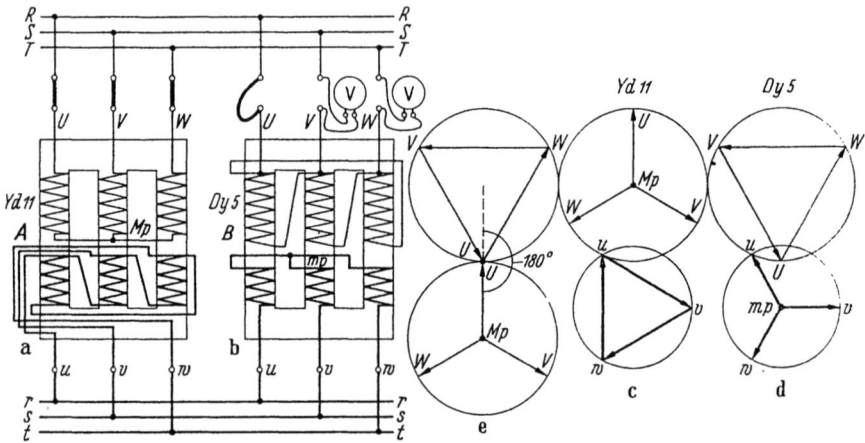

Abb. 186. Phasenkontrolle auf der Oberspannungsseite bei ungleichen Schaltgruppen. a) Transformator A, Schaltgruppe Yd 11; b) Transformator B, Schaltgruppe Dy 5; c) Potentialdiagramm Transformator A; d) Potentialdiagramm Transformator B; e) Potentialdiagramm an der Meßstelle

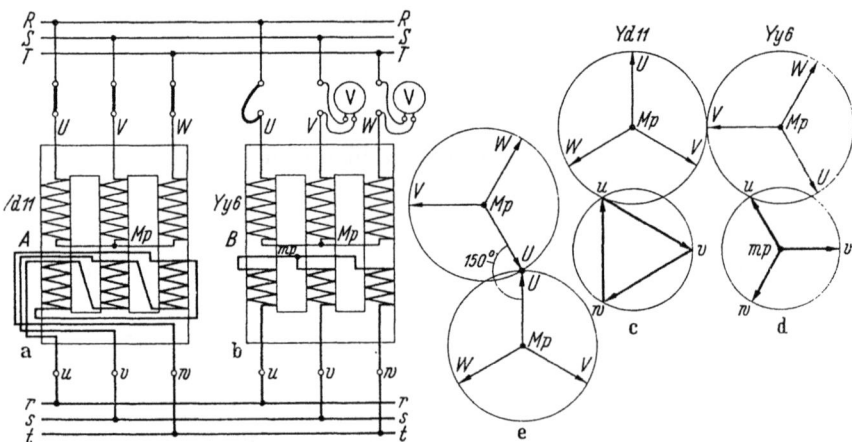

Abb. 187. Phasenkontrolle auf der Oberspannungsseite bei ungleichen Schaltgruppen. a) Transformator A, Schaltgruppe Yd 11; b) Transformator B, Schaltgruppe Yy 6; c) Potentialdiagramm Transformator A; d) Potentialdiagramm Transformator B; e) Potentialdiagramm an der Meßstelle

seite in *Gegenphase* zum Potentialdiagramm des Transformators A gebracht (e). Die Spannungsmesser zeigen deshalb die doppelte Linienspannung gleich $2\sqrt{3}\,U_{Ph}$ an. Die Differenz der Kennzahlen 11 und 5 ergibt $+6$. In Abb. 186 hat die Schaltgruppe des Transformators B wieder die Kennzahl 5, aber statt Stern-Dreieck- die Dreieck-Stern-

Phasenkontrolle auf der Unterspannungsseite

Schaltung. Wie ersichtlich, zeigen die *Spannungsmesser* den gleichen Betrag wie in Abb. 185 an.

Schließlich ist in Abb. 187 die Schaltgruppe $Yd\,11$ mit der Schaltgruppe $Yy\,6$ zusammengebracht. Infolge der unterspannungsseitigen Verbindung und weil auch hier der Transformator B auf der Oberspannungsseite offen ist, wird das Potentialdiagramm um 150° nach rechts gedreht. Die Spannungsmesser zeigen etwa den Betrag von $2\sqrt{3}\,U_{Ph}$ und genau

$$U_D = \sqrt{(\sqrt{3}\,U_{Ph})^2 + (\sqrt{3}\,U_{Ph})^2 - 2\,(\sqrt{3}\,U_{Ph})^2 \cos 150°} \quad \text{(V)} \quad (149)$$

an, wobei für $\cos 150° = -\sqrt{3}/2$ gesetzt werden kann. Die Differenz der Kennzahlen 11 und 6 ergibt $+5$.

Auf ähnliche Weise lassen sich die *Differenzspannungen* auch für andere Schaltungskombinationen ermitteln.

In der folgenden Tabelle sind die bis jetzt berechneten Differenzspannungen zusammengestellt.

Tabelle 83. *Differenzspannungen ungleicher Schaltgruppen bei Phasenkontrolle auf der Oberspannungsseite von zwei Drehstromtransformatoren in Dreileiteranlagen.* ($U_{Ph} = U/\sqrt{3}$ = Phasenspannung)

Schaltgruppe		Differenz		Brücke	Differenzspannung in V		Abbildung
Trf. A	Trf. B	Kennzahl	Winkel		Winkel	angenähert	genau
$Yd\,11$	$Yy\,0$	-1	$-30°$	$+330°$		$\sqrt{3}\,U_{Ph}/2$	$\sqrt{6-3\sqrt{3}}\,U_{Ph} = 0{,}90\,U_{Ph}$	184
	$Yd\,5$	$+6$	$+180°$	$-180°$	$U, R-U$	—	$2\sqrt{3}\,U_{Ph} = 3{,}46\,U_{Ph}$	185
	$Dy\,5$	$+6$	$+180°$	$-180°$		—	$2\sqrt{3}\,U_{Ph} = 3{,}46\,U_{Ph}$	186
	$Yy\,6$	$+5$	$+150°$	$-210°$		$2\sqrt{3}\,U_{Ph}$	$\sqrt{6+3\sqrt{3}}\,U_{Ph} = 3{,}35\,U_{Ph}$	187

75. Phasenkontrolle auf der Unterspannungsseite

Es werden nun die gleichen Schaltgruppen wie in Abschn. 74 zusammengestellt, aber die Phasenkontrolle wird auf der Unterspannungsseite ausgeführt. In den Abb. 188 bis 191 sind die Potentialdiagramme für alle drei Möglichkeiten der *Brückenverbindung* zwischen gleichnamigen Polen angegeben.

In Abb. 188 ist Transformator A mit der Schaltgruppe $Yd\,11$ eingeschaltet und Transformator B mit der Schaltgruppe $Yy\,0$ auf der Unterspannungsseite mit der *Phasenkontrolleinrichtung* verbunden. Die Oberspannungsseiten der Transformatoren sind zusammen auf eine Sammelschiene geschaltet. Auf dieser Seite haben damit die gleichnamigen Spannungsvektoren gleiche Phasenlagen. Da stets von der Oberspannungsseite aus die Potentialdiagramme für die Schaltgruppen aufgestellt werden, findet hier keine Drehung des Potentialdiagramms von Transformator B statt (s. Abschn. 47). Ist die *Brücke* zwischen den gleichnamigen Klemmen u und u, also zwischen r und u, eingelegt, schieben sich die Diagramme, wie unter Abb. 188c angegeben, zusammen. Vergleicht man hierzu die Abb. 184e, so kommt man zu

244 Phasenkontrolle von Drehstrom-Leistungstransformatoren

der Feststellung, daß in beiden Fällen, also bei der oberspannungs- und unterspannungsseitigen Phasenkontrolle die gleichen Relativwerte der

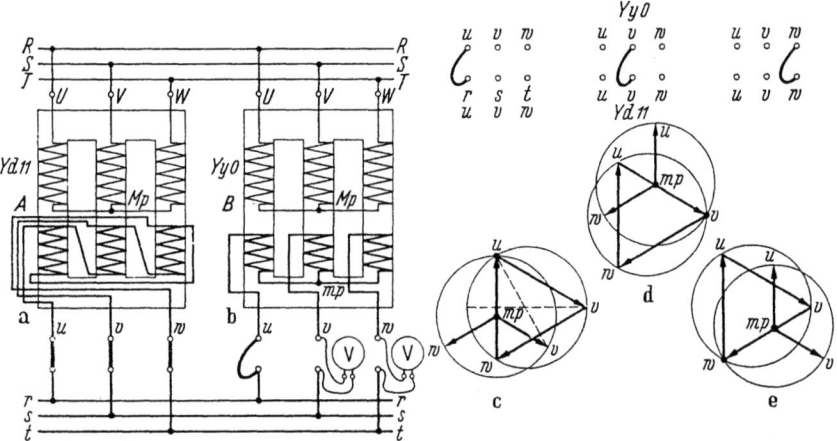

Abb. 188. Phasenkontrolle auf der Unterspannungsseite bei ungleichen Schaltgruppen. a) Transformator A, Schaltgruppe Yd 11; b) Transformator B, Schaltgruppe Yy 0; c) Potentialdiagramm an der Meßstelle bei Brückenverbindung u, r und u; d) bei v, s und v; e) bei w, t und w

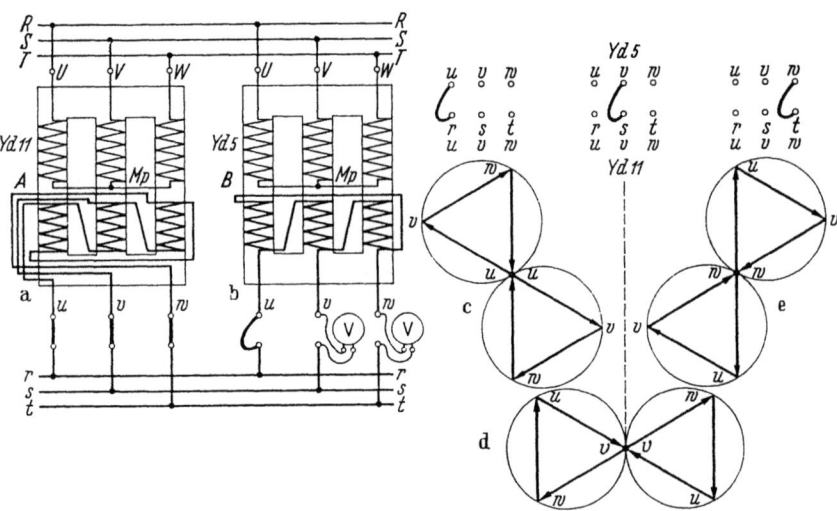

Abb. 189. Phasenkontrolle auf der Unterspannungsseite bei ungleichen Schaltgruppen. a) Transformator A, Schaltgruppe Yd 11; b) Transformator B, Schaltgruppe Yd 5; c) Potentialdiagramm an der Meßstelle bei Brückenverbindung u, r und u; d) bei v, s und v; e) bei w, t und w

Differenzspannungen vorhanden sind. Wird die Brücke auf die gleichnamigen Klemmen v, s und v oder w, t und w umgelegt, schieben sich die Potentialdiagramme bis zur Überdeckung der Spitzen v und v oder w und w zusammen (s. Abb. 188d und e).

Mißt man die Abstände der Spitzen $u - u$ und $w - w$ bei d oder $u - u$ und $v - v$ bei e nach, so ergibt sich, daß diese Strecken untereinander gleich sind und auch mit den Abständen $v - v$ und $w - w$

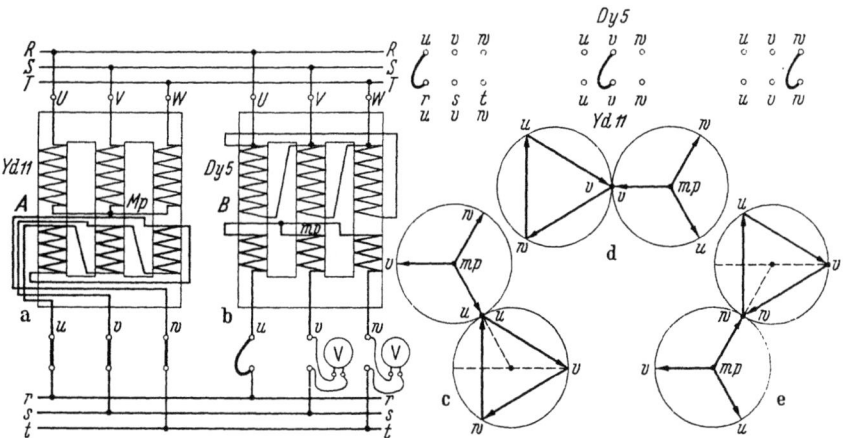

Abb. 190. Phasenkontrolle auf der Unterspannungsseite bei ungleichen Schaltgruppen. a) Transformator A, Schaltgruppe Yd 11; b) Transformator B, Schaltgruppe Dy 5; c) Potentialdiagramm an der Meßstelle bei Brückenverbindung u, r und u; d) bei v, s und v; e) bei w, t und w

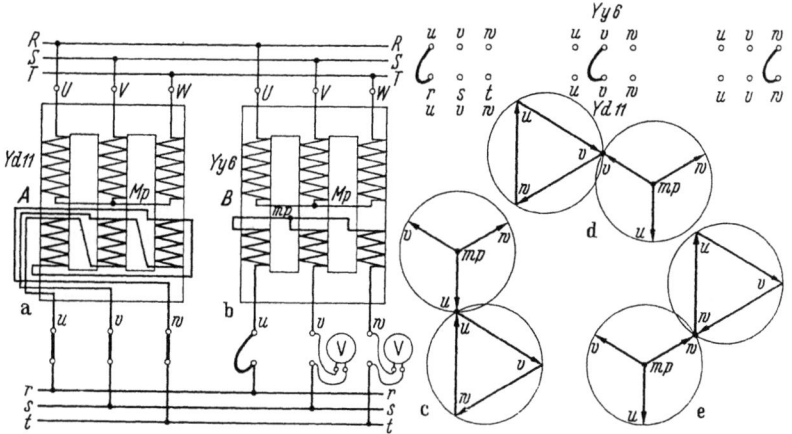

Abb. 191. Phasenkontrolle auf der Unterspannungsseite bei ungleichen Schaltgruppen. a) Transformator A, Schaltgruppe Yd 11; b) Transformator B, Schaltgruppe Yy 6; c) Potentialdiagramm an der Meßstelle bei Brückenverbindung u, r und u; d) bei v, s und v; e) bei w, t und w

bei c übereinstimmen. Die Lage der Brücke zwischen verschiedenen aber *gleichnamigen* Klemmen hat demnach keinen Einfluß auf die entstehenden Meßwerte der Differenzspannungen.

Dieser Zusammenhang ist aus Abb. 189 noch deutlicher zu erkennen, denn in allen drei Fällen ist immer die doppelte Linienspannung als Differenzspannung ohne weiteres ablesbar.

Die Abb. 190 und 191 bestätigen ebenfalls im Vergleich mit den Abb. 186 und 187 die obige Feststellung über die Gleichheit der Relativwerte der Differenzspannungen. In untenstehender Tabelle sind für die behandelten Schaltungskombinationen die *Differenzspannungen*, bezogen auf die Phasenspannung der Unterspannungsseite u_{Ph}, eingetragen.

Tabelle 84. *Differenzspannungen ungleicher Schaltgruppen bei Phasenkontrolle auf der Unterspannungsseite von zwei Drehstromtransformatoren in Dreileiteranlagen.* ($u_{Ph} = u/\sqrt{3}$ = *Phasenspannung*)

Schaltgruppe		Differenz			Brücke	Differenzspannung in V		Abbildung
Trf. A	Trf. B	Kennzahl	Winkel	Winkel		angenähert	genau	
$Yd\,11$	$Yy\,0$	-1	$-30°$	$+330°$	$u, r-u$ oder	$\sqrt{3}\,u_{Ph}/2$	$\sqrt{6-3\sqrt{3}}\,u_{Ph} = 0{,}90\,u_{Ph}$	188
	$Yd\,5$	$+6$	$+180°$	$-180°$	$v, s-v$ oder	—	$2\sqrt{3}\,u_{Ph} = 3{,}46\,u_{Ph}$	189
	$Dy\,5$	$+6$	$+180°$	$-180°$		—	$2\sqrt{3}\,u_{Ph} = 3{,}46\,u_{Ph}$	190
	$Yy\,6$	$+5$	$+150°$	$-210°$	$w, t-w$	$2\sqrt{3}\,u_{Ph}$	$\sqrt{6+3\sqrt{3}}\,u_{Ph} = 3{,}35\,u_{Ph}$	191

76. Zusammenfassung

Um einen zusammenfassenden Überblick zu ermöglichen, müssen die noch fehlenden Differenzspannungen für die Phasenwinkeldifferenz von 60°, 90° und 120° ermittelt werden.

In Abb. 192 sind die Potentialdiagramme der Schaltgruppen $Yd\,7 - Yd\,5$ für 60° (a), $Yd\,7 - Yd\,11$ für 120° (b) und $Yd\,5 - Dd\,8$ für 90° (c) zusammengestellt, wobei die Brücke zwischen den Polen U, R und U eingelegt zu denken ist. Aus den Diagrammen lassen sich, wie bereits schon oben teilweise durchgeführt, auf Grund der geometrischen Zusammenhänge, insbesondere mit Hilfe des Cosinus-Satzes, die Differenzspannungen berechnen. Die Tabelle 85 gibt eine allgemeine

Tabelle 85. *Differenzspannungen zwischen gleichnamigen Polen bei ungleichen Schaltgruppen von Drehstromtransformatoren in Dreileiteranlagen. Brücke zwischen gleichnamigen Polen eingelegt.* ($U_{Ph} = U/\sqrt{3}$ = *Phasenspannung*)

Kennzahldifferenz		Phasenwinkeldifferenz in Grad		Differenzspannungen in V, zwischen $V-V$ oder $W-W$ bei Brücke $U-U$	Beispiel für Schaltgruppen		
					Trf. A	Trf. B	Abbildung
1	11	30	330	$\sqrt{6-3\sqrt{3}}\,U_{Ph} = 0{,}90\,U_{Ph}$	$Yd\,11$	$Yy\,0$	184, 188
2	10	60	300	$\sqrt{3}\,U_{Ph}$	$Yd\,7$	$Yd\,5$	192a
3	9	90	270	$\sqrt{6}\,U_{Ph} = 2{,}45\,U_{Ph}$	$Yd\,5$	$Dd\,8$	192c
4	8	120	240	$3\,U_{Ph}$	$Yd\,7$	$Yd\,11$	192b
5	7	150	210	$\sqrt{6+3\sqrt{3}}\,U_{Ph} = 3{,}35\,U_{Ph}$	$Yd\,11$	$Yy\,6$	187, 191
6	6	180	180	$2\sqrt{3}\,U_{Ph}$	$Yd\,11$	$Dy\,5$	185, 189
Ergänzung							
0	12	0	360	0	$Dy\,5$	$Dy\,5$	—

Zusammenfassung der Differenzspannungen in Abhängigkeit von Kennzahl- und Phasenwinkeldifferenz für *Dreileiteranlagen* an. Die Diffe-

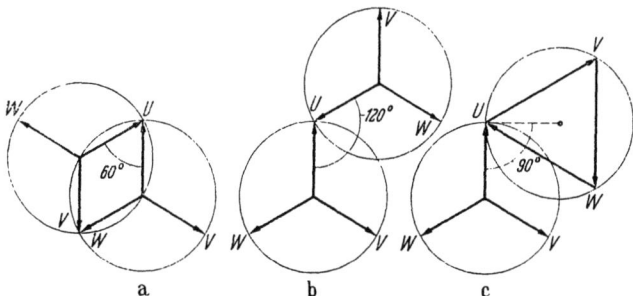

Abb. 192. Phasenkontrolle auf der Oberspannungsseite bei ungleichen Schaltgruppen. Potentialdiagramme an der Meßstelle. a) Schaltgruppe $Yd\,7$ und $Yd\,5$; b) $Yd\,7$ und $Yd\,11$; c) $Yd\,5$ und $Dd\,8$

renzspannungen als Vielfaches der Phasenspannung sind in Abb. 193 in Kurvenform dargestellt. Die höchste Differenzspannung tritt bei 180° Phasendifferenz auf. Sie beträgt in diesem Falle den *doppelten Betrag der Linienspannung*. Der einfache Betrag der Linienspannung tritt dagegen bei 60° oder bei 300° Phasendifferenz auf. Bei *Vierleiteranlagen* beträgt die höchste Differenzspannung den *doppelten Wert der Phasenspannung*. Es ergibt sich die Tatsache, daß die Größe der Differenzspannung, die bei der Phasenkontrolle gemessen werden kann, direkt von der Phasenwinkel- oder Kennzahldifferenz der Schaltgruppen abhängig ist. Die Schaltarten der Transformatoren verlieren in dieser Hinsicht an Bedeutung, denn nur die *Kennzahlen* sind noch maßgebend.

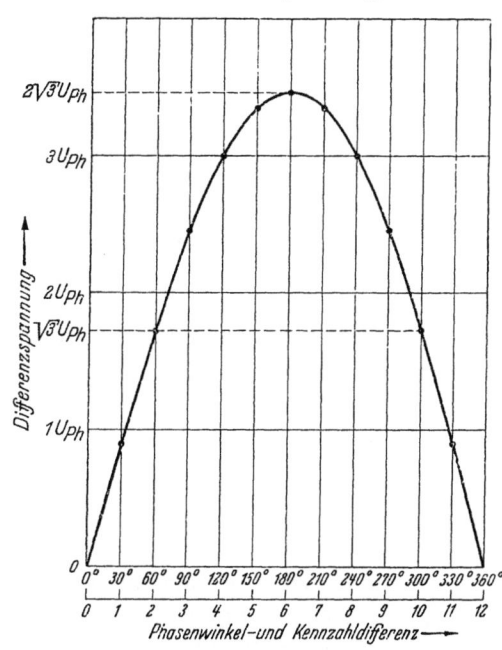

Abb. 193. Differenzspannung in Abhängigkeit von Phasenwinkel- und Kennzahldifferenz bei Dreileiteranlagen

Verbindet man bei der Phasenkontrolle die *Spannungsmesser* mit *ungleichnamigen Polen*, ohne die Lage der Brücke zu ändern, werden mit Ausnahme bei Phasenwinkeldifferenz von 180° ungleich große Differenzspannungen gemessen. In umstehender Tabelle sind diese Differenzspannungen zusammengestellt.

Wie ersichtlich, kommen alle Meßwerte, die in Tab. 85 angegeben worden sind, vor.

Tabelle 86. *Differenzspannungen zwischen ungleichnamigen Polen bei ungleichen Schaltgruppen von Drehstromtransformatoren in Dreileiteranlagen. Brücke zwischen gleichnamigen Polen eingelegt.* ($U_{Ph} = U/\sqrt{3}$ = *Phasenspannung*)

Kennzahldifferenz	Phasenwinkeldifferenz in Grad		Differenzspannungen in V, bei Brücke $U-U$		Beispiel für Schaltgruppen
			$V-W$	$W-V$	
1	11	30	330	$\sqrt{6-3\sqrt{3}}\,U_{Ph}$	$\sqrt{6}\,U_{Ph}$	
2	10	60	300	0	$3\,U_{Ph}$	
3	9	90	270	$\sqrt{6+3\sqrt{3}}\,U_{Ph}$	$\sqrt{6-3\sqrt{3}}\,U_{Ph}$	s. Tab. 85
4	8	120	240	$2\sqrt{3}\,U_{Ph}$	$\sqrt{3}\,U_{Ph}$	
5	7	150	210	$\sqrt{6}\,U_{Ph}$	$\sqrt{6+3\sqrt{3}}\,U_{Ph}$	
6	6	180	180	$3\,U_{Ph}$	$3\,U_{Ph}$	
Ergänzung						
0	12	0	360	$\sqrt{3}\,U_{Ph}$	$\sqrt{3}\,U_{Ph}$	s. Tab. 85

Die Messung nach obiger Tabelle bei Kennzahldifferenz gleich Null stellt die *Gegenprobe* bei der Phasenkontrolle dar, weil nach Tab. 85 für diesen Normalfall die Spannungsmesser keinen Ausschlag zeigen.

N. Einphasenschaltungen

Einphasenschaltung eines Transformators liegt dann vor, wenn alle Spannungen der oberspannungsseitigen Wicklungsabteilungen gleiche *räumliche Richtungen* aufweisen. Nach den Gesetzen der Wicklungspotentiale (s. Abschn. 11) können hierzu je nach Schaltung die Spannungen der unterspannungsseitigen Wicklungsabteilungen räumlich *gleich* oder *entgegengesetzt* gerichtet sein. Alle Wicklungsabteilungen sind bei Einphasenschaltung mit demselben Kraftfluß verkettet.

Für die Fortleitung des Einphasenstromes werden zwei Leitungen, eine Zu- und eine Rückleitung, benötigt.

77. Die normale Einphasenschaltung ⓛ *I*

Bei der normalen Einphasenschaltung sind auf dem *zweischenkligen* Eisenkern je zwei Wicklungsabteilungen der Oberspannungs- und Unterspannungswicklung konzentrisch angeordnet. Die Wicklungsabteilungen können *hintereinander* oder *parallel* geschaltet sein. Der einschenklige *Mantelkern* hat entsprechend nur je eine Schenkelwicklung, die auch gleichzeitig eine ganze Wicklung darstellt. Im Bedarfsfall können mehrere Wicklungen vorgesehen werden.

In Abschn. 23 sind Einphasentransformatoren ausführlich behandelt worden. Die Schaltung, der Kernaufbau und die Wicklungsanordnung nebst Potentialdiagrammen sind in den Abb. 35 und 36 angegeben.

Die *normale Einphasenschaltung* wird bei Speisung von Zweileiternetzen verwendet. Sie kann aber auch bei Speisung von Einphasen-Dreileiternetzen verwendet werden, wenn die Abgabewicklung in der Mitte, wie in Abb. 194 oder Abb. 195 bei Transformator A dargestellt, angezapft wird. Der Mittelleiter wird mit der Anzapfung Mp oder mp verbunden.

Bei Ausführung mit zweischenkligem Eisenkern und Reihenschaltung auf der Abgabeseite müssen die Wicklungsabteilungen der Aufnahmeseite *parallel* geschaltet werden, damit der Spannungsverlust der einen Netzhälfte (Außenleiter und Mittelleiter) fast unabhängig von der Belastung der anderen Netzhälfte (Mittelleiter und Außenleiter) wird. Durch die Parallelschaltung erreicht man, daß auf der Aufnahmeseite Ströme fließen, die auch bei ungleicher Belastung der Netzhälften das *Gleichgewicht* der Belastungsdurchflutungen schenkelweise herstellen können.

Hervorgerufen durch die *ungleichen Spannungsverluste*, die bei unterschiedlicher Belastung entstehen, werden in den Schenkeln des Eisenkernes, bei Parallelschal-

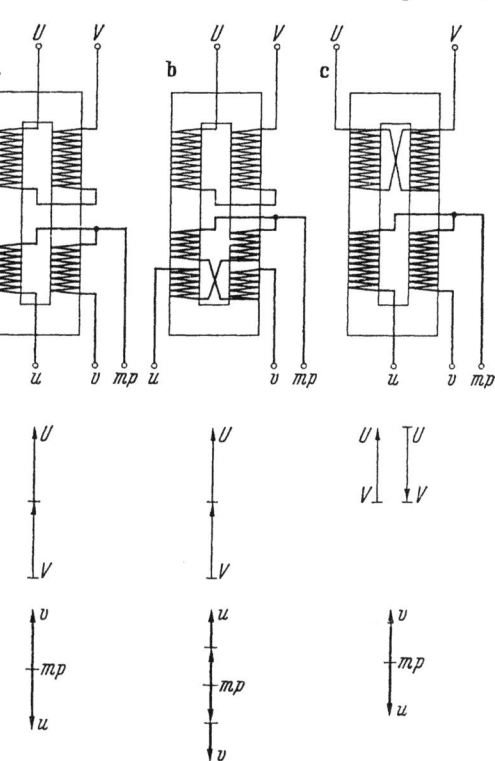

Abb. 194. Einphasentransformatoren mit Mittelanzapfung der Abgabewicklung bei Reihenschaltung der Wicklungsabteilungen. Links: Reihen-Reihen-Schaltung. Schaltsinn, bezogen auf die Phase u: gegensinnig. Für ungleiche Belastung der Netzhälften nicht geeignet. Mitte: Reihen-Zickzack-Schaltung. Schaltsinn: gleichsinnig. Durch Verteilung der Netzhälften auf beiden Schenkeln für ungleiche Belastung geeignet. Rechts: Parallel-Reihen-Schaltung. Übliche Anordnung für ungleiche Belastung der Netzhälften. Schaltsinn: gegensinnig. Die Parallelschaltung der Wicklungsabteilungen und Mittelanzapfung der Abgabewicklung läßt sich mit Hilfe der Abb. 39 leicht aufzeichnen

tung der aufnahmeseitigen Wicklungsabteilungen, ungleiche Hauptkraftflüsse erzeugt, und der *Differenzfluß* muß den Weg über den Luftraum wählen. Da der *Luftweg* der Flußausbreitung einen starken magnetischen Widerstand entgegensetzt, steigt der *Magnetisierungsstrom* der schwächer belasteten Wicklungsabteilung stark an. Bei Anordnung eines Mittelschenkels mit geringem Querschnitt werden die

Magnetisierungsströme in den parallel geschalteten Wicklungsabteilungen auf gleicher normaler Stärke gehalten.

Bei Belastung fließt im *Mittelleiter* nicht etwa die algebraische Summe der Belastungsströme, sondern die algebraische Differenz, denn sonst müßten sie in der Abgabewicklung des Einphasentransformators entgegengesetzte Richtungen besitzen. Dieses würde aber dem Energiegesetz widersprechen. Bei gleicher Belastung der Netzhälften wird deshalb der Mittelleiter stromlos.

Im Netz wirkt der *Spannungsverlust* im Mittelleiter bei ungleicher Belastung erhöhend auf die Spannung der schwächer belasteten Seite.

Die Abgabewicklung des Einphasentransformators mit *Mittelanzapfung* kann auch, wie in Abb. 194 Mitte dargestellt, in Zickzack geschaltet werden. Die Belastungsströme der Netzhälften fließen dann durch Wicklungsabteilungen, die auf beiden Schenkeln verteilt sind. Jede Netzhälfte wird also von einer vollständigen Einphasenwicklung gespeist, wodurch die Parallelschaltung der Aufnahmewicklung überflüssig wird.

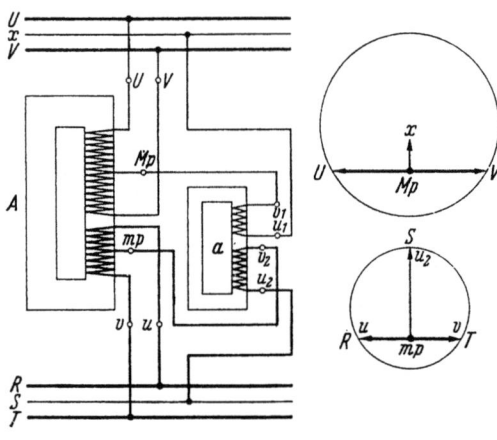

Abb. 195. Einphasenschaltung mit Hilfsphase. A Haupttransformator; a Hilfstransformator; U_{xMp}, U_{Smp} Spannung der Hilfsphase

Die Parallelschaltung der Aufnahmewicklung kann aber trotzdem aus anderen Gründen, wie z. B. bei hohen Stromstärken oder bei Umschaltbarkeit auf halbe Spannung erforderlich werden.

In Abb. 194 sind die behandelten *Schaltungsmöglichkeiten* von Einphasentransformatoren mit Mittelanzapfung der Abgabewicklung bei Reihenschaltung der Wicklungsabteilungen und zweischenkligem Eisenkern gegenübergestellt.

78. Die Einphasenschaltung mit Hilfsphase ⊕ *I H*

Die Einphasenschaltung mit *Hilfsphase* wird bei Speisung von Dreileiternetzen mit schwachem Mittelleiter verwendet. Die Spannungen zwischen Außenleiter und Mittelleiter sind phasenverschoben und bilden mit der Spannung zwischen Außenleiter und Außenleiter ein dreiphasiges Spannungssystem mit 120° Phasenverschiebung.

In Abb. 195 ist die Schaltung mit Hilfsphase dargestellt. Der Haupttransformator A dient zur Speisung des Einphasenhauptnetzes über den Sammelschienen R und T. Die Oberspannungs- und Unterspannungswicklung werden in der Mitte bei Mp und mp angezapft und mit einem Hilfstransformator a verbunden. Der speisende *Einphasengenerator*, der an den Sammelschienen U und V sowie x angeschlossen zu denken ist, besitzt zwei Wicklungen, die zueinander um 90° zeitlich verschoben sind. Die *Hauptphase* mit der Spannung U_{UV} speist über Transformator A das Hauptnetz, während die *Hilfsphase*, die nur für eine niedrige Spannung U_{xMp} bemessen ist, zur Erzeugung des dreiphasigen Spannungssystems dient. Die Generatorwicklung der Hilfsphase ist mit der Mitte der Generatorwicklung der Hauptphase verbunden. Das dreiphasige Spannungssystem RST wird zum Anlassen von Einphasenmotoren oder für sonstige Zwecke, z. B. für den Dauerbetrieb kleiner Drehstrommotoren verwendet.

Die Spannung U_{xMp} muß vom Transformator a so übersetzt werden, daß die Spannung U_{Smp} in der im Potentialdiagramm gezeichneten Größe entsteht. Die Übersetzung des Transformators a ist also von der Spannung U_{uv} des Transformators A oder der Sammelschienenspannung U_{RT} des Hauptnetzes abhängig.

In untenstehender Tabelle sind die Übersetzungsverhältnisse angegeben.

Tabelle 87. *Übersetzungsverhältnisse der Transformatoren bei Einphasenschaltung mit Hilfsphase nach Abb. 195*

	Haupttransformator (A)		Hilfstransformator (a)	
	Windungszahl	Spannung	Windungszahl	Spannung
Oberspannungsseite	n_{1A}	U_{UV}	n_{1a}	$U_{Smp} = \frac{\sqrt{3}}{2} U_{RT}$
Unterspannungsseite	n_{2A}	U_{RT}	n_{2a}	U_{xMp}
Übersetzungsverhältnis	$\ddot{u}_A = \frac{n_{1A}}{n_{2A}} = \frac{U_{UV}}{U_{RT}}$		$\ddot{u}_a = \frac{n_{1a}}{n_{2a}} = \frac{U_{Smp}}{U_{xMp}} = \frac{\frac{\sqrt{3}}{2} U_{RT}}{U_{xMp}}$	

O. Zweiphasenschaltungen

Zweiphasenschaltung eines Transformators liegt dann vor, wenn die Spannungen der oberspannungsseitigen Wicklungsabteilungen zwei verschiedene *räumliche Richtungen* aufweisen. Nach den Gesetzen der Wicklungspotentiale können dazu die Spannungen der unterspannungsseitigen Wicklungsabteilungen je nach Schaltung räumlich gleich oder entgegengesetzt gerichtet sein.

Bei unverkettetem Zweiphasensystem werden für die Fortleitung des Stromes vier Leitungen — zwei Zu- und zwei Rückleitungen — und bei verkettetem drei Leitungen — zwei Zu- und eine Rückleitung — benötigt.

79. Die unverkettete Schaltung ⊕ II

Die Zweiphasenschaltung läßt sich mit zwei *Einphasentransformatoren* oder mit einem *Zweiphasentransformator* ausführen. Bei Verwendung von Einphasentransformatoren liegt völlige magnetische Freiheit und bei Zweiphasentransformatoren magnetische Verkettung vor. Die elektrisch unverkettete Schaltung, die magnetisch frei oder verkettet sein kann, ist dadurch gekennzeichnet, daß die Schenkelwicklungen der Abgabeseite, vollkommen getrennt, an vier Sammelschienen des Netzes angeschlossen sind. Auf der Aufnahmeseite speist ein Generator mit zwei Hauptphasen, die zueinander um 90° zeitlich verschoben sind. Er ist über drei Leitungen mit dem Transformator verbunden, wobei der Mittelleiter an den Verbindungspunkt der Hauptphasen des Generators und am Verkettungspunkt der aufnahmeseitigen Schenkelwicklungen des Transformators angeschlossen ist.

Auf der Abgabeseite sind also zwei getrennte *Einphasensysteme* mit Spannungen, die relativ zueinander um 90° verschoben sind, vorhanden. Die Spannung des einen Systems wird durch die Belastung des anderen Systems nicht beeinflußt. Bei Einphasentransformatoren sind infolge Freiheit der magnetischen Kreise die Phasenstreuflüsse vollständig unabhängig voneinander. Beim Zweiphasentransformator erreicht der Streufluß der belasteten Phase auch nicht die Windungen der anderen Phase, weil er sich über dem mittleren Schenkel schließt.

Vereinigt man die beiden Rückleitungen des Netzes zu einem Mittelleiter und schließt diesen an die entsprechend verbundenen Klemmen der abgabeseitigen Schenkelwicklungen an, entsteht die elektrisch *verkettete Schaltung*. Durch die elektrische Verkettung werden hier die magnetischen Verhältnisse nicht beeinflußt.

Im *Mittelleiter* fließt stets die geometrische Summe der Belastungsströme der einzelnen Phasen. Bei Belastung wird also der Mittelleiter niemals stromlos, weil die Phasenverschiebung der Ströme 90° oder in einigen Schaltungen auch 120° beträgt. In den *Grenzfällen* der Phasenverschiebung 0° und 180° liegt statt Zweiphasenschaltung Einphasenschaltung vor. Bei 0° und gleicher Belastung der Netzhälften ist der Mittelleiter stromlos, und bei 180° führt er stets die algebraische Summe der Belastungsströme, weil in diesem Fall Sparschaltung besteht.

80. Die elektrisch und magnetisch verkettete Schaltung

Speist ein Zweiphasentransformator ein Zweiphasennetz mit zwei *Zuleitungen* und einer *Rückleitung*, so liegt elektrische und magnetische Verkettung vor.

In Abb. 196 ist ein *Zweiphasentransformator* mit gleichsinniger Schaltung der Schenkelwicklungen dargestellt. Die Oberspannungswicklung ist an die Phasen T und S und an den Sternpunktleiter Mp eines Vierleiter-Drehstromnetzes angeschlossen. Die Phasenverschiebung beträgt statt wie üblich 90° demnach 120°.

Die *Kraftflüsse* der bewickelten Schenkel Φ_U und Φ_V eilen den aufgedrückten Spannungen U_{UMp} und U_{VMp}, wenn man die Spannungsverluste des Leerlaufstromes vernachlässigt, um 90° nach. Der Kraftfluß des magnetischen Rückschlusses also des Mittelschenkels Φ_m ist die geometrische Summe von Φ_U und Φ_V. Da letztere Kraftflüsse um

120° gegeneinander verschoben sind, ergibt sich ein gleich großer gegen Φ_U und Φ_V um 60° verschobener resultierender Kraftfluß. Die drei Kraftflüsse Φ_U, Φ_V und Φ_m ergeben aber nicht die Summe gleich Null wie bei einem Drehstromtransformator, denn es gilt hier

$$\Phi_U \mathrel{\widehat{+}} \Phi_V \mathrel{\widehat{=}} \Phi_m = 0 \quad \text{(Maxwell)}. \tag{150}$$

Beträgt die Phasenverschiebung 90°, wird der Kraftfluß Φ_m um $\sqrt{2}$ mal größer als die Kraftflüsse Φ_U und Φ_V (s. Abb. 227). Der Querschnitt

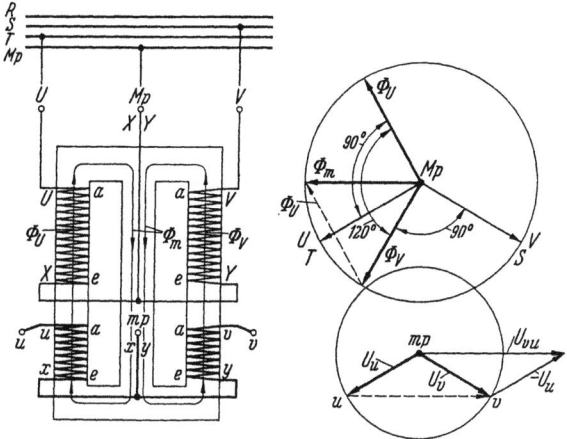

Abb. 196. Zweiphasentransformator mit gleichsinniger Schaltung der Wicklungen. Jede Wicklung besitzt drei Hauptklemmen. Die Potentialdiagramme mit eingetragenen Kraftflüssen gelten für den Anschluß der Oberspannungswicklung an T, S und Mp eines Vierleiter-Drehstromnetzes. U_v eilt U_u um 120° räumlich vor und U_{vu} um 30° zeitlich nach

des Mittelschenkels muß also in diesem Fall — im Gegensatz zu 120° — entsprechend erhöht werden, wenn man nicht eine erhöhte Induktion zulassen will.

Auf der *Unterspannungsseite* eilt der Spannungsvektor U_v dem Spannungsfaktor U_u vor, und es ergibt sich die Linienspannung zu $U_{vu} = U_v \mathrel{\widehat{=}} U_u$. Sie eilt U_v zeitlich um 30° vor und ist um $\sqrt{3}$ mal größer als die Phasenspannung.

Vertauscht man die Anschlüsse der rechten Schenkelwicklung auf der Oberspannungsseite also schwenkt man die ganze Abteilung um 180° um, muß der entsprechende Spannungsvektor im Potentialdiagramm, wie in Abb. 197 oben dargestellt, ebenfalls um 180° geschwenkt werden. Auf der Unterspannungsseite bleibt das Potentialdiagramm gemäß Abschn. 47 unverändert, da an der Schaltung der Unterspannungswicklung nichts geändert worden ist. Wird nun die *Oberspannungswicklung* an die Sammelschiene des Vierleiter-Drehstromnetzes angeschlossen, also zur Aufnahmewicklung gemacht, wobei U mit T, V mit S und Mp mit Mp in Verbindung kommt, dreht sich der Spannungsvektor U_{VMp} zusammen mit U_{vmp} zurück, bis U_{VMp} mit dem aufgedrückten und unveränderlichen Spannungsvektor U_{SMp}

zur Deckung kommt. Hierdurch geht der Spannungsvektor U_{VMp} wieder in seine ursprüngliche Lage zurück, dafür ist aber U_{vmp} auf der Abgabeseite um 180° verschoben. Die Schenkelwicklungen auf dem rechten Schenkel sind infolge der *Vertauschung der Anschlüsse* jetzt gegensinnig geschaltet.

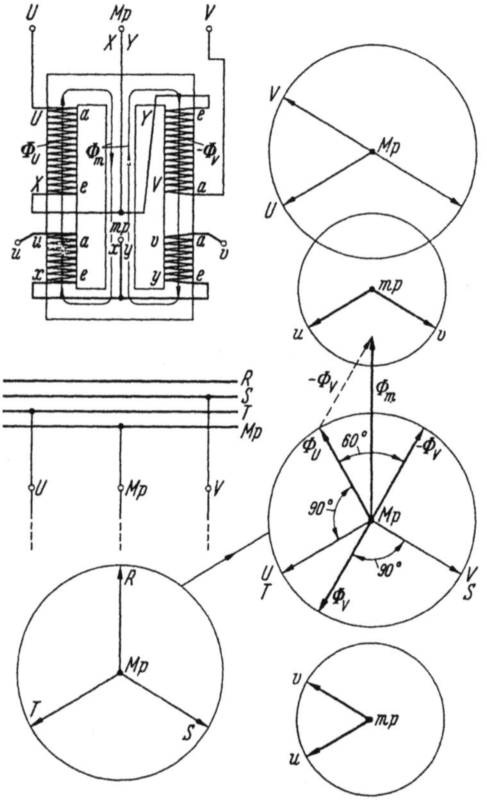

Zeitlich eilt der *Kraftfluß* Φ_V der aufgedrückten Spannung U_{SMp} um 90° nach, räumlich fließt er aber infolge der Schwenkung in entgegengesetzter Richtung. Für die Ermittlung des Kraftflusses Φ_m muß also der negative Vektor von Φ_V in Rechnung gesetzt werden. Es ist somit

$$\Phi_U \frown \Phi_V \frown \Phi_m = 0 \quad (151)$$

(Maxwell).

Während nach Gl. (150) die Summe der Kraftflüsse der *Außenschenkel* den Kraftfluß des *Mittelschenkels* ergibt, ist nach obiger Gleichung die Differenz der Kraftflüsse maßgebend. Im Potentialdiagramm haben folglich die Kraftflüsse der Außenschenkel Φ_U und $-\Phi_V$ eine Phasenverschiebung von nur 60°, und der Kraftfluß Φ_m wird um $\sqrt{3}$ mal größer, als es ohne Vertauschung der Anschlüsse der Fall war. Der mittlere Schenkel wird also bei derartigen Schaltfehlern stark gesättigt, und die Linienspannung geht auf den Absolutbetrag der Phasenspannung zurück.

Abb. 197. Zweiphasentransformator mit gleichsinniger Schaltung der Wicklungen. Die rechte Schenkelwicklung auf der Oberspannungsseite ist um 180° geschwenkt. Ermittlung des Potentialdiagramms auf der Abgabeseite und des Summenkraftflusses Φ_m für den Fall, daß die Oberspannungswicklung Aufnahmewicklung ist

Bei der *gegensinnigen Schaltung* des Zweiphasentransformators in Abb. 198 herrschen die gleichen magnetischen Verhältnisse wie bei der gleichsinnigen nach Abb. 196. Die Kraftflüsse in den Außenschenkeln sind also gleich groß und um 120° relativ zueinander verschoben. Da auf der Unterspannungsseite die Spannung U_v ebenfalls voreilt, ergibt sich die Linienspannung auf gleiche Weise wie bei der gleichsinnigen Schaltung. Die beiden Linienspannungen sind folglich entgegengesetzt gerichtet.

Die elektrisch und magnetisch verkettete Schaltung

Wenn man nun die *Anschlüsse* einer Schenkelwicklung auf der Abgabeseite *vertauscht*, wie es in Abb. 199 angegeben ist, so ist natürlich eine Beeinflussung der Kraftflüsse nicht möglich. Der entsprechende Spannungsvektor muß lediglich um 180° gedreht werden, wo-

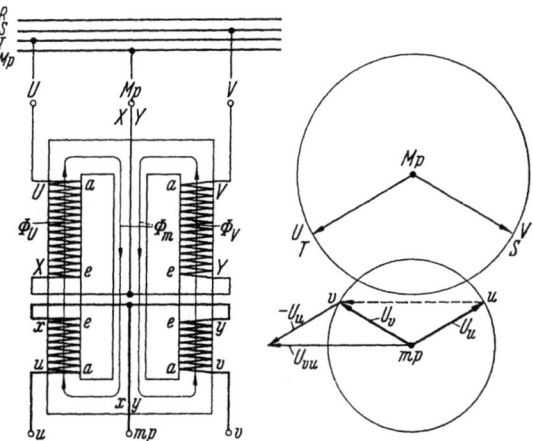

Abb. 198. Zweiphasentransformator mit gegensinniger Schaltung der Wicklungen. Jede Wicklung besitzt drei Hauptklemmen. U_v eilt U_u um 120° räumlich vor und U_{vu} um 30° zeitlich nach

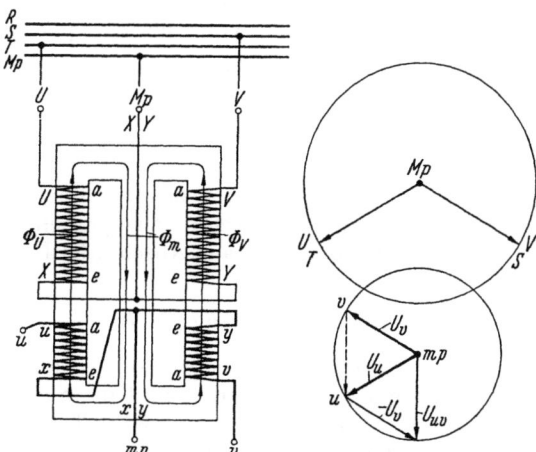

Abb. 199. Zweiphasentransformator mit gegensinniger Schaltung der Wicklungen. Die linke Schenkelwicklung auf der Abgabeseite ist um 180° geschwenkt. U_u eilt U_v um 60° räumlich vor und U_{uv} um 60° zeitlich nach

bei die Linienspannung auf den Absolutbetrag der Phasenspannung zurückgeht, ohne daß irgendeine Änderung auf der Aufnahmeseite des Transformators eintritt.

Bekanntlich ist bei einer *offen verketteten Schaltung* (s. Abschn. 17, Sternschaltung) der Linienstrom I gleich dem Phasenstrom I_{Ph} und bei einer geschlossen verketteten Schaltung (s. Abschn. 18, Dreieckschaltung) die Linienspannung U gleich der Phasenspannung U_{Ph}.

Für die Spannungen der *offenen* Verkettungsart gilt allgemein nach dem Cosinus-Satz folgende Beziehung

$$U = 2 U_{Ph} \sin \frac{\psi}{2} \quad (\text{V}) \tag{152}$$

und für die Ströme der *geschlossenen* Verkettungsart

$$I = 2 I_{Ph} \sin \frac{\psi}{2} \quad (\text{A}), \tag{153}$$

wobei ψ den unveränderlichen Phasenwinkel des Systems, kurz den Systemwinkel, bedeutet.

Für die in diesem Abschnitt behandelten *Zweiphasenschaltungen* ist, wovon man sich leicht überzeugen kann, die offene Verkettungsart zutreffend. Da aber der Anschluß der Transformatoren an zwei Phasen und an dem Sternpunktleiter eines Vierleiter-Drehstromnetzes erfolgt ist, gilt für den Systemwinkel nicht, wie sonst für Zweiphasentransformatoren üblich, $\psi = 90°$, sondern $\psi = 120°$.

Der *Absolutbetrag* der Linienspannung ist demnach

$$U = 2 U_{Ph} \frac{1}{2} \sqrt{3} = \sqrt{3}\, U_{Ph} \quad (\text{V}), \tag{154}$$

also wie schon aus den Potentialdiagrammen direkt ermittelt worden ist.

Die *Leistung* der Schaltung nach Abb. 196 oder 198 entspricht der zweifachen Leistung einer Phase, folglich

$$N = 2 U_{Ph} I = \frac{2}{\sqrt{3}} U I \quad (\text{VA}), \tag{155}$$

wobei $2/\sqrt{3}$ mit Verkettungsfaktor gleich m bezeichnet wird.

Bezüglich der geschlossen verketteten Zweiphasenschaltung, die statt drei vier Leitungen benötigt, ist aus Abschn. 93 Näheres zu entnehmen.

81. Die *L*-Schaltung ◯ *L*

Schließt man einen Zweiphasentransformator an alle drei Phasen eines Dreileiter-Drehstromnetzes an und richtet die Schaltung zweckentsprechend ein, kann *Zweiphasenstrom* mit 90° Phasenverschiebung auf der Unterspannungsseite abgegeben werden.

In Abb. 200 ist ein Zweiphasentransformator dargestellt, wobei die Schenkelwicklungen auf der Aufnahmeseite verschiedene Windungszahlen besitzen, die sich wie 0,866 : 1 verhalten. Das Ende der einen Schenkelwicklung ist mit der Mitte der anderen, die die größere Windungszahl besitzt, verbunden. Entsprechend der um 120° verschobenen Phasen R, S und T des Drehstromnetzes erhält das Potentialdiagramm der *Aufnahmewicklung* eine umgekehrte *T*-Form, wie es in der Abbildung oben rechts dargestellt ist. Der Spannungsvektor der linken Schenkelwicklung ist U_{UMp} und der der rechten U_{VW}. Die Wicklung auf der Abgabeseite ist gleichsinnig geschaltet. Der Spannungsvektor

U_{amp} hat also die gleiche Richtung wie U_{UMp} und U_{bmp} wie U_{VW}, wodurch auf der Abgabeseite ein Zweiphasensystem mit 90° Phasenverschiebung entsteht. Das Potentialdiagramm auf dieser Seite hat eine L-Form, und ist in der Abbildung rechts unten dargestellt.

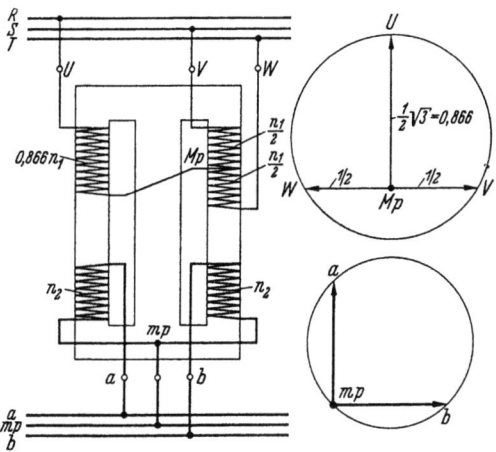

Abb. 200. Zweiphasentransformator in L-Schaltung mit Potentialdiagrammen

Die *L-Schaltung* läßt sich auch mittels zwei Einphasentransformatoren verwirklichen (s. Abschn. 82).

In untenstehender Tabelle sind die Übersetzungsverhältnisse der einzelnen Schenkel angegeben.

Tabelle 88. *Übersetzungsverhältnisse des Zweiphasentransformators in L-Schaltung nach Abb. 200*

	Linker Schenkel		Rechter Schenkel	
	Windungszahl	Spannung	Windungszahl	Spannung
Oberspannungsseite	$0{,}866\,n_1$	U_{UMp}	n_1	U_{VW}
Unterspannungsseite	n_2	U_{amp}	n_2	U_{bmp}
Übersetzungsverhältnis	$\ddot{u}_l = \dfrac{0{,}866\,n_1}{n_2} = \dfrac{U_{UMp}}{U_{amp}}$		$\ddot{u}_r = \dfrac{n_1}{n_2} = \dfrac{U_{VW}}{U_{bmp}}$	
Bemerkung	$U_{VW} = \dfrac{U_{UMp}}{0{,}866}$ folglich $U_{amp} = U_{bmp}$			

Die Phasenverschiebung der *Kraftflüsse* der Außenschenkel beträgt 90°. Der Kraftfluß des Mittelschenkels ist also um $\sqrt{2}$ mal größer als die einzelnen Kraftflüsse der Außenschenkel. In der Abbildung ist deshalb der Mittelschenkel entsprechend breiter gezeichnet worden.

Die *offen verkettete Schaltung* auf der Abgabeseite des Zweiphasentransformators hat einen Systemwinkel von $\psi = 90°$. Der Absolutbetrag der Linienspannung ist folglich nach Gl. (152)

$$U = 2 U_{Ph} \frac{1}{2} \sqrt{2} = \sqrt{2} U_{Ph} \quad (V), \qquad (156)$$

wobei U der Linienspannung U_{ab} und U_{Ph} der Phasenspannung $U_{amp} = U_{bmp}$ entsprechen.

Die *Leistung* der Schaltung auf der *Abgabeseite* ist mit der zweifachen Leistung einer Phase identisch. Es ist somit

$$N_{Ab} = 2 U_{Ph} I = \sqrt{2} U I \quad (VA). \qquad (157)$$

Der Verkettungsfaktor ist hier demnach $m = \sqrt{2}$.

Die Leistung auf der *Aufnahmeseite* N_{Auf} ist etwas größer als N_{Ab}, weil der Belastungsstrom der linken Schenkelwicklung, in zwei gleiche Komponente aufgeteilt, auch durch die rechte Schenkelwicklung fließt (s. Abschn. 83). Die Typenleistung des Zweiphasentransformators $N_T = \frac{1}{2}(N_{Ab} + N_{Auf})$ ist deshalb entsprechend größer als im Normalfall, wenn $N_{Ab} = N_{Auf}$ gesetzt werden kann.

P. Umwandlung von Stromarten

Mittels zwei Einphasentransformatoren oder eines Zweiphasentransformators läßt sich *Drehstrom* in Zweiphasen- oder Vierphasenstrom und umgekehrt bei zweckmäßiger Schaltanordnung umwandeln. Weiterhin kann eine fehlende Phase eines Drehstromsystems einfach bei Verwendung dieser Transformatoren ersetzt werden.

Die *Grundlage* für die Umwandlung von Stromarten liefert bei einigen Anordnungen die erstmalig von Scott angegebene Schaltung.

82. Die Scottsche Schaltung der Schaltgruppe $Ii0 - Ii0 \oplus T$

Mit Hilfe der Scottschen Schaltung läßt sich unverketteter oder verketteter *Zweiphasenstrom in Drehstrom* und umgekehrt umwandeln. In Abb. 201 ist die Schaltung dargestellt. Ein unverkettetes Zweiphasensystem mit den Phasenspannungen $U_{U'V'}$ und $U_{U''V''}$, die relativ zueinander um 90° verschoben sind, speist je einen Einphasentransformator mit getrennten Wicklungen. Die Energie ist also, von der Zweiphasensammelschiene nach der Dreiphasensammelschiene gerichtet, anzunehmen. Der Transformator A, Basistransformator genannt, speist die Phasen v und w und der Transformator B als Höhentransformator die Phase u der Sammelschiene des Dreiphasensystems. Die Abgabewicklung von B ist mit der Mitte der Abgabewicklung von A verbunden.

Die Potentialdiagramme der *Aufnahme-* und *Abgabewicklungen* sind unter Berücksichtigung der Klemmenbezeichnungen rechts in der Abbildung dargestellt. Daraus ist zu erkennen, daß die Übersetzungen der Einphasentransformatoren in einem bestimmten Verhältnis gewählt werden müssen, damit die Spannungsvektoren $U_{u_1 v_1}$, $U_{u_2 v_2}$ und $U_{u_3 v_3}$ in den dargestellten Relativgrößen entstehen.

Die Scottsche Schaltung der Schaltgruppe $Ii0 — Ii0$

Es gilt nun zu beweisen, daß auf der Abgabeseite der Einphasentransformatoren der SCOTTschen Schaltung wirklich *Drehstrom* erzeugt werden kann. Zu diesem Zweck wenden wir wieder unsere Umlauf- und Zählrichtungsmethode bei der Durchführung der Summierung der einzelnen Spannungsvektoren an. Wir beginnen hiernach bei u_1 (IIa),

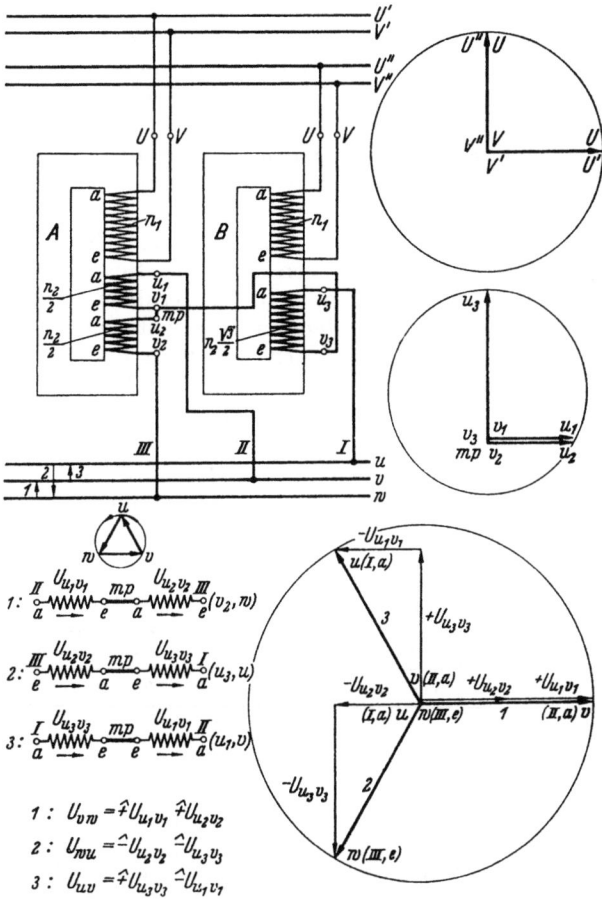

Abb. 201. Die SCOTTsche Schaltung der Schaltgruppe $Ii0 — Ii0$. Oben: Schaltung mit Potentialdiagrammen, unten links: Wicklungsplan für die Ermittlung der Linienspannungen auf der Drehstromseite und Vektorengleichungen zum Wicklungsplan, unten rechts: Zeitdiagramm der Linienspannungen. (*I, II, III*: Wicklungsenden, *1, 2, 3*: Maschen)

laufen bis v_1 (e) und dann weiter von u_2 (a) bis v_2 ($eIII$). Durch Summierung der in dieser Masche befindlichen Spannungsvektoren kann die Vektorengleichung für die Linienspannung zwischen II und III ermittelt werden. Auf gleiche Weise erfolgt die Summierung der Spannungsvektoren der anderen Maschen fortlaufend für die Vektorengleichungen der Linienspannungen zwischen III und II und dann zwischen I und III.

In der Abbildung sind Wicklungsplan und Vektorengleichungen angegeben, woraus auf Grund der letzteren das Zeitdiagramm der Linienspannungen, ähnlich wie in Abb. 100, konstruiert werden kann.

Wie ersichtlich, ergibt die *Konstruktion* als Beweis gleiche Linienspannungen mit einer zeitlichen Verschiebung der Phasen von 120°. Durch die von Scott angegebene Schaltung kann folglich ein symmetrisches Zweiphasensystem in ein symmetrisches Dreiphasensystem mittels zweier Einphasentransformatoren transformiert werden.

Umkehrung ist ohne weiteres möglich. Erfolgt die Speisung mit symmetrischen Spannungen über die Sammelschiene $u\,v\,w$ im umgekehrten Sinn, also mit der *Energierichtung* vom Dreiphasensystem nach dem Zweiphasensystem, ergeben sich an den Sammelschienen $U'\,V'$ und $U''\,V''$ zwei gleiche um 90° relativ zueinander verschobene Einphasensysteme.

Bei dieser Energierichtung gestattet der Scottsche Transformatorensatz, aus einem Drehstromnetz von mittlerer Spannung zwei Einphasennetze mit hoher Spannung, z. B. für Fernbahnen aufzuspeisen, wobei jedes Einphasennetz von dem anderen vollkommen unabhängig betrieben werden kann. Bei gleicher Belastung der Einphasennetze wird das Drehstromnetz mit symmetrischem Drehstrom belastet. Ist dagegen der *Höhentransformator* allein belastet, verteilt sich zwar der Einphasenstrom auf alle drei Phasen des Drehstromsystems, die *einphasige Belastung* der speisenden Generatoren bleibt jedoch bestehen.

In nachstehender Tabelle sind die Übersetzungsverhältnisse der Transformatoren angegeben.

Tabelle 89. *Übersetzungsverhältnisse der Einphasentransformatoren der Scottschen Schaltung nach Abb. 201 und 202a*

	Basistransformator (A)		Höhentransformator (B)	
	Windungszahl	Spannung	Windungszahl	Spannung
Oberspannungsseite	n_1	$U_{U'V'}$	n_1	$U_{U''V''}$
Unterspannungsseite	$\dfrac{n_2}{2} + \dfrac{n_2}{2}$	$U_{u_1 v_1} + U_{u_2 v_2}$	$0{,}866\,n_2$	$U_{u_3 v_3}$
Übersetzungsverhältnis	$\ddot{u}_A = \dfrac{n_1}{n_2} = \dfrac{U_{U'V'}}{U_{u_1 v_1} + U_{u_2 v_2}}$		$\ddot{u}_B = \dfrac{n_1}{0{,}866\,n_2} = \dfrac{U_{U''V''}}{U_{u_3 v_3}}$	

83. Die Scottsche Schaltung der Schaltgruppe $Ii\,6 - Ii\,6$

Die Einphasentransformatoren, die in Abb. 201 dargestellt sind, haben in bezug auf ihre Oberspannungs- und Unterspannungswicklungen gleichen Schaltsinn. Im Potentialdiagramm sind die *gleichen* räumlichen Richtungen der zusammengehörigen Spannungsvektoren auch deutlich zu erkennen. Schaltet man die Unterspannungswicklungen nach Abb. 202a gegensinnig, dreht sich das Potentialdiagramm der Unterspannungsseite um 180° um, und die zusammengehörigen Spannungsvektoren haben jetzt *entgegengesetzte* räumliche Richtungen.

Man kann diese beiden Möglichkeiten der SCOTTschen Schaltung mit der Schaltgruppe $I\,i\,0 - I\,i\,0$ und $I\,i\,6 - I\,i\,6$ bezeichnen. In der Abbildung sind, entsprechend der letzten Schaltgruppe, der Wicklungsplan und die Vektorengleichungen für die Ermittlung der Linienspannungen

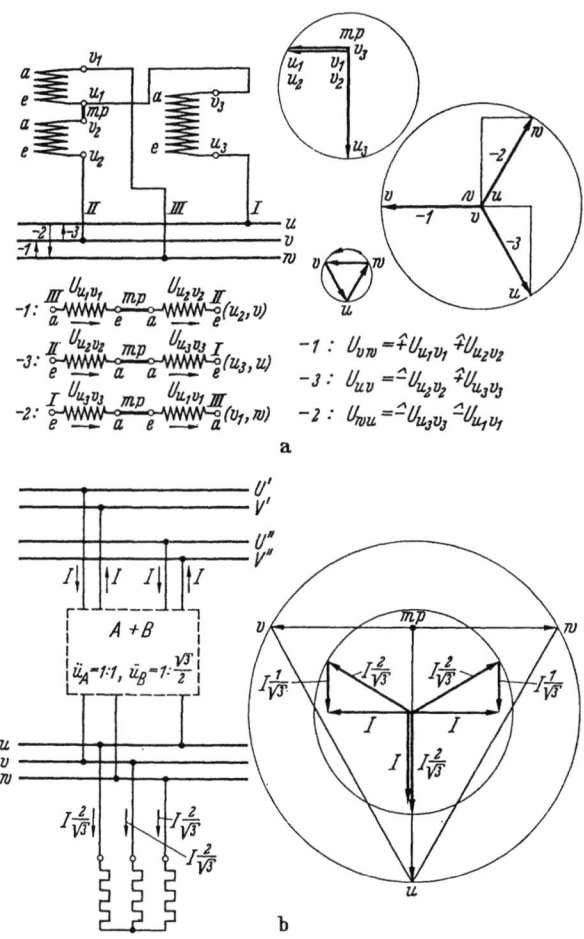

Abb. 202. Die SCOTTsche Schaltung der Schaltgruppe $Ii\,6 - Ii\,6$. a) Schaltung mit Wicklungsplan, Vektorengleichungen und Zeitdiagramm der Linienspannungen (*I, II, III*: Wicklungsenden, *1, 2, 3*: Maschen); b) Stromdiagramm mit Belastungsplan

angegeben. Die Konstruktion ergibt, wie ersichtlich, Linienspannungen, die gegenüber denen der Abb. 201 um 180° verschoben sind.

Zur Ermittlung der *System- und Typenleistung* des Transformatorensatzes soll zunächst das Stromdiagramm bei gleicher Belastung der Einphasentransformatoren aufgestellt werden. Wir wissen, daß die Sammelschiene uvw symmetrische Spannungen besitzt und nehmen an, daß diese Seite des Satzes mit symmetrischen Strömen bei $\cos\varphi = 1$

belastet ist. Für die Transformatoren wird weiterhin $\ddot{u}_A = 1:1$ und $\ddot{u}_B = 1 : \frac{\sqrt{3}}{2} = 1 : 0{,}866$ angenommen.

Fließt der Strom I in der Aufnahmewicklung UV des Transformators B, so muß in der Abgabewicklung $u_3 v_3$ der Strom $\frac{2}{\sqrt{3}} I = 1{,}155\, I$ wirksam sein, weil auf dieser Seite die Windungszahl n_2 das 0,866 fache von n_1 beträgt. Der Strom $\frac{2}{\sqrt{3}} I$ teilt sich im Mittelpunkt mp in zwei gleiche Komponente $\frac{1}{\sqrt{3}} I$ auf, die räumlich in entgegengesetzter Richtung durch die Abgabewicklung des Transformators A fließen. Zeitlich haben die Ströme gleiche Richtungen. Ihre *Belastungsdurchflutungen* heben sich gegenseitig auf und wirken deshalb nicht auf Transformator A magnetisierend. Sie halten sich im Gleichgewicht und beeinflussen nicht den Strom auf der Aufnahmeseite.

Wir haben vorausgesetzt, daß der Transformator A die gleiche Belastung besitzen soll wie B. In der Aufnahmewicklung UV von A muß deshalb auch der Strom I fließen. Da nun $\ddot{u}_A = 1:1$ ist, fließt in der Abgabewicklung $u_1 v_2$ ebenfalls der Strom I.

In den beiden *Wicklungsabteilungen* $u_1 v_1$ und $u_2 v_2$ fließt somit der *Belastungsstrom*

$$I' = \sqrt{I^2 + \left(\frac{I}{\sqrt{3}}\right)^2} = I\sqrt{1 + \frac{1}{3}} = \frac{2}{\sqrt{3}} I \quad \text{(A)}, \qquad (158)$$

also in gleicher Stärke wie in der Wicklungsabteilung $u_3 v_3$ des Transformators B.

In Abb. 202b sind der räumliche *Stromverlauf* und das *Zeitdiagramm* der Ströme angegeben. Es ist dort klar zu ersehen, daß die Ströme I den symmetrischen Zweiphasenstrom und die Ströme $\frac{2}{\sqrt{3}} I$ den symmetrischen Dreiphasenstrom darstellen, wobei alle Ströme entsprechend $\cos \varphi = 1$ in Phase mit den zugehörigen Phasenspannungen sind.

Die *Systemleistung* auf der Drehstromseite ist somit

$$N_S = UI \frac{2}{\sqrt{3}} \sqrt{3} = 2UI \quad \text{(VA)}, \qquad (159)$$

d. h. sie ist mit der Systemleistung auf der Zweiphasenstromseite identisch und erfüllt damit die Bedingung des Energiegesetzes. U bedeutet hierbei die Linienspannung auf beiden Seiten. Die *Typenleistung* des Satzes setzt sich aus der Typenleistung der einzelnen Transformatoren zusammen. Es ist folglich

$$N_T = N_{TB} + N_{TA} = \frac{\sqrt{3}}{2} UI \frac{2}{\sqrt{3}} + \frac{1}{2}\left(UI + UI\frac{2}{\sqrt{3}}\right)$$

$$= \left(1 + \frac{1}{2} + \frac{1}{\sqrt{3}}\right) UI = 2{,}077\, UI \quad \text{(VA)}, \qquad (160)$$

wobei berücksichtigt worden ist, daß bei Transformator A in der Abgabewicklung statt I der Summenstrom $\frac{2}{\sqrt{3}}I$ fließt. Obwohl die Abgabewicklung von Transformator B auch für diese Stromstärke zu bemessen ist, wird die Leistung dieser Wicklung kleiner, weil die Spannung statt U nur $\frac{\sqrt{3}}{2}U$ beträgt.

Das Verhältnis der Typenleistung zur Systemleistung ist

$$\frac{N_T}{N_S} = \frac{2{,}077\,UI}{2\,UI} = 1{,}038. \tag{161}$$

Die Typenleistung ist demnach nur 3,8% größer als die Systemleistung. Die *Ausnutzung* der Transformatoren ist also bei der Scottschen Schaltung sehr groß.

Um eine *Verschiebung des Mittelpunktes mp* im Potentialdiagramm bei Belastung zu verhindern, müssen die Wicklungsabteilungen $u_1 v_1$ und $u_2 v_2$ des Transformators A so dicht wie möglich auf demselben Schenkel übereinandergewickelt werden, damit sich die Belastungsdurchflutungen der Ströme $\frac{1}{\sqrt{3}}I$ möglichst total aufheben, da sonst zusätzliche Streuspannungen entstehen. Bei einem zweischenkligen Eisenkern verteilt man folglich die beiden Wicklungsabteilungen jeweils auf beide Schenkel und schaltet sie einschließlich der Mittelpunkte mp parallel oder nach Abb. 194, Mitte, in Reihe.

Für die in Abschn. 81 behandelte *L-Schaltung* gelten die gleichen Gesetzmäßigkeiten, denn sie stellt die Scottsche Schaltung, auf einen Zweiphasentransformator übertragen, dar.

84. Umwandlung von Drehstrom in verketteten Zweiphasenstrom und umgekehrt

Eine andere Methode, Dreiphasenstrom in verketteten Zweiphasenstrom und umgekehrt umzuwandeln, stellt die in Abb. 203 angegebene Schaltung von E. Meyer (1909) dar.

Zwei *Einphasentransformatoren* A und B sind auf der Seite des Dreiphasensystems genauso wie bei der Scottschen Schaltung geschaltet. Auf der Seite des Zweiphasensystems ist aber die Spannung des Transformators B gleich U_{uv} der Spannung des Transformators A gleich $U_{U_2V_2}$ in der Mitte geometrisch zuaddiert. Die um 90° verschobenen Phasenspannungen des Zweiphasensystems werden also im Gegensatz zur Scottschen Schaltung nicht durch Wicklungsspannungen, sondern durch resultierende Spannungen der beiden Transformatorenwicklungen erzeugt. Aus den in Abb. 204a dargestellten Potentialdiagrammen ist der Grundgedanke dieser Schaltung deutlich zu erkennen. Die *Übersetzungen* der Einphasentransformatoren müssen so gewählt werden, daß die Transformierung nach den im Potentialdiagramm festgelegten Spannungen erfolgt. Ein unverkettetes Zweiphasensystem oder zwei Einphasensysteme lassen sich durch diese Schaltung jedoch nicht herstellen.

In untenstehender Tabelle sind die Übersetzungsverhältnisse der Transformatoren angegeben.

Tabelle 90. *Übersetzungsverhältnisse der Einphasentransformatoren der Schaltung nach Abb. 203*

	Transformator A		Transformator B	
	Windungszahl	Spannung	Windungszahl	Spannung
Oberspannungsseite	$\dfrac{n_1}{2} + \dfrac{n_1}{2}$	$U_{U_1 V_1}$	$\dfrac{\sqrt{3}}{2} n_1$	$U_{U_3 V_3}$
Unterspannungsseite	$\dfrac{n_2}{2} + \dfrac{n_2}{2}$	$U_{U_2 V_2}$	$\dfrac{1}{2} n_2$	U_{uv}
Übersetzungsverhältnis	$\ddot{u}_A = \dfrac{n_1}{n_2} = \dfrac{U_{U_1 V_1}}{U_{U_2 V_2}}$		$\ddot{u}_B = \dfrac{\frac{\sqrt{3}}{2} n_1}{\frac{1}{2} n_2} = \dfrac{\sqrt{3}\, n_1}{n_2} = \dfrac{U_{U_3 V_3}}{U_{uv}}$	

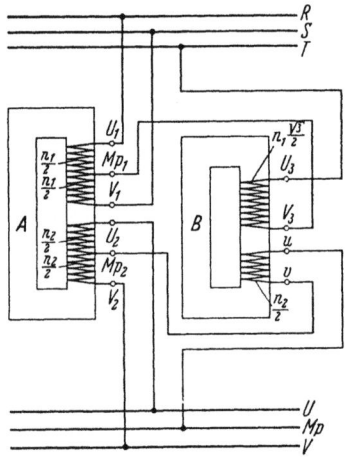

Abb. 203. Drehstrom-Zweiphasenstrom- und Zweiphasenstrom-Drehstrom-Umwandlung. Die Schaltung nach E. MEYER (1909). A Basistransformator. B Höhentransformator

Zur Ermittlung des *Stromdiagramms* der Schaltung gehen wir von der Seite des Zweiphasensystems aus und nehmen symmetrische Belastung, z. B. durch einen Zweiphasenmotor und mit einem Leistungsfaktor von $\cos\varphi = 1$ an. Die Ströme I in Abb. 204b sind also in Phase mit den Phasenspannungen U_{UMp} und U_{VMp}. Der resultierende Strom $\sqrt{2}\,I$ fließt in der Rückleitung dem Transformator B zu, während die Ströme I in den Zuleitungen vom Transformator A zu liefern sind. Im Mittelpunkt Mp_2 verteilt sich der Strom $\sqrt{2}\,I$ in zwei gleiche Komponente, die räumlich in entgegengesetzter Richtung durch die Wicklung fließen, wodurch sich ihre Belastungsdurchflutungen gegenseitig aufheben.

In den Wicklungsabteilungen des Transformators A fließt also die geometrische Summe der Ströme I und $\tfrac{1}{2}\sqrt{2}\,I$. Der Absolutbetrag des *Belastungsstromes* ist deshalb

$$I' = \sqrt{I^2 - \left(\tfrac{1}{2}\sqrt{2}\,I\right)^2} = I\sqrt{1 - \tfrac{1}{2}} = \tfrac{1}{\sqrt{2}} I \quad \text{(A)}. \tag{162}$$

Zur Vereinfachung nehmen wir die Übersetzungsverhältnisse $\ddot{u}_A = 1:1$ und $\ddot{u}_B = \sqrt{3}:1$ an. Der Belastungsstrom auf der Seite des Dreiphasensystems von Transformator A ist folglich ebenfalls $\dfrac{1}{\sqrt{2}} I$ und der des

Umwandlung von Drehstrom in verketteten Zweiphasenstrom und umgekehrt 265

Transformators B um $1/\sqrt{3}$ mal kleiner als $\sqrt{2}\,I$, also $\dfrac{\sqrt{2}}{\sqrt{3}}I$. Der Strom $\dfrac{\sqrt{2}}{\sqrt{3}}I$ teilt sich im Mittelpunkt Mp_1 in zwei gleiche Komponente $\dfrac{\sqrt{2}}{2\sqrt{3}}I$ auf, wobei sich die *Belastungsdurchflutungen* wiederum gegenseitig aufheben.

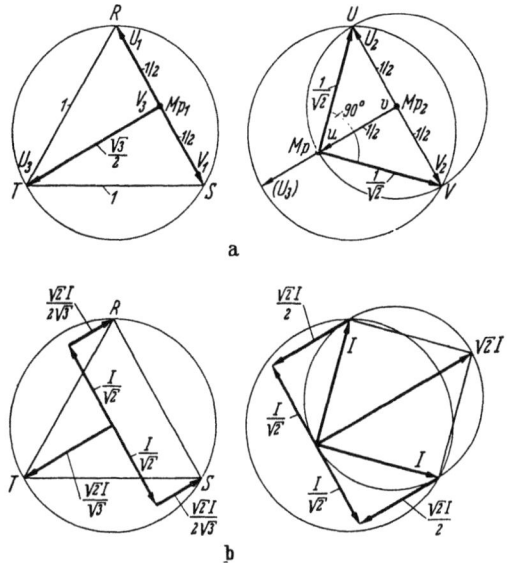

Abb. 204. Drehstrom-Zweiphasenstrom- und Zweiphasenstrom-Drehstrom-Umwandlung nach Abb. 203. a) Potentialdiagramme der Transformatoren A und B; b) Stromdiagramme der Transformatoren A und B

In den Wicklungsabteilungen des Transformators A auf der Seite des Dreiphasensystems fließt die geometrische Summe der Ströme $\dfrac{1}{\sqrt{2}}I$ und $\dfrac{\sqrt{2}}{2\sqrt{3}}I$. Der Absolutbetrag des *Belastungsstromes* ist deshalb hier

$$I'' = \sqrt{\left(\dfrac{1}{\sqrt{2}}I\right)^2 + \left(\dfrac{\sqrt{2}}{2\sqrt{3}}I\right)^2} = I\sqrt{\dfrac{1}{2}+\dfrac{1}{6}} = \dfrac{\sqrt{2}}{\sqrt{3}}I \quad (A), \qquad (163)$$

also der gleiche Belastungsstrom wie der des Transformators B.

Es ergibt sich zusammengenommen, daß bei symmetrischer Belastung des Zweiphasensystems auch eine symmetrische Belastung des Dreiphasensystems vorhanden ist. Die oben angegebene Schaltung ist also in dieser Hinsicht brauchbar.

Die *Systemleistung* auf der Drehstromseite kann wie folgt geschrieben werden

$$N_S = U\dfrac{\sqrt{2}}{\sqrt{3}}I\sqrt{3} = \sqrt{2}\,UI \quad (VA), \qquad (164)$$

d. h. sie ist mit der Systemleistung auf der Zweiphasenseite identisch, wobei U die Linienspannung für beide Seiten bedeutet.

Die *Typenleistung* des Satzes setzt sich wieder aus der Typenleistung der einzelnen Transformatoren zusammen. Es ist folglich

$$N_T = N_{TA} + N_{TB} = \frac{1}{2}\left(U\frac{1}{\sqrt{2}}I + U\frac{\sqrt{2}}{\sqrt{3}}I\right) + \frac{1}{2}\left(\frac{U}{2}\sqrt{2}I + \frac{U}{2}\sqrt{3}\frac{\sqrt{2}}{\sqrt{3}}I\right)$$

$$= UI\frac{2+\sqrt{3}}{2\sqrt{2}\sqrt{3}} + UI\frac{\sqrt{2}}{2} = \left(\frac{2+\sqrt{3}}{2\sqrt{2}\sqrt{3}} + \frac{\sqrt{2}}{2}\right)UI = 1{,}472\,UI \quad \text{(VA)}. \tag{165}$$

Das Verhältnis der Typenleistung zur Systemleistung ist demnach

$$\frac{N_T}{N_s} = \frac{1{,}472\,UI}{\sqrt{2}\,UI} = 1{,}044, \tag{166}$$

d. h. die Typenleistung ist nur 4,4% größer als die Systemleistung. Die *Ausnutzung* der Transformatoren ist also auch bei dieser Schaltung sehr groß.

Ein weiterer Weg bietet sich durch *Verkürzung* oder *Verlängerung* einer der Schenkelwicklungen eines normalen Drehstrom-Leistungstransformators, Dreiphasenstrom in verketteten Zweiphasenstrom und umgekehrt umzuwandeln.

Die Verkürzung kommt bei Sternschaltung und die Verlängerung bei Dreieckschaltung der betreffenden Wicklung in Frage. In Abb. 205 oben ist die linke Schenkelwicklung auf der Unterspannungsseite verkürzt und unten die mittlere Schenkelwicklung verlängert dargestellt. Der Verkettungspunkt u des Zweiphasensystems sitzt jeweils auf einem Halbkreisbogen im angegebenen Potentialdiagramm, weil die Spannungen zwischen Mittelleiter und Außenleiter des Systems U_{vu} und U_{wu} oder $U_{v'u}$ und $U_{w'u}$, also die Phasenspannungen, infolge ihrer Phasenver-

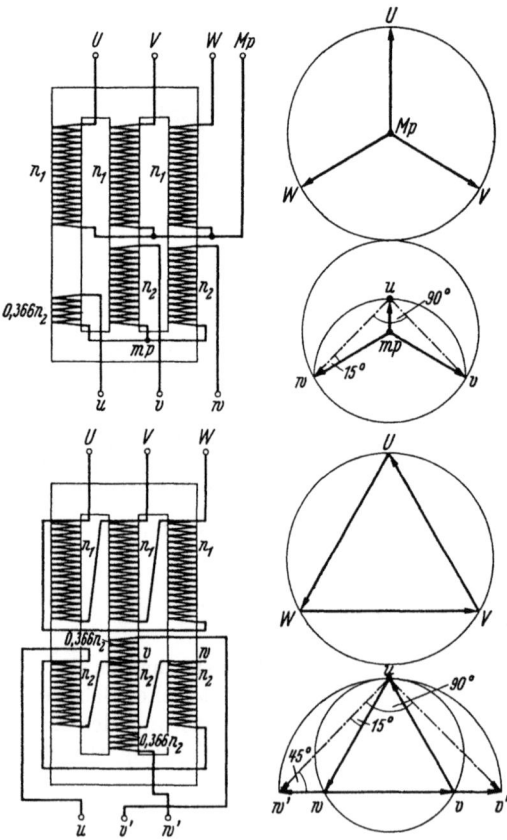

Abb. 205. Drehstrom-Zweiphasenstrom- und Zweiphasenstrom-Drehstrom-Umwandlung. Verkürzung oder Verlängerung einer der Schenkelwicklungen des normalen Drehstromtransformators. Oben: Transformator in Stern-Stern-Schaltung; unten: Transformator in Dreieck-Dreieck-Schaltung

schiebung einen Winkel von 90° einschließen müssen. Der Halbkreisbogen befindet sich bei Sternschaltung innerhalb und bei Dreieckschaltung außerhalb des maximalen Potentialkreises.

Bei *Sternschaltung* läßt sich die Spannung U_{ump} und damit die Windungszahl der verkürzten Schenkelwicklung wie folgt berechnen. Im schiefwinkligen Spannungsdreieck $u\,mp\,w$ besteht die trigonometrische Beziehung

$$\frac{U_{ump}}{U_{wmp}} = \frac{\sin 15°}{\sin 45°} \qquad (167)$$

und hieraus ist

$$U_{ump} = \frac{\sin 15°}{\sin 45°} U_{wmp} = 0{,}366\, U_{wmp} \quad \text{(V)}, \qquad (168)$$

d. h. die Spannung der verkürzten Schenkelwicklung beträgt nur 36,6% der Sternspannung der Unterspannungswicklung. Die Windungszahl wird folglich

$$n_2' = 0{,}366\, n_2 \quad \text{(Wdg)}, \qquad (169)$$

wenn n_2 die Windungszahl einer der ungekürzten Schenkelwicklungen bedeutet.

Die Schaltung ist aber noch nicht für den Betrieb brauchbar, denn bei Belastung entstehen ungleiche Durchflutungen, und das magnetische Gleichgewicht kann infolgedessen nicht ohne weiteres hergestellt werden.

Durch die gekürzte Schenkelwicklung fließt der Summenstrom $\sqrt{2}\,I$ des Mittelleiters und erzeugt die Durchflutung

$$0{,}366\, n_2 \sqrt{2}\, I = 0{,}52\, I\, n_2 \quad \text{(AW)}. \qquad (170)$$

In den ungekürzten Schenkelwicklungen fließt dagegen jeweils der Strom I, und die Durchflutung je Schenkel ist $I\, n_2$. Infolge dieser ungleichen Ampèrewindungen entstehen auf der Aufnahmeseite, also in unserem Fall auf der Oberspannungsseite, *unsymmetrische Ströme*, die bei Sternschaltung nicht durch den Sternpunkt fließen können. Man muß deshalb, um das magnetische Gleichgewicht des Transformators herbeizuführen, entweder durch Anordnung eines Sternpunktleiters für Abflußmöglichkeit des Summenstromes der Aufnahmeseite sorgen oder diesen Summenstrom durch eine Tertiärwirkung zu je $1/3$ auf alle drei Phasen verteilen. Im letzteren Fall werden die Ströme auf der Aufnahmeseite bisymmetrisch und können ungehindert durch den Sternpunkt fließen.

Bei *Dreieckschaltung* ist im schiefwinkligen Spannungsdreieck $u\,w\,w'$

$$\frac{U_{w'w}}{U_{wu}} = \frac{\sin 15°}{\sin 45°} \qquad (171)$$

und folglich

$$U_{w'w} = \frac{\sin 15°}{\sin 45°} U_{wu} = 0{,}366\, U_{wu} \quad \text{(V)} \qquad (172)$$

analog

$$U_{v'v} = 0{,}366\, U_{uv} \quad \text{(V)}, \qquad (173)$$

d. h. die Spannung einer der Wicklungsabteilungen für die Verlängerung der Schenkelwicklung $w\,v$ beträgt nur 36,6% der Dreieckspannung der Unterspannungswicklung. Die Windungszahl je Wicklungsabteilung wird deshalb

$$n_2' = 0{,}366\, n_2 \quad (\text{Wdg}), \tag{174}$$

wenn n_2 die Windungszahl einer der nicht verlängerten Schenkelwicklungen bedeutet.

Magnetisch liegen hier ähnliche Verhältnisse wie bei der Sternschaltung vor. Der Summenstrom des Mittelleiters $\sqrt{2}\,I$ fließt aber nicht durch die Wicklung. Die Phasenströme I treten bei w' und v' in die Wicklung ein und verketten sich abfließend im Mittelpunkt u. Die Schenkelwicklung $w\,v$ ist also zunächst stromlos. Die Ströme in den Wicklungsabteilungen $w'\,w$ und $v\,v'$, die 90° phasenverschoben sind, erzeugen die Durchflutung

$$0{,}366\, n_2\, I \mathbin{\widehat{\mp}} 0{,}366\, n_2\, I = \sqrt{2}\cdot 0{,}366\, n_2\, I = 0{,}52\, I\, n_2 \quad (\text{AW}) \tag{175}$$

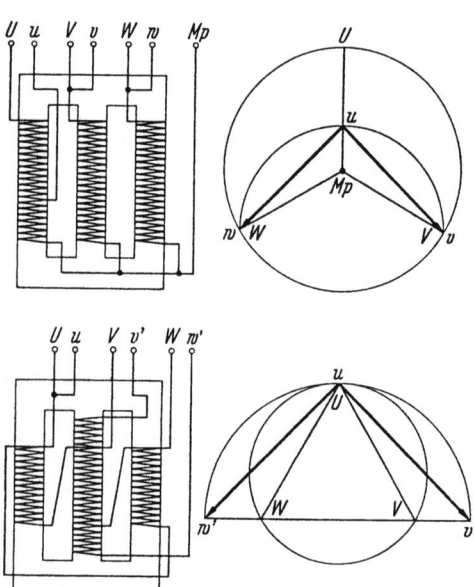

Abb. 206. Drehstrom-Zweiphasenstrom- und Zweiphasenstrom-Drehstrom-Umwandlung. Verkürzung oder Verlängerung einer der Schenkelwicklungen der normalen Drehstromwicklung. Oben: Sparschaltung bei Sternschaltung; unten: Sparschaltung bei Dreieckschaltung

und in den Schenkelwicklungen $w\,u$ und $u\,v$ jeweils $I\, n_2$ (AW).

Das *magnetische Gleichgewicht* wird durch die Dreieckwicklung selbst, die gleichzeitig als Tertiärwicklung wirkt, hergestellt. Es entsteht ein Ringstrom, der nun auch die Schenkelwicklung $w\,v$ durchfließt, und die Ströme auf der Oberspannungsseite bisymmetrisch werden läßt.

Diese Art der Transformierung von Dreiphasenstrom in verketteten Zweiphasenstrom und umgekehrt läßt sich auch bei Sparschaltung der Wicklungen durchführen. In Abb. 206 sind die diesbezüglichen Schaltungen nebst Potentialdiagrammen dargestellt.

85. Umwandlung von Drehstrom in verketteten Vierphasenstrom und umgekehrt

Der Gedanke liegt nahe, daß, wenn das rechte Potentialdiagramm der Abb. 204a in Betracht gezogen wird, durch die geometrische Addition eines zu U_{uv} entgegengesetzt gerichteten und gleich großen Spannungsvektors im Mittelpunkt Mp_2 ein *symmetrisches Vierphasensystem* transformiert werden kann.

Umwandlung von Drehstrom in verketteten Vierphasenstrom und umgekehrt 269

Tatsächlich läßt sich dieses Ziel auf einfache Weise erreichen, wenn die Wicklung des Transformators B auf einer Seite um eine Wicklungsabteilung verlängert wird. In Abb. 207 ist die Schaltung und in Abb. 208a die Potentialdiagramme dargestellt.

Es soll nun an Hand des *Stromdiagramms* untersucht werden, ob bei symmetrischer Belastung des Vierphasensystems auch eine symmetrische Belastung des Dreiphasensystems eintritt. Zunächst wird angenommen, daß jede Phase des Vierphasensystems mit dem Strom I belastet und zwecks Vereinfachung $\cos\varphi = 1$ gesetzt worden ist. In Abb. 208b sind die Stromdiagramme für A und B dargestellt.

Die Wicklung des Transformators B, die an die Sammelschiene b und d angeschlossen ist, wird von dem Strom I durchflossen. Der Strom auf der anderen Seite des Transformators ist, entsprechend des erforderlichen Übersetzungsverhältnisses $ü_B = \dfrac{\sqrt{3}}{2} : 1$, um $2/\sqrt{3}$ mal größer.

Die Wicklung des Transformators A, die an die Sammelschienen a und c angeschlossen ist, führt den gleichen Strom I, denn bei symmetrischer Belastung ist die Mittelpunktsverbindung Mp_2 Mp_3 stromlos. Auf der anderen Seite des Transformators fließt, entsprechend des erforderlichen

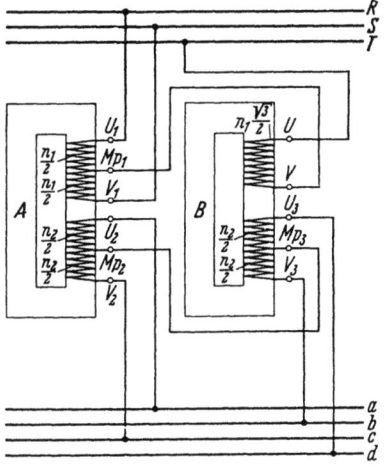

Abb. 207. Drehstrom-Vierphasenstrom- und Vierphasenstrom-Drehstrom-Umwandlung. A Basistransformator; B Doppel-Höhentransformator

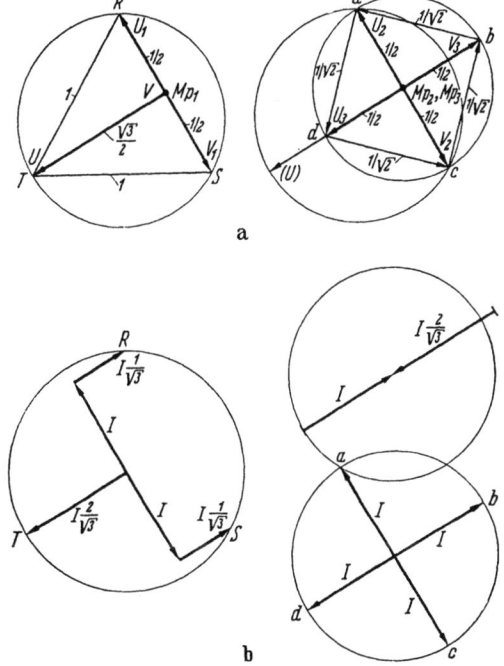

Abb. 208. Diagramme zur Abb. 207. a) Potentialdiagramme der Transformatoren A und B; b) Stromdiagramme der Transformatoren A und B

Übersetzungsverhältnisses $ü_A = 1:1$, ebenfalls der Strom I. Vom Transformator B kommend, fließt noch der Strom $(2/\sqrt{3})I$ dem *Mittel-*

punkt Mp_1 zu, wo er sich in zwei gleiche Komponente $\frac{1}{\sqrt{3}}I$ und $\frac{1}{\sqrt{3}}I$ aufteilt.

Durch die Wicklung U_1V_1 des Transformators A fließt folglich die geometrische Summe der Ströme I und $\frac{1}{\sqrt{3}}I$. Der Absolutbetrag des Belastungsstromes ist deshalb

$$I' = \sqrt{I^2 + \left(\frac{1}{\sqrt{3}}I\right)^2} = I\sqrt{1 + \frac{1}{3}} = \frac{2}{\sqrt{3}}I \quad \text{(A)}, \quad (176)$$

also der gleiche Belastungsstrom wie der des Transformators B.

Es ergibt sich zusammengenommen, wie man aus dem Potentialdiagramm erkennen kann, daß bei *symmetrischer Belastung* des Vierphasensystems auch eine symmetrische Belastung des Dreiphasensystems und umgekehrt eintritt. Die Schaltung ist also für die Transformierung eines symmetrischen Vierphasensystems brauchbar.

Die *Systemleistung* auf der Drehstromseite ist

$$N_S = UI\frac{2}{\sqrt{3}}\sqrt{3} = 2UI \quad \text{(VA)}, \quad (177)$$

und weil

$$2UI = 4\frac{U}{2}I = 2\sqrt{2}\left(\frac{U}{2}\sqrt{2}\right)I \quad \text{(VA)} \quad (178)$$

ist, folgt, daß sie mit der Systemleistung auf der Seite des Vierphasenstromes identisch ist. Hierbei bedeuten U auf der Drehstromseite und $\frac{U}{2}\sqrt{2} = 0{,}709\,U$ auf der Vierphasenstromseite die Linienspannung.

Die *Typenleistung* des Transformatorensatzes setzt sich ebenfalls aus der Typenleistungen der einzelnen Transformatoren zusammen. Es ist folglich

$$N_T = N_{TA} + N_{TB} = \frac{1}{2}\left(UI\frac{2}{\sqrt{3}} + UI\right) + UI$$

$$= \left(\frac{1}{\sqrt{3}} + \frac{1}{2} + 1\right)UI = 2{,}077\,UI \quad \text{(VA)}. \quad (179)$$

Tabelle 91. *Übersetzungsverhältnisse der Einphasentransformatoren der Schaltung nach Abb. 207*

	Transformator A		Transformator B	
	Windungszahl	Spannung	Windungszahl	Spannung
Oberspannungsseite	$\frac{n_1}{2} + \frac{n_1}{2}$	$U_{U_1V_1}$	$\frac{\sqrt{3}}{2}n_1$	U_{UV}
Unterspannungsseite	$\frac{n_2}{2} + \frac{n_2}{2}$	$U_{U_2V_2}$	$\frac{n_2}{2} + \frac{n_2}{2}$	$U_{U_2V_2}$
Übersetzungsverhältnis	$\ddot{u}_A = \frac{n_1}{n_2} = \frac{U_{U_1V_1}}{U_{U_2V_2}}$		$\ddot{u}_B = \frac{\frac{\sqrt{3}}{2}n_1}{n_2} = \frac{U_{UV}}{U_{U_2V_2}}$	

Das Verhältnis der Typenleistung zur Systemleistung ist demnach

$$\frac{N_T}{N_S} = \frac{2{,}077\,U I}{2\,U I} = 1{,}038. \qquad (180)$$

Die Typenleistung ist also nur um 3,8% größer als die Systemleistung. Die *Ausnutzung* der Transformatoren ist damit genauso groß wie bei der SCOTTschen Schaltung nach Gl. (161).

In Tab. 91 sind die Übersetzungsverhältnisse der Transformatoren angegeben.

86. Ersatz einer fehlenden Phase beim Drehstrom-Vierleitersystem ohne Spannungsänderung

Stehen nur zwei Phasen und der Sternpunktleiter eines Drehstrom-Vierleitersystems zur Verfügung, kann mittels eines *Zweiphasentransformators* oder zweier Einphasentransformatoren mit zweckmäßiger Schaltanordnung die *fehlende Phase* ersetzt werden.

In Abb. 209 ist die Schaltung nebst Potentialdiagramm für den Fall dargestellt, daß die Phase S ersetzt werden soll. Der Zweiphasentransformator mit $ü = 1 : 1$ ist auf der einen Seite an die Phasen R und T und an den Sternpunktleiter Mp angeschlossen. Auf der anderen Seite sind die Schenkelwicklungen in Reihe geschaltet und dienen zur Erzeugung der fehlenden Spannung. Die Klemme u wird mit dem Sternpunktleiter Mp verbunden, und die Klemme v hat dann das gleiche Potential wie S_1. Durch Heranziehung der vorhandenen Phasen R und T sowie Mp kann damit

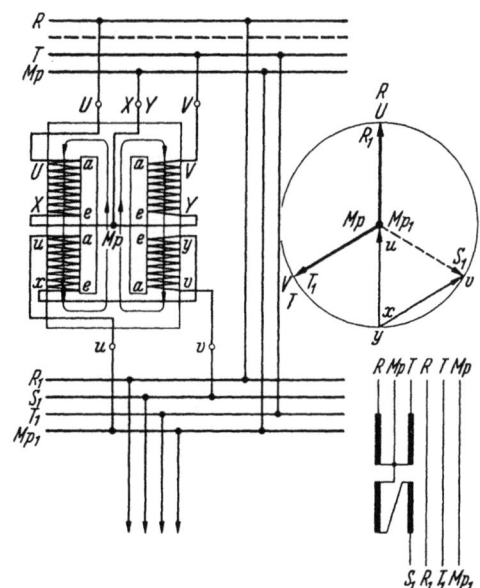

Abb. 209. Ersatz der fehlenden Phase S in einem Drehstrom-Vierleitersystem $R S T M p$. Der Zweiphasentransformator hat ein Übersetzungsverhältnis von $ü = 1:1$. Das neu aufgebaute Drehstrom-Vierleitersystem ohne Veränderung der Spannung ist: $R_1 S_1 T_1 M p_1$. Das Spannungsdreieck $u x y v$ ist nach Abschn. 80 ermittelt

das Drehstrom-Vierleitersystem $R_1 S_1 T_1 M p_1$ ohne Änderung der ankommenden Spannung neu aufgebaut werden. Im Potentialdiagramm kann man die Zusammenhänge leicht verfolgen. Da in der Reihenwicklung die Potentiale, ausgehend vom Sternpunkt Mp bis zum Maximum, wachsen, ist der resultierende Spannungsvektor $U_{S_1 M p_1}$ von u nach v gerichtet und damit als Ersatz der fehlenden Phase S geeignet.

In Abb. 210 ist der Anschluß des Zweiphasentransformators als Ersatz für die fehlende Phase T dargestellt, wobei das Spannungsdreieck $uxyv$ (resultierender Spannungsvektor gleich $U_{T_1 Mp_1}$) ebenfalls am Sternpunkt Mp angesetzt ist.

Entsprechend der zugeführten Spannungen, sind die Kraftflüsse des Zweiphasentransformators hier in allen drei Schenkeln gleich, so daß der mittlere mit dem gleichen *Querschnitt* wie die äußeren ausgelegt werden kann.

87. Ersatz einer fehlenden Phase beim Drehstrom-Vierleitersystem mit Spannungsänderung

Mit nur einem *Einphasentransformator* kann auf einfache Weise die fehlende Phase in einem Drehstrom-Vierleitersystem ersetzt werden. Es tritt aber dann eine unvermeidliche *Spannungsänderung* im Verhältnis $1 : 1/\sqrt{3}$ ein.

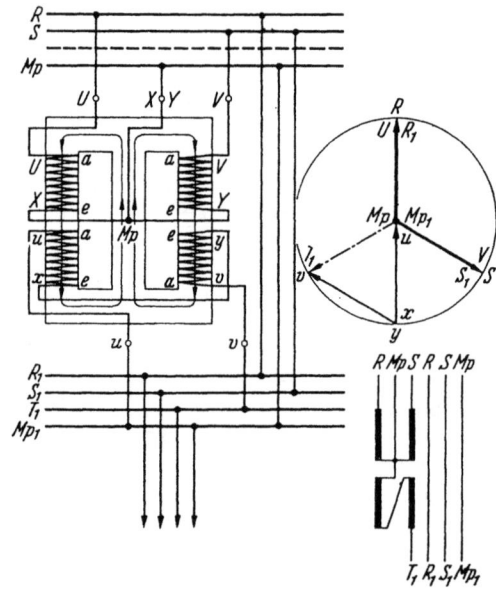

Abb. 210. Ersatz der fehlenden Phase T in einem Drehstrom-Vierleitersystem $RSTMp$.

In Abb. 211 ist die Schaltung mit Potentialdiagramm für den Ersatz der fehlenden Phase S dargestellt. Der Einphasentransformator mit dem Übersetzungsverhältnis $ü = 1 : 1$ ist auf der einen Seite mit der Phase T und dem Sternpunktleiter Mp, und auf der anderen Seite sind die in Reihe geschalteten Wicklungsabteilungen mit T_1 und S_1 verbunden. Die Sammelschiene T_1 ist mit dem Sternpunktleiter Mp gekuppelt.

Durch Heranziehung der vorhandenen Phase R kann das Drehstrom-Dreileitersystem $R_1 S_1 T_1$ mit $\dfrac{1}{\sqrt{3}}$fach kleinerer als der ankommenden Spannung, z. B. von 380 V auf 220 V, neu aufgebaut werden.

Im Gegensatz zur Abbildung 209 sind hier die Wicklungen des Einphasentransformators nicht für die Linienspannung, sondern für die Phasenspannung auszulegen. Im Potentialdiagramm der Abb. 211 ist die Entstehung des neuen *Spannungsdreiecks* $R_1 S_1 T_1$ gut zu erkennen. Der Einphasentransformator hat die Schaltgruppe $Ii\,0$, und die Spannungsvektoren U_{UV} und U_{uv} haben gleiche räumliche Richtungen. Die Spitze des Spannungsvektors U_{uv} liegt an V und bildet den neuen Eckpunkt T_1, während der Spitzenpunkt U des Vektors U_{UV} gleich U_{TMp} an T liegt. Hierauf folgt drehfeldrichtig der zweite Eckpunkt R_1 des neuen Spannungsdreiecks, der mit dem Spitzenpunkt des Spannungsvektors U_{RMp} identisch ist. Der Fußpunkt des Spannungsvektors U_{uv} stellt schließlich den dritten Eckpunkt S_1 dar. Die Spannung zwischen R_1 und S_1 ist keine Wicklungsspannung, sondern die resultierende der Spannungsvektoren $U_{\bar{u}v}$ und U_{RMp}.

In Abb. 212 ist der Anschluß des Einphasentransformators für den Fall, daß die Phase T ersetzt und die ankommende Spannung um 42,3% *gesenkt* werden soll, dargestellt.

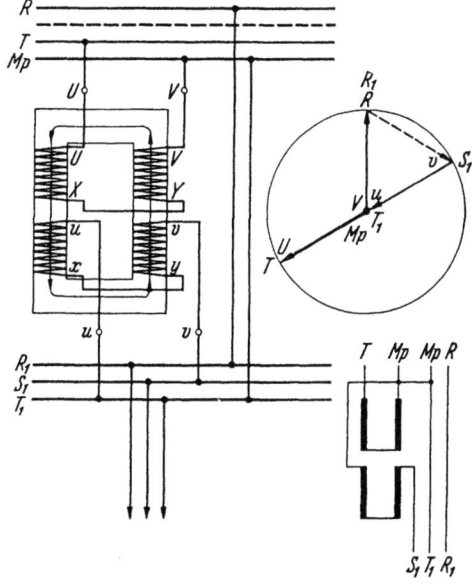

Abb. 211. Ersatz der fehlenden Phase S in einem Drehstrom-Vierleitersystem $RSTMp$. Der Einphasentransformator hat ein Übersetzungsverhältnis von $\ddot{u} = 1:1$. Das neu aufgebaute Drehstrom-Dreileitersystem mit $1/\sqrt{3}$ fach kleinerer als der ankommenden Spannung ist: $R_1 S_1 T_1$

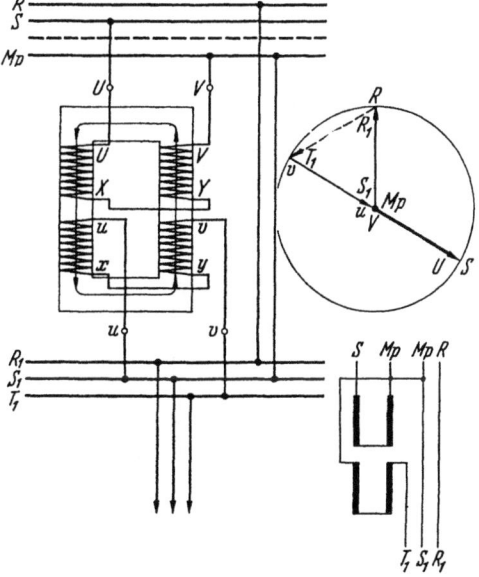

Abb. 212. Ersatz der fehlenden Phase T in einem Drehstrom-Vierleitersystem $RSTMp$ mit Absenkung der ankommenden Spannung

Q. Die V-Schaltung

Die Transformierung von Drehstrom in Drehstrom kann man bekanntlich auch mit Hilfe eines Zweiphasentransformators oder zweier Einphasentransformatoren in V-Schaltung, also ohne Verwendung eines Drehstromtransformators durchführen.

Wir unterscheiden in dieser Hinsicht V-Schaltung auf *Dreieckbasis* und V-Schaltung auf *Sternbasis*. Bei einem Zweiphasentransformator mit der ersten Schaltungsweise sind die Kraftflüsse der bewickelten Schenkel um 120° und mit letzter Schaltungsweise um 60° gegeneinander phasenverschoben.

88. Die einseitige V-Schaltung

Wird ein Wicklungsstrang der Dreieckwicklung eines Drehstromtransformators unterbrochen, bleiben die Eckpunkte des Spannungsdreiecks erhalten, und nach *Außen* zeigt das dreiphasige Spannungssystem *keinerlei Veränderung*. Bei Sternschaltung und nicht festgelegtem Sternpunkt fällt dagegen das dreiphasige Spannungssystem in diesem Fall vollkommen zusammen. Es geht auf ein einphasiges Spannungssystem, wenn man die Aufnahmeseite in Betracht zieht, zurück.

In Abb. 213 ist ein Drehstromtransformator mit *Dreieck-Dreieck-Schaltung* dargestellt, wobei der Wicklungsstrang WU auf der Ober-

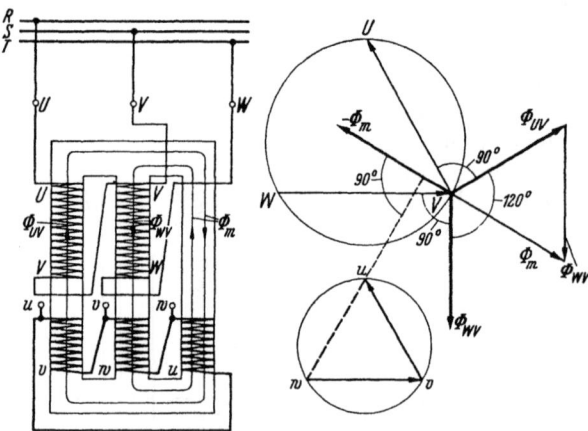

Abb. 213. Die einseitige V-Schaltung. Links: Schaltung; rechts: Potentialdiagramme mit eingetragenen Kraftflüssen. Die Oberspannungs- und Unterspannungswicklung sind zueinander gleichsinnig geschaltet

spannungsseite statt der Unterbrechung einfach weggelassen worden ist. Im Potentialdiagramm kann folglich der entsprechende Spannungsvektor U_{WU} nicht eingezeichnet werden. Ist die Oberspannungswicklung die *Aufnahmeseite* des Transformators, erzeugen die verbleibenden Schenkelwicklungen Kraftflüsse, die 120° gegeneinander

Die einseitige V-Schaltung

verschoben sind. Die geometrische Summe dieser Kraftflüsse durchfließt den Schenkel mit dem fehlenden Wicklungsteil, und es ist jetzt

$$\Phi_{UV} \widehat{+} \Phi_{WV} \mathrel{\widehat{=}} \Phi_m = 0 \quad \text{(Maxwell)}. \tag{181}$$

Der resultierende Kraftfluß Φ_m ist genauso groß wie die Kraftflüsse Φ_{UV} und Φ_{WV} der bewickelten Schenkel. Auf der Abgabeseite wird folglich in der Schenkelwicklung wu die gleiche Spannung wie beim Vorhandensein des Wicklungsteiles WU induziert, jedoch mit entgegengesetzter Richtung.

Abgesehen von dieser Spannung, bleiben die Eckpunkte des *Spannungsdreiecks* uvw auf der Abgabeseite in der ursprünglichen vektoriellen Lage ebenso wie UVW auf der Aufnahmeseite erhalten. Es wird also weiterhin ein symmetrisches Spannungsdreieck transformiert.

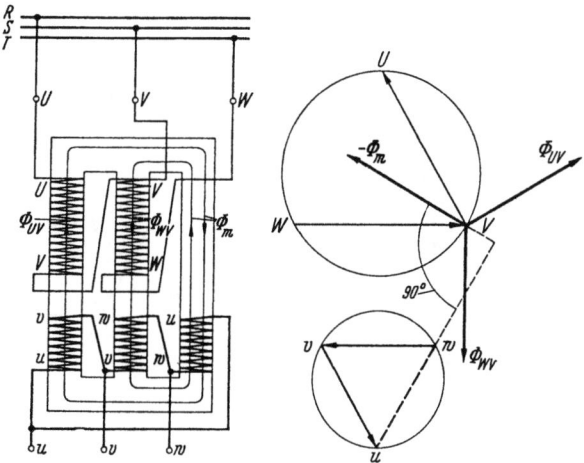

Abb. 214. Die einseitige V-Schaltung. Links: Schaltung; rechts: Potentialdiagramme mit eingetragenen Kraftflüssen. Die Oberspannungs- und Unterspannungswicklung sind zueinander gegensinnig geschaltet

In Abb. 214 sind die Schenkelwicklungen auf der Unterspannungsseite, gegensinnig geschaltet, dargestellt. Wie ersichtlich, dreht sich das praktisch offene Spannungsdreieck uvw um 180° mit unveränderter Gesetzmäßigkeit um.

Bei dreiphasiger Belastung findet natürlich die Durchflutung der Schenkelwicklung wu keine *Gegenampèrewindungen* vor, sie bildet folglich starke Streuflüsse aus, wodurch Drosselung eintritt. Der Belastungsstrom dieser Schenkelwicklung weicht deshalb aus, und die geschlossene Verkettung der Schaltung wird damit aufgelöst. Die anderen Schenkelwicklungen werden statt von Phasenströmen jetzt von Linienströmen durchflossen, weil keine Stromverzweigungen mehr in den Eckpunkten stattfinden. Die Schenkelwicklung wu ist also überflüssig und kann ebenfalls weggelassen werden.

Die in Abb. 213 und 214 dargestellte Schaltung der Oberspannungswicklung wird folgerichtig mit V-Schaltung auf *Dreieckbasis* bezeichnet.

Das Potentialdiagramm dieser Wicklung zeigt eine V-Form. Die V-Schaltung ist eine offen verkettete Schaltung (s. Abschn. 80).

Die hier behandelte einseitige V-Schaltung hat keine praktische Bedeutung. Sie ist nur als Zwischenstufe bei unseren Betrachtungen auf dem Wege zur doppelseitigen V-Schaltung herangezogen worden.

89. Die doppelseitige V-Schaltung △ Vv

Wird die Schenkelwicklung wu in Abb. 213 fortgelassen, und werden zwecks besserer Verteilung der magnetomotorischen Kräfte die verbleibenden Schenkelwicklungen auf den Außenschenkeln angeordnet, entsteht die *doppelseitige V-Schaltung* der Transformatorenwicklungen.

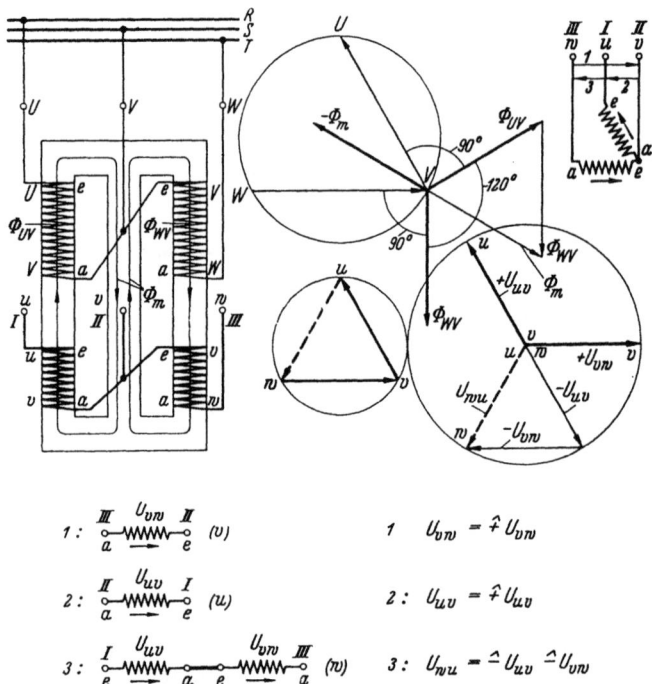

Abb. 215. Die doppelseitige V-Schaltung auf Dreieckbasis. Links: gleichsinnige Schaltung der Schenkelwicklungen; Mitte: Potentialdiagramme mit eingetragenen Kraftflüssen; rechts: Zeitdiagramm der Linienspannungen; unten und rechts oben: Wicklungsplan; unten rechts: Vektorengleichungen. (I, II, III: Wicklungsenden, 1, 2, 3: Maschen)

In Abb. 215 links ist die gleichsinnige Schaltung, und in der Mitte sind die Potentialdiagramme dargestellt. In bezug auf die Kraftflüsse tritt verständlicherweise keine wesentliche Änderung ein, nur mit einer Ausnahme, daß jetzt der Summenkraftfluß Φ_m durch den mittleren Schenkel fließt.

Es soll nun bewiesen werden, daß durch die doppelseitige V-Schaltung auf *Dreieckbasis* dreiphasige symmetrische Linienspannungen transformiert werden können.

Die doppelseitige V-Schaltung Vv

Zu diesem Zweck müssen die einzelnen Spannungsvektoren als Komponente unter Anwendung der festgelegten Umlauf- und Zählrichtungsmethode summiert werden, wobei drei Maschen *1*, *2* und *3* zu bilden sind. In jeder Masche ist die geometrische Summe der Spannungsvektoren gleich Null, und es lassen sich an Hand des Wicklungsplanes die entsprechenden Vektorengleichungen für die Linienspannungen aufstellen. In der Abbildung unten sind der Plan und die Gleichungen angegeben. Auf Grund der Vektorengleichungen kann weiterhin das Vektorenzeitdiagramm der Linienspannungen, siehe rechts in der Abbildung, konstruiert werden. Wie ersichtlich, ergibt die Konstruktion *gleiche Linienspannungen*, U_{uv}, U_{vw} und U_{wu}, die gegeneinander um 120° zeitlich verschoben sind, wobei die dritte Linienspannung U_{wu}

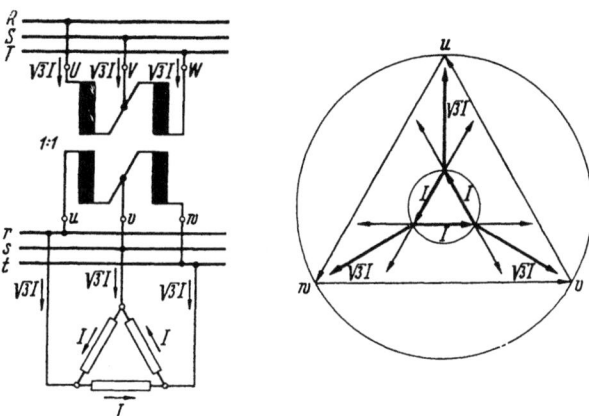

Abb. 216. Symmetrische Drehstrombelastung eines Transformators mit doppelseitiger V-Schaltung. Links: Belastungsplan mit räumlichem Stromverlauf; rechts: Zeitdiagramm der symmetrischen Belastungsströme

geometrisch zustande kommt. Der Beweis ist damit erbracht, daß mit der doppelseitigen V-Schaltung Drehstrom in Drehstrom unter Beibehaltung der *Symmetrie* transformiert werden kann.

Für die Ermittlung der System- und Typenleistung der V-Schaltung sollen die *Stromdiagramme* für dreiphasige und zweiphasige Belastung aufgestellt werden. In Abb. 216 sind der Belastungsplan mit räumlichem Stromverlauf und das Zeitdiagramm der *Belastungsströme* dargestellt. Die in Dreieck geschalteten gleich großen Belastungs-Wirkwiderstände nehmen jeweils einen Strom gleich I auf, so daß drei symmetrische Ströme $\sqrt{3}\,I$ in den drei Zuleitungen von der Sammelschiene rst abfließen. Beim Übersetzungsverhältnis $ü = 1:1$ des Transformators müssen laut Energiegesetz Ströme in gleicher Stärke dem Transformator von der Sammelschiene RST zufließen. Die ab- und zufließenden Ströme stellen somit das magnetische Gleichgewicht des Transformators her, wobei alle Ströme in Phase mit den zugehörigen Linienspannungen und fiktiven Phasenspannungen sind.

Die *Systemleistung* ist
$$N_S = U\sqrt{3}\,I\sqrt{3} = 3\,U\,I \quad \text{(VA)}, \tag{182}$$
d. h. sie ist mit der dreifachen Leistung einer Phase der Belastungs-Wirkwiderstände identisch, wobei U die Linienspannung bedeutet.

Die *Typenleistung* des Transformators ist die Summe der Leistungen der einzelnen Schenkelwicklungen, wobei zu berücksichtigen ist, daß der volle Linienstrom $\sqrt{3}\,I$ für die Bemessung der Wicklungen in Frage kommt. Es ist folglich
$$N_T = 2\,U\sqrt{3}\,I \quad \text{(VA)}, \tag{183}$$
und das Verhältnis der Typenleistung zur Systemleistung wird
$$\frac{N_T}{N_S} = \frac{2\,U\sqrt{3}\,I}{3\,U\,I} = \frac{2}{\sqrt{3}} = 1{,}155, \tag{184}$$
d. h. die Typenleistung ist um 15,5% größer als die Systemleistung. Die Ausnutzung des Transformators mit doppelseitiger V-Schaltung

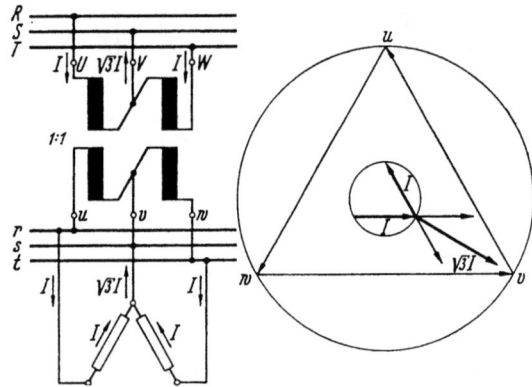

Abb. 217. Zweiphasige Belastung eines Transformators mit doppelseitiger V-Schaltung. Links: Belastungsplan mit räumlichem Stromverlauf; rechts: Zeitdiagramm der zweiphasigen Belastungsströme

ist also nicht sehr günstig. Der *Mehraufwand* gegenüber einem Drehstromtransformator liegt allein im Wickelkupfer und Isolationsmaterial, weil beide Transformatoren einen dreischenkligen Eisenkern benötigen.

Belastet man dagegen die V-Schaltung *zweiphasig*, und zwar so, daß die geometrisch erzeugte Phase unbelastet bleibt, wird die Systemleistung
$$N_S' = 2\,U\,I \quad \text{(VA)}, \tag{185}$$
und da nach Abb. 217 alle Schenkelwicklungen des Transformators von dem gleichen Linienstrom I durchflossen werden, ist die Typenleistung in diesem Fall
$$N_T' = 2\,U\,I \quad \text{(VA)}. \tag{186}$$
Während also bei symmetrischer Drehstrombelastung in den drei Zuleitungen drei gleiche Ströme $\sqrt{3}\,I$ dem Transformator auf der Auf-

Die doppelseitige V-Schaltung Vv

nahmeseite räumlich zufließen und sich im Verkettungspunkt zu Null ergänzen, also die vektorielle Summe $\sqrt{3}\,I \mathbin{\widehat{\mp}} \sqrt{3}\,I \mathbin{\widehat{\mp}} \sqrt{3}\,I = 0$ ist, fließen dem Transformator bei zweiphasiger Belastung in zwei Zuleitungen zwei gleiche Ströme I zu, und in einer Rückleitung fließt der Summenstrom $I \mathbin{\widehat{\mp}} I = \mathbin{\widehat{\mp}}\sqrt{3}\,I$ ab.

Das Verhältnis der Typenleistung zur Systemleistung wird jetzt

$$\frac{N_T'}{N_S'} = 1, \qquad (187)$$

d. h. die Typenleistung ist mit der Systemleistung identisch. Hieraus ergibt sich die Tatsache, daß die V-Schaltung bei *zweiphasiger Belastung* allgemein stärker ausgenutzt werden kann als bei dreiphasiger

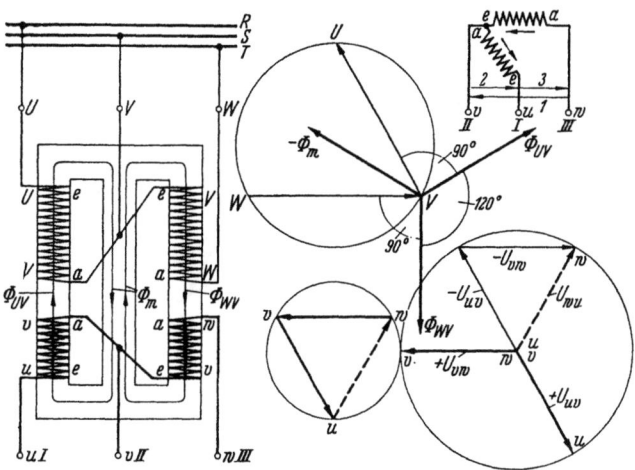

Abb. 218. Die doppelseitige V-Schaltung auf Dreieckbasis. Links: gegensinnige Schaltung der Schenkelwicklungen; Mitte: Potentialdiagramme mit eingetragenen Kraftflüssen; rechts: Zeitdiagramm der Linienspannungen; oben rechts: Wicklungsplan

Belastung, wobei jedoch Voraussetzung ist, daß nur Wicklungsspannungen an der Belastung wirksam werden. Der Verkettungspunkt der Belastung muß also mit dem Verkettungspunkt der Schenkelwicklungen übereinstimmen, da sonst je eine Wicklungshälfte mit dem Summenstrom belastet wird.

Starke zweiphasige Belastung von Drehstromnetzen ist aber sehr ungünstig, weil dadurch die speisenden *Generatoren* unsymmetrisch belastet werden. Das entstehende Gegendrehfeld kann starke Erwärmung der Dämpferkäfige sowie der Läufer verursachen.

Schwenkt man die beiden Schenkelwicklungen auf der Unterspannungsseite zusammen mit den zugehörigen Bezeichnungen um 180° um, entsteht die *gegensinnig* geschaltete doppelseitige V-Schaltung. In Abb. 218 sind die Schaltung, die Potentialdiagramme und das *Zeitdiagramm* der Linienspannungen angegeben. Diese Schaltung entspricht der in der Abb. 214 dargestellten, wenn man die Schenkelwicklung wu in Fortfall kommen läßt. Wie aus dem Zeitdiagramm zu ersehen ist, sind die Linienspannungen gegenüber denen der Abb. 215 um 180° phasenverschoben.

Bei der doppelseitigen V-Schaltung auf *Dreieckbasis* ergibt sich zusammengenommen, daß die inneren Schaltverbindungen, gleichgültig ob gleichsinnige oder gegensinnige Schaltung vorliegt, immer am Anfang und Ende der Schenkelwicklungen angeschlossen sind. Wird

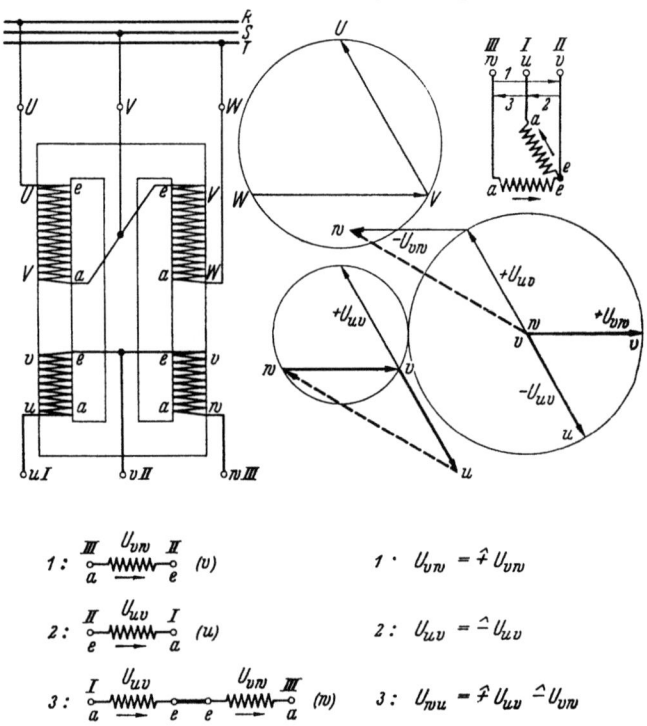

Abb. 219. Die fehlerhafte doppelseitige V-Schaltung. Links: Schaltung. Die innere Schaltverbindung liegt auf der Oberspannungsseite am Anfang und Ende und auf der Unterspannungsseite am Ende und Ende der Schenkelwicklungen; Mitte: Potentialdiagramme; rechts: Zeitdiagramm der Linienspannungen; unten und rechts oben: Wicklungsplan; unten rechts: Vektorengleichungen. (I, II, III: Wicklungsenden, $1, 2, 3$: Maschen)

aber irrtümlicherweise Ende mit Ende oder Anfang mit Anfang auf einer Seite des Transformators verbunden, kann kein Drehstrom mehr transformiert werden.

In Abb. 219 sind die Schenkelwicklungen auf der Unterspannungsseite des Transformators über die innere Schaltverbindung Ende mit Ende verbunden. Laut *Wicklungsplan* entstehen jetzt andere Vektorengleichungen, siehe in der Abbildung unten, als in Abb. 215, und die Folge ist, daß im Zeitdiagramm der Linienspannungen ein um $\sqrt{3}$ mal größere Spannung zustande kommt. Die Phasenverschiebung der Linienspannungen beträgt 60° und 150°, und die Absolutbeträge sind verschieden. Es ist also keine symmetrische Drehstrom-Transformierung mehr vorhanden.

Die doppelseitige V-Schaltung Vv

Zum gleichen Resultat führt es, wenn man Anfang mit Anfang der Schenkelwicklungen auf der Oberspannungsseite miteinander verbindet. In Abb. 220 ist diese Schaltung mit Vektorendiagrammen angegeben.

Denken wir nun zwecks Weiterführung unserer Betrachtungen an einen Drehstromtransformator mit *Stern-Stern-Schaltung* und lassen die Windungszahl einer Schenkelwicklung, z. B. die mittlere, auf der Oberspannungs- und Unterspannungsseite bis auf Null herabsinken, so entsteht die doppelseitige V-Schaltung auf *Sternbasis*. In Abb. 221 ist die gleichsinnige Schaltung dargestellt. Es ergibt sich daraus, daß wäh-

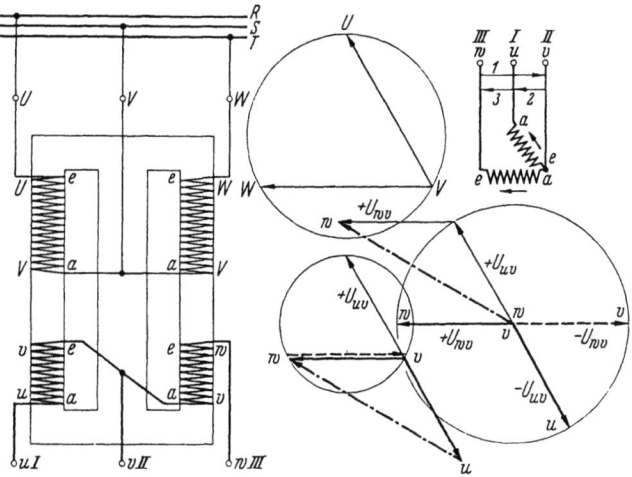

Abb. 220. Die fehlerhafte doppelseitige V-Schaltung. Links: Schaltung. Die innere Schaltverbindung liegt auf der Oberspannungsseite am Anfang und Anfang und auf der Unterspannungsseite am Ende und Anfang der Schenkelwicklungen; Mitte: Potentialdiagramme; rechts: Zeitdiagramm der Linienspannungen; rechts oben: Wicklungsplan

rend bei der V-Schaltung auf Dreieckbasis die Schenkelwicklungen in Reihe geschaltet, sie bei der V-Schaltung auf Sternbasis gegengeschaltet sind.

Gegenüber der Abb. 215 ist jetzt die rechte Schenkelwicklung auf der Oberspannungsseite infolge Vertauschung der Anschlüsse um 180° gewendet. Der *Kraftfluß* Φ_{WV} dieses Schenkels dreht folglich auf entgegengesetzte Richtung und wird gegenüber Φ_{UV} um 60° voreilend. Der *resultierende Kraftfluß* Φ_m ist dadurch um $\sqrt{3}$ mal größer als die Kraftflüsse der beiden bewickelten Schenkel. Der Eisenquerschnitt des Mittelschenkels muß entsprechend größer bemessen werden, wenn die Induktion in allen Schenkeln gleichbleiben soll.

Die Beweisführung, daß mit dieser V-Schaltung auch Drehstrom in Drehstrom unter Beibehaltung der Symmetrie transformiert werden kann, ist in der Abbildung durch Wicklungsplan, Vektorengleichungen und Zeitdiagramm der Linienspannungen gegeben. Wie ersichtlich, entstehen hier die gleichen Spannungen wie bei der V-Schaltung auf Dreieckbasis in Abb. 215.

282 Die V-Schaltung

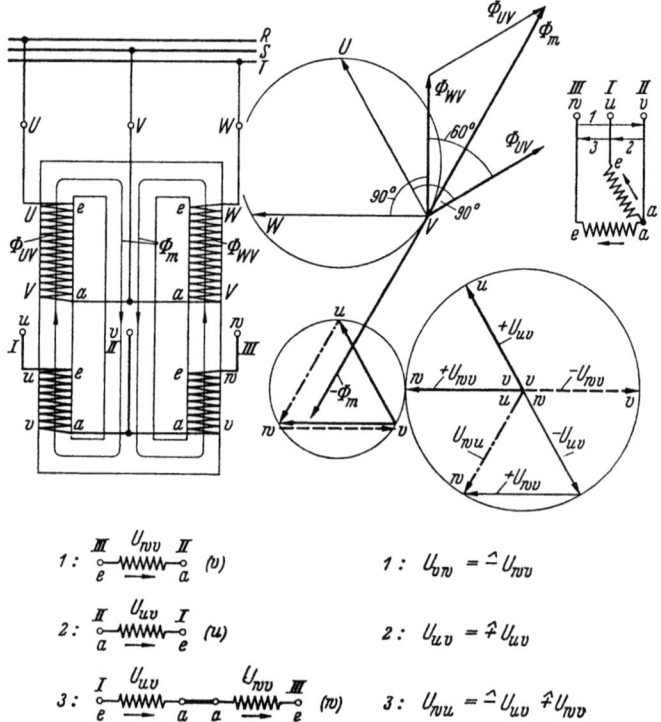

1: $U_{wv} = \hat{-} U_{wv}$

2: $U_{uv} = \hat{+} U_{uv}$

3: $U_{wu} = \hat{-} U_{uv} \hat{+} U_{wv}$

Abb. 221. Die doppelseitige V-Schaltung auf Sternbasis. Links: gleichsinnige Schaltung der Schenkelwicklungen; Mitte: Potentialdiagramme mit eingetragenen Kraftflüssen; rechts: Zeitdiagramm der Linienspannungen; unten und rechts oben: Wicklungsplan; unten rechts: Vektorengleichungen. (I, II, III: Wicklungsenden, 1, 2, 3: Maschen)

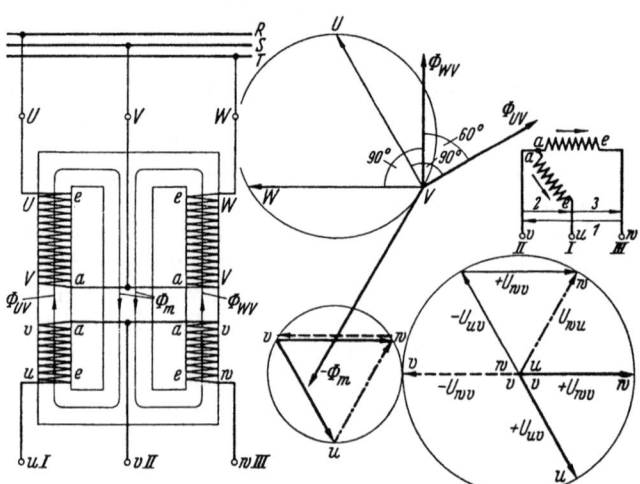

Abb. 222. Die doppelseitige V-Schaltung auf Sternbasis. Links: gegensinnige Schaltung der Schenkelwicklungen; Mitte: Potentialdiagramme mit eingetragenen Kraftflüssen; rechts: Zeitdiagramm der Linienspannungen; oben rechts: Wicklungsplan

Zusammenfassend kann festgestellt werden, daß bei *V-Schaltung* gleichgültig ob auf Dreieckbasis oder Sternbasis aufgebaut, Drehstrom in Drehstrom mit symmetrischen Linienspannungen transformiert werden kann, wobei jedoch bei Sternbasis und magnetischer Verkettung ungünstigerweise ein Summenkraftfluß in $\sqrt{3}$facher Stärke im unbewickelten Schenkel auftritt. Die *Spannungsdreiecke* sind auf der Abgabeseite für beide Schaltarten bei gleicher Übersetzung gleich groß und besitzen gleiche Phasenlagen.

Bei *V*-Schaltung auf Sternbasis können die Schenkelwicklungen auf Oberspannungs- und Unterspannungsseite ebenfalls *gegensinnig* geschaltet werden. In Abb. 222 ist diese Schaltung mit Vektorendiagrammen dargestellt. Auf der Unterspannungsseite des Transformators sind, wie ersichtlich, gegenüber der Abb. 221 die beiden Schenkelwicklungen mit Bezeichnungen um 180° gewendet.

In nachstehender Tabelle ist das Übersetzungsverhältnis der doppelseitigen *V*-Schaltung angegeben.

abelle 92. *Übersetzungsverhältnis der doppelseitigen V-Schaltung nach Abb. 215 und 221*

	Linker Schenkel		Rechter Schenkel	
	Windungszahl	Spannung	Windungszahl	Spannung
Oberspannungsseite	n_1	U_{UV}	n_1	U_{VW}
Unterspannungsseite	n_2	U_{uv}	n_2	U_{vw}
Übersetzungsverhältnis	$ü = \dfrac{n_1}{n_2} = \dfrac{U_{UV}}{U_{uv}}$		$ü = \dfrac{n_1}{n_2} = \dfrac{U_{VW}}{U_{vw}}$	

Läßt man eine vollständige Wicklung auf einer Seite des Transformators in Abb. 215 zum Fortfall kommen und ordnet je eine Anzapfung an die verbleibenden Schenkelwicklungen an, entsteht die sogenannte *V-Sparschaltung*. Diese Schaltungsweise wird, mit mehreren Anzapfungen versehen, bei Regelzusatztransformatoren verwendet, um die Regeleinrichtung für eine Phase zu sparen. Hierbei ist zu bedenken, daß bei Einstellung der Spannung je nach Stellung des Reglers eine mehr oder minder starke gegenseitige Verlagerung der System-Sternpunkte der Aufnahme- und Abgabeseite eintritt. Der Einbau derartiger Regeltransformatoren ist deshalb von Fall zu Fall zu prüfen. Dies gilt auch sinngemäß für Transformatoren in *V*-Sparschaltung also ohne Regeleinrichtung.

90. Die *V*-Schaltung nach Vidmar

Die Symmetrie des transformierten Spannungsdreiecks wird bei der doppelseitigen *V*-Schaltung nur im Leerlauf gewährleistet. Bei Belastung tritt *Verzerrung des Spannungsdreiecks* durch unsymmetrische Spannungsverluste auf, weil die dritte Linienspannung durch Summation der anderen beiden Linienspannungen zustande kommt.

Die V-Schaltung

Um die Verzerrung des Spannungsdreiecks zu beseitigen, werden bei der V-Schaltung nach VIDMAR statt Dreieckspannungen *Sternspannungen* aufgebaut, wobei für jede Phase Wicklungsabteilungen zugeordnet sind. Es wird zwar wiederum eine der Sternspannungen geometrisch gebildet, aber hierfür sind getrennte Wicklungsabteilungen zuständig. Für jede Phase sind also getrennte *Wicklungsspannungen* teils direkt, teils indirekt wirksam.

Zu diesem Zweck wird eine *zweiphasige Zickzackschaltung* auf der einen Seite des dreischenkligen Transformators angeordnet und auf der anderen Seite eine V-Schaltung auf Sternbasis vorgesehen. Schaltung und Potentialdiagramme sind in Abb. 223 für die gegensinnige Schaltung der Wicklungsabteilungen dargestellt.

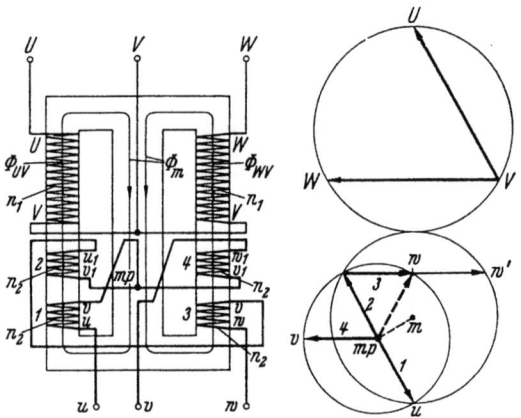

Abb. 223. Die V-Schaltung nach VIDMAR. Schaltgruppe: Vz 5. Links: gegensinnige Schaltung der Wicklungsabteilungen; rechts: Potentialdiagramme

Der Aufbau des Spannungssternes ergibt sich aus der Abbildung wie folgt. Die Wicklungsabteilung *1*, auf der Unterspannungsseite, ist gegensinnig geschaltet, und der Spannungsvektor U_{ump} hat dementsprechend entgegengesetzte Richtung als der Spannungsvektor U_{UV}. Dagegen ist die Wicklungsabteilung *4* gleichsinnig geschaltet. Der Spannungsvektor U_{vmp} hat also die gleiche Richtung wie der Vektor U_{WV}. Die dritte Sternspannung entsteht durch die Gegenschaltung der Wicklungsabteilungen *2* und *3*. Der Spannungsvektor U_{wmp} ist die geometrische Summe der negativen Vektoren U_{ump} und U_{vmp}. Wären die Wicklungsabteilungen *3* und *4* in Reihe geschaltet, würde die Spitze des Spannungsvektors U_{wv_1} nicht an w sondern an w' kommen.

Da die Schaltungskombination mit einer V-Schaltung auf Sternbasis aufgebaut ist, tritt im mittleren unbewickelten Schenkel des Eisenkernes ein um $\sqrt{3}$ mal stärkerer Kraftfluß als in den Außenschenkeln auf (s. Abb. 222 oben).

Der Spannungsvektor U_{ump} ist, wie aus den Potentialdiagrammen ersichtlich, um 150° gegenüber der fiktiven Phasenspannung U_{UMp}

nacheilend. Der Phasenwinkel ist folglich $\lambda = 150°$, und für die Bezeichnung der Schaltgruppe kann einfacherweise $Vz\,5$ gewählt werden.

Die *gleichsinnige* V-Schaltung nach VIDMAR ist in Abb. 224 mit Potential- und Stromdiagrammen dargestellt. Der Aufbau des Spannungssternes erfolgt hier in gegenläufigem Sinn als oben beschrieben. Nehmen wir eine Belastungsart nach Abb. 216 an, so gilt für die Abgabeseite des Transformators das in der Abbildung rechts unten dar-

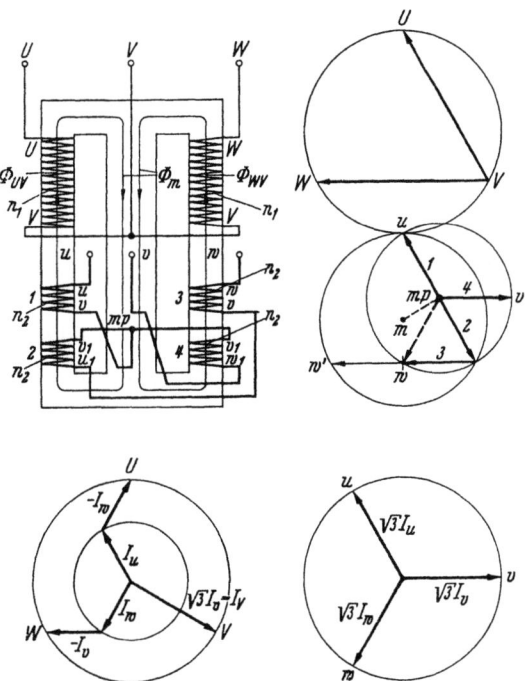

Abb. 224. Die V-Schaltung nach VIDMAR. Schaltgruppe: $Vz\,11$. Links: gleichsinnige Schaltung der Wicklungsabteilungen; rechts: Potentialdiagramme; unten: Stromdiagramme auf der Oberspannungs- und Unterspannungsseite

gestellte Stromdiagramm. Der Transformator hat also die symmetrischen Belastungsströme $\sqrt{3}\,I$ an die *Sammelschiene uvw* zu liefern.

Beim Übersetzungsverhältnis $\ddot{u} = 1:1$ verhalten sich die Windungszahlen n_1 und n_2 wie $1:\dfrac{1}{\sqrt{3}}$ (s. Tab. 93), und auf Grund des Gleichgewichtes der Belastungsdurchflutungen des linken Schenkels wird vektoriell

$$I_U n = \sqrt{3}\,I_u \frac{n}{\sqrt{3}} \mathrel{\widehat{=}} \sqrt{3}\,I_w \frac{n}{\sqrt{3}} \quad (\mathrm{AW}) \qquad (188)$$

oder

$$I_U = I_u \mathrel{\widehat{=}} I_w \quad (\mathrm{A}) \qquad (189)$$

und des rechten Schenkels wird vektoriell

$$I_W\, n = \sqrt{3}\, I_w\, \frac{n}{\sqrt{3}} \mathrel{\widehat{-}} \sqrt{3}\, I_v\, \frac{n}{\sqrt{3}} \quad \text{(AW)} \tag{190}$$

oder

$$I_W = I_w \mathrel{\widehat{-}} I_v \quad \text{(A)}. \tag{191}$$

Das in der Abbildung links unten dargestellte *Stromdiagramm* zeigt die geometrische Subtraktion der Stromvektoren nach obigen Gleichungen an, und die Absolutbeträge der resultierenden Ströme auf der *Aufnahmeseite* des Transformators ergeben sich zu

$$I_U = \sqrt{3}\, I_u \quad \text{und} \quad I_W = \sqrt{3}\, I_w \quad \text{(A)}. \tag{192}$$

Die Absolutbeträge der Ströme sind also bei $\ddot{u} = 1:1$ auf beiden Seiten des Transformators gleich. Die Stromvektoren kommen hier ebenfalls mit den zugehörigen Spannungen in Phase, weil reine Wirkbelastung angenommen worden ist. Laut *Energiegesetz* müssen dem Transformator auf der Aufnahmeseite, entsprechend der Belastungsart, drei gleiche Ströme zufließen, die sich im Verkettungspunkt zu Null ergänzen. Es wird deshalb vektoriell

$$I_U \mathrel{\widehat{+}} I_W = \mathrel{\widehat{-}} I_V \quad \text{(A)}. \tag{193}$$

Die *Systemleistung* auf der Aufnahmeseite ist folglich

$$N_S = I_U\, U\, \sqrt{3} = \sqrt{3}\, I_u\, U\, \sqrt{3} = 3\, I_u\, U \quad \text{(VA)}, \tag{194}$$

d. h. sie ist mit der Systemleistung auf der Abgabeseite identisch, wobei U die Linienspannung für beide Seiten bedeutet.

Die *Typenleistung* des Transformators setzt sich aus der Leistung der einzelnen Schenkelwicklungen zusammen. Es ist

$$N_T = I_U\, U + I_W\, U = \sqrt{3}\, I_u\, U + \sqrt{3}\, I_w\, U = 2\sqrt{3}\, I_u\, U \quad \text{(VA)}, \tag{195}$$

und das Verhältnis der Typenleistung zur Systemleistung wird

$$\frac{N_T}{N_S} = \frac{2\sqrt{3}\, I_u\, U}{3\, I_u\, U} = \frac{2}{\sqrt{3}} = 1{,}155. \tag{196}$$

Die Typenleistung ist also um 15,5% größer als die Systemleistung. Die Ausnutzung des Transformators ist hier genauso ungünstig wie bei der Schaltung nach Abb. 215 (Gl. 184) und Abb. 221.

Der *Mehraufwand* von 15,5% liegt im Wickelkupfer und Isolationsmaterial. Hinzu kommt noch wegen des erhöhten Eisenquerschnittes des Mittelschenkels ein Mehraufwand an Eisen von etwa 12,2%.

Die Stabilität des transformierten Spannungssternes bei V-Schaltung nach VIDMAR, der keinen Unterschied gegenüber einem Zickzack-Spannungsstern eines normalen Transformators aufweist, wird auf Kosten des Mehraufwandes an Material erkauft. Die Wirtschaftlichkeit der Schaltung wird durch diesen Umstand erheblich herabgesetzt.

Im Potentialdiagramm der Abb. 224 zeigt der Spannungsvektor U_{ump} gegenüber dem fiktiven U_{UMp} 330° Nacheilung. Der Phasenwinkel ist somit $\lambda = 330°$, und die Bezeichnung der Schaltgruppe wird $Vz\, 11$.

Die V-Schaltung ohne magnetische Verkettung

In folgender Tabelle ist das Übersetzungsverhältnis des Transformators angegeben.

Tabelle 93. *Übersetzungsverhältnis der V-Schaltung nach Vidmar, entsprechend Abb. 223 und 224*

	Linker Schenkel		Rechter Schenkel	
	Windungszahl	Spannung	Windungszahl	Spannung
Oberspannungsseite	n_1	U_{UV}	n_1	U_{WV}
Unterspannungsseite	n_2	$\dfrac{U_{uv}}{\sqrt{3}}$	n_2	$\dfrac{U_{wv}}{\sqrt{3}}$
Übersetzungsverhältnis	$\ddot{u} = \dfrac{n_1}{n_2} = \dfrac{U_{UV}}{U_{uv}/\sqrt{3}}$, $\ddot{u} = \dfrac{n_1}{\sqrt{3}\,n_2} = \dfrac{U_{UV}}{U_{uv}}$		$\ddot{u} = \dfrac{n_1}{\sqrt{3}\,n_2} = \dfrac{U_{WV}}{U_{wv}}$	

91. Die V-Schaltung ohne magnetische Verkettung

Die doppelseitige V-Schaltung kann zweckmäßigerweise auch mit *zwei Einphasentransformatoren* ausgeführt werden. Bei diesem Aufbau wird meistens die Schaltung auf Dreieckbasis verwendet. Da zwei völlig

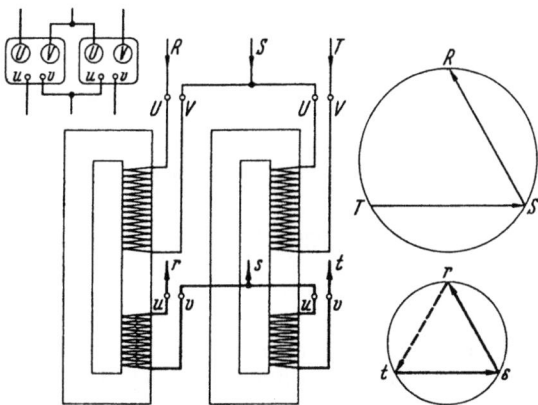

Abb. 225. Die V-Schaltung auf Dreieckbasis mit Einphasentransformatoren. Links: gleichsinnige Schaltung der Schenkelwicklungen; rechts: Potentialdiagramme; links oben: Deckelschaltbild

getrennte Eisenwege für die magnetischen Kraftlinien vorhanden sind, liegt folglich keine Flußverkettung mehr vor.

In Abb. 225 ist die V-Schaltung auf *Dreieckbasis* mit zwei Einphasentransformatoren dargestellt. Links oben ist das Deckelschaltbild des Transformatorensatzes angegeben. Diese Schaltanordnung wird auch für die V-Schaltung von zwei Einphasen-Spannungswandlern bevorzugt.

Die *Verkettungspunkte* VU und vu sollen, um die Transformatoren bei zweiphasiger Belastung voll auszunutzen, nach Möglichkeit so gelegt werden, daß sie mit dem Verkettungspunkt der Belastung in Übereinstimmung kommen. Liegt z. B. der Verkettungspunkt der Belastung statt an der Phase s an t, wird der in der Abbildung rechtsstehende Einphasentransformator vom Summenstrom $\sqrt{3}\,I$ durchflossen, wodurch Überlastung eintreten kann. Wendet man in diesem Fall die dritte doppelte Phasenvertauschung an, berührt der Summenstrom nicht mehr die Transformatoren. Ohne die V-Schaltung zu ändern, werden demzufolge die Phasen S an V, T an VU, s an v und t an vu angeschlossen. Hierdurch kommt der *Verkettungspunkt* der Belastung wieder an die Schaltverbindung vu.

Diese Maßnahme ist bei Spannungswandlern von besonderer Bedeutung. Die im Verhältnis meist schwache Leistung der Spannungs-

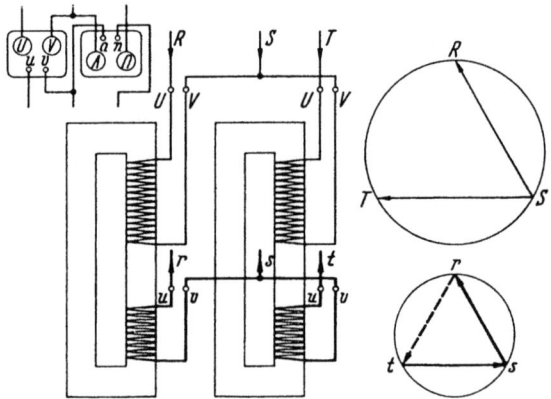

Abb. 226. Die V-Schaltung auf Sternbasis mit Einphasentransformatoren. Links: gleichsinnige Schaltung der Schenkelwicklungen; rechts: Potentialdiagramme; links oben: Deckelschaltbild

wandler zwingt zur gleichmäßigen Verteilung der Belastung. Bei ungleicher Verteilung können sonst leicht Überlastungen eintreten, wobei der zulässige Belastungsstrom der vorhandenen *Genauigkeitsklasse* überschritten wird.

In Abb. 226 ist die seltener verwendete V-Schaltung auf Sternbasis, mittels zweier Einphasentransformatoren ausgeführt, dargestellt.

R. Vierphasenschaltungen

(Schaltung von Transformatoren für Vier-, Zwei- und Einphasenverbraucher)

Vierphasenschaltung eines Transformators liegt dann vor, wenn die Spannungen der Wicklungsabteilungen auf einer oder auf beiden Seiten jeweils *vier verschiedene räumliche Richtungen* aufweisen, wobei die Spitzenpunkte der Vektoren, hintereinanderfolgend, am Kreisumfang im Potentialdiagramm um gleiche Bogenlängen entfernt liegen. Der Phasenwinkel des Systems ψ beträgt also bei Vierphasenschaltung

$360°/4 = 90°$. Die Wicklungsabteilungen können hierbei zueinander schenkelweise *gleichsinnig* oder *gegensinnig* geschaltet sein.

Eine Vierphasenschaltung kann allgemein *offen* oder *geschlossen* verkettet werden. Bei offener Verkettung und symmetrischer Belastung sind für die Fortleitung des Stromes vier Zuleitungen erforderlich, weil sich die Belastungsströme im Verkettungspunkt zu Null ergänzen können. Bei unsymmetrischer Belastung wird dagegen zusätzlich noch eine, im Verkettungspunkt mp angeschlossene, Rückleitung benötigt.

Bei geschlossener Verkettung der vier Phasen sind schaltungsgemäß immer nur vier Zuleitungen angeschlossen. Eine unsymmetrische Belastung wird hier durch die Differenzbildung der Phasenströme in den Eckpunkten stets in eine bisymmetrische umgesetzt.

Jede Vierphasenschaltung kann in eine *Zweiphasenschaltung* umgewandelt werden, wenn man der Vierphasenschaltung statt der vier Zuleitungen zwei Zuleitungen und zwei Rückleitungen, an bestimmten Hauptklemmen angeschlossen, zuordnet. Hierbei entsteht aus einer offen verketteten Vierphasenschaltung eine unverkettete Zweiphasenschaltung und aus einer geschlossen verketteten Vierphasenschaltung eine geschlossen verkettete Zweiphasenschaltung.

92. Die X-Schaltung ⊗ Xx

In Abschn. 85 wurde gezeigt, wie durch die Verlängerung der Wicklung eines der Einphasentransformatoren um eine Wicklungsabteilung auf Grund der Scottschen Schaltung aus einem Zweiphasensystem ein *symmetrisches Vierphasensystem* hergestellt werden kann.

Überträgt man die in Abb. 207 dargestellte Schaltung auf einen dreischenkligen Eisenkern, entsteht ein Transformator mit Dreiphasen-Vierphasenschaltung. In Abb. 227a ist dieser Transformator, und in 227b sind die zugehörigen Potentialdiagramme angegeben. Wie leicht zu erkennen ist, zeigt das Potentialdiagramm der symmetrischen Vierphasenschaltung eine Kreuz-Form. Die Schaltung ist offen verkettet und wird mit X-Schaltung bezeichnet. Die *Kraftflüsse* der drei Schenkel sind als Vektoren im Potentialdiagramm der Oberspannungswicklung eingezeichnet. Der Kraftfluß des Mittelschenkels Φ_m ist um $\sqrt{3}$ mal größer als die der Außenschenkel.

Die symmetrische offen verkettete *Vierphasenschaltung* ist mit Spannungen und Strömen zur besseren Übersicht, nach Potentialen ausgerichtet, in Abb. 227d dargestellt. An dem Verkettungspunkt mp ist die Rückleitung für unsymmetrische Belastung angeschlossen.

Nach Gl. (152) ist der Absolutbetrag der Linienspannung

$$U = 2\,U_{Ph}\sin\frac{90°}{2} = \sqrt{2}\,U_{Ph} \quad (V), \tag{197}$$

folglich um $\sqrt{2}$ mal größer als die Phasenspannung, und der Phasenstrom ist gleich dem Linienstrom. Für symmetrische Belastung gilt vektoriell

$$I_1 \mathbin{\widehat{+}} I_2 \mathbin{\widehat{+}} I_3 \mathbin{\widehat{+}} I_4 = 0 \quad (A), \tag{198}$$

und in diesem Fall kann die Rückleitung mp fortgelassen werden.

Die *Leistung* der offen verketteten Vierphasenschaltung ergibt sich als Summe der Leistungen der einzelnen Phasen. Es ist demnach

$$N = 4\,U_{Ph}I = 2\,\sqrt{2}\,UI \quad \text{(VA)}, \tag{199}$$

wobei $2\sqrt{2}$ den Verkettungsfaktor m bedeutet.

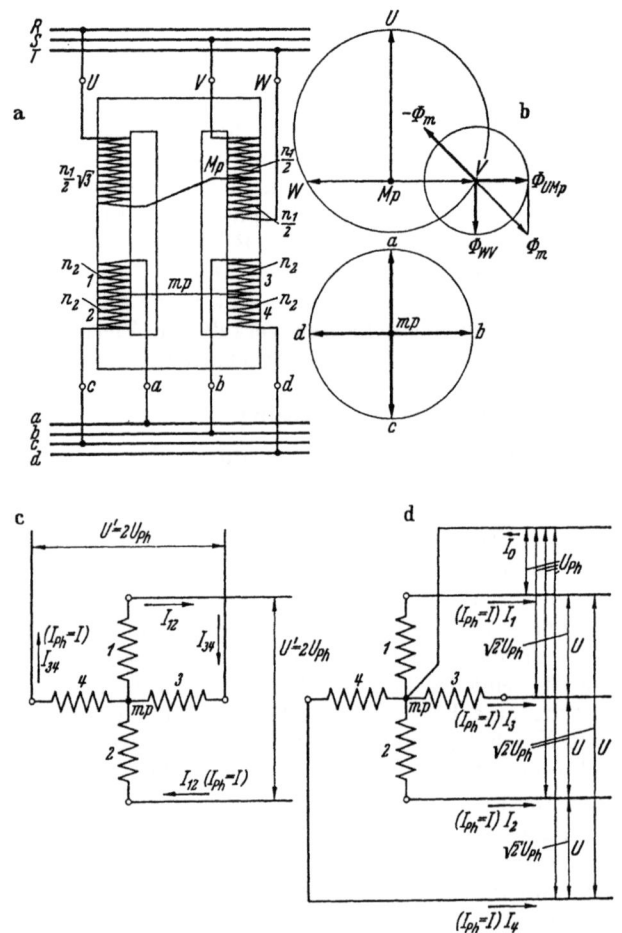

Abb. 227. Die offen verkettete symmetrische Vierphasenschaltung. Die X-Schaltung.
a) Schaltung; b) Potentialdiagramme mit eingetragenen Kraftflüssen; c) unverkettetes Zweiphasensystem; d) offen verkettetes Vierphasensystem mit Rückleitung mp. Phasenfolge: *1, 3, 2, 4* oder nach b) *a, b, c, d*

Eine symmetrische offen verkettete Vierphasenschaltung läßt sich, wie bereits eingangs erwähnt, durch Bildung von zwei getrennten Stromkreisen in eine unverkettete *Zweiphasenschaltung* umwandeln. In Abb. 227c sind demzufolge, ungeachtet des Mittelpunktes mp, statt vier Zuleitungen zwei Zuleitungen und zwei Rückleitungen an die

Wicklungen des Transformators angeschlossen. Der Absolutbetrag der Linienspannung ist jetzt

$$U' = 2\,U_{Ph} \quad (V), \tag{200}$$

und die *Leistung* der Schaltung wird

$$N' = 2\,(2\,U_{Ph})\,I = 2\,U'I \quad (VA). \tag{201}$$

Die Linienspannung U' ist um $\sqrt{2}$ mal größer als die Linienspannung U der Vierphasenschaltung. Die übertragbaren Leistungen N und N' sind also identisch.

Die X-Schaltung kann mit Hilfe einer *Stern-* oder *Dreieckwicklung*, auf einem normalen dreischenkligen Eisenkern sitzend, auch ohne die Scottsche Schaltung ausgeführt werden. In Abb. 228a ist diese Schaltungsweise mit Potentialdiagrammen dargestellt. Auf der Oberspannungsseite des Transformators sind die drei Schenkelwicklungen wie gewöhnlich in *Stern* geschaltet, während auf der Unterspannungsseite sechs *Wicklungsabteilungen* angeordnet sind. Die Wicklungsabteilungen *1* und *2* werden, ausgehend vom Verkettungspunkt mp, gleichsinnig und gegensinnig geschaltet und ergeben die Spannungsvektoren $U_{a\,mp}$ und $U_{c\,mp}$ des Vierphasensystems. Die Wicklungsabteilungen *3* und *4* werden gegengeschaltet und an mp angeschlossen. Sie bilden den Spannungsvektor $U_{b\,mp}$. Analog bilden die Wicklungsabteilungen *5* und *6* den Spannungsvektor $U_{d\,mp}$. Zusammengenommen entsteht also ein symmetrisches Vierphasensystem mit der Phasenfolge a, b, c und d, wobei die erste und die dritte Phase durch Wicklungsspannungen direkt und die beiden anderen Phasen indirekt durch Spannungskomponente erzeugt werden.

Richtet man die *Gegenschaltung* der Wicklungsabteilungen *5* und *6* mit vertauschter Reihenfolge des Anschlusses mp statt gleichsinnig gegensinnig ein, entsteht die in Abb. 228b angegebene zickzackförmige Schaltung der Phasen b und d.

Die Bezeichnung der *Schaltgruppen*, bezogen auf die Phase a der X-Schaltung, wählen wir für Abb. 227 zu $T\,x\,0$ und wegen der wellenähnlichen Form der vier Komponenten für Abb. 228a und b zu $Y\,xw\,0$. Durch schenkelweise Vertauschung der Wicklungsabteilungen lassen sich noch zwei weitere Potentialdiagramme aufstellen.

Nur mit den Wicklungsabteilungen *1*, *3* und *4* allein läßt sich statt des Vierphasensystems ein unverkettetes oder verkettetes *Zweiphasensystem* herstellen. Sind die Hauptklemmen c und d in Abb. 228c offen, bestehen zwei *Einphasensysteme*, die getrennt belastet werden können. Bei Verbindung der Hauptklemmen c und d, gestrichelt angedeutet, wird ein Zweiphasensystem mit einem Systemwinkel $\psi = 90°$ erzeugt.

Mit einer *Dreieckwicklung* auf der *Oberspannungsseite* kann auf ähnliche Weise — wie oben dargelegt — die xw-Schaltung ohne Schwierigkeiten aufgebaut werden. Erfolgt hierbei die Schaltung der Wicklungsabteilungen *1* bis *6* nach Abb. 228, verändert sich der *Phasenwinkel* der Schaltgruppe λ von $0°$ auf $330°$, wenn die Dreieckschaltung in Abb. 240 zugrunde gelegt wird.

Schließt man einen *Einphasenverbraucher* an die Hauptklemmen a und b des Transformators in Abb. 228c bei eingelegter Verbindung c und d an, werden die Wicklungsabteilungen $1, 3$ und 4 stromdurchflossen, und die Einphasenlast verteilt sich, ohne ihren Einphasencharakter zu

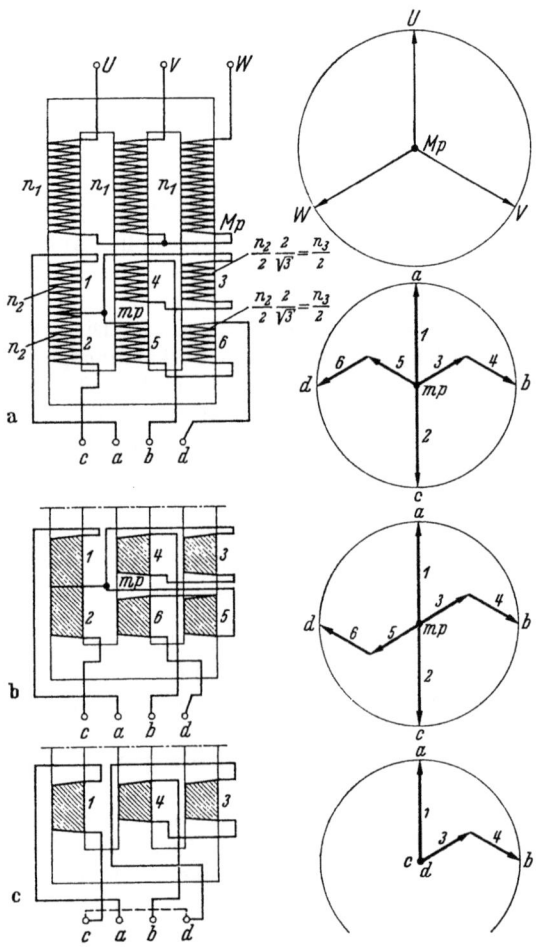

Abb. 228. Dreiphasen-Vierphasen-Transformator in Stern-X-Schaltung. Schaltgruppe: $Yxw\,0$. Phasenfolge: a, b, c, d. a) Schaltung mit Potentialdiagrammen; b) Wicklungsabteilungen 5 und 6 der X-Schaltung gegensinnig vertauscht angeschlossen; c) Entstehung eines Zweiphasensystems, das geeignet ist, ein oder zwei getrennte Einphasenverbraucher zu speisen

ändern, auf alle drei Leitungen des Drehstromanschlusses der Aufnahmeseite. Um einen Überblick der Verhältnisse zu erhalten, die beim Anschluß von Einphasenverbrauchern an Drehstromnetzen entstehen, sind in Abb. 229 verschiedene *Schaltungsmöglichkeiten* zusammengestellt.

Die X-Schaltung Xx

In folgender Tabelle ist das Übersetzungsverhältnis des Dreiphasen-Vierphasentransformators angegeben.

Tabelle 94. *Übersetzungsverhältnis der Stern-xw-Schaltung nach Abb. 228a und b*

	Wicklungsspannungen (1,2)		Spannungskomponenten (3,4), (5,6)	
	Windungszahl	Spannung	Windungszahl	Spannung
Oberspannungsseite	n_1	$\dfrac{U_{UV}}{\sqrt{3}}$	n_1	$\dfrac{U_{UV}}{\sqrt{3}}$
Unterspannungsseite	n_2	$\dfrac{U_{da}}{\sqrt{2}}$	$\dfrac{n_2}{2}\dfrac{2}{\sqrt{3}}+\dfrac{n_2}{2}\dfrac{2}{\sqrt{3}}$, $\dfrac{n_3}{2}+\dfrac{n_3}{2}$	$\dfrac{2}{\sqrt{3}}\dfrac{U_{da}}{\sqrt{2}}$
Übersetzungsverhältnis	$\ddot{u}_1 = \dfrac{n_1}{n_2} = \dfrac{U_{UV}/\sqrt{3}}{U_{da}/\sqrt{2}}$		$\ddot{u}_2 = \dfrac{n_1}{n_3}\dfrac{2}{\sqrt{3}} = \dfrac{U_{UV}/\sqrt{3}}{U_{da}/\sqrt{2}}$	
Bemerkungen	$\ddot{u}_1 = \ddot{u}_2$ weil $n_3 = n_2 \dfrac{2}{\sqrt{3}}$ ist			

Unter Verwendung des in Abb. 196 angegebenen *Zweiphasentransformators* läßt sich diese X-Schaltung auch in *Zickzackform* aufbauen. In Abb. 230 ist die Schaltung nebst Potentialdiagrammen dargestellt.

Auf der Oberspannungsseite wird angenommen, daß die Wicklungsabteilungen an die Phasen S und T und an den Sternpunktleiter Mp eines Vierleiter-Drehstromnetzes angeschlossen sind. Das Potentialdiagramm dieser Seite kann demzufolge nur zwei Spannungsvektoren mit 120° Phasenverschiebung anzeigen.

Auf der Unterspannungsseite sind vier Wicklungsabteilungen mit der Windungszahl $\dfrac{n_2}{2}$ und vier mit $\left(\dfrac{n_2}{4}\right)\dfrac{2}{\sqrt{3}}$, also insgesamt acht Wicklungsabteilungen, vorhanden. Die Wicklungsabteilungen *1* und *2* sowie *5* und *6* sind in Reihe geschaltet und die Wicklungsabteilungen *3* und *4* sowie *7* und *8* gegengeschaltet, wobei die Abteilungen *4*, *5*, *6* und *7* gleichsinnig und *1*, *2*, *3* und *8* gegensinnig zur Oberspannungswicklung geschaltet sind. Wie aus dem Potentialdiagramm ersichtlich ist, entsteht eine vierphasige 60°—120°-*Zickzackschaltung*, die mit xz bezeichnet werden kann. Die Spannungskomponenten der 60°-Zickzackschaltung *1* und *2* sowie *5* und *6* schließen einen Winkel von 60° ein. Der Absolutbetrag der resultierenden Spannung ist deshalb genauso groß, wie der der Komponenten selbst. Dagegen ist der Absolutbetrag der resultierenden Spannung bei der 120°-Zickzackschaltung um $\sqrt{3}$ mal größer, als eben bei 60° festgestellt. Die Berechnung der Übersetzung ist in der Abbildung zeichnerisch erläutert.

Die Bezeichnung der *Schaltgruppe* des Zweiphasen-Vierphasen-Transformators, bezogen auf die Phasen U und a, ergibt sich zu $L\,(120°)\,xz\,4$.

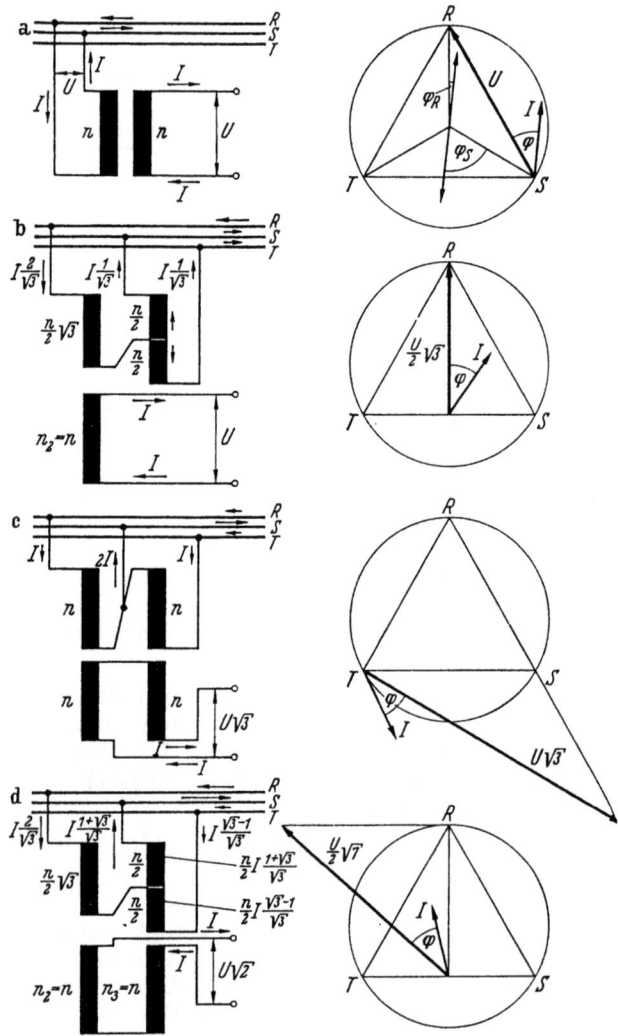

Abb. 229. Anschluß eines Einphasenverbrauchers an ein Drehstromnetz. Verteilung der Einphasenlast auf die Sammelschiene RST. Übersetzungsverhältnis der Transformatoren $ü = 1:1$. Ströme auf Grund des Gleichgewichtes der Belastungsdurchflutungen berechnet. a) Einphasenschaltung, Phase T ist stromlos; b) Spannungsteilerschaltung, wird $n_2 = \frac{n}{2}\sqrt{3}$ gewählt, entsteht statt U die Spannung $\frac{U}{2}\sqrt{3}$, und auf der Aufnahmeseite fließen Ströme im Verhältnis $1:\frac{1}{2}:\frac{1}{2}$; c) V-Schaltung, infolge Reihenschaltung der Schenkelwicklungen um $\sqrt{3}$ mal vergrößerte Spannung, d) Scottsche Schaltung, wird $n_2 = \frac{n}{2}\sqrt{3}$ gewählt, entsteht statt $U\sqrt{2}$ die Spannung $\frac{U}{2}\sqrt{7}$, und auf der Aufnahmeseite fließen Ströme im Verhältnis $\frac{2}{2}:\frac{3}{2}:\frac{1}{2}$, weil $\frac{n}{2}\frac{3}{2}I + \frac{n}{2}\frac{1}{2}I = nI$ ist

In nachfolgender Tabelle ist das Übersetzungsverhältnis des Transformators mit Zickzackwicklung angegeben.

Tabelle 95. *Übersetzungsverhältnis der Zweiphasen-Vierphasen L-xz-Schaltung nach Abb. 230*

	Spannungskomponenten (1,2) und (5,6)		Spannungskomponenten (3,4) und (7,8)	
	Windungszahl	Spannung	Windungszahl	Spannung
Oberspannungsseite	n_1	$U_{UMp}=U_{VMp}$	n_1	$U_{UMp}=U_{VMp}$
Unterspannungsseite	$\dfrac{n_2}{2}+\dfrac{n_2}{2}$	$\dfrac{2\,U_{da}}{\sqrt{2}}$	$\dfrac{n_2}{4}\dfrac{2}{\sqrt{3}}+\dfrac{n_2}{4}\dfrac{2}{\sqrt{3}},$ $\dfrac{n_3}{2}+\dfrac{n_3}{2}$	$\dfrac{2}{\sqrt{3}}\dfrac{U_{da}}{\sqrt{2}}$
Übersetzungsverhältnis	$\ddot{u}_1=\dfrac{n_1}{n_2}2=\dfrac{U_{UMp}}{U_{da}/\sqrt{2}}$		$\ddot{u}_2=\dfrac{n_1}{n_3}\dfrac{2}{\sqrt{3}}=\dfrac{U_{UMp}}{U_{da}/\sqrt{2}}$	
Bemerkungen	$\ddot{u}_1=\ddot{u}_2$ weil $n_3=n_2\dfrac{1}{\sqrt{3}}$ ist			

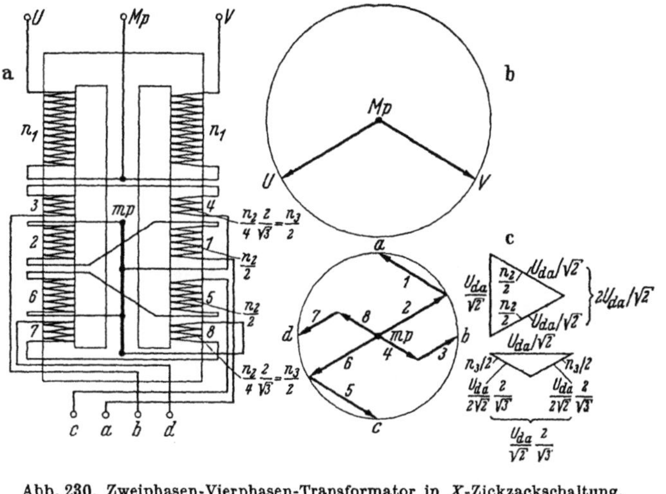

Abb. 230. Zweiphasen-Vierphasen-Transformator in X-Zickzackschaltung. Schaltgruppe: L (120°) xz 4. Phasenfolge: a, b, c, d. a) Schaltung der acht Wicklungsabteilungen; b) Potentialdiagramme; c) Ermittlung der Übersetzung der 60°- und 120°-Zickzackschaltung. Bei 60°-Schaltung ist die algebraische Summe der Spannungskomponenten 2mal größer als die geometrische Summe. Bei 120°-Schaltung ist die algebraische Summe der Spannungskomponenten $\dfrac{2}{\sqrt{3}}$ mal größer als die geometrische Summe

93. Die Quadratschaltung ⬜ Qq

Die symmetrische geschlossen verkettete Vierphasenschaltung besitzt ein Potentialdiagramm von *quadratischer Form*. Sie wird deshalb einfach mit Quadratschaltung bezeichnet.

In Abb. 231 und 232 ist diese Schaltung dargestellt, wobei der Transformator in der ersten Abbildung auf der Oberspannungsseite zyklisch vertauscht an die Sammelschiene RST angeschlossen ist. Für die

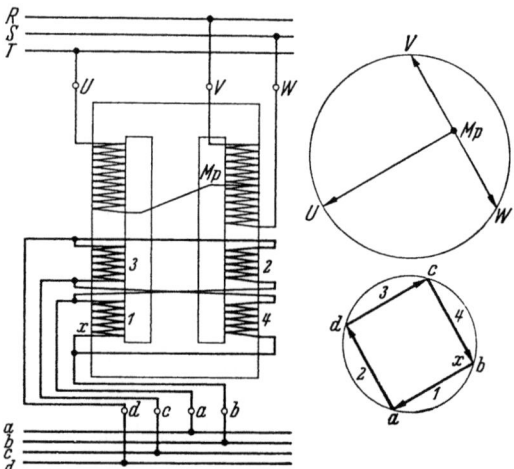

Abb. 231. Die geschlossen verkettete symmetrische Vierphasenschaltung. Die Quadratschaltung. Schaltgruppe: $Tq\ 10\frac{1}{2}$. Links: Schaltung. Der Transformator ist zyklisch vertauscht an die Sammelschiene angeschlossen; rechts: Potentialdiagramme. Phasenfolge: a, d, c, b

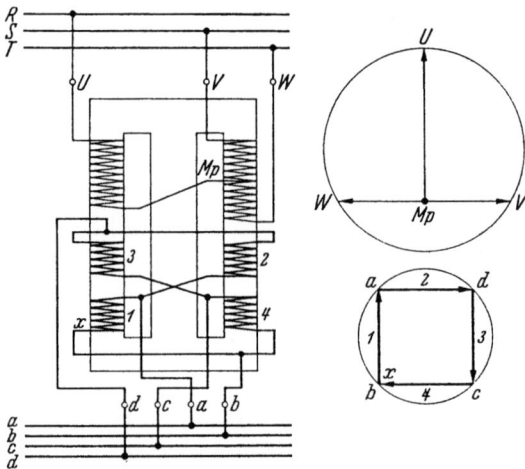

Abb. 232. Die geschlossen verkettete symmetrische Vierphasenschaltung. Die Quadratschaltung. Schaltgruppe: $Tq\ 10\frac{1}{2}$. Phasenfolge: a, d, c, b. Links: Schaltung; rechts: Potentialdiagramme

Kraftflüsse gelten die gleichen Zusammenhänge, wie sie bereits in Abschn. 92 angegeben worden sind.

Zwecks Aufstellung des Potentialdiagramms der *Quadratschaltung* beginnen wir mit Wicklungsabteilung *1* in Abb. 232 am Wicklungspunkt x bzw. b und laufen in Richtung a. Die Spannung *1* der Wicklungsabteilung *1* zeigt dann in die gleiche Richtung wie der Vektor

U_{UMp} auf der Oberspannungsseite. Hiernach kommen wir weiterlaufend in Richtung d nach Wicklungsabteilung 2. Die Spannung 2 zeigt in Richtung des Vektors U_{VMp}. Anschließend gelangen wir zur Wicklungsabteilung 3. Hier müssen wir in entgegengesetzter Richtung bis c laufen. Die Spannung 3 ist deshalb gegenüber dem Vektor U_{UMp} um 180° phasenverschoben. Schließlich erreichen wir die Wicklungsabteilung 4 und laufen in entgegengesetzter Richtung bis b, wodurch der Kreis beim Anfangspunkt x geschlossen wird. Die Spannung 4 besitzt die gleiche Richtung wie der Vektor U_{WMp} auf der Oberspannungsseite des Transformators.

Sind die Windungszahlen dieser vier Wicklungsabteilungen untereinander gleich, erhalten wir die quadratische Form des Potentialdiagramms für ein *symmetrisches Vierphasensystem*, wie es in der Abbildung rechts unten dargestellt ist. Wie erkennbar, ist die Richtungsfolge der Spannungsvektoren 1, 2, 3 und 4, von x beginnend, *rechtsdrehend*.

In Abb. 233 ist die Quadratschaltung mit nach *linksdrehender Richtungsfolge* der Spannungsvektoren dargestellt. Beginnen wir hier wieder bei x, so zeigt zwar die Spannung 1 gleichfalls in Richtung des Vektors U_{UMp}, wir gelangen aber, weiterlaufend zur Wicklungsabteilung 2, statt nach unten nach oben und müssen jetzt in entgegengesetzter Richtung bis d laufen. Die Spannung 2 ist also gegenüber dem Vektor U_{VMp} um 180° phasenverschoben. Anschließend kommen wir zur Wicklungsabteilung 3, die genauso wie in Abb. 232 geschaltet ist. Die Spannung 3 hat demnach die gleiche Richtung wie vorher. Schließlich ist die Wicklungsabteilung 4 wieder entgegengesetzt durchzulaufen, und die Spannung 4 ist relativ zu dem Vektor U_{WMp} um 180° phasenverschoben.

Während hier die Phase a gegenüber der Phase U um 45° nacheilend ist, ist sie in Abb. 232 um 45° voreilend. Die Bezeichnungen für die *Schaltgruppen* können folglich zu $Tq\ 1\frac{1}{2}$ und $Tq\ 10\frac{1}{2}$ gewählt werden.

Die geschlossen verkettete symmetrische *Vierphasenschaltung* ist mit Spannungen und Strömen zur besseren Übersicht nochmals in Abb. 233d, nach Potentialen ausgerichtet, dargestellt.

Nach Gl. (153) ist der *Linienstrom*

$$I = 2I_{Ph}\sin\frac{90°}{2} = \sqrt{2}I_{Ph} \quad \text{(A)}, \qquad (202)$$

d. h. um $\sqrt{2}$ mal größer als der Phasenstrom, und die Phasenspannung ist gleich der Linienspannung. Die Summe der vier Phasenströme I_{Ph} ergibt in jedem Zeitmoment gleich Null. Bei unsymmetrischer Belastung werden durch die Differenzbildung der Ströme in den vier Eckpunkten des Vierphasensystems unsymmetrische Phasenströme in bisymmetrische Linienströme umgewandelt.

Die *Leistung* der geschlossen verketteten Vierphasenschaltung setzt sich ebenfalls aus den Leistungen der einzelnen Phasen zusammen. Es ist

$$N = 4\,UI_{Ph} = 2\sqrt{2}\,UI \quad \text{(VA)}, \qquad (203)$$

wobei $2\sqrt{2}$ wiederum der Verkettungsfaktor m ist. Die Leistung der Vierphasenschaltung ist also, wie zu erwarten war, *unabhängig* von der Verkettungsart.

298 Vierphasenschaltungen

Eine geschlossen verkettete Vierphasenschaltung läßt sich auf ähnliche Weise wie eine offen verkettete durch Bildung von *zwei Stromkreisen* in eine geschlossen verkettete symmetrische Zweiphasenschaltung umwandeln. In Abb. 233c sind statt vier Zuleitungen zwei Zu-

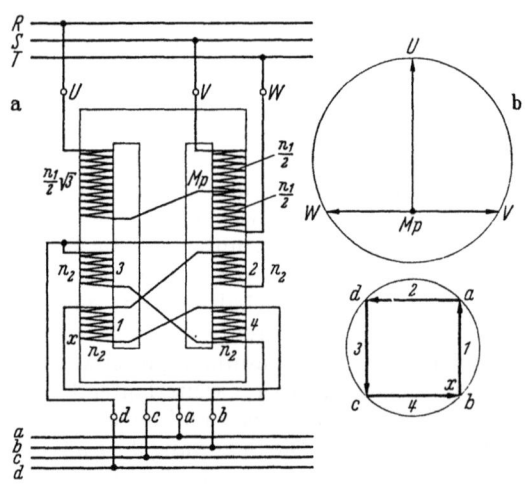

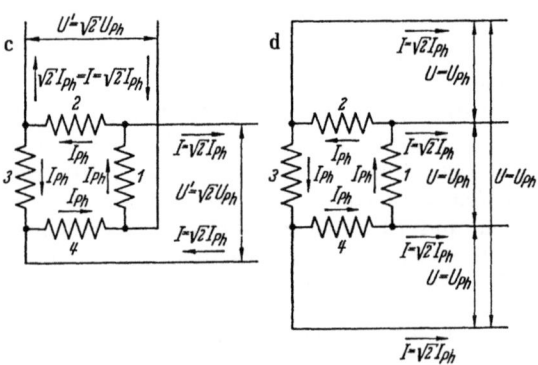

Abb. 233. Die geschlossen verkettete symmetrische Vierphasenschaltung. Die Quadratschaltung. Schaltgruppe: $Tq\,1\tfrac{1}{2}$. a) Schaltung mit nach linksdrehender Richtungsfolge der Spannungsvektoren; b) Potentialdiagramme; c) geschlossen verkettetes symmetrisches Zweiphasensystem; d) geschlossen verkettetes symmetrisches Vierphasensystem. Phasenfolge: a, b, c, d

leitungen und zwei Rückleitungen diagonal an die Wicklung des Transformators angeschlossen.

Der Absolutbetrag der *Linienspannung* ist danach

$$U' = \sqrt{2}\,U_{Ph} \quad (V), \tag{204}$$

also um $\sqrt{2}$ mal größer als die Linienspannung U der Vierphasenschaltung, und die Leistung der Schaltung wird

$$N' = 2\,(2\,U_{Ph}I_{Ph}) = 2\,U'I \quad (VA), \tag{205}$$

d. h. genauso groß, wie nach Gl. (199) berechnet worden ist.

Die Quadratschaltung Qq

Die beiden Stromkreise des geschlossen verketteten Zweiphasensystems haben Linienspannungen, die jeweils aus der *geometrischen Summe* der anliegenden Phasenspannungen gebildet werden. Wie aus dem Potentialdiagramm zu erkennen ist, gelten für die eine Linienspannung die diagonal liegenden Potentialpunkte a und c, während der anderen Linienspannung die Potentialpunkte b und d zugeordnet sind. Die Linienspannungen sind also um 90° gegeneinander phasenverschoben.

Die *Quadratschaltung* kann auch mit Hilfe einer in Stern oder Dreieck geschalteten Wicklung, auf einem normalen dreischenkligen Eisenkern sitzend, ohne die SCOTTsche Schaltung ausgeführt werden. In Abbildung 234a ist diese Schaltungsweise dargestellt. Auf der Oberspannungsseite des Transformators sind die Schenkelwicklungen normal in *Stern* geschaltet, während auf der Unterspannungsseite sechs Wicklungsabteilungen angeordnet sind. Ausgehend vom Wicklungspunkt x, sind die Wicklungsabteilungen $1, 3$ und 5 gleichsinnig und die Wicklungsabteilungen $2, 4$ und 6 gegensinnig hintereinander geschaltet. Hier sind ebenfalls zwei Phasenspannungen

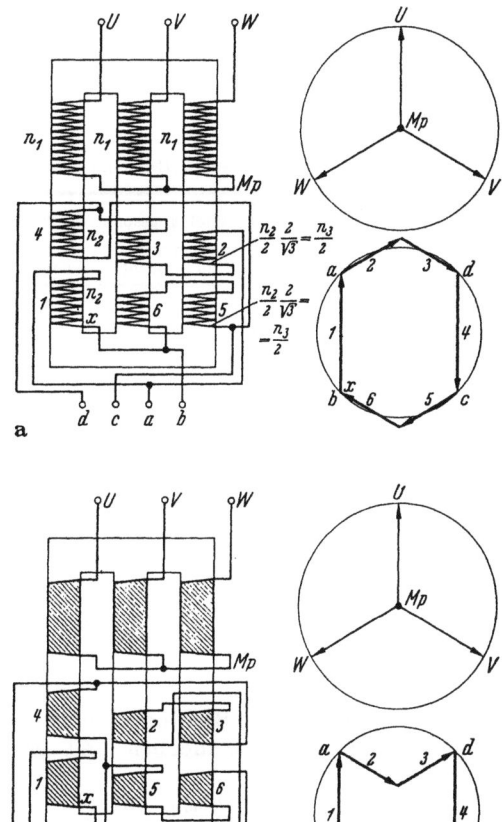

Abb. 234. Dreiphasen-Vierphasen-Transformator in Stern-Quadratschaltung. Schaltgruppe: $Yqw\,10\tfrac{1}{2}$. Phasenfolge: a, d, c, b. a) Schaltung mit Potentialdiagrammen, Q-Schaltung in unsymmetrischer Sechseckform; b) Q-Schaltung in Spulenform

des neuen Vierphasensystems direkt durch Wicklungsspannungen und zwei indirekt durch Spannungskomponente gebildet. Wie aus dem Potentialdiagramm hervorgeht, entsteht zwar eine *unsymmetrische Sechseckschaltung*, aber die *Potentialpunkte*, in der Phasenfolge a, d, c und b, liegen in gleichen Abständen und ergeben ein symmetrisches Vierphasensystem. Wir bezeichnen diese Schaltung mit qw, und die Schaltgruppe des Transformators, bezogen auf die Phase a, mit $Yqw\,10\tfrac{1}{2}$.

300 Vierphasenschaltungen

Schaltet man die Wicklungsabteilungen *1, 2* und *6* gleichsinnig und *3, 4* und *5* gegensinnig, wobei die Wicklungsabteilungen *2* mit *3* und *5* mit *6* in der Reihenfolge des Anschlusses vertauscht werden, entsteht die in Abb. 234b dargestellte *spulenförmige Quadratschaltung*. Die Potentialpunkte bleiben trotz Umschaltung in Lage und Folge unverändert.

In nachstehender Tabelle ist das Übersetzungsverhältnis des Transformators angegeben.

Tabelle 96. *Übersetzungsverhältnis der Stern-qw-Schaltung nach Abb. 234*

	Wicklungsspannungen (1,4)		Spannungskomponenten (2,3) und (5,6)	
	Windungszahl	Spannung	Windungszahl	Spannung
Oberspannungsseite	n_1	$\dfrac{U_{UV}}{\sqrt{3}}$	n_1	$\dfrac{U_{UV}}{\sqrt{3}}$
Unterspannungsseite	n_2	U_{da}	$\dfrac{n_2}{2}\dfrac{2}{\sqrt{3}}+\dfrac{n_2}{2}\dfrac{2}{\sqrt{3}}$, $\dfrac{n_3}{2}+\dfrac{n_3}{2}$	$\dfrac{2}{\sqrt{3}}U_{da}$
Übersetzungsverhältnis	$\ddot{u}_1=\dfrac{n_1}{n_2}=\dfrac{U_{UV}/\sqrt{3}}{U_{da}}$		$\ddot{u}_2=\dfrac{n_1}{n_3}\dfrac{2}{\sqrt{3}}=\dfrac{U_{UV}/\sqrt{3}}{U_{da}}$	
Bemerkungen	$\ddot{u}_1=\ddot{u}_2$ weil $n_3=n_2\dfrac{2}{\sqrt{3}}$ ist			

Die Umkehrung der Richtungsfolge der Spannungsvektoren ist hier ebenfalls ohne weiteres möglich und bringt eine Verschiebung der Phasen um 90°.

Mit einer *Dreieckwicklung* auf der Oberspannungsseite kann auf ähnliche Weise — wie oben dargelegt — die *qw*-Schaltung ohne Schwierigkeiten aufgebaut werden. Erfolgt hierbei die Schaltung der Wicklungsabteilungen *1* bis *6* nach Abb. 234, geht der Phasenwinkel der Schaltgruppe λ von 315° auf 285°, also um 30°, zurück, wenn die Dreieckschaltung in Abb. 240 zugrunde gelegt wird.

Unter Verwendung des in Abb. 196 angegebenen Zweiphasentransformators läßt sich die Quadratschaltung auch in *Zickzackform*, ähnlich wie im Abschn. 92 besprochen, herstellen. In Abb. 235 ist diese Schaltung nebst Potentialdiagrammen aufgezeichnet.

Auf der Oberspannungsseite wird angenommen, daß die beiden Wicklungsabteilungen an die Phasen *S* und *T* und an den Sternpunktleiter *Mp* eines Vierleiter-Drehstromnetzes angeschlossen sind. Das Potentialdiagramm zeigt demzufolge zwei Spannungsvektoren mit 120° Phasenverschiebung an. Auf der Unterspannungsseite sind, ähnlich wie in Abb. 230, vier Wicklungsabteilungen mit der Windungs-

Die Quadratschaltung Qq 301

zahl $\frac{n_2}{2}$ und vier mit $\left(\frac{n_2}{4}\right)\frac{2}{\sqrt{3}}$, also insgesamt acht Wicklungsabteilungen vorhanden. Alle Wicklungsabteilungen sind *hintereinander* geschaltet.

Ausgehend vom Wicklungspunkt x, sind die Wicklungsabteilungen 2, 1, 3 und 8 gegensinnig und die Wicklungsabteilungen 4, 6, 5 und 7 gleichsinnig gegenüber der Wicklung auf der Oberspannungsseite geschaltet. Alle Phasenspannungen des Vierphasensystems werden hierdurch indirekt mittels Spannungskomponenten gebildet. Wie aus dem Potentialdiagramm ersichtlich, entsteht eine geschlossen verkettete *Zickzackwicklung* mit symmetrischen *Potentialpunkten* in der Phasenfolge a, d, c und b. Wir bezeichnen diese Schaltung mit qz und die Schaltgruppe des Transformators, bezogen auf die Phasen U und a, mit $L(120°)qz\,2\tfrac{1}{2}$.

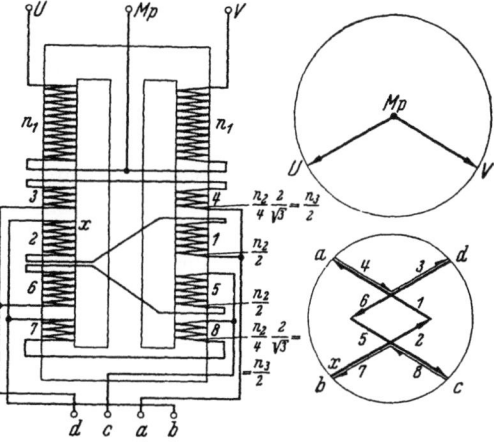

Abb. 235. Zweiphasen-Vierphasen-Transformator in Q-Zickzackschaltung. Schaltgruppe: $L(120°)qz\,2\tfrac{1}{2}$. Phasenfolge: a,d,c,b. Links: Schaltung der acht Wicklungsabteilungen; rechts: Potentialdiagramme

In folgender Tabelle ist das Übersetzungsverhältnis des Transformators mit Zickzackwicklung angegeben.

Tabelle 97. *Übersetzungsverhältnis der Zweiphasen-Vierphasen L-qz-Schaltung nach Abb. 235*

	Spannungskomponenten (1,2) und (5,6)		Spannungskomponenten (3,4) und (7,8)	
	Windungszahl	Spannung	Windungszahl	Spannung
Oberspannungsseite	n_1	$U_{UMp}=U_{VMp}$	n_1	$U_{UMp}=U_{VMp}$
Unterspannungsseite	$\dfrac{n_2}{2}+\dfrac{n_2}{2}$	$2\,U_{da}$	$\dfrac{n_2}{4}\dfrac{2}{\sqrt{3}}+\dfrac{n_2}{4}\dfrac{2}{\sqrt{3}},$ $\dfrac{n_3}{2}+\dfrac{n_3}{2}$	$\dfrac{2}{\sqrt{3}}U_{da}$
Übersetzungsverhältnis	$\ddot{u}_1 = = \dfrac{n_1}{n_2}2 = \dfrac{U_{UMp}}{U_{da}}$		$\ddot{u}_2 = \dfrac{n_1}{n_3}\dfrac{2}{\sqrt{3}}=\dfrac{U_{UMp}}{U_{da}}$	
Bemerkungen	$\ddot{u}_1 = \ddot{u}_2$ weil $n_3 = n_2\dfrac{1}{\sqrt{3}}$ ist			

S. Sechsphasenschaltungen

Sechsphasenschaltung eines Transformators liegt dann vor, wenn die Spannungen oder die resultierenden Spannungen der Wicklungsabteilungen auf einer Seite *sechs verschiedene räumliche Richtungen* aufweisen, wobei die Spitzenpunkte der Vektoren, hintereinander folgend, am Kreisumfang im Potentialdiagramm um gleiche Bogenlängen entfernt liegen. Der Phasenwinkel des *Systems* beträgt folglich $\psi = \frac{360^\circ}{6} = 60^\circ$. Die einzelnen Wicklungsabteilungen können hierbei gegenüber der anderen Seite gleichsinnig oder gegensinnig geschaltet sein.

Die Sechsphasenschaltung kann *offen* oder *geschlossen verkettet* werden. Für die Fortleitung des Stromes werden sechs *Zuleitungen* be-

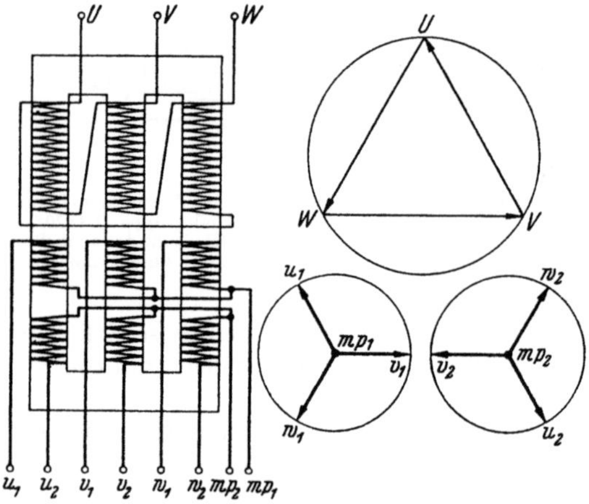

Abb. 236. Dreiwicklungstransformator in Dreieck-Stern-Stern-Schaltung. Schaltgruppe: $D\,y\,11/D\,y\,5$

nötigt. Bei offener Verkettung und beabsichtigter Sternpunktbelastung muß eine siebente Leitung als *Rückleitung* vorgesehen werden.

Die geschlossen verketteten Schaltungen sind die sogenannten *Sechseckschaltungen*, bei denen die Verkettung ring- oder dreieckförmig vorgenommen werden kann.

In nachfolgenden Abschnitten sind die offen verketteten und die teilweise offen verketteten Schaltungen ausführlich beschrieben.

94. Die Doppelsternschaltung ⊛ $YY\,yy$

Die Doppelsternschaltung entsteht aus *zwei Sternschaltungen* mit entgegengesetztem *Schaltsinn*, die in ihren Sternpunkten miteinander verbunden werden.

In Abb. 236 ist ein Drehstrom-Dreiwicklungstransformator der Schaltgruppe $D\,y\,11/D\,y\,5$ dargestellt. Die Potentialdiagramme auf der Unterspannungsseite zeigen, daß die Spannungsvektoren schenkelweise

Die Doppelsternschaltung $YYyy$

entgegengesetzte Richtungen besitzen. Verbindet man die Sternpunkte mp_1 und mp_2 miteinander, rücken die beiden Spannungssterne zusammen, und die Spannungsvektoren weisen sechs verschiedene räumliche Richtungen auf.

Man kann statt zwei eine *durchgehende Wicklungsabteilung* auf jedem Schenkel des Eisenkernes anordnen, die dann in der Mitte des Schenkels untereinander verbunden werden. Diese Wicklungsanordnung ist in Abb. 237 dargestellt. Das Potentialdiagramm zeigt jetzt die oben angegebene Doppelsternform. Man bezeichnet diese Schaltung einfacherweise auch mit *Sechsphasensternschaltung*.

Beziehen wir den Phasenwinkel zur Bezeichnung der Schaltgruppe der Dreieck-Sechsphasenstern-Schaltung auf die Phase u_1, dann ist $\lambda = 330°$, und es kann infolgedessen $Dyy\,11$ als Bezeichnung gewählt werden.

Die symmetrische offen verkettete *Sechsphasenschaltung* ist mit Spannungen und Strömen zur besseren Übersicht, nach Potentialen ausgerichtet, in der Abbildung unten dargestellt. An den Sternpunkt mp ist die Rück-

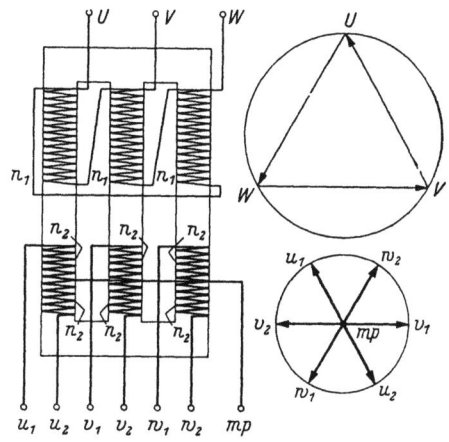

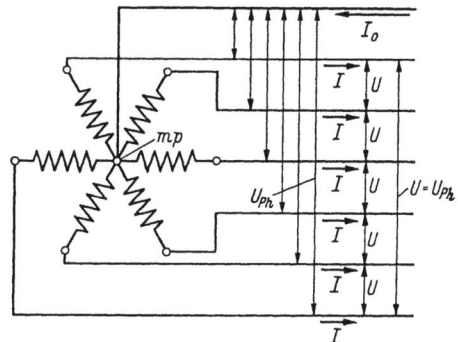

Abb. 237. Dreiphasen-Sechsphasen-Transformator in Dreieck-Doppelstern-Schaltung.
Schaltgruppe: $Dyy\,11$. Links: Schaltung; rechts: Potentialdiagramme; unten: offen verkettetes symmetrisches Sechsphasensystem mit Rückleitung

leitung für die Belastung des Sternpunktes angeschlossen.
Nach Gl. (152) ist der Absolutbetrag der *Linienspannung*

$$U = 2 U_{Ph} \sin \frac{60°}{2} = U_{Ph} \quad \text{(V)}, \qquad (206)$$

d. h. gleich der Phasenspannung, und der Phasenstrom ist ebenfalls gleich dem Linienstrom, weil die Schaltung offen verkettet ist. Die *Leistung der Sechsphasenschaltung* ist die Summe der Leistungen der einzelnen Phasen. Es ist folglich

$$N = 6\,UI \quad \text{(VA)}, \qquad (207)$$

wobei 6 den Verkettungsfaktor der Schaltung gleich m bedeutet.

Die *Doppelsternschaltung* wird vorwiegend bei Gleichrichtern verwendet (s. Abschn. 97). Sie kann durch Bildung von drei getrennten Stromkreisen, also mit drei Zuleitungen und drei Rückleitungen, ähnlich wie in Abb. 227c, in eine unverkettete Dreiphasenschaltung umgewandelt werden. Die Linienspannung steigt hierbei auf $2\,U$ je Stromkreis an.

Wird auf der Oberspannungsseite statt der Dreieckschaltung Sternschaltung vorgesehen, wie in Abb. 238 dargestellt, geht der Phasen-

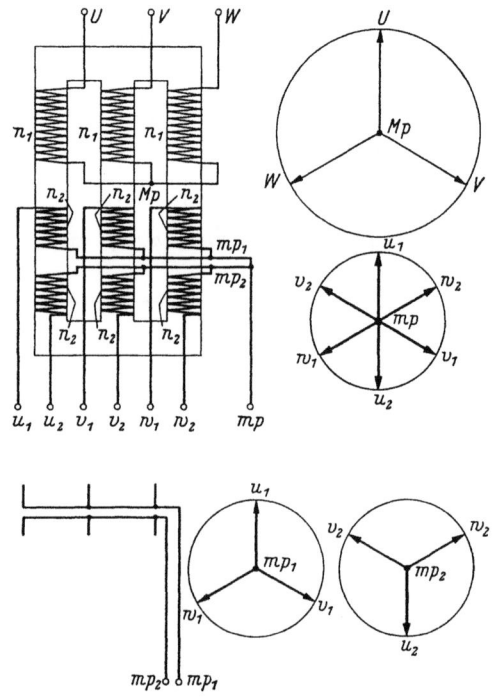

Abb. 238. Dreiphasen-Sechsphasen-Transformator in Stern-Doppelstern-Schaltung. Schaltgruppe: $Yyy\,0$. Links: Schaltung mit getrennten Wicklungsabteilungen auf der Unterspannungsseite; rechts: Potentialdiagramme; unten: Potentialdiagramme nach Öffnung der Sternpunkte mp_1 und mp_2

winkel λ von 330° auf 0° zurück. Die Bezeichnung der Schaltgruppe ist jetzt folglich $Yyy\,0$. Die Transformatoren mit Dreieck-Doppelstern- und Stern-Doppelstern-Schaltung können also nicht parallel betrieben werden, weil zwischen gleichnamigen und ungleichnamigen Hauptklemmen Differenzspannungen entstehen. Öffnet man die Verbindung der Sternpunkte mp_1 und mp_2 des Transformators, rücken die Potentialdiagramme der Unterspannungswicklungen auseinander, und es sind dann zwei getrennte Drehstromsysteme eines Dreiwicklungstransformators — in der Abbildung unten dargestellt — vorhanden. Dementsprechend muß jetzt die Bezeichnung der *Schaltgruppe* zu $Yy\,0/Yy\,6$ gewählt werden.

Die Doppeldreieckschaltung DD d d

In untenstehender Tabelle ist das Übersetzungsverhältnis des Dreiphasen-Sechsphasentransformators bei verschiedenen Schaltungskombinationen angegeben.

Tabelle 98. *Übersetzungsverhältnis der Dreieck-Doppelstern- und Stern-Doppelstern-Schaltung nach Abb. 237 und 238*

	Dreieck-Doppelstern-Schaltung		Stern-Doppelstern-Schaltung	
	Windungszahl	Spannung	Windungszahl	Spannung
Oberspannungsseite	n_1	U_{UV}	n_1	$\dfrac{1}{\sqrt{3}} U_{UV}$
Unterspannungsseite	n_2	$U_{u_1 w_2} = U_{u_1 mp}$ $= U_{w_2 mp}$	n_2	$U_{u_1 w_2} = U_{u_1 mp}$ $= U_{w_2 mp}$
Übersetzungsverhältnis	$\ddot{u} = \dfrac{n_1}{n_2} = \dfrac{U_{UV}}{U_{u_1 w_2}}$		$\ddot{u} = \dfrac{n_1}{n_2}\sqrt{3} = \dfrac{U_{UV}}{U_{u_1 w_2}}$	

95. Die Doppeldreieckschaltung ✡ *DD d d*

Die Doppeldreieckschaltung ist keine Sechsphasenschaltung, denn *zwei Dreieckwicklungen* können nicht ohne weiteres zu einer Sechsphasenwicklung vereinigt werden. Sie stellt aber die Anfangsstufe auf dem Wege der Entwicklung zu einer geschlossen verketteten Sechsphasenschaltung dar. Unter *Doppeldreieckschaltung* müssen wir also zwei elektrisch getrennte Dreieckwicklungen mit entgegengesetztem Schaltsinn und gleichen Phasenspannungen eines Dreiwicklungstransformators verstehen. Diese Schaltungskombination wird deshalb nur für die

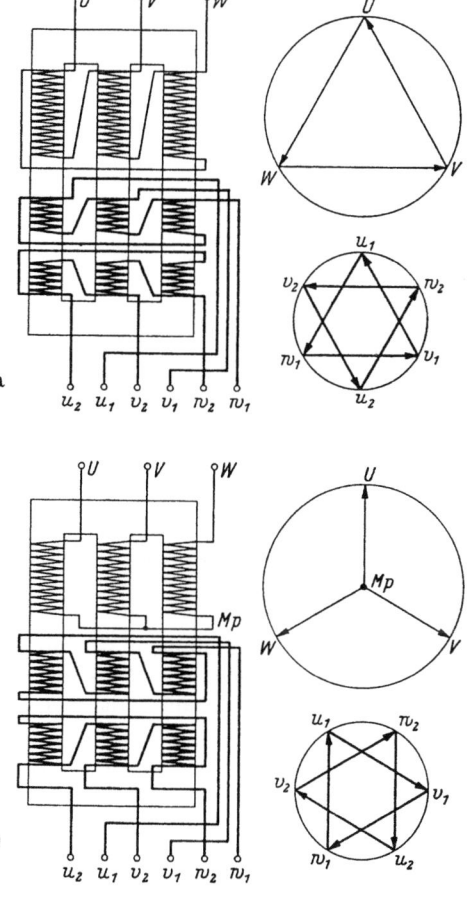

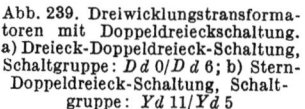
Abb. 239. Dreiwicklungstransformatoren mit Doppeldreieckschaltung.
a) Dreieck-Doppeldreieck-Schaltung, Schaltgruppe: *D d* 0/*D d* 6; b) Stern-Doppeldreieck-Schaltung, Schaltgruppe: *Y d* 11/*Y d* 5

Vollständigkeit der Darstellung der Schaltungen kurz an dieser Stelle beschrieben.

In Abb. 239 sind zwei Dreiwicklungstransformatoren mit *Doppeldreieckschaltung* angegeben. Im Potentialdiagramm sind die Spannungsdreiecke auf der Unterspannungsseite sowohl bei oberspannungsseitiger Dreieck- als auch bei oberspannungsseitiger Sternschaltung zusammengeschoben dargestellt, obwohl die Wicklungen keinen gemeinsamen Potentialpunkt aufweisen. Es soll hierdurch angedeutet werden, daß die Spannungsvektoren gleich groß und entgegengesetzt gerichtet sind. Die *Potentialpunkte* am Kreisumfang sind gleichmäßig verteilt, und die ideelle Folge der Phasen ist $u_1 w_2 v_1 u_2 w_1 v_2$.

96. Die Gabelschaltung ⊗ G g

Gabelt man die Spannungen einer *Zickzackwicklung* (s. Abschn. 19, 37 und 41) durch Hinzuschaltung von drei weiteren Wicklungsabteilungen, entsteht ein symmetrisches Sechsphasensystem mit offener Verkettung. In Abb. 240 und 241 ist diese Schaltungsweise, die mit *Gabelschaltung* bezeichnet wird, dargestellt.

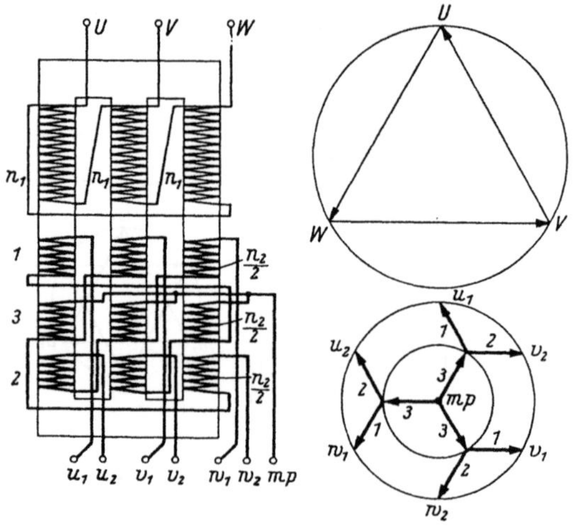

Zwecks Aufstellung des Potentialdiagramms der Schaltung beginnen wir im Sternpunkt *mp* der *Dreieck-Gabel-Schaltung* in Abb. 240. Die Wicklungsabteilungen 3 der unterspannungsseitigen Gabelwicklung sind zur oberspannungsseitigen Dreieckwicklung *gegensinnig* geschaltet. Die Spannungsvektoren dieser Wicklungsabteilungen sind also den Vektoren der Oberspannungsseite U_{UV}, U_{VW} und U_{WU} entgegengesetzt gerichtet.

Abb. 240. Dreiphasen-Sechsphasen-Transformator in Dreieck-Gabel-Schaltung. Schaltgruppe: *D g* 0. Links: Schaltung der neun Wicklungsabteilungen der Gabelwicklung; rechts: Potentialdiagramme

An die Wicklungsabteilungen 3 sind die Abteilungen 1 und 2 gemeinsam angeschlossen. Die Wicklungsabteilungen 1 sind gleichsinnig geschaltet und in Zickzack mit den Abteilungen 3 verbunden. Die Spannung der Wicklungsabteilung 1 des linken Schenkels hat die gleiche Richtung wie der Vektor U_{UV} und ist an die Spannung der Wicklungsabteilung 3 des rechten Schenkels, die dem Vektor U_{WU} entgegengesetzt gerichtet ist, angesetzt. Hierdurch wird der Potentialpunkt u_1 erreicht und die Spannung $U_{u_1 mp}$ gebildet. Auf ähnliche Weise entstehen die Spannungen $U_{v_1 mp}$ und $U_{w_1 mp}$.

Die Gabelschaltung Gg 307

Die Wicklungsabteilungen 2 sind ebenfalls *gleichsinnig* geschaltet und in Zickzack aber in anderer Reihenfolge an die Abteilungen 3 angeschlossen. Die Spannung der Wicklungsabteilung 2 des linken Schenkels hat die gleiche Richtung wie der Vektor U_{UV} und ist an die Spannung der Wicklungsabteilung 3 des mittleren Schenkels, die dem Vektor U_{VW} entgegengesetzt gerichtet ist, angesetzt. Hierdurch wird der Potentialpunkt u_2 erreicht und die Spannung $U_{u_2 mp}$ gebildet. Auf ähnliche Weise entstehen die Spannungen $U_{v_2 mp}$ und $U_{w_2 mp}$.

Die *Potentialpunkte* u_1, v_2, v_1, w_2, w_1 und u_2 sind, hintereinanderfolgend, am äußeren Kreisumfang um gleiche Bogenlängen voneinander entfernt. Es entsteht folglich zusammengenommen ein symmetrisches Sechsphasensystem aus Sternspannungen, die aus gabelförmigen Komponenten gebildet werden.

In Abb. 241 ist die *Stern-Gabel-Schaltung* dargestellt. Die Wicklungsabteilungen 3 sind gleichsinnig geschaltet und an die gegensinnig geschalteten Wicklungsabteilungen 1 und 2 phasenweise einseitig angeschlossen. Die Aufstellung des Potentialdiagramms erfolgt hier auf gleiche Weise, wie bereits oben angegeben worden ist. Es ist leicht erkennbar, daß die Folge der Phasen u_1, v_2, v_1, w_2, w_1 und u_2 in der gleichen Drehrichtung zustande kommt,

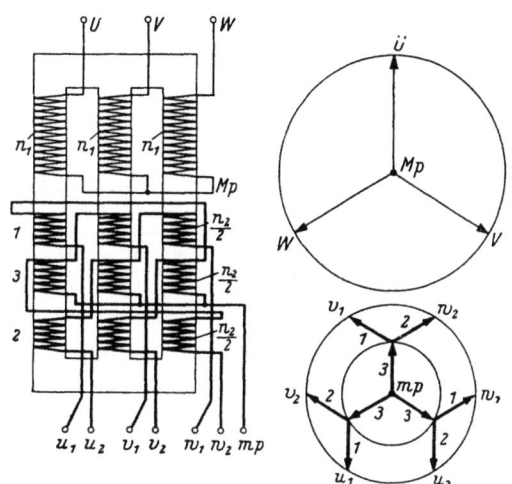

Abb. 241. Dreiphasen-Sechsphasen-Transformator in Stern-Gabel-Schaltung. Schaltgruppe: Yg 7. Links: Schaltung der neun Wicklungsabteilungen der Gabelwicklung; rechts: Potentialdiagramme

wie es in Abb. 240 der Fall ist. Die Potentialpunkte u_1 sind aber relativ zueinander um 210° phasenverschoben.

Der *Phasenwinkel* der Schaltgruppe λ, bezogen auf die Phase u_1 des Sechsphasensystems, beträgt in Abb. 240 gleich 0° und in Abb. 241 gleich 210°. Die Bezeichnung der *Schaltgruppe* für die Dreieck-Gabel-Schaltung ist folglich Dg 0 und für die Stern-Gabel-Schaltung Yg 7. Durch gegenseitigen Austausch der Gabelwicklungen in den Abbildungen lassen sich noch zwei weitere Schaltgruppen, und zwar Dg 6 und Yg 1 herstellen.

Zusammengenommen läßt sich sagen, daß durch Erweiterung oder Fortentwicklung der *Grundschaltungen* (s. Kap. D) die Bildung von Sechs- oder auch Zwölfphasensystemen ohne Schwierigkeiten durchführbar ist, wobei die ursprüngliche Verkettungsart der Schaltung unverändert bzw. teilweise erhalten bleiben kann.

20*

Durch Anordnung von drei Vierphasenwicklungen, z. B. nach Abb. 228b auf einem dreischenkligen Eisenkern und Verbindung der Mittelpunkte mp untereinander, läßt sich einfacherweise ebenfalls ein symmetrisches Zwölfphasensystem aufbauen.

In untenstehender Tabelle ist das Übersetzungsverhältnis des Dreiphasen-Sechsphasentransformators bei verschiedenen Schaltungskombinationen angegeben.

Tabelle 99. *Übersetzungsverhältnis der Dreieck-Gabel- und Stern-Gabel-Schaltung nach Abb. 240 und 241*

	Dreieck-Gabel-Schaltung		Stern-Gabel-Schaltung	
	Windungszahl	Spannung	Windungszahl	Spannung
Oberspannungsseite	n_1	U_{UV}	n_1	$\dfrac{1}{\sqrt{3}} U_{UV}$
Unterspannungsseite	$\dfrac{n_2}{2} + \dfrac{n_2}{2}$	$\dfrac{2}{\sqrt{3}} U_{u_2 u_1}$ $= \dfrac{2}{\sqrt{3}} U_{u_2 mp}$	$\dfrac{n_2}{2} + \dfrac{n_2}{2}$	$\dfrac{2}{\sqrt{3}} U_{u_2 u_1}$ $= \dfrac{2}{\sqrt{3}} U_{u_2 mp}$
Übersetzungsverhältnis	$ü = \dfrac{n_1}{n_2} \dfrac{2}{\sqrt{3}} = \dfrac{U_{UV}}{U_{u_2 u_1}}$		$ü = \dfrac{n_1}{n_2} 2 = \dfrac{U_{UV}}{U_{u_2 u_1}}$	

97. Dreiphasen- und Sechsphasenschaltungen für Gleichrichtertransformatoren

Gleichrichter sind elektrische *Ventile* und dienen zur Umformung von Ein- und Mehrphasen-Wechselströmen in Gleichstrom. Sie werden allgemein über Transformatoren an das speisende Netz angeschlossen. Dies ist aus zwei Gründen notwendig. Erstens muß die zugeführte Wechsel- oder Drehspannung in einem *bestimmten Verhältnis* zu der verlangten Gleichspannung stehen, und zweitens sind für die Bildung des *negativen Pols* der Gleichrichteranlage meistens Transformatoren am zweckmäßigsten.

Man unterscheidet Trockenplatten-, Glühkathoden- und Quecksilberdampf-Gleichrichter. Letztere sind Lichtbogenventile und werden in Starkstromanlagen am häufigsten verwendet.

Schalttechnisch gesehen, lassen sich die *Gleichrichteranlagen*, unabhängig von der Phasenzahl, in die Einweg- und Zweiwegschaltung einteilen. Bei kleineren Leistungen der Gleichrichter wird meistens die Einphasen-Zweiweg-Schaltung gewählt, wobei Einphasentransformatoren mit Mittelanzapfung (s. Abb. 194) zur Verwendung kommen. Bei mittleren und größeren Leistungen wird die Dreiphasen-Einweg-Schaltung oder die Dreiphasen-Zweiweg-Schaltung, also die Sechsphasen-Einweg-Schaltung für Gleichrichteranlagen angewendet.

Quecksilberdampf-Gleichrichter werden fast ausschließlich mit *mehreren Anoden* ausgeführt. Bei der Dreiphasen-Einweg-Schaltung sind drei und bei der Dreiphasen-Zweiweg-Schaltung sechs Anoden erforderlich. Sind bei großen Stromstärken *Stromteiler* in den Anodenzuleitungen eingebaut, beträgt die Anodenzahl 6 bzw. 12 oder 12 bzw. 24. Bei Zwölfphasen-Einweg-Schaltung sind zwölf Anoden notwendig. (Mit 3 bzw. 6 oder 9 bzw. 18 und ohne Stromteiler.)

Entsprechend der *Anodenzahl*, kommen Transformatoren in Dreiphasen-Dreiphasen-, Dreiphasen-Sechsphasen- oder in Dreiphasen-Zwölfphasen-Schaltung in Frage. Über eine Saugdrossel (Sdr) können zwei Dreiphasen-Einweg-Schaltungen zur Sechsphasenschaltung und vier Dreiphasen-Einweg-Schaltungen über drei Saugdrosseln zur Zwölfphasenschaltung mit Vorteil vereinigt werden.

Da der *Sternpunkt* auf der Abgabeseite der Transformatoren für die Bildung des negativen Pols der Gleichrichteranlage zugänglich sein muß, treten für die Ausführung der Quecksilberdampf-Gleichrichter mit drei Anoden die Stern-Stern-, Stern-Zickzack-, Dreieck-Stern- und Dreieck-Zickzack-Schaltung der Transformatoren in die engere Auswahl. Bei der Ausrüstung mit sechs Anoden können Stern-Doppelstern-, Dreieck-Doppelstern-, Stern-Gabel- und Dreieck-Gabel-Schaltung in Betracht kommen.

Der im Betriebe ständig geschlossene *Stromkreis* einer Quecksilberdampf-Gleichrichteranlage läuft abwechselnd über eine der *Anoden* zur *Kathode* des Gleichrichters, dann über den Gleichstromverbraucher zurück zum *Sternpunkt* und schließlich ebenfalls abwechselnd über eine der Schenkelwicklungen des Transformators.

Die *Belastung* der einzelnen Schenkelwicklungen ist also von regelmäßigen Pausen unterbrochen. Während der ganzen Dauer einer Periode ($2\pi = 360°$) der aufgedrückten Wechselspannung können die Anoden nur innerhalb der positiven Halbwelle brennen. Die übrige Zeit ist die Schenkelwicklung stromlos. Die Zeitdauer innerhalb der Halbwelle und die Kurvenform des Anodenstromes sind von der Schaltung und Phasenzahl der Gleichrichteranlage abhängig. Da der Anodenstrom die Wicklung des Transformators durchfließt, ist sein Effektivwert, also Wurzel aus dem quadratischen Mittelwert, als ein Maß für die Erwärmung von Bedeutung. Der *Effektivwert* des Wechselstromes und der Wechselspannung wird bekanntlich von dynamometrischen oder Hitzdraht-Meßinstrumenten angezeigt. Für den welligen Gleichstrom ist dagegen der *arithmetische Mittelwert* maßgebend, weil die Wellen für den Verbraucher in der Regel wertlos sind. Der Mittelwert des welligen Gleichstromes und der welligen Gleichspannung wird von Drehspul-Meßinstrumenten angezeigt.

Bei sinusförmigem Verlauf ist der Effektivwert der $1/\sqrt{2} = 0{,}709$-fache und der Mittelwert der $2/\pi = 0{,}637$ fache Teil des Scheitelwertes der Strom- oder Spannungskurve.

Die *Anodenspannung*, also die Wechselspannung zwischen einer der Anoden und dem Sternpunkt des Transformators, ist praktisch meist sinusförmig und steht zur Gleichspannung, die aus den Ausschnitten oder direkt aus der Wechselspannungskurven gebildet wird, je nach Schaltung in festem Verhältnis.

Tabelle 100. *Effektivwerte, Mittelwerte und Verhältniszahlen der Ströme und Spannungen von Gleichrichtern*

Gleichrichterschaltung		Phasenzahl	Wechselstrom (Scheitelwert = 1)		Gleichstrom (Scheitelwert = 1)		$\dfrac{I_w \text{ Effektivwert Anodenstrom}}{I_g \text{ Effektivwert Gleichstrom}}$	$\dfrac{I_g}{I_w} = \dfrac{\text{Anodenstrom Effektivwert}}{\text{Gleichstrom Mittelwert}}$	$\dfrac{U_w}{U_{ges}} = \dfrac{\text{Anodenspannung Effektivwert}}{\text{Gesamt-Gleichspannung Mittelwert}}$
Phasen	Weg		Zeitdauer während 1 Welle (360°)	Anodenstrom I_w Effektivwert	Effektivwert	Mittelwert I_g			
Einphasen-	Einweg	1	180°	0,50	0,50	0,32	$\dfrac{1}{\sqrt{1}} = 1{,}000$	1,570	2,220
Einphasen-	Zweiweg	2	180°	0,50	0,71	0,64	$\dfrac{1}{\sqrt{2}} = 0{,}709$	0,785	1,110
Dreiphasen-	Einweg	3	120°	0,49	0,84	0,83	$\dfrac{1}{\sqrt{3}} = 0{,}577$	0,587	0,855
Dreiphasen-Sechsphasen-	Zweiweg Einweg	6	60°	0,39	0,95	0,95	$\dfrac{1}{\sqrt{6}} = 0{,}409$	0,409	0,740
Sechsphasen	2 mal Dreiphasen-Einweg mit 1 Saugdrossel	6	120°	0,28	0,95	0,95	$\dfrac{1}{2\sqrt{3}} = 0{,}288$	0,288	0,855
Zwölfphasen	4 mal Dreiphasen-Einweg mit 3 Saugdrosseln	12	60°	0,14	0,96	0,96	$\dfrac{1}{4\sqrt{3}} = 0{,}144$	0,144	0,855

Dreiphasen- und Sechsphasenschaltungen für Gleichrichtertransformatoren 311

In Tab. 100 sind Effektiv- und Mittelwerte sowie Verhältniszahlen für mehrere Gleichrichterschaltungen zusammengestellt.

Ist der Mittelwert der *Gleichspannung* und des *Gleichstromes*, also U_g und I_g, gegeben, kann nach dieser Tabelle der Effektivwert des

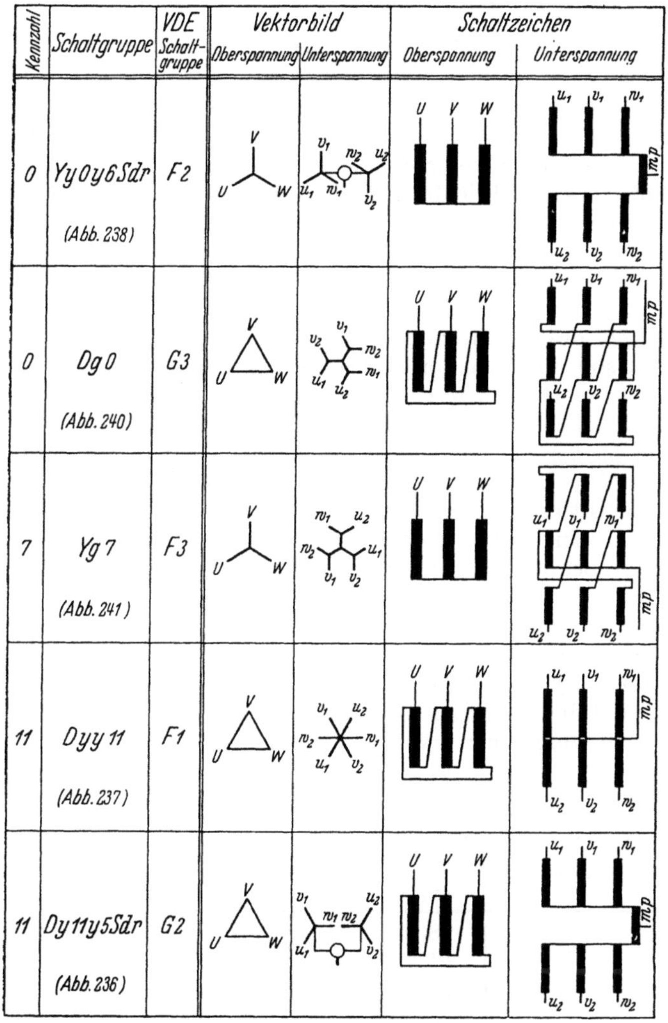

Kennzahl	Schaltgruppe	VDE Schaltgruppe	Vektorbild Oberspannung	Vektorbild Unterspannung	Schaltzeichen Oberspannung	Schaltzeichen Unterspannung
0	Yy0y6Sdr (Abb. 238)	F2				
0	Dg0 (Abb. 240)	G3				
7	Yg7 (Abb. 241)	F3				
11	Dyy11 (Abb. 237)	F1				
11	Dy11y5Sdr (Abb. 236)	G2				

Abb. 242
Schaltungen und Schaltgruppen der Gleichrichtertransformatoren bei Sechsphasenbetrieb

Anodenstromes I_w direkt und der Effektivwert der Anodenspannung U_w aus $U_{g\,ges.} = U_g + U_L$ berechnet werden, wobei $U_{g\,ges}$ die Gesamt-Gleichspannung bedeutet. Der Spannungsverlust im Quecksilberlichtbogen U_L (s. Tab. 103) ist unabhängig von der angelegten und abgenommenen Spannung und fast unabhängig von der abgegebenen Stromstärke des Gleichrichters. Die Anodenspannung ist mit der Phasenspannung des Transformators auf der Abgabeseite identisch und muß die Gleichspannung erzeugen und den Spannungsverlust decken. Der Anodenstrom ist der Phasenstrom des Transformators.

Betrachten wir die Dreiphasen-Einweg-Schaltung und nehmen an, daß die *Sternpunktbelastung* sinusförmig ist, verteilt sich der Sternpunktstrom I_g zu je $I_g/3$ auf die drei Schenkelwicklungen des Transformators. Bei Gleichstrombelastung des Sternpunktes fließt dagegen nach obenstehender Tabelle der Strom $\sqrt{3}\, I_g/3 = I_g/\sqrt{3}$ je Schenkelwicklung, also in größerer Stärke als vorher. Hieraus folgt, daß bei Anschluß eines Gleichrichters der Transformator stärker belastet wird, als es bei einer gleich großen sinusförmigen Sternpunktbelastung der Fall ist. Der Gleichrichtertransformator wird also schlechter ausgenutzt, weil die *Typenleistung* (s. Tab. 102) höher gewählt werden muß, als es für die abgegebene Gleichstromleistung erforderlich wäre.

Die *Größe* des Gleichrichters selbst wird nur von der *Stromstärke*, die er abgeben soll, und nicht von der Leistung bestimmt, weil der Spannungsverlust im Lichtbogen, wie bereits oben erwähnt, fast konstant ist.

Für die Schaltung der Gleichrichtertransformatoren hat man weiterhin zu berücksichtigen, daß nach obigen Ausführungen für die *Belastung des Sternpunktes* die volle Gleichstromstärke einzusetzen ist. Die Schaltungen Stern-Stern und Stern-Doppelstern können deshalb, wenn keine *Tertiärwicklung* vorgesehen wird, nur in Ausnahmefällen, z. B. bei der Brückenschaltung von Trockenplatten- oder Glühkathoden-Gleichrichtern, verwendet werden.

In Tab. 101 sind die dreiphasigen und in Abb. 242 die sechsphasigen Schaltungskombinationen und *Schaltgruppen* der Gleichrichtertransformatoren nach VDE 0555 angegeben. Für die dreiphasigen Schaltgruppen sind die Kennzahlen 0, 5, 6 und 11 und für die sechsphasigen 0, 7 und 11 vorgesehen.

Tabelle 101. *Schaltungskombinationen und Schaltgruppen der Gleichrichtertransformatoren bei Dreiphasenbetrieb. (Vektorbilder und Schaltzeichen s. Abb. 115)*

Kennzahl	Schaltgruppe	Schaltung		Bemerkungen
		Oberspannung	Unterspannung	
0	$Yy0$ $Dz0$	Stern Dreieck	Stern Zickzack	nur in Ausnahmefällen —
5	$Dy5$ $Yz5$	Dreieck Stern	Stern Zickzack	meist verwendet meist verwendet
6	$Yy6$ $Dz6$	Stern Dreieck	Stern Zickzack	nur in Ausnahmefällen —
11	$Dy11$ $Yz11$	Dreieck Stern	Stern Zickzack	meist verwendet meist verwendet

Die unterspannungsseitigen Schaltungen haben herausgeführten Sternpunkt *mp*.

Da einwandfreier *Parallelbetrieb* nur bei solchen Stromquellen möglich ist, deren Spannung *mit zunehmender Belastung fällt*, können Gleichrichter meistens nur über *Drosselspulen* parallel betrieben werden. Man kann aber auch durch Wahl der Kurzschlußspannung und Schaltung des Transformators eine günstige Parallelarbeit herbeiführen. Die *Belastungskennlinien* der Parallelläufer dürfen hierbei zweckmäßigerweise nicht allzu weit auseinanderliegen. Allgemein erfordert gute Parallelarbeit gleiche Lichtbogen-Spannungsverluste in den Gefäßen und gleich große Kurzschlußspannungen und Übersetzungen der Transformatoren.

Sind gleiche Schaltgruppen vorhanden, werden sowohl in der Gleichspannung als auch in den Strömen der Aufnahmeseite des Transformators gleichphasige *Oberwellen* erzeugt. Bei bestimmten Schaltgruppen ungleicher Kennzahl sind ein Teil der Oberwellen phasenverschoben.

Bei Parallelbetrieb von Gleichrichtern, deren Transformatoren Schaltgruppen *ungleicher Kennzahl* besitzen, z. B. bei Dreiphasenbetrieb 0 und 6 oder 5 und 11 und bei Sechsphasenbetrieb 0 und 7 oder 0 und 11, können Ausgleichströme zu einer weitgehenden Verminderung von Oberwellen in den Netzen führen, weil ihre Spannungsvektoren in Gegenphase (Ordnungszahlen: 2, 4, 8, 10 ... bzw. 5, 7, 17 ...) sind. Bei Schaltungen mit *Saugdrossel* kommen die Oberwellen, z. B. der Schaltgruppe $Dy\,11\,y\,5$ Sdr, zu den entsprechenden Oberwellen der Schaltgruppe $Yy\,0\,y\,6$ Sdr in Gegenphase. Die Phasenänderung der Oberwellen bei Saugdrosseln ergibt sich durch die Verkettung verschiedenphasiger Anodenströme.

Mit zunehmender *Phasenzahl* wird die *Brenndauer* der Anoden immer kürzer, sie fällt von 180° bei Phasenzahl *1* auf 30° bei Phasenzahl *12* herab, und der *Flächeninhalt* der Anodenstromkurve wird immer kleiner. Infolgedessen werden die Belastungspausen der einzelnen Schenkelwicklungen auf der Abgabeseite innerhalb der positiven Halbwelle der aufgedrückten Anodenspannung immer länger. Die Wellenform der Gleichspannung wird hierdurch zwar gedämpfter, jedoch die Ausnutzung der Transformatoren ungünstiger.

In Abb. 237 folgen die *positiven Halbwellen* der Spannung der Doppelsternschaltung $Dyy\,11$ in der Reihenfolge u_1, w_2, v_1, u_2, w_1 und v_2, und die angeschlossenen Anoden brennen hintereinander, sich gegenseitig ablösend, vom Schnittpunkt zum Schnittpunkt der Halbwellen. Die *Brenndauer* einer Anode wird also von zwei *Schnittpunkten* begrenzt und beträgt im vorliegenden Fall gleich 60°. Wird nun an den Sternpunkten mp_1 und mp_2 der Schaltgruppe $Dy\,11\,y5$ in Abb. 236 eine *Saugdrossel* (Sdr) zwecks Ausgleich der Spannungsdifferenzen angeschlossen, so zwingt man den Gleichstrom I_g, sich durch die Stromteilereigenschaften der Drossel in $I_g/2$ je Sternpunkt aufzuteilen, weil der Minuspol am Mittelpunkt der Drossel liegt. Der Gleichrichter arbeitet hierdurch in einer Doppeldreiphasen-Einweg-Schaltung, wobei jeweils eine Anode für die Zeitdauer von 120° brennt, der Gleichstrom verteilt sich aber auf je eine Anode der beiden Systeme. Zwei benachbarte Anoden, entsprechend u_1w_2, v_1u_2, w_1v_2 oder w_2v_1, u_2w_1, v_2u_1, brennen also gleichzeitig, wobei die Spannungsdifferenzen durch die Spannung der Drossel ausgeglichen werden.

Tabelle 102. *Spannung, Strom und Typenleistung der Gleichrichtertransformatoren* [1]

Schaltung	Schaltgruppe	Phasenzahl	Abgabeseite		Aufnahmeseite. $\ddot{u}=1:1$, Linienstrom Effektivwert	Typenleistung Scheinleistung	Leistungsfaktor
			Phasenstrom Effektivwert	Phasenspannung Effektivwert			
Einphasen-Einweg	$I\,i\,0$	1	$1{,}57\,I_g$	$2{,}22\cdot(U_g+U_L)$	$1{,}21\,I_g$	$3{,}09\,U_g I_g$	
Einphasen-Zweiweg	$I\,i\,0\,mp$	2	$0{,}79\,I_g$	$1{,}11\cdot(U_g+U_L)$	$1{,}11\,I_g$	$1{,}49\,U_g I_g$	
Dreiphasen-Einweg	siehe Tab. 101	3	$0{,}58\,I_g$	$0{,}86\cdot(U_g+U_L)$	$0{,}82\,I_g$	$1{,}37\,U_g I_g$	0,79
Sechsphasen-Doppelstern	$Dyy\,11$	6	$0{,}41\,I_g$	$0{,}74\cdot(U_g+U_L)$	$0{,}82\,I_g$	$1{,}55\,U_g I_g$	0,90
Sechsphasen-Gabel	$Dg\,0$ $Yg\,7$	6	$0{,}41\,I_g$	$0{,}74\cdot(U_g+U_L)$	$0{,}82\,I_g$	$1{,}42\,U_g I_g$	0,92
Sechsphasen-Doppelstern mit 1 Saugdrossel	$Yy\,0\,y$ 6 Sdr $Dy\,11\,y$ 5 Sdr	6	$0{,}29\,I_g$	$0{,}86\cdot(U_g+U_L)$	$0{,}41\,I_g$	$1{,}26\,U_g I_g$	0,92
Zwölfphasen-Vierfachstern mit 3 Saugdrosseln	—	12	$0{,}14\,I_g$	$0{,}86\cdot(U_g+U_L)$	$0{,}20\,I_g$	$1{,}33\,U_g I_g$	0,95

[1] I_g = Mittelwert des Gleichstromes, U_g = Mittelwert der Gleichspannung.

Tabelle 103. *Stromstufen und Spannungsverlust im Lichtbogen der Quecksilberdampfgleichrichter*

Schaltung	Schaltgruppe	Stromstufen in Amp.[1]	Spannungsverlust im Lichtbogen U_L in Volt
Dreiphasen-Einweg	siehe Tab. 101	20 ··· 200	16 ··· 20
Sechsphasen-Doppelstern	$Dyy\,11$	250 ··· 1000	20 ··· 24
Sechsphasen-Gabel	$Dg\,0,\ Yg\,7$	250 ··· 1000	20 ··· 24
Sechsphasen-Doppelstern mit 1 Saugdrossel	$Yy\,0\,y$ 6 Sdr $Dy\,11\,y$ 5 Sdr	500 ··· 8000	19 ··· 26
Zwölfphasen-Vierfachstern mit 3 Saugdrosseln	—	500 ··· 8000	19 ··· 26

[1] Quecksilberdampf-Glasgleichrichter: 20 ··· 500 A (60 ··· 1500 V); Quecksilberdampf-Eisengleichrichter: 350 ··· 8000 A (110 ··· 3000 V).

Die *Gleichspannung* behält trotz dieser Verhältnisse vorteilhafterweise die schwache Welligkeit der Sechsphasen-Einweg-Schaltung. Der Scheitelwert der Anodenströme wird um die Hälfte vermindert, und die Belastungspausen werden um 60° herabgesetzt. Die *Brenndauer* der Anoden beträgt folglich 60° + 60° = 120° und bei Phasenzahl 12 analog 30° + 30° = 60°. Die Saugdrossel führt also bei Sechsphasen- und Zwölfphasenbetrieb eine *Verlängerung* der Anodenbrenndauer und dadurch eine bessere *Ausnutzung* der Gleichrichtertransformatoren herbei.

In Tab. 102 sind Spannung, Strom und Typenleistung der Gleichrichtertransformatoren und in Tab. 103 Stromstufen und Spannungsverlust im Lichtbogen der Quecksilberdampfgleichrichter angegeben.

98. Weitere Schaltungsmöglichkeiten (Zwölfphasenschaltungen)

Bekanntlich sind bei einer normalen dreiphasigen Zickzackschaltung drei Wicklungsabteilungen *gleichsinnig* und drei *gegensinnig* geschaltet. Schaltet man andererseits sämtliche Wicklungsabteilungen gleichsinnig, werden die Spannungsvektoren der sonst gegensinnig geschalteten Wicklungsabteilungen um 180° zurückgeklappt, und es entsteht die sogenannte unentwickelte Zickzackschaltung nach Abschn. 37.

In Abb. 243 oben ist eine derartige Schaltung dargestellt. Wie aus dem Potentialdiagramm ersichtlich, befinden sich sechs *Spitzenpunkte am Kreisumfang*, in gleichmäßigem Abstand voneinander entfernt. Es entsteht also durch diese Schaltanordnung ein *Sechsphasensystem* mit der Phasenfolge $u_1 v_2 v_1 w_2 w_1 u_2$. Bei Gegenschaltung sämtlicher Wicklungsabteilungen wird verständlicherweise ebenfalls ein Sechsphasensystem, aber mit um 180° verschobenen Phasenspannungen, erzeugt.

Knickt man die Spannungsvektoren $U_{u_2 mp}$, $U_{v_2 mp}$ und $U_{w_2 mp}$ in der Mitte um 60°, wie es im Potentialdiagramm der unteren Abbildung dargestellt ist, um, kommen die *Spitzen* genau mit der Mitte der anderen Spannungsvektoren in Berührung. Die Schaltung, die diese Veränderungen berücksichtigt, ist links vom Diagramm angegeben. Sie besteht aus einer normalen gegensinnigen Zickzackschaltung als *Grundschaltung* und aus drei *zusätzlichen Wicklungsabteilungen*, die in der Mitte angezapft sind. Die Mittelanzapfungen sind mit der Zickzackwicklung verbunden, wodurch drei gegensinnige und drei gleichsinnige Teilwicklungen entstehen. Die Wicklungsenden sind an die *Hauptklemmen* angeschlossen.

Damit bei *Sechsphasenschaltungen* zweckmäßigerweise eine allgemein übereinstimmende Phasenfolge zustande kommt, müssen folgende Zusammenhänge bei der *Bezeichnung der Hauptklemmen* beachtet werden.

Sind die Wicklungsabteilungen, an denen die Hauptklemmen direkt angeschlossen werden, rein gleichsinnig oder rein gegensinnig geschaltet, kann die Bezeichnung der Hauptklemmen schenkelweise mit $u_1 u_2$, $v_1 v_2$ und $w_1 w_2$ erfolgen. Dann gilt allgemein für alle diesbezüglichen Schaltungen die Phasenfolge: $u_1 v_2 v_1 w_2 w_1 u_2$. Als Beispiel mögen die *Gabelschaltungen* in Abb. 240 und 241 und die eben beschriebene *Zickzackspezialschaltung* in Abb. 243 oben dienen.

Wird diese Bezeichnungsart bei der *Doppelsternschaltung* unter Zugrundelegung nur eines der beiden Schaltsinne angewendet, ergibt sich die Phasenfolge zu : $u_1 w_2 v_1 u_2 w_1 v_2$.

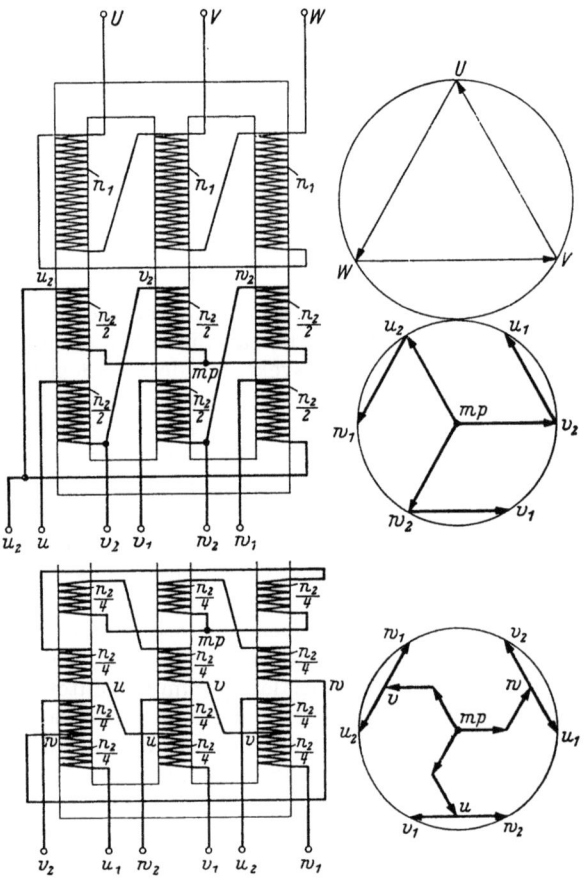

Abb. 243. Dreiphasen-Sechsphasen-Transformatoren in Dreieck-Zickzack-Spezialschaltung. Oben: normale Zickzackschaltung mit um 180° zurückgeklappten Spannungsvektoren, Phasenfolge: $u_1 v_2 v_1 w_2 w_1 u_2$; unten: erweiterte Zickzackschaltung oder Teilkaskadenschaltung in offener Verkettung unter Verwendung von drei Wicklungsabteilungen mit Mittelanzapfung, Phasenfolge: $u_1 w_2 v_1 u_2 w_1 v_2$

Bei *erweiterten Grundschaltungen*, z. B. nach Abb. 243 und 244, kann man die Klemmenbezeichnungen nach dem Schaltsinn der Grundschaltung wählen. Ist sie z. B. gegensinnig, werden die Enden der Wicklungsabteilungen mit Mittelanzapfung auch als gegensinnig bezeichnet. In Abb. 243 unten links ist deshalb u_1 gegensinnig zu U, v_2 gegensinnig zu V, v_1 gegensinnig zu V, w_2 gegensinnig zu W, w_1 gegensinnig zu W und u_2 gegensinnig zu U bezeichnet. Die Bezeichnungen auf der Unterspannungsseite sind also schenkelweise gegensinnig zu den Bezeichnungen der oberspannungsseitigen Dreieckwicklung gewählt worden.

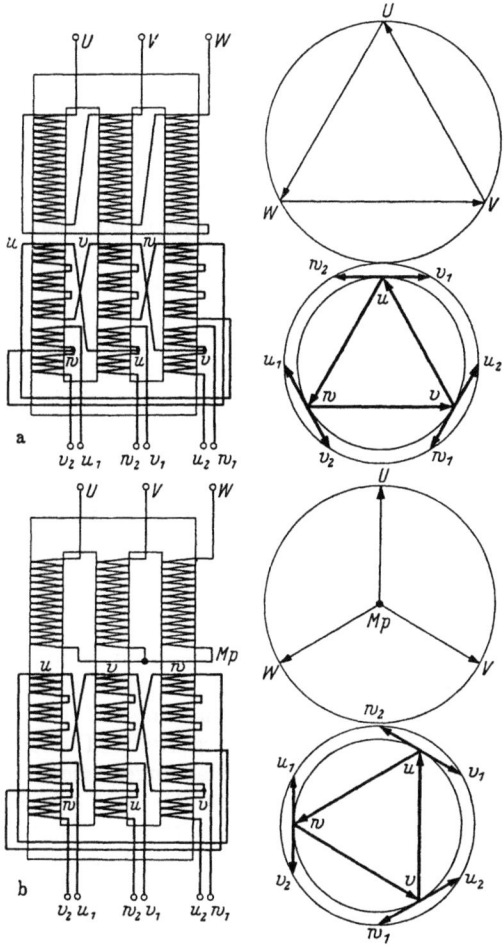

Abb. 244. Dreiphasen-Sechsphasen-Transformatoren in Dreieck-Dreieck- und Stern-Dreieck-Spezialschaltung. a) gleichsinnige erweiterte Dreieckschaltung oder Teilkaskadenschaltung in teilweise offener Verkettung unter Verwendung von drei Wicklungsabteilungen mit Mittelanzapfung, Phasenfolge: $u_1 w_2 v_1 u_2 w_1 v_2$; b) auf der Oberspannungsseite ist statt Dreieckschaltung Sternschaltung vorgesehen. Die Sechsphasenwicklung ist die gleiche wie oben

Ist dagegen der *Schaltsinn der Grundschaltung* gleichsinnig, wie in Abb. 244a dargestellt, erfolgt die Bezeichnung der Hauptklemmen analog gleichsinnig. Es ist also u_1 gleichsinnig zu U, v_2 gleichsinnig zu V, v_1 gleichsinnig zu V, w_2 gleichsinnig zu W usw. Bei Sternschaltung auf der Oberspannungsseite und unveränderter Schaltung auf der Sechsphasenseite können die gleichen Bezeichnungen übernommen werden. Bei allen diesen Bezeichnungen ergibt sich die

Phasenfolge zu: $u_1w_2v_1u_2w_1v_2$, also genauso, wie es bei der Doppelsternschaltung ermittelt worden ist.

Berücksichtigt man andererseits den Schaltsinn der Grundschaltung nur bei den Bezeichnungen u_1, v_1 und w_1 und wählt schenkelweise die entsprechenden Bezeichnungen zu u_2, v_2 und w_2, so ergibt sich die gleiche Phasenfolge: $u_1v_2v_1w_2w_1u_2$, wie es bei der normalen Zickzackschaltung mit um 180° zurückgeklappten Spannungsvektoren der Fall war.

Zusammengenommen kann also unter Beachtung der einfachen Regeln bei *Sechsphasenschaltungen* ohne Wicklungsabteilungen mit Mittelanzapfung die Phasenfolge $u_1v_2v_1w_2w_1u_2$ und mit Wicklungsabteilungen mit Mittelanzapfung $u_1w_2v_1u_2w_1v_2$ oder, wenn man die Doppelsternschaltung außer acht läßt, die Phasenfolge einheitlich zu $u_1v_2v_1w_2w_1u_2$ als allgemein geltend angenommen werden.

Bei letzterer Festlegung ergeben sich bei der Bezeichnung der Hauptklemmen der Sechsphasenschaltungen, wenn auf der Oberspannungsseite Sternschaltung vorliegt, eindeutigere Verhältnisse.

Für die Bestimmung der *Schaltgruppe* der Sechsphasenschaltung wählt man zweckmäßigerweise, wie es bereits im Abschn. 94 und 96 geschehen ist, die Phase u_1. Bei einer eventuellen Parallelarbeit, wobei gleichnamige Hauptklemmen miteinander verbunden werden, ist dann Voraussetzung, daß außer den Kennzahlen auch die Phasenfolgen übereinstimmen müssen. In dieser Hinsicht hat also die Festlegung der Phasenfolge der Sechsphasenschaltungen eine besondere Bedeutung.

Nun kann man, zur Beschreibung der Schaltungen zurückkehrend, bei der Sechsphasenschaltung nach Abb. 243 unten statt der Zickzackwicklung eine Dreieckwicklung anordnen und den Schaltsinn gleichsinnig oder gegensinnig einrichten. In Abb. 244 sind gleichsinnige Schaltungen bei Dreieck- und Sternschaltung auf der Oberspannungsseite nebst Potentialdiagrammen dargestellt. Die Phasenfolge ist, wie bereits ermittelt, bei beiden Schaltungen gleich $u_1w_2v_1u_2w_1v_2$, wobei die Phasen selbst relativ zueinander um 30° verschoben sind. Beide Potentialdiagramme würden also zusammengeschoben ein Diagramm für eine *Zwölfphasenschaltung* ergeben. Falls die Grundschaltung in Zickzack ausgeführt ist, können die Sternpunkte durch eine Verbindung zum gemeinsamen Verkettungspunkt der Wicklungen bestimmt werden, wodurch alle zwölf Spitzenpunkte auf einem Kreisumfang zu liegen kommen. Schaltet man noch die Oberspannungswicklungen parallel, so ist theoretisch der Betrieb dieses Zwölfphasensystems über die beiden gekuppelten Transformatoren denkbar.

Bezüglich der *Verkettungsart* der erweiterten Grundschaltungen ist man genötigt, wenn eine vermischte Verkettung vorliegt, eine neue Bezeichnung einzuführen. So muß z. B. die Sechsphasenschaltung in Abb. 244 als „teilweise offen verkettet" bezeichnet werden.

Um die inneren Zusammenhänge eingehender zu untersuchen, sind die Potentialdiagramme der bis jetzt behandelten Sechsphasenspezialschaltungen in Abb. 245, in einem *Potentialnetz der Dreieckspannungen* eingetragen, dargestellt. Jedes Potential entlang den angegebenen symmetrischen Maschenlinien läßt sich durch entsprechend bemessene und geschaltete Wicklungsabteilungen erreichen. Der innere Kreis gibt die maximalen Potentiale der *Grundschaltung* und der mittlere Kreis die der Sechsphasenspezialschaltung an. Die *Spannung* einer Seite der Dreieckmaschen beträgt ein Drittel der *Linienspannung* der Grundschaltung. Der Durchmesser des inneren Kreises ist folglich mit der doppelten *Phasenspannung* oder der doppelten *ideellen Phasenspannung* der Grundschaltung identisch.

Es ist deshalb

$$D_i = 2\frac{U}{\sqrt{3}} \quad \text{(V)}, \qquad (208)$$

und der Durchmesser des mittleren Kreises ist

$$D_m = 4\frac{U}{3} \quad \text{(V)}. \qquad (209)$$

Das Verhältnis der Durchmesser oder der Radien ist folglich

$$\frac{D_m}{D_i} = \frac{r_m}{r_i} = \frac{4U/3}{2U/\sqrt{3}} = \frac{2}{\sqrt{3}} = 1{,}155, \qquad (210)$$

d. h., die Phasenspannung, die gleich groß mit der Linienspannung des *Sechsphasensystems* ist, ist um 1,155mal größer als die Phasenspannung der Grundschaltung, oder die Linienspannung des *Sechsphasensystems* ist um zwei Drittel mal kleiner als die Linienspannung der Grundschaltung.

Eine Schenkelwicklung der erweiterten Zickzackschaltung kann demnach aus vier und eine der erweiterten Dreieckschaltung aus fünf Wicklungsabteilungen, wobei die Wicklungsabteilungen jeweils gleiche Windungszahlen besitzen, aufgebaut werden. Bei der erweiterten Zickzackschaltung sind insgesamt zwölf Wicklungsabteilungen,

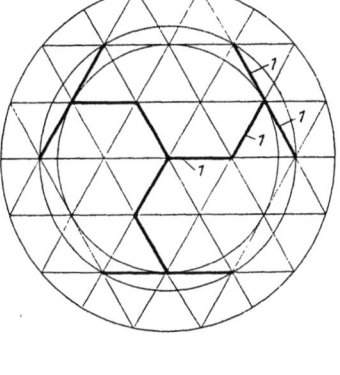

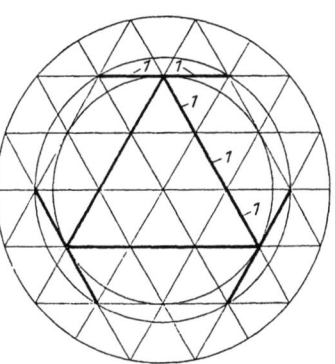

Abb. 245. Potentialdiagramme der Sechsphasenspezialschaltungen in einem Potentialnetz der Dreieckspannungen dargestellt. Oben: erweiterte Zickzackschaltung; unten: erweiterte Dreieckschaltung. Die Seite eines Dreiecks ist gleich Eins gesetzt. Die Höhe beträgt deshalb $\sqrt{3}/2$

also drei weniger als bei der erweiterten Dreieckschaltung, erforderlich.

Beziehen wir das *Übersetzungsverhältnis* nur auf die Windungszahl einer Wicklungsabteilung n_{II}, so kann bei Dreieckschaltung auf der Oberspannungsseite

$$\ddot{u} = \frac{n_1}{n_{II}} = \frac{U}{u/2} \quad \text{oder} \quad \ddot{u} = \frac{n_1}{2n_{II}} = \frac{U}{u} \qquad (211)$$

gesetzt werden, weil die Linienspannung u des Sechsphasensystems dreimal direkt von je zwei Wicklungsabteilungen gebildet wird. Da in beiden Potentialdiagrammen in dieser Beziehung gleiche Verhältnisse vorliegen, gilt dieses Übersetzungsverhältnis für beide Schaltungen. Bei $ü = 1$ wird $n_1 = 2 n_{II}$, d. h., die Windungszahl einer Schenkelwicklung der oberspannungsseitigen Dreieckwicklung ist doppelt so groß wie die Windungszahl einer Wicklungsabteilung der Sechsphasenwicklung.

Abb. 246. Potentialdiagramme einer Sechsphasen- und Zwölfphasenschaltung in einem Potentialnetz der Dreieckspannungen dargestellt. Oben: Sechsphasen-Zickzack-Schaltung; unten: Zwölfphasen-Gabel-Schaltung

Abb. 247. Potentialdiagramme von Zwölfphasenschaltungen, in einem Potentialnetz der Dreieckspannungen dargestellt. Oben: Weiterentwicklung einer doppeldreieckförmigen Sechseckschaltung; unten: Weiterentwicklung einer Gabelschaltung

In dem Potentialnetz der Dreieckspannungen kann man eine ganze Reihe von *symmetrischen Figuren* bis zu einem umgrenzenden Kreis einzeichnen, so daß die Potentiallinien, nach Größe und Richtung bewertet, als ausreichende Unterlagen für die *Bemessung und Schaltung* von Transformatorenwicklungen — besonders bei Neuentwicklungen — verwendet werden können. In Abb. 246 oben ist beispielsweise eine *sechsphasige Zickzackschaltung* dargestellt, die durch Gabelung, wie in der Abbildung unten angegeben, in eine Zwölfphasengabelschaltung leicht weiterentwickelt werden kann. Ferner ist in Abb. 247 oben eine

Weitere Schaltungsmöglichkeiten (Zwölfphasenschaltungen)

andere Zwölfphasenschaltung, die aus einer doppeldreieckförmigen Sechseckschaltung entstanden ist, im Potentialnetz eingezeichnet.

Die *maximalen* Potentiale der eingezeichneten Figuren müssen am Umfang einer der konzentrischen Kreise in gleichem Abstand voneinander entfernt sein, wenn *Symmetrie* des neuen Systems erreicht werden soll. Die Anzahl dieser maximalen Potentialpunkte ergibt dann die Phasenzahl des Systems. In Abb. 247 unten ist hierfür ein Beispiel bei Fortentwicklung einer Gabelschaltung angegeben. Die eingetragene Figur hat trotz Erweiterung um sechs Wicklungsabteilungen die Phasenzahl 6 behalten. Verlängert man aber die Wicklungsabteilungen, die direkt an dem *Sternpunkt* liegen, in beiden Richtungen bis zum Schnitt-

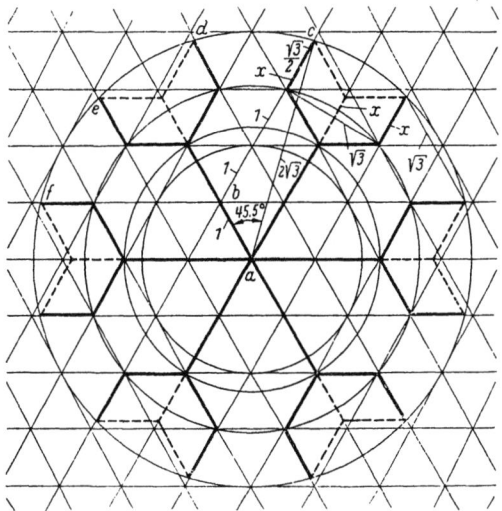

Abb. 248. Potentialdiagramm einer Zwölfphasen-Gabel-Schaltung, in einem Potentialnetz der Dreieckspannungen dargestellt. Weiterentwicklung einer unsymmetrischen Sechsphasen-Zickzack-Schaltung oder vier unsymmetrischer Dreiphasen-Zickzack-Schaltungen

punkt des äußeren Kreises, entstehen am Umfang sechs neue Potentialpunkte in gleichmäßigem Abstand. Dieser Kreis gilt also jetzt für ein System mit zwölf Phasen. Der benachbarte kleinere Kreis liefert dagegen nur drei neue Potentialpunkte in gleichmäßigem Abstand. Er ist der Kreis für die Phasenzahl gleich Neun.

Schließlich ist noch eine weitere *Zwölfphasenschaltung*, als reine Gabelschaltung ausgebildet, in Abb. 248 angegeben. Sie kann entweder, wie aus dem Diagramm ersichtlich, als die Fortentwicklung einer unsymmetrischen Sechsphasen-Zickzack-Schaltung oder als die, aus vier unsymmetrischen Dreiphasen-Zickzack-Schaltungen entstandene, Kombination aufgefaßt werden. Der Radius des äußeren Kreises, an dessen Umfang die zwölf Potentialpunkte im gleichmäßigem Abstand liegen, beträgt die 4fache Höhe eines Spannungsdreiecks gleich $4 \cdot \frac{\sqrt{3}}{2} = 2\sqrt{3}$. Diese Größe ist mit dem Absolutbetrag der Phasenspannung des Zwölfphasensystems identisch. Die Linienspannung ist nur 0,5176 mal so groß, also $2{,}07\dfrac{\sqrt{3}}{2}$, d. h. gleich rund der 2 fachen Höhe eines Spannungsdreiecks.

Der *Absolutbetrag* der mit x bezeichneten Teilspannungen läßt sich nicht direkt aus dem Diagramm ablesen, weil er infolge der Unsymmetrie der Zickzackschaltung kleiner als die Seite eines Spannungsdreiecks ist. Die Berechnung läßt sich aber wie folgt leicht durchführen. Im schiefwinkligen Spannungsdreieck abc gilt die Beziehung

$$\frac{2\sqrt{3}}{1} = \frac{\sin 120°}{\sin \gamma} \qquad (212)$$

und hieraus

$$\sin \gamma = \frac{\sqrt{3}/2}{2\sqrt{3}} = \frac{1}{4} \qquad (213)$$

und folglich der Winkel zwischen ab und ac

$$\alpha = 60° - 14{,}5° = 45{,}5°. \qquad (214)$$

Nach dem Cosinus-Satz ergibt sich weiterhin

$$2 + x = \sqrt{1^2 + (2\sqrt{3})^2 - 2 \cdot 2\sqrt{3}\cos 45{,}5°} = 2{,}866, \qquad (215)$$

und es ist schließlich

$$x = 2{,}866 - 2 = \frac{\sqrt{3}}{2} \quad (V). \qquad (216)$$

Die im *Potentialdiagramm* gestrichelt gezeichneten Teilspannungen ergeben die gleichen Potentialpunkte wie die stark ausgezogenen, ermöglichen aber die Einsparung von insgesamt sechs Wicklungsabteilungen. Verbindet man andererseits die Potentialpunkte cd, ef usw. am Umfang des äußeren Kreises und läßt die Potentiallinien, die den Sternpunkt bilden, fort, geht die offen verkettete *Zwölfphasenschaltung* in eine geschlossen verkettete über.

T. Zusammenfassung der Mehrphasensysteme

Die Schaltungen der Mehrphasensysteme haben wir in zwei Hauptgruppen, und zwar in die *offen verketteten* und in die *geschlossen verketteten* Schaltungen, eingeteilt.

Die offen verketteten Schaltungen sind dadurch gekennzeichnet, daß bei ihnen der *Phasenstrom* gleich dem *Linienstrom* und die geschlossen verketteten dadurch, daß bei ihnen die *Phasenspannung* gleich der *Linienspannung* des Systems ist.

Jedes *symmetrische Mehrphasensystem* besitzt einen unveränderlichen Phasenwinkel ψ, der gleich 360° geteilt durch die Phasenzahl ist und kurz mit *Systemwinkel* bezeichnet wird. Dieser Winkel darf nicht mit dem *Phasenwinkel* λ einer Schaltgruppe, der durch Schaltungskombination und Schaltsinn bestimmt wird, verwechselt werden. Bei Berechnung der Leistung eines Mehrphasensystems tritt der *Ver-*

kettungsfaktor m in Erscheinung. Dieser Faktor ist unabhängig von der Verkettungsart und wird von dem Systemwinkel und der Phasenzahl beeinflußt.

99. Die offen verketteten Schaltungen

Bei den *offen verketteten* Schaltungen sind alle Enden der zu einer Wicklung gehörenden Wicklungsstränge im *Sternpunkt* verbunden. Von diesem *Verkettungspunkt* aus beginnend, wachsen die Potentiale, entsprechend der Schaltung der Wicklungsstränge, in bestimmten räumlichen Richtungen an. Die *Linienspannung* ergibt sich als die *geometrische Differenz* der Spannungen zweier benachbarter Wicklungsstränge. Die *wichtigsten* offen verketteten Schaltungen sind: die Sternschaltung, die Zickzackschaltung, die Doppelsternschaltung und die Gabelschaltung. Zu den offen oder teilweise offen verketteten Schaltungen gehören auch die *erweiterten Grundschaltungen*, die man naturgemäß mit *Teilkaskaden* bezeichnen kann. Diese bestehen aus zwei hintereinandergeschalteten Wicklungen und sind im Gegensatz zu Vollkaskaden auf einem *gemeinsamen Eisenkern* untergebracht. Es läßt sich in dieser Hinsicht die Sterndreieck-, Zickzackdreieck- und Zickzackzickzack-Teilkaskade unterscheiden.

Die Spannungen, Ströme und Leistungen der behandelten offen verketteten Schaltungen sind in untenstehender Tabelle zusammengestellt.

Tabelle 104. *Schaltung von Transformatorenwicklungen in offener Verkettung*

Phasenzahl	Phasenwinkel des Systems φ	Linienspannung U Volt	Leistung der Schaltung VA	Verkettungsfaktor m	Abbildung
2	120°	$\sqrt{3}\,U_{Ph} = 1{,}732\,U_{Ph}$	$\dfrac{2}{\sqrt{3}}\,U I_{Ph}$	$\dfrac{2}{\sqrt{3}}$	196
2	90°	$\sqrt{2}\,U_{Ph} = 1{,}414\,U_{Ph}$	$\sqrt{2}\,U I_{Ph}$	$\sqrt{2}$	200
3	120°	$\sqrt{3}\,U_{Ph} = 1{,}732\,U_{Ph}$	$\sqrt{3}\,U I_{Ph}$	$\sqrt{3}$	24, 30
4	90°	$\sqrt{2}\,U_{Ph} = 1{,}414\,U_{Ph}$	$2\sqrt{2}\,U I_{Ph}$	$2\sqrt{2}$	227
6	60°	$2\,U_{Ph}\sin 30° = 1{,}000\,U_{Ph}$	$6\,U I_{Ph}$	6	237
12	30°	$2\,U_{Ph}\sin 15° = 0{,}5176\,U_{Ph}$	$12\,U I_{Ph}$	12	248

100. Die geschlossen verketteten Schaltungen

Bei den *geschlossen verketteten* Schaltungen sind alle Anfänge und Enden der zu einer Wicklung gehörenden Wicklungsstränge, hintereinander folgend, im Kreise verbunden. Auf das *minimale* Potential eines Wicklungsstranges folgt immer das *maximale* Potential eines anderen Wicklungsstranges. Der *Linienstrom* ergibt sich als die *geometrische Differenz* der Ströme zweier, an einem Verkettungspunkt anliegenden, Wicklungsstränge. Die *wichtigste* geschlossen verkettete Schaltung ist die Dreieckschaltung.

Zu den geschlossen verketteten Schaltungen gehört auch die *Sechseckschaltung*. Diese entsteht dann, wenn bei einer normalen Zickzackschaltung die Verkettung nicht in Stern, sondern in *Dreieck* vorgenommen wird. Man kann diese Schaltung mit *Ring-Sechseckschaltung* bezeichnen, weil die Wicklungsabteilungen auch *doppeldreieckförmig* in Reihe geschaltet werden können.

Symmetrische und unsymmetrische Sechseckschaltungen kommen für *Regel-Transformatorensätze* in Frage. Unsymmetrische Sechseck-Sparschaltungen werden für *Schwenktransformatoren* verwendet.

Die Ströme, Spannungen und Leistungen der behandelten geschlossen verketteten Schaltungen sind in untenstehender Tabelle zusammengestellt.

Tabelle 105. *Schaltung von Transformatorenwicklungen in geschlossener Verkettung*

Phasenzahl	Phasenwinkel des Systems φ	Linienstrom I Amp.	Leistung der Schaltung VA	Verkettungsfaktor m	Abbildung
2	120°	$\sqrt{3}\,I_{Ph} = 1{,}732\,I_{Ph}$ $1\,I_{Ph} = 1{,}000\,I_{Ph}$	$\sqrt{3}\,U_{Ph}\,I$ $1\,U_{Ph}\,I$	$\dfrac{\sqrt{3}}{1}$	—
2	90°	$\sqrt{2}\,I_{Ph} = 1{,}414\,I_{Ph}$	$2\sqrt{2}\,U_{Ph}\,I$ $2\,U\,I$	$\dfrac{2\sqrt{2}}{2}$	233
3	120°	$\sqrt{3}\,I_{Ph} = 1{,}732\,I_{Ph}$	$\sqrt{3}\,U_{Ph}\,I$	$\sqrt{3}$	25
4	90°	$\sqrt{2}\,I_{Ph} = 1{,}414\,I_{Ph}$	$2\sqrt{2}\,U_{Ph}\,I$	$2\sqrt{2}$	233
6	60°	$2\,I_{Ph}\sin 30° = 1{,}000\,I_{Ph}$	$6\,U_{Ph}\,I$	6	247[1] oben
12	30°	$2\,I_{Ph}\sin 15° = 0{,}5176\,I_{Ph}$	$12\,U_{Ph}\,I$	12	248[2]

[1] Ohne Erweiterung auf Phasenzahl 12.
[2] Nach Verbindung von cd, ef usw. und Aufhebung des Sternpunktes.

Literaturverzeichnis

Bücher

ARNOLD, E., u. J. L. LA COUR: Die Wechselstromtechnik, II: Die Transformatoren, 3. Aufl., herausgegeben von J. L. LA COUR u. K. FAYE-HANSEN, Berlin: Springer 1936

ANSCHÜTZ, H.: Stromrichteranlagen der Starkstromtechnik. Berlin/Göttingen/Heidelberg: Springer 1951

KLUSS, E.: Einführung in die Probleme des elektrischen Lichtbogen- und Widerstandsofens. Berlin/Göttingen/Heidelberg: Springer 1951

RICHTER, R.: Elektrische Maschinen, III: Transformatoren, 2. Aufl., Basel: Birkhäuser 1954

ANDÉ, F.: Betrieb und Anwendung von Leistungs- und Regeltransformatoren. Berlin/Göttingen/Heidelberg: Springer 1954

SCHÄFER, W.: Transformatoren, Sammlung Göschen, Bd. 952, 3. Aufl., Berlin 1956

KÜCHLER, R.: Die Transformatoren. Berlin/Göttingen/Heidelberg: Springer 1956

Zeitschriften

KADE, F.: Die Kurzschlußspannung von Drehstrom-Transformatoren in Zickzackschaltung. ETZ 1918, H. 52

KÜCHLER, R.: Beitrag zur Berechnung der Streuspannung von Transformatorenwicklungen. ETZ 1924, H. 13

LANGREHR, H.: Verteilung von Einphasenlasten. AEG-Mitt. 1932, H. 2

BIHARI, E.: Nullpunktbelastung von Stern-Stern-geschalteten Transformatoren. ETZ 1932, S. 1175

ROSSKOPF: Die Bestimmung der Kupferverluste bei Transformatoren für Gleichrichterbetrieb. Electrotechniek 1935, S. 101; ETZ 1936, S. 1305

UHLMANN, E.: Zur Theorie der Gleichrichtertransformatoren. Elektrotechn. u. Masch.-Bau 1936, H. 11

KNAACK, W.: Nomographische Ermittlung der Typenleistung von ölgekühlten Anlaßtransformatoren. Helios 1936, H. 52

FEINBERG, R.: Eine neue graphische Ermittlung der symmetrischen Komponenten eines unsymmetrischen Drehstromnetzes. Elektrotechn. u. Masch.-Bau 1936, S. 412

KNAACK, W.: Anlaßtransformatoren und der Anlauf von Kurzschlußankermotoren. Elektromarkt 1937, H. 34, 36 u. 37.

KNAACK, W.: Zusätzliche Streuung bei Drehstrom-Transformatoren. ETZ 1938, H. 28

KNAACK, W.: Zusätzliche Verluste durch Streufelder in den Wicklungen von Transformatoren. Elektrotechn. u. Masch.-Bau 1939, H. 7—8.

VIDMAR, M.: Eigenheiten des dreiphasigen Transformators. Elektrotechn. u. Masch.-Bau 1940, H. 45—46

MANGOLD, R.: Transformatorenschaltungen und ihre Eigenschaften. AEG-Mitt. 1941, H. 7—8

VAN GASTEL, A.: Schaltgruppen der Dreiphasentransformatoren. Bull. schweiz. elektrotechn. Ver. 1942, S. 465

KRÄMER, F.: Spannung und Stromverteilung bei unsymmetrisch geregelten Drehstromtransformatoren. ETZ 1944, H. 51—52

VAN GASTEL, A.: Einige Bemerkungen über die direkte Erdung in Mittelspannungsnetzen. BBC-Mitt. 1947, S. 209

VAN GASTEL, A.: Erdungsprobleme der Höchstspannungsübertragung. BBC-Mitt. 1948, S. 210

HARTMANN, H.: Der Einfluß der Erdung auf Transformatoren und Meßwandler. BBC-Mitt. 1948, S. 216

MÜLLER, J.: Bau und Betrieb von Transformatoren. Elektrotechn. u. Masch.-Bau 1948, H. 7—8
ANDÉ, F.: Wirtschaftliche Fahrweise von Transformatoren. ETZ 1948, H. 11
KÜCHLER, R.: Das Streufeld von Transformatorenwicklungen. Z. Elektrotechn. 1949, H. 2
ENDRES, W.: Das 220/110 kV-Umspannwerk Remptendorf. Elektrotechnik 1949, H. 9
SCHÄFER, W.: Transformatoren in der Energieversorgung. Elektrizitätswirtschaft 1953, H. 15—16
CHORINSKY, R.: Gleichrichtertransformatoren. Elin-Zeitschr. 1953, H. 1
RÖSCH, H.: Verfahren zur Berechnung der Kurzschlußspannung von Transformatorenwicklungen in Zickzackschaltung. Elektrotechn. u. Masch.-Bau 1953, H. 6
HESSENBERG, K.: Die Gefährdung von Niederspannungs-Drehstromtransformatoren in Parallelbetrieb bei einpoliger Sternpunktbelastung. ETZ 1954, H. 22
FLUX: Die Leistung der Tertiärwicklungen. ETZ 1954, S. 345
HURRLE, K., u. H. IBLER: Stand der Entwicklung im Bau von Mittelspannungs- und Verteilungstransformatoren. ETZ 1955, H. 18
KNAACK, W.: Einzelstreureaktanzen bei Leistungs- und Meßtransformatoren. Elektrotechn. u. Masch.-Bau 1955, H. 12—13
ZINKE, L.: Sternpunktbelastbarkeit von Drehstrom-Spartransformatoren. ETZ 1955, H. 4
ERK, A.: Stromrichteranlagen für Elektrolyse. ETZ 1955, H. 2
ELSNER, R.: Grenzleistungen von Transformatoren. ETZ 1955, S. 736
ROSSIER u. FROIDEVAUX: Kupplung von Höchstspannungsnetzen. ETZ 1955, S. 170
MÜLLER, J.: Neue Wicklungsarten von mittleren und größeren Transformatoren. ETZ 1956, S. 346
STAMM, H.: Lebensdauer von Großtransformatoren. ETZ 1956, S. 91
ANDÉ, F.: Die Sechseck-Schaltung bei Transformatoren. ÖZE 1958, H. 8

Sachverzeichnis

Abgabe 139, 188, 193, 258, 313
abgehende Spannung 84, 193
Ableitungen 149, 165, 217
Abnahme 5
Abteilungs-durchflutungen 45, 53, 134
—-leistung 62
—-spannung 105
Ampèrewindungen 8, 9, 212
Anfangspunkt 18, 26, 29, 297
ankommende Spannung 83, 88
— Netzspannung 67, 73, 80
aktiver Eisenquerschnitt 6, 55 71,
Anoden 308
—-spannung 309, 311
—-strom 309
—-zahl 309
Anzapfungen 58, 192
asynchrone Systeme 239
Asynchronismus 238
Auflösung 214
Aufnahme 139, 188, 193, 258
Ausgleichstrom 30, 233
Ausnutzung 263, 266, 271, 278, 286, 312, 313, 315
Axialkräfte 196

Basistransformator 258
Bau-arten 55, 69
—-höhe 55
Belastung, symmetrische 28, 38, 49, 143 265, 270, 278, 285
—, bisymmetrische 36, 38, 289
—, dreiphasige 110
—, einphasige 52, 260
—, gleichphasige 142
— des Sternpunktes 312, 319
—, unsymmetrische 29, 38, 149, 267, 289
Belastungs-durchflutungen 11, 61, 135, 264, 285
—-plan 261, 277, 278
—-ströme 134, 277, 278, 285
Betätigung 206, 209
Betriebs-messung 233
—-sicherheit 4, 177
—-spannung 223
Bezeichnung 20, 197, 315, 317
Bezugssystem 139
Bisymmetrie 38, 47, 48
Blind-leistung 39
—-strom 13
Brenndauer 313, 315
Brücke 22, 223, 234, 235, 240, 243, 247
Brückenmessung 231

Charakteristik 29, 32
Cosinussatz 26, 31, 229, 243, 322

Deckelschaltbild 287
Differenz-bildung 33, 39, 41, 144
—-spannung 21, 140, 179, 223, 243
Doppel-dreieckschaltung 305
—-erdschluß 65
—-höhentransformator 269
—-mittenumsteller 205, 210
—-spulen 3
—-sternschaltung 302, 316
—-umsteller 205
—-vertauschung 154
Dreh-feld 34, 36, 42, 148, 150, 154, 165, 239
—-—-anzeiger 239
—-strom 24
—-—-anschluß 110
—-—-satz 59, 64, 205
—-—-system 45
—-—-transformator 33, 69, 89, 150, 192, 195, 200, 224, 239
Drehung 139, 165, 223
Dreieck-schaltung 29, 36, 71, 121, 138, 267, 319, 324
—-spannung 78
—-wicklung 38, 217, 305, 318
Dreileiter-anlage 247
—-system 234, 237
Dreiphasen-schaltungen 33, 89
—-system 24
dreipoliger Umsteller 213
Dreischenkeltransformator 69, 70
Dreiwicklungstransformator 188, 302
Drosselspule 70, 313
Drosselung 65
Dunkelschaltung 239
Durchflutung 6, 11, 45, 145
—-diagramm 134
—-gesetz 6, 35, 36
—-lücke 210
Durchgangsleistung 62, 72, 88
Durchschlagssicherung 233
dynamische Beanspruchung 196

Eckpunkt 275
Eigen-bedarf 91, 148, 188
—-—-transformator 91, 121
—-leistung 62, 66, 72
Einfachvertauschung 148
Einphasen-belastung 52, 65
—-schaltung 248, 249
—-system 252, 291
—-transformator 12, 19, 20, 24, 55, 248, 258, 260, 263, 271, 287

einpoliger Umsteller 200
Einwegschaltung 313
Eisen-blech, legiertes 9
—-kern 5, 7, 20, 33, 56, 60, 70, 299, 323
—-querschnitt 6, 55, 71, 281, 286
—-strecke 6
—-verluste 219
—-weg 71
EMK 5, 10, 13, 14, 15, 25
Endpunkt 18, 25, 29
Energie 11, 94
—-gesetz 11, 85, 262, 286
—-quelle 79, 81, 83, 94, 139
—-richtung 72, 87, 94, 139, 260
Entwicklungsstufen 101, 103
Erde 20
Erd-kurzschluß 66, 74
—-schluß 74, 142
—-—-spule 64, 95, 100, 109, 121, 130, 143
—-spannung 74
Erdung 16, 74, 95
Erreger-leistung 81
—-spannung 67, 223
—-transformator 80
—-wicklung 67, 79
Ersatz einer Phase 258
— für ein Dreileitersystem 272
— — — Vierleitersystem 271
Erzeuger 18, 25, 30
erzeugte Kennzahl 159, 164, 176
— Spannung 12
erzwungene Magnetisierung 36

Fein-einstellung 203, 207
—-umsteller 202
—-stufe 203
Festspannung 88
fiktive Spannung 277, 284
Fließrichtung 17
Fluß 7
—-Eisen 6, 35
—, Kraft 5, 7, 13, 37, 45
—, Luft 35
—, magnetischer 5, 6
—, Streu 13
—-vektoren 35
Frequenz 6, 7, 67
Fünfschenkeltransformator 70, 71, 99
Fußpunkt 18, 35, 273

Gabelschaltung 306, 308, 316, 321
Gabelung 320
Gegen-ampèrewindungen 143, 275
—-drehfeld 279
—-phase 18, 242, 313
—-probe 24, 248
—-schaltung 42, 49, 100, 291, 315
—-spannung 13, 17, 18

Generator 11, 15, 17, 28, 139, 178, 188, 191, 238, 251, 260, 279
Gesamt-leistung 81
—-verluste 220
—-wicklungsverluste 51, 54
geschlossene Verkettung 256
gezwungene Magnetisierung s. erzwungene Magnetisierung
Gleich-gewicht, magnetisches 10, 136, 145, 249, 268, 277
—-phasige Belastung 142
—-— Spannungen 231
—-richter 304, 309
—-—-transformatoren 91, 309, 311, 314
—-spannung 311, 315
—-strom 311
—-—-magnetisierung 6
Grob-einsteller 202
—-einstellung 203
—-stufe 207, 210
Grund-lagen 4, 22, 26
—-schaltungen 33, 307, 315, 316, 318, 319
Gruppenplan 137, 164, 176

Halbwelle 313
Haupt-anzapfung 192
—-gesetz 11
—-isolation 2, 69
—-klemmen 94, 96, 98, 121, 169, 214, 217, 315, 318
—-leitung 29, 30, 217
—-phase 252
—-strom 80, 85, 86, 87
—-—-kreis 67, 80
—-transformator 148
Hilfsphase 250
Hilfstransformator 147
Hintereinanderschaltung 178
Hochspannung 236
Höhentransformator 258, 260
Höhere Harmonische s. Oberwellen
Hysteresis-schleife 8, 9
—-verluste 9

Impedanz 14
Indexbuchstaben 34, 36, 37, 41, 46, 148
Induktion, numerische 6
—-gesetz 5
— der Bewegung 6, 12
— — Ruhe 6, 12
induktive Belastung 29, 31, 65
Innenschaltbild 1, 60
Isolation 2, 4, 57, 66
Isolations-material 278, 286
—-pegel 89, 189
Isolierfestigkeit 212, 213
Isolierung 199
Isolierzylinder 3

Sachverzeichnis

Joch 34, 55, 69
—-impedanz 72, 93

Kathode 309
Kenn-buchstaben 79
—-zahl 20, 120, 136, 142, 159, 164, 176, 185, 227, 229, 247, 313
—·—-bestimmung, direkt 231
—·—·—, rechnerisch 228
—·—·—, zeichnerisch 223
Kern 5, 7, 33
—-transformator 33, 56
KIRCHHOFFsche Gesetze 24
Klemmen-bezeichnung 33, 60
—-spannung 11, 67
—-verbindung 219
Knotenpunkt 24, 30, 144
Kompensierung 167, 168
Komponenten 45, 105, 277
—-aufteilung 46
Konstruktion von Potentialdiagrammen 138
Konsumenten 294
Kraftfluß 12, 35, 37, 45, 55, 90, 249, 253, 257, 275, 281, 289
Kreis-strom s. Ringstrom
—-punkte 182, 188, 315, 321
Kristallausrichtung 9
Kupfer-gewicht 38, 48, 63
—-verbrauch 48
—-verluste s. Wicklungsverluste
Kupplung 64, 78, 187
Kurzschluß 21
—-brücke 21, 22, 23
—-festigkeit 4
—-impedanz 14, 65, 96
—-spannung 14, 22, 233, 313
—-strom 66
—-verluste s. Wicklungsverluste

Lagenwicklung 3
Längs-richtung 88, 190
—-zusatztransformator 83, 88
Laschenverbindung 57, 111, 196, 214
Last-ausgleich 177
—-verteilung 294
Laufrichtung 26, 105, 183, 188
Leerlauf-spannung 12
—-strom 13
Leistung 290, 303, 323, 324
—-faktor 261
—-schild 21
—-transformator 55, 89, 233
Leiter 25
Leitung 24
Linien-spannung 26, 27, 28, 30, 32, 37, 105, 123, 235, 260, 283, 303, 322
—-strom 29, 31, 32, 41, 322
Löschspulen 64
L-Schaltung 256

Luft-fluß 35, 36
—-spalt 70
—-strecke 6, 36
—-weg 124, 249

Magnetisierung 7
—, erzwungene 36
—-kurve 7, 8
—-leistung 8, 9
—-strom 7, 10, 167
—·—, äquivalenter 8
—·—, Linien 38
—·—, Phasen 38
—·—, verzerrter 8
—, ungezwungene 35, 38, 45, 47
magnetomotorische Kraft 57, 58, 276
Mantel-kern 55, 248
—-transformator 33, 56
Maschen 25, 27, 124, 259, 261, 276, 277, 282
—-netz 91
Maschinentransformator 90, 100, 189
Mehrphasensystem 24, 322
Messungen 21, 22, 23, 224, 225, 238
MEYER-Schaltung 263
Mittel-anzapfung 250, 315, 316
—-leiter 249, 250, 252
—-punkt 263, 268, 313
Mittenumsteller 200

Nachprüfung 21, 223
natürliche Magnetisierung s. ungezwungene Magnetisierung
Nenn-induktion 193, 195
—-leistung 188, 189
—-spannung 58, 63, 138
—-strom 58, 63, 138
—-übersetzung 10, 195
—·—-verhältnis 14, 195
Netz 66, 74
—-kupplung 187
—·—-transformator 91, 100, 112, 121, 177
—-schaltplan 178, 180
—-spannung 67, 81
—-vermaschung 91
Niederspannung 223, 237
Null-impedanz 65, 72, 93, 96, 101, 117
—-punkt 44
—-voltmeter 239

Ober-spannung 12, 60
—·—-seite 2, 19, 127, 166
—·—-wicklung 2, 19, 64, 92, 100, 128, 143, 253
—-wellen 8, 167, 313
offene Verkettung 256, 323
ohmscher Belastungswiderstand 277
Öltransformator 199
Ortsnetztransformator 91, 109

Parallel-arbeit 150, 181, 233, 313
—-betrieb 313
—-fahrt 140
—-schaltung 22, 116, 179, 184, 234, 250
—-—, Transformatoren 22
—-—, Wicklungen 57
Permeabilität 6
Phasen-differenz 177, 182, 247
—-folge 149, 165, 187, 315, 318
—-gleichheit 22, 24, 140, 150, 179, 240
—-kontrolle 23, 234
—-—-einrichtung 240, 243
—-lage 28, 68, 177, 243
—-opposition 24
—-spannung 26, 29, 30, 35, 110, 209, 241, 299, 319, 322
—-strom 29, 31, 32, 322
—-vergleich 233, 238
—-verschiebung 49, 250, 254, 257, 280
—-—-winkel 13, 61
—-vertauschung, einfache 148
—-—, doppelte 150
—-—, zyklische 165
—-winkel 20, 92, 97, 102, 153, 167, 179, 182, 229, 285, 307, 322
—-zahl 308, 309, 313, 321
Polarität 25, 232
Potential 15, 18, 19, 28, 139, 223, 271, 318, 321, 323
—-aufstellung 139
—-diagramm 14, 34, 37, 42, 44, 106, 233, 257, 289, 301, 318, 320, 322
—-differenz 15, 213
—-gesetzmäßigkeiten 22
—-konstruktion 138
—-kreis 267, 319
—-linien 322
—-netz 318, 321
—-punkte 299, 301, 307, 321, 322
Primär-spannung 13
—-strom 61
—-wicklung 13, 15
Prüf-generator 240
—-schaltung 21, 23

Q-Schaltung 295
qw-Schaltung 300
qz-Schaltung 301
Quer-balken 33
—-regler 91
—-richtung 188, 190, 191
—-schnitt 48, 50, 272
—-spannung 88
—-zusatztransformator 83

Reaktanz 8
Regelleistungstransformator 91, 177, 197, 240

Reihen-folge 28, 313
—-schaltung 56, 57, 64, 67, 250
relative Windungszahl 108, 135
relativer Wicklungsverlust 50, 55
Relativwert 1
Remanenz 8
Reservetransformator 214
Richtung, räumliche 14, 17, 21
—, zeitliche 14, 17
—-folge 66, 99, 114, 149, 297
—-wechsel 159
Ring-schaltung 182, 185
—-strom 145, 268
Röhrenwicklung 3
Rück-leitung 24, 251, 252, 279, 289, 290, 298, 302
—-schluß 59, 66

Sättigung 8
Saugdrossel 313
Schalt-bild 1
—-folge 45, 102
—-gruppen 2, 18, 20, 55, 89, 97, 137, 141, 165, 177, 189, 233, 291, 318
—-—-kontrolle 21, 223
—-kurzzeichen 1, 91, 185
—-sinn 20, 68, 92, 136, 138, 159, 169, 302, 305, 317
Schaltung 1
—-kombination 164, 216, 230
Schalt-verbindung 19, 21, 102, 114
—-—, innere 36, 41, 113, 128
—-zeichen 1, 140
Scheibenwicklung 3
Schenkel 55, 69
—-durchflutung 136
—-wicklung 2, 58, 92, 96, 209, 266, 278
Schwachlast-Starklast-Umschaltung 219
Schwerlinien 49
Scottsche Schaltung 258
Sechsphasenschaltungen 302, 315, 318, 319
Sekundär-spannung 16, 18
—-strom 18, 61
—-wicklung 16
Spannungs-diagramm 27
—-differenz 206, 313
—-dreieck 75, 81, 139, 187, 225, 267, 273, 283
—-haltung 177
—-messung 223, 224
—-verkettung 29
—-verlust 25, 249, 250, 283
—-wandler 236, 238, 287, 288
Spar-schaltung 62
—-— in Dreieck 75
—-— — Stern 72
—-— — Zickzack 77

Spar-transformator, Drehstrom- 72, 75, 77, 187, 235
—·—, Einphasen- 60
Spitzen 315
—-punkt 18, 35, 106, 118, 133, 153, 273, 288, 315
Sternpunkt 24, 25, 94, 109, 206, 303, 309
—-belastung 95, 312
—-leiter 29, 35, 145, 272
—-strom 110
—-verbindung 100, 121, 127, 199, 211, 217
—-verlagerung 143, 145
—-umsteller 213
Stern-schaltung 25, 33, 71, 138, 267
—-spannung 66, 284
—-wicklung 25, 33, 94, 108
Stoß-stelle 211, 213
—-überspannung 196, 205, 213
Streureaktanz 14, 189
Streuung 13, 35, 263
Strom-diagramm 145, 261, 264, 269, 277, 285
—-dichte 53
—-teiler 309, 313
—-verdrängung 3, 58
—-verkettung 32
—-verlauf 16, 262
—·—, räumlicher 17
—-verzweigung 31, 52, 61, 275
Stufen 192, 204
—-spannung 192, 202, 204
Summen-kraftfluß 276
—-spannung 21
—-strom 267, 288
Summierung 25, 26, 32, 105, 182, 259
Symmetrie 270, 281, 320, 321
symmetrische Belastung 49
Synchronisierung 177, 238
System-leistung 261, 265, 270, 278, 286
—-winkel 256, 291, 322

Teilströme 143
Tertiär-schaltung 109, 112
—-wicklung 59, 64, 109, 146, 190, 312
Transformator 4, 14, 17, 21, 24, 33
— für Eigenbedarf 91
Transformatorensatz 64
Trennstelle 140, 179, 234
Trennung 187
Typenleistung 55, 62, 88, 188, 262, 266, 270, 286, 312

Überbrückung 226
Überprüfung 17
Überschläge 205
Übersetzung 10, 22, 80, 192, 258, 263, 283, 293
—-messer 231
—-verhältnis 10, 14, 86, 95, 99, 108, 124, 223, 319

Umklemmung 213, 214
Umlaufrichtung 26, 30, 44, 105, 124, 152, 277
Umleitung 3
umschaltbare Leistungstransformatoren 177, 213
Umschaltstrom 220
Umschaltung 213, 221
Umsteller 192, 200, 206, 212
Umwandlung 258
ungezwungene Magnetisierung s. Magnetisierung
Unsymmetrie 46
unsymmetrische Belastung 142
Unter-spannung 12, 24, 60
—·—-seite 23, 92, 111, 166, 253
—·—-wicklung 2, 19, 64, 97, 114, 128

VDE-Schaltgruppen 140
Vektor 2, 18, 22, 37
—-diagramm 4, 15
—·—, Potential 5, 14, 34, 37, 56
—·—, Zeit 4, 9, 12, 31, 34, 37, 62
Vektorengleichungen 105
Verbindungen 1, 19, 22, 23
Verbraucher 18, 25, 294
Verdrillung 3, 58
Verkettung 24, 29, 64, 69, 252, 287, 307, 318
—, geschlossene 36, 295, 302, 323
—-faktor 256, 297
—, offene 33, 289, 302, 323
—-punkt 64, 279, 286, 288, 289, 318, 323
Verlagerung des Sternpunktes 143
Verlust, Eisen 13
—, Spannung 13
—-verhältnis 220
—, Wicklung 50
Verschaltung 57
Vertauschung 24, 76, 169, 254, 255
Verwechslung 217, 233
Vierleiter-anlage 247
—-system 235, 271, 272, 299
Vierphasen-schaltungen 288, 297
—-strom 258
—-system 289, 297
V-Schaltung 274
—·— auf Dreieckbasis 276
—·— mit Einphasentransformatoren 287
—·— auf Sternbasis 281
—·— nach Vidmar 283
V-Sparschaltung 283

Walzrichtung 9
Wandertransformator 214
Wechsel-fluß 6, 7
—-spannung 4, 7
—-strom 11, 17, 32

Wechsel-strom-magnetisierung 7
—-—-widerstand 13, 14, 50
Wendelwicklung 3
Wender 81, 88
Wendung 120
Wickel-sinn 15, 16, 19, 22, 34, 36
—-zylinder 203, 204
Wicklung 2, 33, 55, 69, 89
—, linksgängige 1, 199, 203, 211, 213
—, rechtsgängige 1, 199, 203, 211, 213
—-abteilung 2, 42, 77, 108, 208, 291, 303
—-anschluß 191
—-anordnung 189, 206
—-—, einfach konzentrisch 69
—-—, doppelt konzentrisch 199
—-isolation 212, 213
—-material 110, 278, 286
—-plan 44, 106, 125, 261, 276, 280, 282
—-punkt 299, 301
—-spannung 284, 299
—-strang 108, 125, 274
—-verluste 50, 53, 219
Windungszahl 48, 108, 126, 203
—, relative 108, 135
Wirbelstrom 9
—-faktor 50
—-verluste 9
Wirk-belastung 29, 31, 277
—-strom 29, 31
Wirkungsgrad, maximaler 221
wirtschaftlicher Umschaltstrom 221
Wirtschaftlichkeit 69, 219, 286

X-Schaltung 289
xw-Schaltung 291, 292
xz-Schaltung 293

Zählrichtung 26, 30, 44, 105, 124, 183, 277
Zeitdiagramm 4, 107, 279, 281
Zickzack-Drosselspulen 130
—-schaltung 42, 100, 121, 127, 218, 284, 295, 316, 319
—-wicklung 145, 146, 217, 221, 301
Zuleitung 67, 251, 252, 277, 290, 302
Zunahme 5
Zusatz-leistung 85
—-transformator, Drehstrom 79
—-—, Einphasen 66
—-verluste 3
—-wicklung 79
Zuschaltung 306
Zweiphasen-strom 256, 258, 291
—-system 289
—-transformator 252, 254, 271, 293, 300
—-schaltung 290
zweiphasige Belastung 278
zweipoliger Umsteller s. Doppelumsteller
Zweiwegschaltung 308, 309
Zweiwicklungstransformator 89, 217
Zwölfphasenschaltungen 315, 318, 321, 322
zyklische Phasenvertauschung 165
Zylinderwicklung 3, 203

MIX
Papier aus verantwortungsvollen Quellen
Paper from responsible sources
FSC® C105338

If you have any concerns about our products,
you can contact us on
ProductSafety@springernature.com

In case Publisher is established outside the EU,
the EU authorized representative is:
**Springer Nature Customer Service Center GmbH
Europaplatz 3, 69115 Heidelberg, Germany**

Printed by Libri Plureos GmbH
in Hamburg, Germany